"十二五"普通高等教育本科国家级规划教材
教育部推荐教材
国家统计局优秀统计教材

Statistics 21世纪统计学系列教材

Statistics

统计学（第六版）

贾俊平　何晓群　金勇进　编著

中国人民大学出版社
· 北京 ·

图书在版编目（CIP）数据

统计学/贾俊平等编著. —6版. —北京：中国人民大学出版社，2014.12
21世纪统计学系列教材
ISBN 978-7-300-20309-6

Ⅰ.①统… Ⅱ.①贾… Ⅲ.①统计学-高等学校-教材 Ⅳ.①C8

中国版本图书馆CIP数据核字（2014）第276522号

“十二五”普通高等教育本科国家级规划教材
教育部推荐教材
国家统计局优秀统计教材
21世纪统计学系列教材
统计学（第六版）
贾俊平　何晓群　金勇进　编著
Tongjixue

出版发行	中国人民大学出版社		
社　　址	北京中关村大街31号	**邮政编码**	100080
电　　话	010－62511242（总编室）		010－62511770（质管部）
	010－82501766（邮购部）		010－62514148（门市部）
	010－62515195（发行公司）		010－62515275（盗版举报）
网　　址	http://www.crup.com.cn		
	http://www.ttrnet.com（人大教研网）		
经　　销	新华书店		
印　　刷	北京密兴印刷有限公司	**版　　次**	2000年9月第1版
规　　格	185 mm×260 mm　16开本		2015年1月第6版
印　　张	25.5插页1	**印　　次**	2015年3月第4次印刷
字　　数	566 000	**定　　价**	39.90元

总序

改革开放以来，高等统计教育有了很大的发展。随着课程设置的不断调整，有不少教材出版，同时也翻译引进了一些国外优秀教材。作为培养我国统计专门人才的摇篮，中国人民大学统计学系自1952年创建以来，走过了风风雨雨，一直坚持着理论与应用相结合的办学方向，培养能够理论联系实际、解决实际问题的高层次人才。随着新知识经济和网络时代的到来，我们在教学科研的实践中，深切地感受到，无论是自然科学领域、社会科学领域的研究，还是国家宏观管理和企业生产经营管理，甚至人们的日常生活，信息需求量日益增多，信息处理技术更加复杂，作为信息技术支柱的统计方法，越来越广泛地应用于各个领域。

面对新的形势，我们一直在思索，课程设置、教材选择、教学方式等怎样才能使学生适应社会经济发展的客观需要。在反复酝酿、不断尝试的基础上，我们决定与统计学界的同仁，共同编写、出版一套面向21世纪的统计学系列教材。

这套系列教材聘请了中科院院士、中国科技大学陈希孺教授，上海财经大学数量经济研究院张尧庭教授，中国科学院数学与系统科学研究所冯士雍研究员等作为编委。他们长期任中国人民大学的兼职教授，一直关心、支持着统计学系的学科建设和应用统计的发展。中国人民大学应用统计科学研究中心2000年已成为国家级研究基地，这些专家是首批专职或兼职研究人员。这一开放性研究基地的运作，将有利于提升我国应用统计科学研究的水平，也必将进一步促进高等统计教育的发展。

这套教材是我们奉献给新世纪的，希望它能促进应用统计教育水平的提高。这套教材力求体现以下特点：

第一，在教材选择上，主要面向经济类统计学专业。选材既包括统计教材也包括风险管理与精算方面的教材。尽管名为统计学系列教材，但并不求大、求全，而是力求精选。对于目前已有的内容较为成熟、适合教学需要、公认的较好的教材，并未列入本次出版计划。

第二，每部教材的内容和写作，注意广泛吸收国内外优秀教材的成果。教材力求简明易懂、内容系统和实用，注重对统计方法思想的阐述，并结合大量实际数据和实例说明统计方法的特点及应用条件。

第三，强调与计算机的结合。为着力提高学生运用统计方法分析解决问题的能力，教材所涉及的统计计算，要求运用目前已有的统计软件。根据教材内容，选择使用 SAS、SPSS、TSP、STATISTICA、EViews、MINITAB、Excel 等。

感谢中国人民大学出版社的同志们，他们怀着发展我国应用统计科学的热情和提高统计教育水平的愿望，经过反复论证，使这套教材得以出版。感谢参与教材编写的同行专家、统计学系的教师。愿大家的辛勤劳动能够结出丰硕的果实。我们期待着与统计学界的同仁，共同创造应用统计辉煌的明天。

易丹辉

于中国人民大学

第六版前言

《统计学》第六版是在第五版的基础上修改而成的。在广泛吸取读者意见的基础上，对第五版中的部分内容进行了修订。

第六版在结构上与第五版基本相同，但对部分章节进行了重新编写和修订。其中，对第13章进行了重新编写，更新了全部数据，并将季节型序列的预测一节合并到复合型序列的分解预测中。对第5章部分内容作了简化。第9章增加了SPSS的应用。

第六版仍由贾俊平任主编。各章执笔人是：第1章、第3章、第4章、第7章、第10章、第11章、第12章、第13章由贾俊平编写；第5章、第6章由何晓群编写；第2章、第8章、第9章、第14章由金勇进编写。

感谢为本次修订提出宝贵意见的教师和读者。感谢中国人民大学出版社对本书出版的大力支持。

由于作者水平所限，书中的错误和疏漏之处在所难免。敬请读者提出宝贵意见，以便进一步修订和改进。

贾俊平

2014年11月于中国人民大学

目　录

第1章 导论

Chapter 1

理解统计对每个人都是必要的

统计在许多领域都有应用。在日常生活中，我们也经常会接触到各种统计数据，比如，媒体报道中使用的一些统计数据、图表等。下面就是统计研究得到的一些结论：吸烟对健康是有害的；不结婚的男性会早逝10年；身材高的父亲，其子女的身材也较高；第二个出生的子女没有第一个聪明，第三个出生的子女没有第二个聪明，依此类推；两天服一片阿司匹林会减少心脏病第二次发作的概率；如果每天摄取500毫升维生素C，生命可延长6年；统计调查表明，怕老婆的丈夫得心脏病的概率较大；学生在听了莫扎特钢琴曲10分钟后的推理测试会比他们听10分钟娱乐节目或其他曲目做得更好。这些结论是正确的吗？你相信这些结论吗？要正确阅读并理解这些数据，就需要具备一些统计学知识。

理解并掌握一些统计学知识对普通大众是有必要的。每天我们都会关心生活中的一些事情，其中就包含统计知识。比如，在外出旅游时，需要关心一段时间内的详细天气预报；在投资股票时，需要了解股票市场价格的信息，了解某只特定股票的有关财务信息；在观看世界杯足球赛时，了解各支球队的技术统计，等等。

理解和掌握一些统计知识，对政治家或制定政策的人来说更为重要，在他们做决策时，如果不懂统计可能会闹出笑话来。比如，一个统计办公室的主管是一个行政事务官，一次与一些统计学者开会，统计学者抱怨从其他部门收到的一些估计值没有给出标准误差（估计时的误差大小，表示估计的精度），这个主管马上问道："对误差也有标准吗？"一个统计顾问提交给茶叶委员会的报告中，含有标题为"饮茶人数的估计值（含标准误差）"的附表。不久，一封信被送到这个统计学者手中，问什么是人们喝红茶时的"标准误差"。健康部门的一位官员看到一个统计学者提供的报告，报告中提到去年由于某种疾病，平均 1 000 人中死亡人数为 3.2 人，这位官员对这个数字产生了兴趣。他问他的私人秘书，3.2 人是如何死法？他的秘书说：“先生，当一个统计学家说死了 3.2 人时，意味着三个人已经死了，两个人正要死。”

本章将介绍统计学的一些基本问题，包括统计学的含义、统计数据及其分类、统计中常用的基本概念等。

1.1 统计及其应用领域

1.1.1 什么是统计学

统计是处理数据的一门科学。人们给统计学下的定义很多，比如，“统计学是收集、分析、表述和解释数据的科学”；“统计是一组方法，用来设计实验、获得数据，然后在这些数据的基础上组织、概括、演示、分析、解释和得出结论”。综合地说，**统计学**（statistics）是收集、处理、分析、解释数据并从数据中得出结论的科学。

统计学是关于数据的科学，它所提供的是一套有关数据收集、处理、分析、解释并从数据中得出结论的方法，统计研究的是来自各领域的数据。数据收集也就是取得统计数据；数据处理是将数据用图表等形式展示出来；数据分析则是选择适当的统计方法研究数据，并从数据中提取有用信息进而得出结论。

数据分析所用的方法可分为描述统计方法和推断统计方法。**描述统计**（descriptive statistics）研究的是数据收集、处理、汇总、图表描述、概括与分析等统计方法。**推断统计**（inferential statistics）是研究如何利用样本数据来推断总体特征的统计方法。比如，要了解一个地区的人口特征，不可能对每个人的特征一一进行测量；对产品的质量进行检验往往是破坏性的，也不可能对每个产品进行测量。这就需要抽取部分个体即样本进行测量，然后根据获得的样本数据对所研究的总体特征进行推断，这就是推断统计要解决的问题。

1.1.2 统计的应用领域

统计方法是适用于所有学科领域的通用数据分析方法，只要有数据的地方就会用到统计方法。随着人们对定量研究的日益重视，统计方法已被应用到自然科学和社会科学的众多领域，统计学也已发展成为由若干分支学科组成的学科体系。可以说，几乎所有的研究领域都要用到统计方法，比如政府部门、学术研究领域、日常生活中、公司或企业的生产经营管理中都要用到统计。下面将给出统计在工商管理中的一些应用。

1. 企业发展战略

发展战略是一个企业的长远发展方向。制定发展战略一方面需要及时了解和把握整个宏观经济的状况及发展变化趋势，了解市场的变化；另一方面，还要对企业进行合理的市场定位，把握企业自身的优势和劣势。所有这些都离不开统计，需要统计提供可靠的数据，利用统计方法对数据进行科学的分析和预测，等等。

2. 产品质量管理

质量是企业的生命，是企业持续发展的基础。质量管理中离不开统计的应用。在一些知名的跨国公司，6σ 准则已成为一种重要的管理理念。质量控制已成为统计学在生产领域的一项重要应用。各种统计质量控制图广泛用于监测生产过程。

3. 市场研究

企业要在激烈的市场竞争中取得优势，首先必须了解市场，要了解市场，则需要做广泛的市场调查，取得所需的信息，并对这些信息进行科学的分析，以便作为生产和营销的依据，这些都需要统计的支持。

4. 财务分析

上市公司的财务数据是股民投资的重要参考依据。一些投资咨询公司主要是根据上市公司提供的财务和统计数据进行分析，为股民提供投资参考。企业自身的投资也离不开对财务数据的分析，其中要用到大量的统计方法。

5. 经济预测

企业要对未来的市场状况进行预测，经济学家也常常对宏观经济或某一方面进行预测。在进行预测时要使用各种统计信息和统计方法。比如，企业要对产品的市场潜力作出预测，以便及时调整生产计划，这就需要利用市场调查取得数据，并对数据进行统计分析。经济学家在预测通货膨胀时，要利用有关生产价格指数、失业率、生产能力利用等统计数据，然后通过统计模型进行预测。

6. 人力资源管理

企业利用统计方法对员工的年龄、性别、受教育程度、工资等进行分析，并作为企业制定工资计划、奖惩制度的依据。

当然，统计并不是仅仅为了管理才有用，它是为自然科学、社会科学的多个领域而发展起来的，为多个学科提供了一种通用的数据分析方法。从某种意义上说，统计仅仅是一种数据分析的方法。与数学一样，统计是一种工具，是一种数据分析的工具。表1—1列出了统计的一些应用领域，目的是让我们通过简单浏览形成这样一个概念：统计学非常有用！

表1—1 统计的应用领域

actuarial work（精算）	auditing（审计学）
agriculture（农业）	crystallography（晶体学）
animal science（动物学）	demography（人口统计学）
anthropology（人类学）	dentistry（牙科学）
archaeology（考古学）	ecology（生态学）

econometrics（经济计量学）	management science（管理科学）
education（教育学）	marketing（市场营销学）
election forecasting and projection（选举预测和策划）	medical diagnosis（医学诊断）
engineering（工程）	meteorology（气象学）
epidemiology（流行病学）	military science（军事科学）
finance（金融）	nuclear material safeguards（核材料安全管理）
fisheries research（水产渔业研究）	ophthalmology（眼科学）
gambling（赌博）	pharmaceutics（制药学）
genetics（遗传学）	physics（物理学）
geography（地理学）	political science（政治学）
geology（地质学）	psychology（心理学）
historical research（历史研究）	psychophysics（心理物理学）
human genetics（人类遗传学）	quality control（质量控制）
hydrology（水文学）	religious studies（宗教研究）
industry（工业）	sociology（社会学）
linguistics（语言学）	survey sampling（调查抽样）
literature（文学）	taxonomy（分类学）
manpower planning（劳动力计划）	weather modification（气象改善）

利用统计方法可以简化繁杂的数据，比如，用图表展示数据，建立数据模型。有人认为统计的全部目的就是让人看懂数据，其实这仅仅是统计的一个方面，统计更重要的功能是对数据进行分析，它提供了一套分析数据的方法和工具。不同的人对数据分析的理解也会大不一样，曲解数据分析是常见的现象。在有些人的心目中，数据分析就是寻找支持：他们的心目中可能有了某种“结论”性的东西，或者说他们希望看到一种符合他们需要的某种结论，而后去找些统计数据来支持他们的结论。这恰恰歪曲了数据分析的本质，数据分析的真正目的是从数据中找出规律，从数据中寻找启发，而不是寻找支持。真正的数据分析事先是没有结论的，通过对数据的分析才能得出结论。统计不是万能的，它不能解决你所面临的所有问题。统计可以帮助分析数据，并从分析中得出某种结论，但对统计结论的进一步解释，则需要你的专业知识。比如，吸烟会使患肺癌的概率增大，这是一个统计结论，但要解释吸烟为什么能引起肺癌，这就不是统计学家所能做到的，需要有更多的医学知识才行。

1.2 统计数据的类型

统计数据是对现象进行测量的结果。比如，对经济活动总量的测量可以得到国内生产总值（GDP）数据；对股票价格变动水平的测量可以得到股票价格指数的数据；对人口性别的测量可以得到男或女这样的数据。下面从不同角度说明统计数据的分类。

1.2.1 分类数据、顺序数据、数值型数据

按照所采用的计量尺度不同①，可以将统计数据分为分类数据、顺序数据和数值型数据。

分类数据（categorical data）是只能归于某一类别的非数字型数据，它是对事物进行分类的结果，数据表现为类别，是用文字来表述的。例如，人口按照性别分为男、女两类；企业按行业属性分为医药企业、家电企业、纺织品企业等，这些均属于分类数据。为便于统计处理，对于分类数据可以用数字代码来表示各个类别，比如，用1表示“男性”，0表示“女性”；用1表示“医药企业”，2表示“家电企业”，3表示“纺织品企业”，等等。

顺序数据（rank data）是只能归于某一有序类别的非数字型数据。顺序数据虽然也是类别，但这些类别是有序的。比如将产品分为一等品、二等品、三等品、次品等；考试成绩可以分为优、良、中、及格、不及格等；一个人的受教育程度可以分为小学、初中、高中、大学及以上；一个人对某一事物的态度可以分为非常同意、同意、保持中立、不同意、非常不同意，等等。同样，顺序数据也可以用数字代码来表示。比如，1——非常同意，2——同意，3——保持中立，4——不同意，5——非常不同意。

数值型数据（metric data）是按数字尺度测量的观察值，其结果表现为具体的数值。现实中所处理的大多数都是数值型数据。

分类数据和顺序数据说明的是事物的品质特征，通常是用文字来表述的，其结果均表现为类别，因而也可统称为**定性数据**或**品质数据**（qualitative data）；数值型数据说明的是现象的数量特征，通常是用数值来表现的，因此也可称为**定量数据**或**数量数据**（quantitative data）。

1.2.2 观测数据和实验数据

按照统计数据的收集方法，可以将其分为观测数据和实验数据。**观测数据**（observational data）是通过调查或观测而收集到的数据，这类数据是在没有对事物人为控制的条件下得到的，有关社会经济现象的统计数据几乎都是观测数据。**实验数据**（experimental data）则是在实验中控制实验对象而收集到的数据。比如，对一种新药疗效的实验数据，对一种新的农作物品种的实验数据。自然科学领域的大多数数据都为实验数据。

---

① 数据的测量尺度有四种：(1) 分类尺度（nominal scale）。按照事物的某种属性对其进行平行的分类，数据表现为类别。(2) 顺序尺度（ordinal scale）。对事物类别顺序的测度，数据表现为有序的类别。(3) 间隔尺度（interval scale）。对事物类别或次序之间间距的测度，没有绝对零点，数据表现为数字。(4) 比率尺度（ratio scale）。对事物类别或次序之间间距的测度，有绝对零点，数据表现为数字。

1.2.3 截面数据和时间序列数据

按照被描述的现象与时间的关系，可以将统计数据分为截面数据和时间序列数据。**截面数据**（cross-sectional data）是在相同或近似相同的时间点上收集的数据，这类数据通常是在不同的空间上获得的，用于描述现象在某一时刻的变化情况。比如，2010年我国各地区的国内生产总值数据就是截面数据。**时间序列数据**（time series data）是在不同时间收集到的数据，这类数据是按时间顺序收集到的，用于所描述现象随时间变化的情况。比如2010—2012年我国的国内生产总值数据就是时间序列数据。

图1—1给出了统计数据分类的框图。

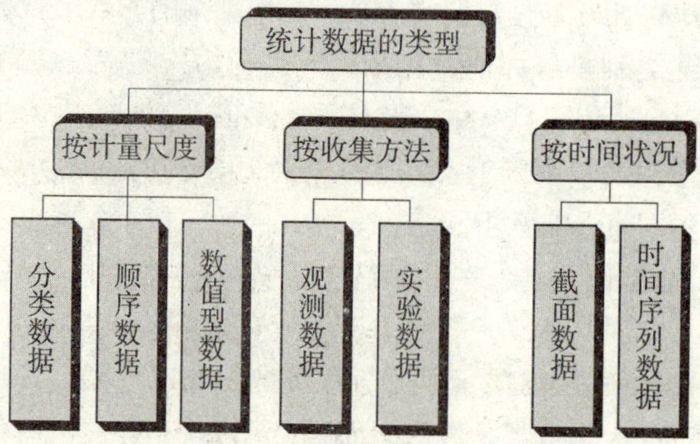

图1—1 统计数据的分类

区分数据的类型是十分重要的，因为对不同类型的数据，需要采用不同的统计方法来处理和分析。比如，对分类数据，我们通常计算出各组的频数或频率，计算其众数和异众比率，进行列联表分析和χ^2检验等；对顺序数据，可以计算其中位数和四分位差，计算等级相关系数等；对数值型数据，可以用更多的统计方法进行分析，如计算各种统计量，进行参数估计和检验等。

1.3 统计中的几个基本概念

统计学中的概念很多，其中有几个概念是经常要用到的，有必要单独加以介绍。这些概念包括总体和样本、参数和统计量、变量等。

1.3.1 总体和样本

1. 总体

总体（population）是包含所研究的全部个体（数据）的集合，它通常由所研究的一些个体组成，如由多个企业构成的集合，多个居民户构成的集合，多个人构成的集合，等等。组成总体的每个元素称为个体，在由多个企业构成的总体中，每个企业就是一个个体；由多个居民户构成的总体中，每个居民户就是一个个体；由多个人构成的总体中，每个人就是一个个体。

总体范围的确定有时比较容易。比如，要检验一批灯泡的使用寿命，这批灯泡构成的集合就是总体，每个灯泡就是一个个体，总体的范围很清楚。但有些场合总体范围的确定则比较困难，比如，对于新推出的一种饮料，要想知道消费者是否喜欢，首先必须弄清哪些人是消费的对象，也就是要确定构成该饮料的消费者这一总体，但事实上，我们很难确定哪些消费者消费该饮料，总体范围的确定十分复杂。当总体的范围难以确定时，可根据研究的目的来定义总体。

总体根据其所包含的单位数目是否可数可以分为有限总体和无限总体。有限总体是指总体的范围能够明确确定，而且元素的数目是有限可数的。比如，由若干个企业构成的总体就是有限总体，一批待检验的灯泡也是有限总体。无限总体是指总体所包括的元素是无限的、不可数的。例如，在科学实验中，每个实验数据可以看做总体的一个元素，而实验则可以无限地进行下去，因此由实验数据构成的总体就是一个无限总体。

总体分为有限总体和无限总体主要是为了判别在抽样中每次抽取是否独立。对于无限总体，每次抽取一个单位，并不影响下一次的抽样结果，因此每次抽取可以看做是独立的。对于有限总体，抽取一个单位后，总体元素就会减少一个，前一次的抽样结果往往会影响第二次的抽样结果，因此每次抽取是不独立的。这些因素会影响到抽样推断的结果。

最后，再对总体的概念作进一步的说明。如前所述，要检验一批灯泡的寿命，这批灯泡构成的集合就是总体。在统计问题中，我们只是关心每个灯泡的寿命，而不是灯泡本身，所以也可以把这批灯泡的寿命集合作为总体，这个总体是一些实数构成的集合。一般而言，有限总体就是有限个实数的集合。如果不是针对一批特定的灯泡，而是全面地考察某企业生产的灯泡寿命，可能的寿命是多少呢？答案是 $[0, +\infty)$ 这样一个区间。或者这样看这个问题，随机地从该企业生产的灯泡中拿出一个，问这个灯泡可能的寿命是多少，答案只能是“非负实数”，当然这个“非负实数”在实际检验前是未知的。这时称该企业生产的灯泡寿命总体是取值于 $[0, +\infty)$ 区间上的一个随机变量，这是一个无限总体。在统计推断中通常是针对无限总体的，因而通常把总体看做随机变量。通常情况下，统计上的总体是一组观测数据，而不是一群人或一些物品的集合。

2. 样本

样本（sample）是从总体中抽取的一部分元素的集合，构成样本的元素的数目称为**样本量**（sample size）。抽样的目的是根据样本提供的信息推断总体的特征。比如，从一批灯泡中随机抽取 100 个，这 100 个灯泡就构成了一个样本，然后根据这 100 个灯泡的平均使用寿命去推断这批灯泡的平均使用寿命。

1.3.2 参数和统计量

1. 参数

参数（parameter）是用来描述总体特征的概括性数字度量，它是研究者想要了解的总体的某种特征值。研究者所关心的参数通常有总体平均数、总体标准差、总体比例等。在统计中，总体参数通常用希腊字母表示。比如，总体平均数用 μ（mu）表示，总体标准差用 σ（sigma）表示，总体比例用 π（pi）表示，等等。

由于总体数据通常是不知道的，所以参数是一个未知的常数。比如，我们不知道某一地区所有人口的平均年龄，不知道一个城市所有家庭的收入的差异，不知道一批产品的合格率，等等。正因为如此，所以才进行抽样，根据样本计算出某些值去估计总体参数。

2. 统计量

统计量（statistic）是用来描述样本特征的概括性数字度量。它是根据样本数据计算出来的一个量，由于抽样是随机的，因此统计量是样本的函数。研究者所关心的统计量主要有样本平均数、样本标准差、样本比例等。样本统计量通常用英文字母来表示。比如，样本平均数用 $\bar{x}$（读作 x-bar）表示，样本标准差用 s 表示，样本比例用 p 表示，等等。

由于样本是已经抽出来的，所以统计量总是知道的。抽样的目的就是要根据样本统计量去估计总体参数。比如，用样本平均数（$\bar{x}$）去估计总体平均数（μ），用样本标准差（s）去估计总体标准差（σ），用样本比例（p）去估计总体比例（π），等等。

有关总体、样本、参数、统计量的概念可以用图 1—2 来表示。

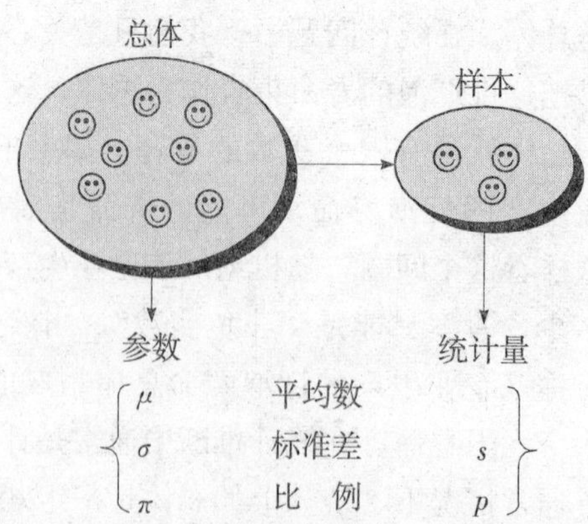

图 1—2 总体和样本、参数和统计量

除了样本均值、样本比例、样本方差这类统计量，还有一些是为统计分析的需要而构造出来的统计量，比如用于统计检验的 z 统计量、t 统计量、χ^2 统计量、F 统计量，等等，它们的含义将在后面相关的章节中再作介绍。

1.3.3 变量

变量（variable）是说明现象某种特征的概念，其特点是从一次观察到下一次观察结果会呈现出差别或变化。如“商品销售额”、“受教育程度”、“产品的质量等级”等都是变量。变量的具体取值称为变量值。比如商品销售额可以是20万元、30万元、50万元等，这些数字就是变量值。统计数据就是统计变量的某些取值。变量可以分为以下几种类型。

1. 分类变量

分类变量（categorical variable）是说明事物类别的一个名称，其取值是分类数据。如“性别”就是一个分类变量，其变量值为“男”或“女”；“行业”也是一个分类变量，其变量值可以为“零售业”、“旅游业”、“汽车制造业”等。

2. 顺序变量

顺序变量（rank variable）是说明事物有序类别的一个名称，其取值是顺序数据。如“产品等级”就是一个顺序变量，其变量值可以为“一等品”、“二等品”、“三等品”、“次品”等；“受教育程度”也是一个顺序变量，其变量值可以为“小学”、“初中”、“高中”、“大学”等；一个人对某种事物的看法也是一个顺序变量，其变量值可以为“同意”、“保持中立”、“反对”等。

3. 数值型变量

数值型变量（metric variable）是说明事物数字特征的一个名称，其取值是数值型数据。如“产品产量”、“商品销售额”、“零件尺寸”、“年龄”、“时间”等都是数值型变量，这些变量可以取不同的数值。数值型变量根据其取值的不同，又可以分为离散型变量和连续型变量。**离散型变量**（discrete variable）是只能取可数值的变量，它只能取有限个值，而且其取值都以整位数断开，可以一一列举，如“企业数”、“产品数量”等就是离散型变量。**连续型变量**（continuous variable）是可以在一个或多个区间中取任何值的变量，它的取值是连续不断的，不能一一列举，如“年龄”、“温度”、“零件尺寸的误差”等都是连续型变量。在对社会和经济问题的研究中，当离散型变量的取值很多时，也可以将离散型变量当做连续型变量来处理。

变量这一概念以后经常要用到，但多数情况下所说的变量主要是指数值型变量，大多数统计方法所处理的也都是数值型变量。当然，也可以从其他角度对变量进行分类，比如随机变量和非随机变量、**经验变量**（empirical variable）和**理论变量**（theoretical variable）等。经验变量所描述的是周围环境中可以观察到的事物。理论变量则是由统计学家用数学方法所构造出来的一些变量，比如后面的有些章节中将要用到的 z 统计量、t 统计量、χ^2 统计量、F 统计量等都是理论变量。

思考与练习

一、思考题

1.1 什么是统计学？

1.2 解释描述统计和推断统计。

1.3 统计数据可分为哪几种类型？不同类型的数据各有什么特点？

1.4 解释分类数据、顺序数据和数值型数据的含义。

1.5 举例说明总体、样本、参数、统计量、变量这几个概念。

1.6 变量可分为哪几类？

1.7 举例说明离散型变量和连续型变量。

1.8 请举出统计应用的几个例子。

1.9 请举出应用统计的几个领域。

二、练习题

1.1 指出下面变量的类型：

(1) 年龄。

(2) 性别。

(3) 汽车产量。

(4) 员工对企业某项改革措施的态度（赞成、中立、反对）。

(5) 购买商品时的支付方式（现金、信用卡、支票）。

1.2 某研究部门准备抽取 2 000 个职工家庭推断该城市所有职工家庭的年人均收入。

要求：

(1) 描述总体和样本。

(2) 指出参数和统计量。

1.3 一家研究机构从 IT 从业者中随机抽取 1 000 人作为样本进行调查，其中 60%的人回答他们的月收入在 5 000 元以上，50%的人回答他们的消费支付方式是用信用卡。

回答以下问题：

(1) 这一研究的总体是什么？

(2) 月收入是分类变量、顺序变量还是数值型变量？

(3) 消费支付方式是分类变量、顺序变量还是数值型变量？

(4) 这一研究涉及截面数据还是时间序列数据？

1.4 一项调查表明，消费者每月在网上购物的平均花费是 200 元，他们选择在网上购物的主要原因是“价格便宜”。

回答以下问题：

(1) 这一研究的总体是什么?

(2)“消费者在网上购物的原因”是分类变量、顺序变量还是数值型变量?

(3) 研究者所关心的参数是什么?

(4)“消费者每月在网上购物的平均花费是200元”是参数还是统计量?

(5) 研究者所使用的主要是描述统计方法还是推断统计方法?

第2章 数据的搜集

Chapter 2

一个反例的启示：《文学文摘》预测罗斯福竞选落败①

在美国1936年的总统选举中，两位竞争者分别为民主党的罗斯福和共和党的兰登。一般民意测验认为罗斯福将获胜，例如盖洛普公司基于对5万选民的抽样调查，预测罗斯福的得票率为56%。但是美国著名杂志《文学文摘》（*Literary Digest*）宣布，根据他们对240万人的调查，兰登将获得57%的选票。最后的投票结果是，罗斯福赢得2 770万张选票，而兰登只得到1 600万张选票，罗斯福以绝对优势胜出。

值得思考的问题是，为什么《文学文摘》调查的样本量如此之大，结果却那样离谱。细分析起来，他们预测失败的根本原因在于调查方案存在严重失误，违背了统计学规律，主要反映在以下两个方面：

1. 样本抽选有偏。兰登的支持者主要是富裕阶层、大资产阶级，而罗斯福的支持者主要是一般工薪阶层、中下层平民。《文学文摘》调查的对象集中在富人圈，因为《文学文摘》是通过电话簿和俱乐部进行调查的，而在1936年，美国约有1 100万户家庭拥有电话，大多是富裕家庭，支持兰登。而俱乐部成员（如高尔夫球俱乐部等）则是更富裕的阶层，他们也支持兰登。美国当时有900多万失业人口，按《文学文摘》的调查方案，这些失业人口难以被纳入样本中，而这些人中的绝大多数都是支持罗斯福的。

2. 没有考虑缺失数据的影响。《文学文摘》在进行调查时发放了1 000万份问卷，但只收回了近240万份。例如，他们当年对1/3的芝加哥选民进行

① 参见韦博成：《漫话信息时代的统计学》，北京，中国统计出版社，2011。

调查，却只有 20%的比较富裕的阶层给予回答，而那些忙于生计的一般家庭大多以拒绝回应。实际投票中，在芝加哥市罗斯福以压倒性多数票胜过兰登。这说明，当回答者和无回答者有显著差异时，忽略缺失数据进行推断一定会出错。

《文学文摘》的这次调查被称为美国历史上最失败的一次调查，作为数据收集失败的案例，多次被写入各类调查图书。《文学文摘》最终也因此破产倒闭。

人们购买住房是喜欢大户型还是喜欢小户型？对父母的孝敬程度与子女的性别有关系吗？国民在购买保险的时候，是选择国内的保险公司，还是选择国外的保险公司？这些都是我们感兴趣却又不知道答案的问题。为了回答这些问题，需要搜集相关的数据进行分析。这就是说，当研究的问题确定之后，我们就要考虑为进行研究所需要的数据，这里包括：我们从哪里获得数据？如果需要调查，有那么多的潜在被调查者，我们应当向谁进行调查？选中被调查者以后，我们怎样实施调查？有些研究问题可能需要通过实验的方法获得数据，那么怎样使用实验方法获得数据呢？我们所得到的这些数据都很准确吗？如果不准确，误差是怎么产生的？应当怎样控制误差以便获得较高质量的数据？这些工作都是一项统计研究活动所不可缺少的环节。本章将对上述有关问题加以讨论。

2.1　数据的来源

所有统计数据追踪其初始来源，都是来自调查或实验。但是，从使用者的角度看，统计数据主要来自两条渠道：一个是数据的间接来源，即数据是由别人通过调查或实验的方式搜集的，使用者只是找到它们并加以使用，对此我们称为数据的间接来源。另一个是通过自己的调查或实验活动，直接获得第一手数据，对此我们称为数据的直接来源。本节将对获取数据的这两条渠道分别加以介绍。

2.1.1　数据的间接来源

如果与研究内容有关的原信息已经存在，我们只是对这些原信息重新加工、整理，使之成为我们进行统计分析可以使用的数据，则把它们称为间接来源的数据。从搜集的范围看，这些数据可以取自系统外部，也可以取自系统内部。数据取自系统外部的主要渠道有：统计部门和各级政府部门公布的有关资料，如定期发布的统计公报，定期出版的各类统计年鉴；各类经济信息中心、信息咨询机构、专业调查机构、各行业协会和联合会提供的市场信息和行业发展的数据情报；各类专业期刊、报纸、图书所提供的文献资料；各种会议，如博览会、展销会、交易会及专业性、学术性研讨会上交流的有关资料；从互联网或图书馆查阅到的相关资料，等等。取自系统内部的资料，如果就经济活动而言，则主要包括业务资料，如与业务经营活动有关的各种单据、记录；经营活动过程中的各种统计报表；各种财务、会计核算和分析资料等。

相对而言，这种二手资料的搜集比较容易，采集数据的成本低，并且能很快得到。二手资料的作用也非常广泛，除了分析所要研究的问题，这些资料还可以提供研究问题的背景，帮助研究者更好地定义问题，检验和回答某些疑问和假设，寻找研究问题的思路和途径。因此，搜集二手资料是研究者首先考虑并采用的。分析也应该首先从对二手资料的分析开始。

但是，二手资料也有很大的局限性，研究者在使用二手资料时要保持谨慎的态度。因为二手资料并不是为特定的研究问题而产生的，所以在回答所研究的问题方面可能是有欠缺的，如资料的相关性不够，口径可能不一致，数据也许不准确，也许过时了，等等。因此，在使用二手资料前，对二手资料进行评估是必要的。

对二手资料进行评估可以考虑如下一些内容：

（1）资料是谁搜集的？这主要是考察数据搜集者的实力和社会信誉度。例如，对于全国性的宏观数据，与某个专业性的调查机构相比，政府有关部门公布的数据可信度更高。

（2）为什么目的而搜集？为了某个集团的利益而搜集的数据是值得怀疑的。

（3）数据是怎样搜集的？搜集数据可以有多种方法，不同方法所采集到的数据，其解释力和说服力都是不同的。如果不了解搜集数据所用的方法，则很难对数据的质量做出客观的评价。数据的质量来源于数据的产生过程。

（4）什么时候搜集的？过时的数据，其说服力自然受到质疑。

使用二手数据，要注意数据的定义、含义、计算口径和计算方法，避免错用、误用、滥用。在引用二手数据时，应注明数据的来源，以尊重他人的劳动成果。

2.1.2 数据的直接来源

虽然二手数据具有搜集方便、数据采集快、采集成本低等优点，但对一个特定的研究问题而言，二手资料的主要弱点是针对性不够，所以仅仅靠二手资料还不能回答研究所提出的问题，这时就要通过调查和实验的方法直接获得一手资料。我们把通过调查方法获得的数据称为调查数据，把通过实验方法得到的数据称为实验数据。

调查通常是对社会现象而言的。例如，经济学家通过搜集经济现象的数据来分析经济形势、某种经济现象的发展趋势、经济现象之间的相互联系和影响。社会学家通过搜集有关人的数据以了解人类行为。管理学家通过搜集生产、经营活动的有关数据以分析生产过程的协调性和效率。调查数据通常取自有限总体，即总体所包含的个体单位是有限的。如果调查针对总体中的所有个体单位进行，就把这种调查称为普查。普查数据具有信息全面、完整的特点，对普查数据的全面分析和深入挖掘是统计分析的重要内容。但是，当总体较大时，进行普查将是一项很大的工程，由于普查涉及的范围广，接受调查的单位多，所以耗时、费力，调查的成本也非常高，因此普查不可能经常进行。事实上，统计学家所面临的经常是样本的数据，如何从总体中抽取出一个有效的样本，就成为统计学家需要考虑的一个问题。对于调查数据将在 2.2 节中专门讨论。

实验大多是对自然现象而言的。例如，化学家通过实验了解不同元素结合后产生的变化，农学家通过实验了解水分、温度对农作物产量的影响，医学家通过实验验证新药的疗效。但实验作为搜集数据的一种科学的方法也广泛运用到社会科学中。心理学、教育学的研究中大量地使用实验的方法获取所需要的数据，社会学、经济学、管理学中也有许多使用实验方法获得研究数据的案例。关于实验数据，我们将在 2.3 节中专门讨论。

2.2 调查数据

2.2.1 概率抽样和非概率抽样

在数据采集阶段，统计学家面临的一个关键问题是如何抽选出一个好的样本。好的样本都是相对而言的，相对包括两方面的含义：一个含义是针对研究的问题而言的。不同的研究问题，对样本的要求会有所差别，对某一个研究问题，这可能是一个不错的样本，对另一个研究问题，这个样本可能就是糟糕的。例如，如果研究顾客的满意度，样本应当来自该产品的用户，而如果要了解消费者对该产品的购买意愿，样本就应当取自所有潜在的购买者。所以，进行什么样的抽样设计首先取决于研究目的。另一个含义是针对调查费用与估计精度的关系而言的。进行数据搜集总要投入一定的调查费用，调查中也希望获得更多的高质量的数据。但两者往往是有矛盾的，一个好的样本应具有最好的性能价格比，即在相同调查费用的条件下，获得数据的估计精度最高，或在相同估计精度的条件下，调查成本最低。在研究中，我们对估计结果的精度要求是可以有差别的，有些问题很重要，我们希望估计的精度高一些，有些数据相对而言不太重要，放松估计精度而节省大量调查费用也是一个不错的选择，正如对航天器中精密仪器主轴加工精度的要求和制作一根香肠时所要求的精度不能相提并论一样，对投资股票收益率的估计和对电视节目收视率的估计的精度要求也可以有所不同，因为它们意味着不同的后果。

使用抽样采集数据的具体方式有许多种，可以将这些不同的方式分为两类：概率抽样和非概率抽样。

1. 概率抽样

概率抽样（probability sampling）也称随机抽样，是指遵循随机原则进行的抽样，总体中每个单位都有一定的机会被选入样本。它具有下面几个特点：

首先，抽样时是按一定的概率以随机原则抽取样本。所谓随机原则就是在抽取样本时排除主观上有意识地抽取调查单位，使每个单位都有一定的机会被抽中。需要注意的是，随机不等于随便，随机有严格的科学含义，可以用概率来描述，而随便则带有人为的主观的因素。例如，要在一栋楼内抽取10位居民作为样本，若采用随机原则，就需要事先将居住在该楼的居民按某种顺序编上号，通过一定的随机化程序，如使用随机数字表，抽取出样本，这样可以保证居住在该楼的每位居民都有一定的机会被选中。而如果调查人员站在楼前，将最先走到楼外的10位居民选入样本，这就是随便而不是随机，这种方法不能使居住在该楼内的所有居民都有一定的机会被选中，已经在楼外的人不可能被选中，在调查时段不外出的人也没有机会被选中。随机与随便的本质区别就在于，是否按照给定的入样概率，通过一定的随机化程序抽取样本单元。

其次，每个单位被抽中的概率是已知的，或是可以计算出来的。

最后，当用样本对总体目标量进行估计时，要考虑到每个样本单位被抽中的概率。这就是说，估计量不仅与样本单位的观测值（也称为观察值）有关，也与其入样概率有关。

需要提及的是，概率抽样与等概率抽样是两个不同的概念。当我们谈到概率抽样时，是指总体中的每个单位都有一定的非零概率被抽中，单位之间被抽中的概率可以相等，也可以不等。若是前者，称为等概率抽样；若是后者，称为不等概率抽样。

调查的实践中经常采用的概率抽样方式有以下几种：

（1）简单随机抽样。

进行概率抽样需要抽样框，**抽样框**（sampling frame）通常包括所有总体单位的信息，如企业名录（抽选企业）、学生名册（抽选学生）或住户门牌号码（抽选住户）等。抽样框的作用不仅在于提供备选单位的名单以供抽选，它还是计算各个单位入样概率的依据。**简单随机抽样**（simple random sampling）就是从包括总体 N 个单位的抽样框中随机地、一个个地抽取 n 个单位作为样本，每个单位的入样概率是相等的。抽样的随机性是通过抽样的随机化程序体现的，实施随机化程序可以使用随机数字表，也可以使用能产生符合要求的随机数序列的计算机程序。

本书最后的附录部分，有一份截取的随机数字表。随机数字表是由数字0，1，…，9组成的表，每个数字都有同样的机会被抽中。用随机数字表抽取简单随机样本时，可用下面两种方法。

方法一：根据总体单位个数 N 的位数决定在随机数字表中随机抽取几列，如 $N=678$，要抽取 $n=5$ 的样本，这时 N 为3位数，则在随机数字表中随机抽取3列，顺序往下，选出头5个001～678之间互不相同的数，如果这3列随机数字不够，可另选其他3列继续，直到抽满 n 个单元为止。

方法二：有时方法一的执行效率可能不高，通常是首位数比较小的时候。假设 $N=327$，首位数是3，比较小。如果按方法一，在随机数字表中001～327的范围内抽选，有许多数就会大于327，例如在随机数字表中抽到486，在001～327范围之外，只好遗弃，比较可惜。这时可采用余数入样的方法，即 $486\div327$，商为1，余数为159，则第159个单位被抽中。如果在随机数字表中抽到999，则 $999\div327$，商为3，余数为18，则第18个单位被抽中，依此类推。

在使用随机数字表时，为克服可能的个人习惯，增加随机性，使用随机数字表的页号及起始点应该由随机数产生，如随意翻开一页，闭上眼睛，将火柴随意扔到页面上，将火柴头所指的数字作为页号，同样的方法产生起始行号和起始列号。

简单随机抽样是一种最基本的抽样方法，是其他抽样方法的基础。这种方法的突出特点是简单、直观，在抽样框完整时，可以直接从中抽取样本，由于抽选的概率相同，用样本统计量对目标量进行估计及计算估计量误差都比较方便。但简单随机抽样在实际应用中也有一些局限性：首先，它要求将包含所有总体单位的名单作为抽样框，当 N 很大时，构造这样的抽样框并不容易；其次，根据这种方法抽出的单位很分散，给实施调查增加了困难；最后，这种方法没有利用其他辅助信息以提高估计的效率。所以，在规模较大的调查中，很少直接采用简单随机抽样，一般是把这种方法和其他抽样方法结合起来使用。

（2）分层抽样。

分层抽样（stratified sampling）是将抽样单位按某种特征或某种规则划分为不同的层，然后从不同的层中独立、随机地抽取样本。将各层的样本结合起来，对总体的目标量进行估计。分层抽样有许多优点，例如，这种抽样方法保证了样本中包含有各种特征的抽样单位，样本的结构与总体的结构比较相近，从而可以有效地提高估计的精度；分层抽样在一定条件下为组织实施调查提供了方便（当层是按行业或行政区划进行划分时）；分层抽样既可以对总体参数进行估计，也可以对各层的目标量进行估计，等等。这些优点使分层抽样在实践中得到了广泛的应用。

（3）整群抽样。

将总体中若干个单位合并为组，这样的组称为群。抽样时直接抽取群，然后对中选群中的所有单位全部实施调查，这样的抽样方法称为**整群抽样**（cluster sampling）。

与简单随机抽样相比，整群抽样的特点在于：抽取样本时只需要群的抽样框，而不必要求包括所有单位的抽样框，这就大大简化了编制抽样框的工作量。其次，由于群通常是由那些地理位置邻近的或隶属于同一系统的单位所构成，因此调查的地点相对集中，从而节省了调查费用，方便了调查的实施。整群抽样的主要弱点是估计的精度较差，因为同一群内的单位或多或少有些相似，在样本量相同的条件下，整群抽样的抽样误差通常比较大。一般说来，要得到与简单随机抽样相同的精度，采用整群抽样需要增加基本调查单位。

（4）系统抽样。

将总体中的所有单位（抽样单位）按一定顺序排列，在规定的范围内随机地抽取一个单位作为初始单位，然后按事先规定好的规则确定其他样本单位，这种抽样方法称为**系统抽样**（systematic sampling）。典型的系统抽样是先从数字 $1\sim k$ 之间随机抽取一个数字 r 作为初始单位，以后依次取 $r+k$，$r+2k$，…。所以可以把系统抽样看成是将总体内的单位按顺序分成 k 群，用相同的概率抽取出一群的方法。

系统抽样的主要优点是操作简便，如果有辅助信息，对总体内的单位进行有组织的排列，可以有效地提高估计的精度。系统抽样的缺点是对估计量方差的估计比较困难。系统抽样方法在调查实践中有广泛的应用。

（5）多阶段抽样。

采用类似整群抽样的方法，首先抽取群，但并不是调查群内的所有单位，而是再进一步抽样，从选中的群中抽取出若干个单位进行调查。因为取得这些接受调查的单位需要两个步骤，所以将这种抽样方式称为二阶段抽样。这里，群是初级抽样单位，第二阶段抽取的是最终抽样单位。将这种方法推广，使抽样的段数增多，就称为**多阶段抽样**（multi-stage sampling）。例如第一阶段抽取初级单位，第二阶段抽取二级单位，第三阶段抽取接受调查的最终单位就是三阶段抽样，同样的方法还可以定义四阶段抽样。不过，即便是大规模的抽样调查，抽取样本的阶段也应当尽可能少。因为每增加一个抽样阶段，就会增添一份估计误差，用样本对总体进行估计也就更加复杂。

多阶段抽样具有整群抽样的优点，它保证了样本相对集中，从而节约了调查费用；不需要包含所有低阶段抽样单位的抽样框；同时由于实行了再抽样，使调查单位在更广的范围内展开。在较大规模的抽样调查中，多阶段抽样是经常采用的方法。

以上介绍了几种常见的概率抽样方式。概率抽样最主要的优点是，可以依据调查结果，计算估计量误差，从而得到对总体目标量进行推断的可靠程度。从另一个方面讲，也可以按照要求的精确度，计算必要的样本单位数目。所有这些都为统计估计结果的评估提供了有力的依据，所以，统计分析的样本主要是概率样本，即样本是采用概率抽样方式得到的。

2. 非概率抽样

非概率抽样（non-probability sampling）是相对于概率抽样而言的，指抽取样本时不是依据随机原则，而是根据研究目的对数据的要求，采用某种方式从总体中抽出部分单位对其实施调查。非概率抽样的方式有许多种，可以归为以下几种类型。

（1）方便抽样。

调查过程中由调查员依据方便的原则，自行确定入抽样本的单位。例如，调查员在街头、公园、商店等公共场所进行拦截式的调查；厂家在出售产品的柜台前对路过的顾客进行调查，等等。方便抽样的最大特点是容易实施，调查的成本低，但这种抽样方式也有明显的弱点。例如，样本单位的确定带有随意性，因此，方便样本无法代表有明确定义的总体，将方便样本的调查结果推广到总体是没有任何意义的。因此，如果研究的目的是对总体有关的参数进行推断，使用方便样本是不合适的。但在科学研究中，使用方便样本可以产生一些想法以及对研究内容的初步认识，或建立假设。

（2）判断抽样。

判断抽样是另一种比较方便的抽样方式，是指研究人员根据经验、判断和对研究对象的了解，有目的地选择一些单位作为样本，实施时根据不同的目的有重点抽样、典型抽样、代表抽样等方式。重点抽样是从调查对象的全部单位中选择少数重点单位，对其实施调查。这些重点单位的数量虽然不多，但在总体中占有重要地位。例如，要了解全国钢铁企业的生产状况，可以选择产量较大的几个钢铁企业，如宝钢、鞍钢、首钢等，对这些重点单位进行调查，就可以了解钢铁产量的大致情况及产量变化的基本走势。典型抽样是从总体中选择若干个典型的单位进行深入的调研，目的是通过典型单位来描述或揭示所研究问题的本质和规律，因此，选择的典型单位应该具有研究问题的本质或特征。例如，研究青少年犯罪问题，可以选择一些典型的犯人，对其做深入细致的调查，掌握大量一手资料，进而分析青少年犯罪的一般规律。代表抽样是通过分析，选择具有代表性的单位作为样本，在某种程度上，也具有典型抽样的含义。例如，某奶粉生产企业欲了解消费者对奶粉成分的需求，可以调查一些年轻的母亲，因为她们购买奶粉的数量较大，对奶粉的成分有更高的要求，通过她们可以了解消费者购买奶粉时的选择意向。判断抽样是主观的，样本选择的好坏取决于调研者的判断、经验、专业程度和创造性。这种方式的抽样成本比较低，也容易操作，但由于样本是人为确定的，没有依据随机的原则，因而调查结果不能用于对总体有关参数进行估计。

(3) 自愿样本。

自愿样本指被调查者自愿参加，成为样本中的一分子，向调查人员提供有关信息。例如，参与报刊上和互联网上刊登的调查问卷活动，向某类节目拨打热线电话等，都属于自愿样本。自愿样本与抽样的随机性无关，样本的组成往往集中于某类特定的人群，尤其集中于对该调查活动感兴趣的人群，因此，这种样本是有偏的。我们不能依据样本的信息对总体的状况进行估计，但自愿样本仍可以给研究人员提供许多有价值的信息，它可以反映某类群体的一般看法。

(4) 滚雪球抽样。

滚雪球抽样往往用于对稀少群体的调查。在滚雪球抽样中，首先选择一组调查单位，对其实施调查之后，再请他们提供另外一些属于研究总体的调查对象，调查人员根据所提供的线索，进行此后的调查。这个过程持续下去，就会形成滚雪球效应。例如，欲对冬泳爱好者进行某项调查，调查人员首先找到若干名冬泳爱好者，然后通过他们找到更多的冬泳爱好者。滚雪球抽样也属于非概率抽样，因为与随机抽取的被调查者相比，被推荐的被调查者在许多方面与推荐他们的那些人更为相似。滚雪球抽样的主要优点是容易找到那些属于特定群体的被调查者，调查的成本也比较低。它适合对特定群体进行研究的资料搜集。

(5) 配额抽样。

配额抽样类似于概率抽样中的分层抽样，在市场调查中有广泛的应用。它是首先将总体中的所有单位按一定的标志（变量）分为若干类，然后在每个类中采用方便抽样或判断抽样的方式选取样本单位。这种抽样方式操作比较简单，而且可以保证总体中不同类别的单位都能包括在所抽的样本中，使得样本的结构和总体的结构类似。但因为在抽取具体样本单位时并不是依据随机原则，所以它属于非概率抽样。

在配额抽样中，可以按单一变量控制，也可以按交叉变量控制。表 2—1 是单一变量控制的例子。在一个城市中采用配额抽样抽出一个 $n=500$ 的样本。控制变量有年龄和性别，配额是按单个变量分别分配的，如各个年龄段上的配额和性别的配额。这种配额抽样操作比较简便，但有可能出现偏斜，如年龄低的均为女性，年龄高的均为男性。表 2—2 是交叉变量控制的例子。

表 2—1　　单一变量控制配额分配表

年龄	人数
20～30 岁	150
30～40 岁	150
40～50 岁	100
50 岁以上	100
合计	500

性别	人数
男	250
女	250
合计	500

表 2—2　　交叉变量控制配额分配表

年龄＼性别	男	女	合计
20～30 岁	70	80	150
30～40 岁	75	75	150
40～50 岁	55	45	100
50 岁以上	50	50	100
合计	250	250	500

交叉变量配额控制可以保证样本的分布更为均匀，但现场调查中为了保证配额的实现，尤其是在调查接近结束时，所选的样本单位要同时满足特定的配额，操作的难度可能要大一些。

3. 概率抽样与非概率抽样的比较

概率抽样与非概率抽样是性质不同的两种抽样类型，在调查中采用何种抽样类型，取决于多种因素，包括研究问题的性质、使用数据要说明的问题、调查对象的特征、调查费用、时间等。

由于非概率抽样不是依据随机原则抽选样本，样本统计量的分布是不确切的，因而无法使用样本的结果对总体相应的参数进行推断。如果调查的目标是用样本的调查结果对总体相应的参数进行估计，并计算估计的误差，得到总体参数的置信区间，这时就不适合采用非概率抽样。非概率抽样的特点是操作简便、时效快、成本低，而且对于抽样中的统计学专业技术要求不是很高。非概率抽样适合探索性的研究，调查的结果用于发现问题，为更深入的数量分析做好准备。非概率抽样也适合市场调查中的概念测试，如产品包装测试、广告测试等。

概率抽样是依据随机原则抽选样本，这时样本统计量的理论分布是存在的，因此可以根据调查的结果对总体的有关参数进行估计，计算估计误差，得到总体参数的置信区间，并且在进行抽样设计时，对估计的精度提出要求，计算为满足特定精度要求所需要的样本量。所以，如果调查的目的在于掌握研究对象总体的数量特征，得到总体参数的置信区间，就应当使用概率抽样的方法。当然，概率抽样的技术含量更高，无论是抽选样本还是对调查数据进行分析，都要求有较高的统计学专业知识，调查的成本也比非概率抽样高。

有时在一项研究项目中，也可以把概率抽样和非概率抽样相结合，发挥各自的特点，满足研究中的不同需求。

鉴于概率抽样对统计学专业知识的要求，在本书后面对统计方法的讨论中，若没有特殊说明，均假定数据取自概率样本。

同样需要说明，由于概率抽样又有抽取样本的不同方式（参见前面对概率抽样的讨论），而本书并不是论述抽样技术的专门图书，所以在本书后面的讨论中均假定样本是采用简单随机抽样的方式抽选出的，这样有助于我们集中把握推断统计的基本原理。对其他抽样方式感兴趣的读者，请参阅抽样技术专门的图书。

2.2.2　搜集数据的基本方法

样本单位确定之后，对这些单位实施调查，即从样本单位那里得到所需要的数据，可以采用不同的方法。搜集数据的基本方法有以下几种。

1. 自填式

自填式是指在没有调查员协助的情况下由被调查者自己填写，完成调查问卷。把问卷递送给被调查者的方法有很多，如调查员分发，通过邮寄方式，通过网络方式，或把问卷刊登在报刊上，等等。由于被调查者在填答问卷时调查员一般不在现场，对于问卷中的疑问无人解答，所以这种方法要求调查问卷结构严谨，有清楚的说明，让被调查者一看就知道如何完成问卷。与其他调查方式相比，自填式问卷应有制作详细、形象友好的说明，必要时可在问卷上提供调查人员的联系电话，以便被调查者遇到疑问时与调查员联络。

自填式方法通常要求被调查者具有一定的文化素养，可以读懂问卷，能正确理解调查问卷中的问题并进行回答。与其他搜集数据的方式相比，调查组织者对自填式方法的管理相对容易，只要把问卷正确地送到被调查者手中即可。自填式的调查成本也是最低的，增大样本量对调查费用的影响很小，所以可以进行大范围的调查。这种方式也有利于被调查者，他们可以选择方便的时间填答问卷，可以参考有关记录而不必依靠记忆进行回答。由于填写问卷时调查员不在场，因而自填式方法也可以在一定程度上减少被调查者回答敏感问题的压力。

自填式方法的弱点也是明显的。首先，问卷的回收率比较低，因为被调查者往往不够重视，在完成问卷方面没有压力，所以把问卷放弃不答。同时，由于不重视，被调查者也容易把问卷丢失和遗忘。所以采用自填式方法时，通常需要做很多跟踪回访工作以取得较高的回收率。其次，自填式方法不适合结构复杂的问卷，因为许多被调查者不会去认真阅读填写问卷的指南，如果问卷中出现跳答、转答这样的问题，被调查者往往出现回答错误，而如果问卷中不使用跳答、转答这样的技术手段，研究人员可能就无法搜集到最合适的所需信息。因此，自填式方法对调查的内容会有所局限。此外，自填式方法的调查周期通常都比较长，调查人员也需要对问卷的递送和回收方法进行仔细的研究和选择。最后，对于在数据搜集过程中出现的问题，一般难以及时采取调改措施。

2. 面访式

面访式是指现场调查中调查员与被调查者面对面，调查员提问、被调查者回答这种调查方式。面访式的主要优点是，由于是面对面的交流，调查人员可以激发被调查者的参与意识，对不愿意参与的被访者进行说服工作，由此提高调查的回答率。调查员可以在现场解释问卷，回答被调查者的问题，同时，对被调查者的回答进行鉴别和澄清，提高调查数据的质量，并且可以对识字率低的群体实施调查。由于调查问卷是由经过培训的调查员所控制的，所以在问卷设计中可以采用更多的技术手段，使得调查问题的组合更为科学、合理。而且，在面访调查中，还可以借助其他调查工具（图片、照片、卡片、实物等）以丰富调查内容。面访式的数据搜集方法还有一个优点，即它能对数据搜集所花费的时间进行调节，如果数据搜集进展太慢，需要加快速度，就可以雇用更多的调查员，而这在使用自填式方法时是不可能的。

面访式方法的弱点主要有：首先，调查的成本比较高，因为要有调查员的培训费用、调查员的工资、面访调查中送给被调查者的小礼品和调查员的交通费用等，而且调查费用与样本量关系十分密切，所以，在大样本调查中，研究人员面临着调查成本的巨大压力。其次，面访这种搜集数据的方式在对调查过程的质量控制方面有一定难度，调查的数据质量与调查员的工作态度、责任心有直接关系，当大量调查员参与调查时，如何保证高质量的现场操作就是一个很重要的问题。此外，对于敏感问题，除非对调查员进行角色筛选，对调查员的访谈技巧进行专门的技术培训，否则，在面对面的条件下，被调查者通常不会像在自填式方法下那样放松。

3. 电话式

电话式是指调查人员通过打电话的方式向被调查者实施调查。电话调查的最大特点是速度快，能够在很短的时间内完成调查。电话调查特别适合样本单位十分分散的情况，由于不需要支付调查员的交通费，数据搜集的成本大大下降。电话调查对调查员也是安全的，他们不必在晚上走访偏僻的居民区，而在面访调查中，这些都是不可避免的。在电话调查中，对访问过程的控制也比较容易，因为调查员的工作地点都在一起，调查中遇到的问题可以得到及时处理和解决，调查督导对访问实施监听也很容易。目前，这方面的技术正在朝计算机辅助电话调查（computer assisted telephone interview，CATI）方向发展。CATI 系统把计算机与电话访问连接起来，调查的问卷被输入计算机，调查员在计算机屏幕前操作，随机样本的抽选由计算机完成，由计算机进行自动拨号，调查员将调查结果（用鼠标点击选项）输入计算机，设计的程序可以对录入的结果进行逻辑审核，从而保证了数据的合理性。可以在调查过程中随时得到即时的调查结果统计，从而发现样本结构、样本分布等有关问题，并及时采取相应措施，使得样本的组成更为合理。对于无人接听，或对方因为忙而无法接受调查等特殊情况，CATI 系统可以自动记录下来，并在适当的时候向调查人员做出提示，对这些样本单位进行重新调查。目前在发达国家，使用 CATI 系统已经成为数据搜集的最主要方法。我国电话拥有率增长很快，使用电话调查的方式搜集数据有广阔的发展空间。

电话调查也有一定的局限性。因为电话调查的工具是电话，如果被调查者没有电话，调查将无法实施，所以在电话拥有率不高的地区，电话调查这种方式就受到限制。另外，使用电话进行访问的时间不能太长，人们不愿意通过电话进行冗长的交谈，被访者对调查的内容不感兴趣时就更是如此。同时，电话调查所使用的问卷要简单，如果问卷答案的选项过长、过多，被调查者听了后面，忘了前面，不仅造成调查进度的延缓，被调查者还很容易挂断电话。最后，与面访式相比，电话调查由于不是面对面的交流，在被访者不愿意接受调查时，要说服他们就更为困难。

此外，搜集数据的方法还有观察式，即调查人员通过直接观测的方法获取信息，如利用安置在超市中的录像设备观察顾客挑选商品时的表情；在十字路口通过计数的方法估算车流量等。

4. 数据搜集方法的选择

搜集数据的不同方法各有特点，在选择数据搜集方法时，需要考虑以下几个问题。

(1) 抽样框中的有关信息。

抽样框中的有关信息是影响方法选择的一个因素。如果抽样框中没有通信地址，就不能将自填式问卷寄给被调查者；如果没有计算机随机数字拨号系统，又没有电话号码的抽样框，电话调查的概率样本就难以产生，这时，电话访问方式就无法使用。

(2) 目标总体的特征。

目标总体的特征也影响数据搜集方法。目标总体的特征表现在多个方面。例如，如果总体的识字率很低，对问卷的理解有困难，就不宜使用自填式方法。样本的地理分布也很重要，如果样本单位分布很广，地域跨度大，进行面访调查的交通费用就会很高，而且调查过程的管理和质量监控实施起来也不容易。

(3) 调查问题的内容。

调查问题的内容也会影响数据搜集。对于比较复杂的问题，面访调查比较适合，因为调查员可以在现场对模糊的问题进行解释和澄清，并判断被访者对问题是否真正理解，调查问卷的设计也可以采用更多技术，如跳答、转答等，使搜集的数据满足研究的要求。而如果调查的问题涉及一些敏感问题，那么使用匿名的数据搜集方法，如自填式或电话调查可能更合适。

(4) 有形辅助物的使用。

有形辅助物的使用对调查常常是有帮助或是必要的，例如在调查期间显示产品、产品的样本、广告等，在一些市场调查中，有时还需要被调查者试用产品，然后接受调查。在这些情况下，面访是最合适的方法。采用邮寄问卷的自填式调查方法也可以有一些效果，因为可以随问卷同时邮寄有关调查内容的图片。但电话调查对有形辅助物的使用就受到限制。

(5) 实施调查的资源。

实施调查的资源会对搜集数据的方法产生重大影响。这些资源包括经费预算、人员、调查设备和调查所需时间。面访调查的费用是最高的，需要支付调查员的劳务费、调查交通费、被访者的礼品费等，还要找到能够满足调查需要的一定数量的调查员。如果使用计算机辅助电话调查，就需要有计算机设备和 CATI 操作系统。

(6) 管理与控制。

有些数据搜集方法比另一些方法更容易管理。例如，在电话调查中，调查员通常集中在调查中心一起工作，因此，管理和控制相对简单。而面访调查中调查员是分散、独立地进行工作，对他们的管理与控制就有一定难度。

（7）质量要求。

质量要求也是确定数据搜集方法的一个重要因素。如果调查员是经过考核选拔出来的，有较好的素质和责任心，并经过专门的培训，这时面访调查就能够有效地减少被访者的回答误差。例如，对于调查中所使用的概念，调查员能够给出清晰无误的解释；有经验的调查员还可以对被访者回答的真实性做出判断，并使用调查询问中的相关技术进行澄清，以保证高质量的数据。回答率也是影响数据质量的一个重要方面。由于面访具有面对面交流的有利条件，所以一般而言，面访式的回答率最高，而自填式的回答率最低。但面访式的调查成本也是最高的，而自填式的调查成本最低。

三种搜集数据方法的特点如表 2—3 所示。

表 2—3　　搜集数据不同方法的特点

项目	自填式	面访式	电话式
调查时间	慢	中等	快
调查费用	低	高	低
问卷难度	要求容易	可以复杂	要求容易
有形辅助物的使用	中等利用	充分利用	无法利用
调查过程控制	简单	复杂	容易
调查员作用的发挥	无法发挥	充分发挥	一般发挥
回答率	最低	较高	一般

由此可知，没有哪一种方法在所有方面都是最好的，因此，在数据搜集使用方法的选择中要根据调查所需信息的性质、调查对象的特点、对数据质量和回答率的要求，以及预算费用和时间要求等多方面因素综合而定。也许没有一种方法是适用的，这时就要考虑研究人员对数据需求的最主要方面。需要说明的是，各种方法并不是相互排斥的；相反，在许多方面恰恰是相互补充的，因此，在一项调研活动中将各种方法结合起来使用也许是不错的选择。例如，对被选中的调查单位首先采用邮寄问卷，让受访者自填的方式，对没有返回问卷的受访者，再进行电话追访或面访。

2.3　实验数据

搜集数据的另一类方法是通过实验，在实验中控制一个或多个变量，在有控制的条件下得到观测结果。所以，**实验数据**（experiment data）是指在实验中控制实验对象而搜集到的变量的数据。例如，对在一起饲养的一群牲畜，分别喂给不同的饲料，以检验不同饲料对牲畜增重的影响。实验是检验变量间因果关系的一种方法。在实验中，研究人员要控制某一情形的所有相关方面，操纵少数感兴趣的变量，然后观察实验的结果。

2.3.1　实验组和对照组

实验不仅是搜集数据的一种方式，而且是一种研究方法。实验法的基本逻辑是：有意识地改变某个变量的情况（不妨设为 A 项），然后看另一个变量变化的情况（不妨设为 B 项）。如果 B 项随着 A 项的变化而变化，就说明 A 项对 B 项有影响。为此，需要将研究对象分为两组，一个为实验组，一个为对照组。**实验组**（experiment group）是指随机抽选的实验对象的子集。在这个子集中，每个单位接受某种特别的处理。而在**对照组**（control group）中，每个单位不接受实验组成员所接受的某种特别的处理。

早在 17 世纪初，英国海军就试图运用实验法找到坏血病的起因。当时，在海上长期航行的水手们面临坏血病的威胁，皮肤上有青灰斑点，牙龈大量出血，英国海军部怀疑这是由于缺乏柑橘类水果所导致的。当这个想法被提出时，恰好有四艘海军军舰正要离开英国本土做长期航行，为调查是否是因为缺乏柑橘类水果而导致这种疾病，海军部安排其中一艘军舰上的水手每天喝柑橘汁，而其他三艘军舰上的水手则没有柑橘汁供应。航行还未结束，没有喝柑橘汁的水手们开始成批地生病，以至于不得不把每天喝柑橘汁的水手分配到这三艘军舰上以帮助这些军舰进港。

在这项实验中，喝柑橘汁的水手们构成了实验组，没有喝柑橘汁的水手们构成了对照组，需要对照组的原因是，若没有对照组，就无法判定 A 项是否对 B 项产生影响。设想，如果四艘军舰上的水手们都喝柑橘汁，那么，没有得坏血病的原因是什么就无法验证。一个好的实验设计都有一个实验组和一个或多个对照组。

但英国海军的实验还是有欠缺的，主要表现在两点：首先，实验组和对照组所处的外部环境应该相同，在这个原则下，每艘船上都应该有喝柑橘汁和不喝柑橘汁的实验者，这样就排除了船的因素的影响。其次，实验者在哪个组应该随机产生，否则，喜欢喝柑橘汁的人跑到了实验组，而喜欢喝酒的人在对照组，在研究开始之前两组的人员身体状况就存在差异，这样就无法说明问题。如果实验对象是随机安排的，那么健康和不健康的水手在每一组中的数目差不多，身体状况对导致坏血病的影响就被抵消了，实验数据才有更高的可信度。

一个好的实验，对照组和实验组的产生不仅应该是随机的，而且应该是匹配的。所谓匹配，是指对实验单位的背景材料进行分析比较，将情况类似的每对单位分别随机地分配到实验组和对照组。例如，在实验新药或新的疗法时，将接受实验的患者按照年龄、性别、病情等变量匹配后分到实验组和对照组。这样，不同组的患者有大致相同的背景。同时，分组的结果不让患者知道，最好主持评价的医生也不知道，这可以称为双盲法。双盲法也是在实验设计中应采用的。

2.3.2　实验中的若干问题

实验法的逻辑严密，可以较好地证明假设，分析事物因果关系，但在实验过程中也会遇到一些问题。

1. 人的意愿

根据前面的讨论，我们知道，在划分实验组和对照组时，应该采用随机原则，但在实施过程中会遇到挑战。如果研究的对象是人，这种挑战就更为明显。人们都有自己的生活方式和处世原则，都有自己的爱好和兴趣，他们未必会按照研究者的要求和布置行事。他们不会让自己的行为拘泥于一定的控制条件下。

2. 心理问题

在实验研究中，人们对被研究非常敏感，这使得他们更加注意自我，从而走向另一个极端。记录这种影响的例子之一是1924—1933年间，对通用电气公司的工人生产率的系列调查。在一次调查中，一组社会学家和公司人事部门的成员想要研究车间照明度对工人劳动生产率的影响。研究者增大照明度，发现产量增加。令人奇怪的是，当他们减少照明度，产量也增加。看来无论做什么，工人的产量都会增加。后来发现，增加产量的原因不在于照明度，而是工人意识到有人在注意他们的行为，从而表现出一种容易被社会认可和接受的行为，尽管这种行为并不是他们愿意的。

3. 道德问题

道德问题使得对人和动物做的实验复杂化了。当某种实验涉及道德问题时，人们会处于进退两难的尴尬境地。例如，有一种理论认为，人口密度大会导致犯罪率的上升。研究人员通过动物实验，观察作为实验对象的小白鼠的行为变化。随着被关在一起的小白鼠的密度不断增加，老鼠变得越来越烦躁，最后导致相互攻击、自相残杀。显然，对人做这种实验是不道德的，那么对老鼠做这种实验就道德吗？又比如，在做药物实验时，如何看待实验组和对照组的结果呢？例如，发明了一种有望治疗艾滋病的新药，实验组的患者服用这种药，而对照组的患者不能服用这种药。如果新药是有效的，对照组的人得不到新药就会面临死亡的威胁。然而，如果发现这种药有副作用，从而导致服用该药的人在两年以后有更高的死亡率，那么，没有服用这种药的对照组患者则可能避免这种风险。这中间确实存在道德的困境。

2.3.3 实验中的统计

统计在实验的过程中发挥着重要的作用。这些作用主要表现在：确定进行实验所需要的单位的个数，以保证实验可以达到统计显著的结果；将统计的思想融入实验设计，使实验设计符合统计分析的标准；提供尽可能最有效地同时研究几个变量影响的方法。

确定进行实验所需要的单位的个数，以便得到对实验精度预期的结果，这需要统计学的专业知识。一般来说，实验数据越多越好。但进行大规模的实验，搜集数据的成本将非常高，所需要的时间也更长。统计分析能够为在精度与费用的平衡中做出决断提供可以参考的信息。

进行实验设计，也离不开统计学知识。实验设计本身就是一个统计问题。实验设计是探索如何根据研究问题的需要，科学地安排实验，使我们能用尽可能少的实验获得尽可能多的信息。实验设计的有关问题将在后续章节中介绍。

在对实验数据进行分析时，根据研究的需要，统计可以提供最恰当的分析方法。一个好的实验，应该在两个方面都有效。一个方面是内部的有效性，内部的有效性意味着实验测量的准确性。实验的目的是要考察自变量和因变量之间的因果关系，而如果实验观察结果受到其他无关变量的影响，就很难推断自变量与因变量之间的因果关系。另一个方面是外部的有效性，外部的有效性决定是否可以将实验中发现的因果关系进行推广，即能否将结果推广到实验环境以外的情况？如果可以，结果可以推广到什么样的总体、什么样的环境、什么样的自变量和因变量？与实验情况完全相同的纯环境在社会现实中是很难复制的，那么，实验结果是否还有效？对这些问题给出分析和解释，需要利用统计方法。例如，多元回归分析可以近似地将各个变量的影响区分开，在满足一定条件下，定量地比较各个自变量对因变量产生的影响。协方差分析可以通过调整每组内因变量的平均值，达到将无关变量的影响剔除的目的。此外，多元统计分析的方法在实验数据的分析中也发挥着重要的作用。

2.3.4 实验法案例

通过实验得到的数据称为实验数据，实验数据可以作为研究者判断假设的依据。下面的两个案例或许可以使读者对实验数据的作用有更多的体会。

》》》案例2.1 现场实验帮助A公司胜诉《《《

美国的A公司生产著名的运动包，该公司发现B公司（一个大型的商业集团）引进一条生产线，生产的运动包与A公司生产的运动包形状几乎完全一样，消费者很难区分。A公司指控B公司，说B公司误导消费者，让消费者觉得自己买的是A公司的产品，而实际买的却是B公司的产品。为了证实这一点，由第三方进行了一次现场实验。实验中选择了两组妇女，给第一组妇女看的是A公司生产的包，包面上的所有标签都去掉，所有的标识、说明都印在包的里层。给第二组妇女看的是B公司生产的包，包上的商标明显可见，所有的标签和悬挂物都按出售现场的样子保留。这样做的目的是希望通过这种实验了解妇女们购买包时的选择标准。例如，她们能否区分出包的不同来源或品牌，她们依据什么进行识别或辨认，如果靠某些东西来辨认，那么这样做的理由是什么。

每组样本都是200人，实验分别在芝加哥、洛杉矶和纽约的大商场进行。调查采用拦截式面访，被调查者是配额样本，即按妇女不同的年龄比例分配样本单位。

实验结果表明，大多数消费者无法区分两种包的不同来源，她们购买包时的依据主要是包的款式，而A公司生产的包是名牌商品，这种包的款式是人们所熟悉的。这个结果支持了A公司的立场。调查数据帮助A公司在法庭上胜诉，B公司同意停止销售自己所生产的包。

案例 2.2 科普节目效果实验

为了增加儿童（4～7 岁）对天文学基本知识的了解，培养家长和儿童对天文学和观察天象的积极态度，提高他们对天文学的鉴赏能力，有关部门制作了一套天文学科普节目，在天文馆播出。为了解这套节目的效果，需要调查在天文馆的观看经历对儿童产生了什么影响。这种影响可以分为两个层面：一个是短暂的影响，这可以通过受访者对观看节目的感受得到反映；另一个是长期的影响，即看完节目后采取了哪些相关行动。所以这项节目效果实验调查的设计是这样的：在儿童观看节目前和观看节目后的几分钟内对他们进行短暂的调查。然后，在观看节目一个月以后进行另一项跟踪调查。调查的样本量为儿童 500 名，家长 500 名。

一开始的调查是在天文馆现场进行的。在该节目播出期间，每个被抽中的儿童在观看节目前接受访员（年轻的大学生）大约 5 分钟的谈话调查。访员所询问的问题与被访者年龄相适应，知识问题与天文学相关，同时还要询问观察天象的经历（如果有观察天象的经历）。观看节目前询问的问题有看电视节目的习惯，例如，询问是否看过“我们的宇宙”（一个在电视上播出过的天文学科普节目），有哪些家庭学习资源（如电视、望远镜、电脑等），以及是否参观过天文馆或者类似的地方。观看后的询问应该由同一个访员来进行。询问时间不超过 10 分钟，问题包括对节目中有关信息的回忆、对观察天象的兴趣和态度。在询问结束后，送给孩子一个有关天文学内容的小礼物，以感谢他们接受访问。

对于带领儿童参观的家长或者看护人，让他们在观看节目之前填写一份简短的问卷，在观看节目后马上填写另一份简短的问卷。填写两份问卷的时间分别不超过 5 分钟和 10 分钟。观看前的问卷询问被访者是否带孩子参与过与天文学知识有关的活动、孩子参加活动的特点，以及他们对天文学的兴趣和了解程度。观看前的访问内容也包括以前观察天象的经历（如果有这样的经历）、个人学习天文学的资源（望远镜、电脑和杂志等）。观看后的访问将了解看护人对带儿童观看有关节目内容的评论、将了解的知识运用到今后活动中的想法，以及他们个人对天文学的兴趣和态度。

在被调查者接受现场调查以后约一个月，对被访者进行电话跟踪调查。调查员与天文馆进行现场调查是同一个人，调查时间为 10 分钟。跟踪调查是为了了解被访者在观看节目后是否进行过与天文学有关的活动（买书、资料或者望远镜，观看有关天文学的电视节目，参观天文馆或者类似的场馆，与孩子共同讨论有关天文学的问题以及观察天象），对天文学和科学的态度以及（经过一段时间后）对天文馆科普节目的评价。对家长结束访问后，要询问家长是否可以问孩子几个问题。如果得到同意，访员要让孩子回忆一些那天观看天文学节目的问题，参加天文学方面的一些活动或者观看的有关电视节目，以及与家长和其他小朋友讨论的问题。对儿童的电话访问时间不超过 10 分钟。

在这个案例中，我们没有详细讨论如何抽选天文馆，以及在中选的天文馆现场如何抽选接受调查的孩子和家长，抽选的原则是随机的。

2.4 数据的误差

数据的误差是指通过调查搜集到的数据与研究对象真实结果之间的差异。数据的误差有两类：抽样误差和非抽样误差。

2.4.1 抽样误差

抽样误差（sampling error）是由抽样的随机性引起的样本结果与总体真值之间的误差。在概率抽样中，我们依据随机原则抽取样本，可能抽中由这样一些单位组成的样本，也可能抽中由另外一些单位组成的样本。根据不同的样本，可以得到不同的观测结果。例如，检验一批产品的非优质品率，随机抽出一个样本，样本由若干个产品组成，通过检测得到非优质品率为30%。如果我们再抽取一个产品数量相同的样本，检测的结果不太可能是30%，有可能是29%，也有可能是31%。不同样本会得到不同的结果。但是我们知道，总体真实的结果只能有一个，尽管这个真实的结果我们并不知道。不过可以推测，虽然不同的样本会带来不同的答案，但这些不同的答案应该在总体真值附近。如果不断地增大样本量，不同的答案也会向总体真值逼近。事实也正是如此，如果这批产品的数量非常大，我们不得不采用抽样的办法检查其质量，又假设样本由随机抽取出的1 000个零件组成，经过多次抽样，得到多个不同样本的检测结果，就会发现这些结果的分布是有规律的。例如，如果总体真正的非优质品率是30%，那么，大部分的样本结果（如反复抽样中95%的样本结果）会落在27.2%～32.8%之间。以总体的真值30%为中心，有95%的样本（100个样本中，大约有95个样本）结果在±2.8%的误差范围内波动，也就是30%－2.8%＝27.2%，30%＋2.8%＝32.8%。这个±2.8%的误差是由抽样的随机性带来的，我们把这种误差称为抽样误差。抽样误差的示意图如图2—1所示。

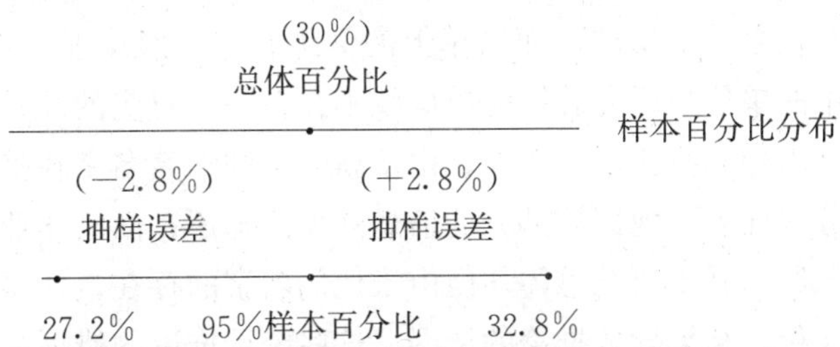

图2—1 总体百分比和抽样误差示意图

由此看出，抽样误差并不是针对某个具体样本的检测结果与总体真实结果的差异而言的，抽样误差描述的是所有样本可能的结果与总体真值之间的平均差异。例如，在图2—1中，我们说全部样本中95%的样本结果与真值之间的差异上下不超过2.8%的范围。读到这里，读者可能会问："既然总体真值都不知道，怎么可能知道有

95%的样本结果与真值的差异是2.8%呢?” 确实，总体真值我们是不知道，否则也就不用调查了。但是，通过样本可以计算出这个误差。在本书第6章、第7章将介绍这方面的内容。

抽样误差的大小与多方面因素有关。最明显的是样本量的大小，样本量越大，抽样误差就越小。当样本量大到与总体单位相同时，也就是抽样调查变成普查，这时抽样误差便减小到零，因为这时已经不存在样本选择的随机性问题，每个单位都需要接受调查。抽样误差的大小还与总体的变异性有关。总体的变异性越大，即各单位之间的差异越大，抽样误差也就越大，因为有可能抽中特别大或特别小的样本单位，从而使样本结果偏大或偏小；反之，总体的变异性越小，各单位之间越相似，抽样误差也就越小。如果所有的单位完全一样，调查一个就可以精确无误地推断总体，抽样误差也就不存在了。现实中，这种情况也是不存在的，否则，对这样的总体也就不用进行专门的抽样调查了。

2.4.2 非抽样误差

非抽样误差（non-sampling error）是相对抽样误差而言的，是指除抽样误差之外的，由其他原因引起的样本观察结果与总体真值之间的差异。抽样误差是一种随机性误差，只是存在于概率抽样中；非抽样误差则不同，无论是概率抽样、非概率抽样，或是在全面调查中，都有可能产生非抽样误差。非抽样误差有以下几种类型。

1. 抽样框误差

在概率抽样中需要根据抽样框抽取样本。抽样框是有关总体全部单位的名录，在地域抽样中，抽样框也可以是地图。一个好的抽样框应该是，抽样框中的单位和研究总体中的单位有一一对应的关系。例如，如果在某个学校中抽取一个学生样本，抽样框是该学校所有学生的名单，这时，名单中的每一个名字都对应着一个学生。该校所有学生的名字都在抽样框中有所反映，抽样框中的所有名字又确实是该校目前在校注册的所有学生，这时，就存在一一对应的关系。但如果学生的名单是去年的，新入学学生的名字没有在名单上反映，而名单上的学生有些已经毕业，不属于该校的学生，这时，抽样框中的单位与研究总体的单位就不存在一一对应的关系，使用这样的抽样框抽取样本就会出现一些错误。例如，由于新入学的学生名字在抽样框中没有，所以他们不可能被选入样本，他们那部分的信息就无法知道；而已毕业学生的名字仍然在名单中，他们已经不属于研究总体，但由于他们名字的存在，使得抽样过程中的单位入样概率发生变化，结果导致推论的错误。这些统计推论的错误是抽样框的不完善造成的，我们把这种误差称为抽样框误差。

构造一个好的抽样框是抽样设计中的一项重要内容。在调查对象确定后，通常可以选取不同的资料构造抽样框。例如上面对学生情况的调查，抽样框可以是学生名单，也可以是学生宿舍的号码（先抽取宿舍，再从选中的宿舍中抽取学生）。在这种情况下，设计人员的任务是选择与调查内容最贴切的抽样框。

2. 回答误差

回答误差是指被调查者在接受调查时给出的回答与真实情况不符。导致回答误差的原因有多种，主要有理解误差、记忆误差和有意识误差。

(1) 理解误差。

不同的被调查者对调查问题的理解不同，每个人都按自己的理解回答，大家的标准不一致，由此造成理解误差。

例如，有一些表示频率的词，如“经常”、“频繁”、“偶尔”等在调查中经常使用。实际上不同的人对这些词的理解是有差别的。设想在一项关于电视收视率的调查中询问被调查者这样一个问题：

您经常看电视节目吗？

1）从来不看；

2）偶尔看；

3）有时看；

4）经常看；

5）天天看。

被调查者对这五项选择的理解可能是不同的。例如某人一周看两次电视，他认为属于“偶尔看”，而另一个人同样一周看两次电视，却可能选择“有时看”或“经常看”。这说明，问卷中的措辞对减少调查中的非抽样误差起着相当重要的作用。

对这个问题的调查，比较好的措辞可以是：

您经常看电视节目吗？

1）从来不看；

2）平均每周少于 1 次；

3）平均每周 1～2 次；

4）平均每周 3～5 次；

5）每周 6～7 次。

这样，被调查者对问题的理解就唯一了，就有可能减少理解误差。

有时，问卷中问题的排序也会对调查结果产生影响。这方面一个经典的例子取自 1980 年的一项实验调查。调查的对象是美国居民，调查的问题有下面两个：

A. 你是否认为美国应该让其他社会主义国家（如苏联）的记者到美国来，并把他们看到的新闻发回去。

B. 你是否认为像苏联那样的社会主义国家应该让美国新闻记者入境，并把他们看到的新闻发回美国。

实验结果是，如果按 A，B 的顺序排列，对问题 A 赞同的比例有 54.7%，对问题 B 赞同的比例有 63.7%。但是，如果按 B，A 的顺序排列，对问题 A 赞同的比例有 74.6%，对问题 B 赞同的比例有 81.9%。不同的排序得到不同的结果。从心理学的角度分析，人们在回答问题时总是有意无意地保持一致。美国人可能比较愿意让美国的记者到社会主义国家去，并把新闻发回美国。当把问题 B 放在前面时，就形成一个比较宽松的框架，既然苏联应该让美国记者入境，美国也应该让苏联记者进入美国，所以同意的比例都比较高。

这些对问题的理解都与被调查者的心理活动有关。心理学知识对于设计一份好的调查问卷是有帮助的。

（2）记忆误差。

有时，调查的问题是关于一段时期内的现象或事实，需要被调查者回忆。需要回忆的时间间隔越久，回忆的数据可能就越不准确。所以，缩短调查所涉及的时间间隔可以减少记忆误差。但是，有些事件是按一定周期发生的。例如，研究农作物产量与施肥量的关系。产量通常以年度为周期，而肥料的用量与收获年度有关。在这种情况下，以年度为调查期更适宜。

（3）有意识误差。

当调查的问题比较敏感，被调查者不愿意回答，迫于各种原因又必须回答时，可能就会提供一个不真实的数字。产生有意识误差的动因大致有两种：一种是调查问题涉及个人隐私，被调查者不愿意告知，所以造假；另一种是受利益驱动，进行数字造假。有意识误差比记忆误差的危害要大。因为记忆误差具有随机性，有些人可能说高了，有些人可能说低了，高低相抵，调查结果还是具有趋中的倾向；有意识误差则不同，它往往偏向某一个方向，是一种系统性偏差。例如，调查纳税情况时，被调查者往往高报，以表现自己没有漏税行为。而对高收入者调查收入时，被调查者则往往低报，以避免被视为富人。

减少回答中的有意识误差需要多方面的努力。调查人员要做好被调查者的思想工作，让他们打消顾虑；调查人员要遵守职业道德，为被调查者保密；调查中尽量避免敏感问题。对于政府统计中的调查，要加强法制化管理，让“数字造假，数字出官”没有市场。

3. *无回答误差*

无回答误差是指被调查者拒绝接受调查，调查人员得到的是一份空白的答卷。无回答也包括那些调查进行时被访者不在家的情况。电话调查中，拨通后没有人接；邮寄问卷调查中，地址写错，被调查者搬家，或被调查者虽然收到问卷，却把问卷遗忘或丢失，这些都可以视为调查中的无回答。

无回答会对调查结果产生什么影响？如果我们询问被访者的收入，他拒绝回答，他的收入是高还是低？如果他回答了，调查结果将会发生怎样的变化？在一项调查中，如果无回答所占比例很小，对最后结果的影响还不大。但是，如果无回答占到样本很大的比例，调查结果的说服力将大打折扣。令人不安的是，现在调查中的无回答率正在呈上升趋势。更令人不安的是，一些调查人员还没有深刻认识到无回答对数据质量的危害，对于存在大量无回答的调查结果不采取任何补救措施，拿来就用。须知，这是在用样本推算总体，失之毫厘必将谬以千里。

无回答误差有时是随机的，有时是系统性的。如果无回答的产生与调查的内容无关，例如，邮寄的问卷丢失，或调查时被访者正在生病，无法接受调查，在随机状态下，被访者如果回答，其结果可能高于平均值，也可能低于平均值，高低相互抵消，不会产生有偏估计。但当无回答的产生与调查内容有关时，就可能产生系统性误差。

例如，调查收入时的拒绝回答者通常是收入比较高的人群，仅仅用收入低的回答结果进行推算，偏差就不可避免。

如果无回答误差是随机的，可以通过增大样本量的方式解决。例如，调查设计要求完成 1 000 个样本单位，结果回答了 800 个，无回答率为 20%，这时可以再随机抽 250 个单位，并对其进行调查，如果无回答率仍旧为 20%，就可以得到 200 个单位的回答。但是，在有些情况下，虽然无回答的产生与调查内容无关，但无回答集中于某类群体，结果仍然是危险的。例如，采用电话调查方式了解居民对公共交通的看法。如果电话没人接就用另一个号码代替，这意味着，经常不在家或回家晚的人有较小的被调查机会，而可能恰恰这群人与公共交通有更多的接触。频繁的更换也违背了每个人都应该有固定的被调查机会这样的抽样原则。所以，当遇到被访者不在家这类情况时，调查人员不要轻易放弃，应该进行多次回访。大量事实证明，调查数据的质量与调查员的责任心和耐心密切相关。

无回答的系统性误差令人头疼。解决的途径主要在两个方面：一方面是预防，即在调查前做好各方面的准备工作，尽量把无回答降到最低程度。另一方面，当无回答出现后，分析无回答产生的原因，采取一些补救措施。例如，在无回答单位中再抽取一个样本，实施更有力的调查，并以此作为无回答层的代表，和回答层的数据结合起来对总体进行估计。目前，对无回答问题的研究仍在进行。

4. 调查员误差

这是指由于调查员的原因而产生的调查误差。例如，调查员粗心，在记录调查结果时出现错误。调查员误差还产生于调查中的诱导，而调查员本人可能并没有意识到。例如，在调查过程中调查员有意无意地流露出对调查选项的看法或倾向，调查员的表情变化、语气变化、语速变化都可能对被调查者产生某种影响。

5. 测量误差

如果调查与测量工具有关，则很有可能产生测量误差。例如，对小学生的视力状况进行抽样调查，而视力的测定与现场的灯光、测试距离都有密切关系。调查在不同地点进行，如果各测试点的灯光、测试距离有所差异，就会给调查结果带来测量误差。调查有时也采用观察、记数的方式进行。例如，在调查商场客流量时，调查员站在商场门口查点进出的顾客，在调查汽车流量时，查点过往的车辆。谁敢保证这种查点一个不错呢?

2.4.3 误差的控制

上面对调查中的误差问题进行了比较详细的讨论。如何有效地控制各种误差，提高数据的质量，这是研究人员和现场调查人员面临的挑战。

抽样误差是由抽样的随机性带来的，只要采用概率抽样，抽样误差就不可避免。令人欣慰的是，抽样误差是可以计算的。在一个特定问题的研究中，研究人员对抽样误差有一个可以容忍的限度。例如，用抽检的方法检验产品的质量，对总体合格品率估计的误差不超过±1%，这个±1%就是允许的抽样误差。允许的抽样误差是多大，取决于对数据精度的要求。一旦这个误差确定下来，就可以采用相应的措施进行控制。进行控制的一个主要方法是改变样本量，统计方法已经给出了计算样本量的公式（见第7章）。要求的抽样误差越小，所需要的样本量就越大。

非抽样误差与抽取样本的随机性无关，因而在概率抽样和非概率抽样中都会存在（但抽样框误差仅在概率抽样中存在）。有很多原因会造成非抽样误差，因此控制起来比较困难。全面讨论非抽样误差的控制问题已经超出本书的范围，有兴趣的读者可以参考本书后面所列的参考文献，这里只是简要作些介绍。

如果采用概率抽样，就需要抽样框，抽样框误差就可能出现。在有些情况下，抽样人员对这个问题不够重视，使用了不太好的抽样框。其实，对同一个调查问题，有时可以构造不同的抽样框，例如，对学校教师进行抽样调查，以了解他们对建设一流大学的看法，抽样框可以是教师的名单，可以是教师住所的门牌号码，可以是教师家的电话号码，甚至可以是教师上课的教室编号。不同的抽样框，其质量可能会有所差别，通过认真分析，就可以选择出比较好的抽样框。此外，构造抽样框还需要广泛地搜集有关信息，对抽样框进行改进，例如，把两个抽样框结合起来，以弥补抽样框覆盖不全的缺陷。

一份好的调查问卷可以有效地减少调查误差。问卷中题目的类型、提问的方式、使用的词汇、问题的组合等，都可能会对被调查者产生某种哪怕是十分微小的影响，而大量微小影响的累加是不可忽视的。做好问卷设计是减少非抽样误差的一个方面。

非抽样误差控制的重要方面是调查过程的质量控制。这包括：调查员的挑选，调查员的培训，督导员的调查专业水平，对调查过程进行控制的具体措施，对调查结果进行的检验、评估，对现场调查人员进行奖惩的制度，等等。目前在规范的专业性市场调查咨询公司，都有一些进行质量控制的规章制度和经验。

□ 思考与练习

2.1 什么是二手资料？使用二手资料需要注意些什么？

2.2 比较概率抽样和非概率抽样的特点。举例说明什么情况下适合采用概率抽样，什么情况下适合采用非概率抽样。

2.3 调查中搜集数据的方法主要有自填式、面访式、电话式。除此之外，还有哪些搜集数据的方法？

2.4 自填式、面访式、电话式调查各有什么利弊？

2.5 请举出（或设计）几个实验数据的例子。

2.6 你认为应当如何控制调查中的回答误差？

2.7 怎样减少无回答？请通过一个例子说明你所考虑到的减少无回答的具体措施。

第3章 数据的图表展示

Chapter 3

不同原因引起的寿命损失

统计研究表明，某种原因会使寿命减少。我们用三种方式来描述统计研究的结果。

第一种方式是用文字来描述。比如，未结婚的男性会使寿命减少 3 500 天，女性则减少 1 600 天；吸香烟的男性会使寿命减少 2 250 天，女性则减少 800 天；饮酒会使寿命减少 130 天；超重 30%会使寿命减少 1 300 天；滥用药物会使寿命减少 90 天……

第二种方式是用表格来描述不同原因引起的寿命减少的天数，结果如右表所示。

第三种方式是用图形来描述这些结果。这里使用两种图形：一种是柱形图，一种是帕累托图。

原因	寿命减少的天数
未结婚（男性）	3 500
惯用左手	3 285
吸香烟（男性）	2 250
未结婚（女性）	1 600
超重 30%	1 300
超重 20%	900
吸香烟（女性）	800
抽雪茄	300
危险工作，事故	300
交通事故	200
饮酒	130
滥用药物	90
一般工作，事故	74
自然放射性	8
喝咖啡	6
医疗 X 射线	6

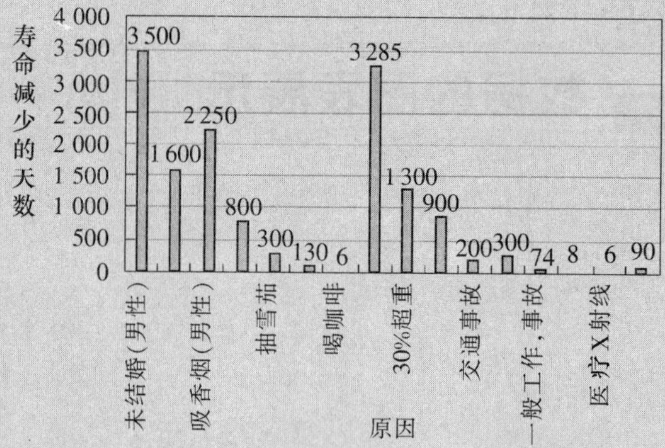

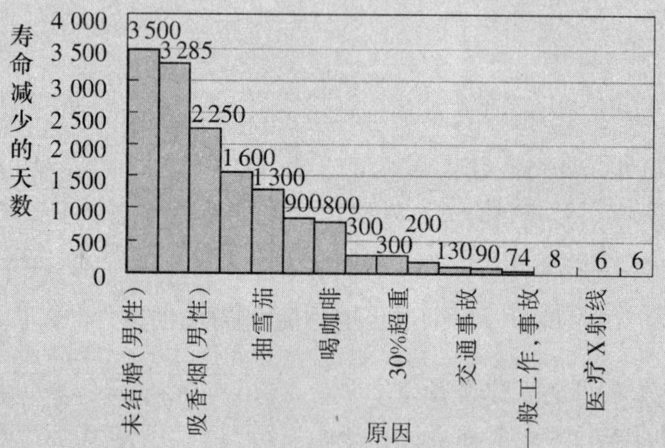

比较上述三种方式，你认为哪种方式更好？

合理使用图表描述统计结果是应用统计的基本技能之一。本章首先介绍数据的预处理方法，然后介绍频数分布表的编制及图表展示方法。

3.1 数据的预处理

数据的预处理是在对数据分类或分组之前所做的必要处理，内容包括数据的审核、筛选、排序等。

3.1.1 数据审核

数据审核就是检查数据中是否有错误。对于通过调查取得的**原始数据**（raw data），主要从完整性和准确性两个方面去审核。完整性审核主要是检查应调查的单位或个体是否有遗漏，所有的调查项目是否填写齐全等。准确性审核主要是检查数据是否有错误，是否存在异常值等。对于异常值要仔细进行鉴别：如果异常值属于记录时的错误，在分析之前应予以纠正；如果异常值是一个正确的值，则应予以保留。

对于通过其他渠道取得的二手数据，应着重审核数据的适用性和时效性。二手数据可以来自多种渠道，有些数据可能是为特定目的通过专门调查而取得的，或者是已经按特定目的的需要做了加工整理。对于使用者来说，首先应弄清楚数据的来源、数据的口径以及有关的背景材料，以便确定这些数据是否符合分析研究的需要，不能盲目生搬硬套。此外，还要对数据的时效性进行审核，对于时效性较强的问题，如果所取得的数据过于滞后，就可能失去研究的意义。

3.1.2　数据筛选

数据筛选（data filter）是根据需要找出符合特定条件的某类数据。比如，找出销售额在 1 000 万元以上的企业；找出考试成绩在 90 分以上的学生，等等。数据筛选可借助计算机自动完成。下面通过一个简单的例子说明用 Excel 进行数据筛选的过程。

例 3.1

表 3—1 是 8 名学生 4 门课程的考试成绩数据（单位：分）。试找出统计学成绩等于 75 分的学生，英语成绩最高的前三名学生，四门课程成绩都大于 70 分的学生。

表 3—1　　8 名学生的考试成绩数据

	A	B	C	D	E
1	姓名	统计学成绩	数学成绩	英语成绩	经济学成绩
2	张松	69	68	84	86
3	王翔	91	75	95	94
4	田雨	54	88	67	78
5	李华	81	60	86	64
6	赵颖	75	96	81	83
7	宋媛	83	72	66	71
8	袁方	75	58	76	90
9	陈风	87	76	92	77

解：下面给出了用 Excel 进行数据筛选的具体步骤。

用 Excel 进行数据筛选的操作步骤

第 1 步：选择【数据】菜单，并选择【筛选】命令。如果要筛选出满足给定条件的数据，可使用【自动筛选】命令，如图 3—1 所示。

这时会在第一行出现下拉箭头，用鼠标点击箭头会出现如图 3—2 所示的结果。

第 2 步：在下拉箭头方框内选择要筛选出的数据。比如，要筛选出统计学成绩为 75 分的学生，选择 75，得到的结果如图 3—3 所示。

要筛选出英语成绩最高的前三名学生，可选择“前 10 个”，并在对话框中输入数据 3，结果如图 3—4 所示。单击【确定】后即可得到相应的结果。

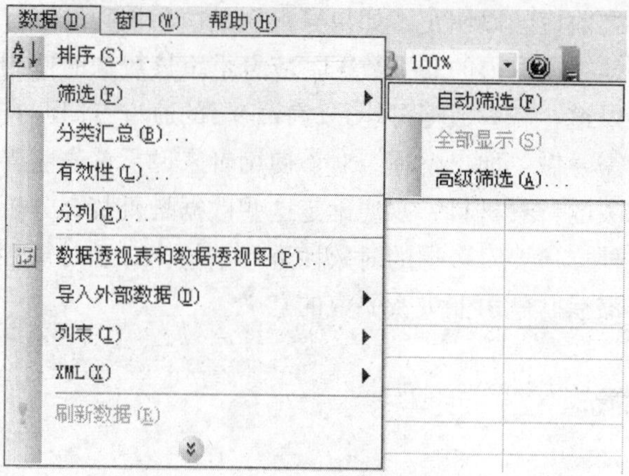

图 3—1 Excel 的数据筛选命令

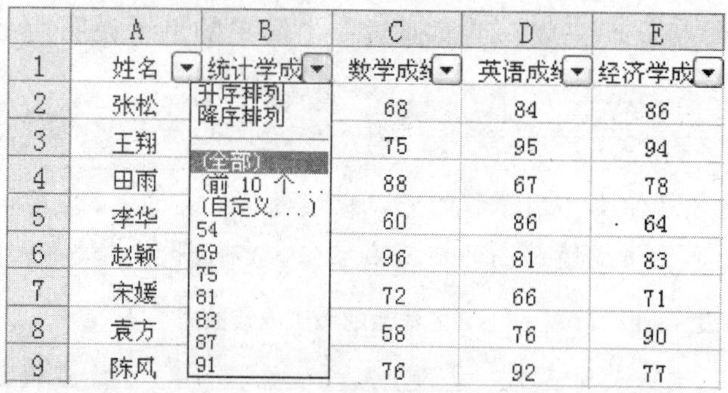

图 3—2 自动筛选过程

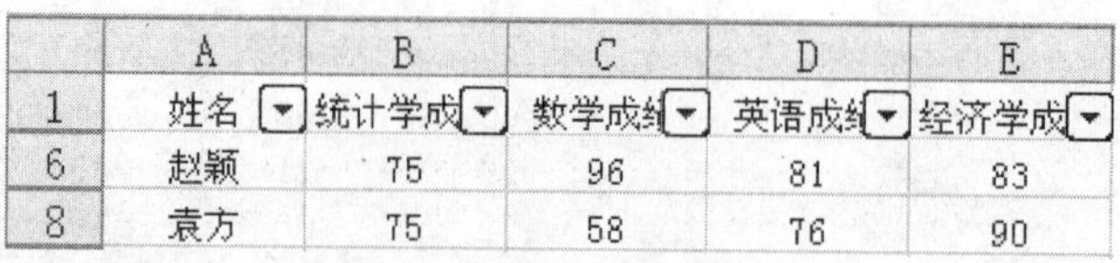

	A	B	C	D	E
1	姓名	统计学成	数学成绩	英语成绩	经济学成
6	赵颖	75	96	81	83
8	袁方	75	58	76	90

图 3—3 自动筛选结果

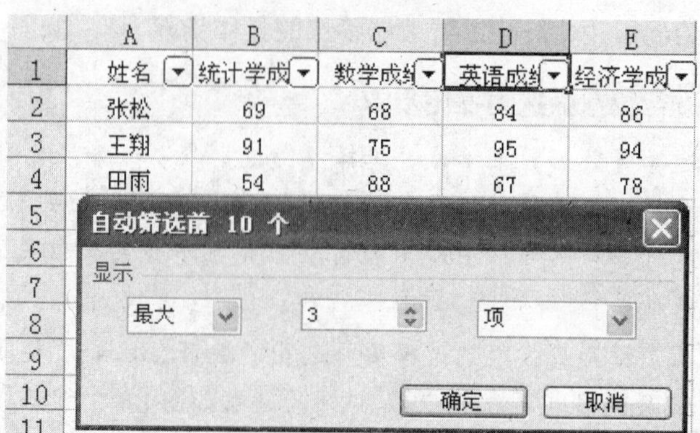

图 3—4 指定条件的自动筛选过程

第 3 步：如果要筛选出四门课程成绩都大于 70 分的学生，由于设定的条件比较多，需要使用【高级筛选】命令。使用高级筛选时，必须建立条件区域。这时需要在数据清单上面至少留出三行作为条件区域。然后在【列表区域】中选中要筛选的数据清单，在【条件区域】中选择匹配的条件。比如要筛选出四门课程考试成绩均大于 70 分的学生，如图 3—5 所示。

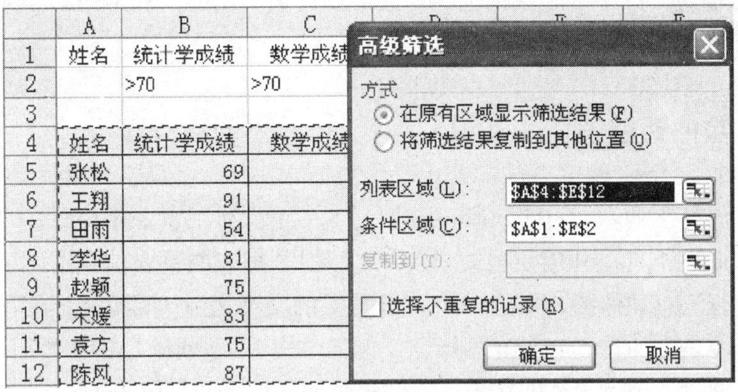

图 3—5 多条件的高级筛选过程

单击【确定】后出现的结果如图 3—6 所示。

	A	B	C	D	E
1	姓名	统计学成绩	数学成绩	英语成绩	经济学成绩
2		>70	>70	>70	>70
3					
4	姓名	统计学成绩	数学成绩	英语成绩	经济学成绩
6	王翔	91	75	95	94
9	赵颖	75	96	81	83
12	陈风	87	76	92	77
13					

图 3—6 高级筛选结果

3.1.3 数据排序

数据排序是指按一定顺序将数据排列，以便研究者通过浏览数据发现一些明显的特征或趋势，找到解决问题的线索。除此之外，排序还有助于对数据检查纠错，以及为重新归类或分组等提供方便。在某些场合，排序本身就是分析的目的之一，例如了解究竟谁是中国汽车生产的三巨头，对于汽车生产厂商而言不论它是伙伴还是竞争者，都是很有用的信息。美国的《财富》杂志每年都要在全世界范围内排出 500 强企业，通过这一信息，不仅可以了解自己企业所处的地位，清楚自己的差距，还可以从一个侧面了解到竞争对手的状况，有效制定企业的发展规划和战略目标。

对于分类数据，如果是字母型数据，排序则有升序、降序之分，但习惯上升序用得更多，因为升序与字母的自然排列相同；如果是汉字型数据，排序方式则很多，比如按汉字的首位拼音字母排列，这与字母型数据的排序完全一样，也可按姓氏笔画排序，其中也有笔画多少的升序、降序之分。交替运用不同方式排序，在汉字型数据的检查纠错过程中十分有用。

对于数值型数据，排序只有两种，即递增和递减。设一组数据为 x_1，x_2，…，x_n，递增排序后可表示为：$x_{(1)}<x_{(2)}<\cdots<x_{(n)}$；递减排序后可表示为：$x_{(1)}>x_{(2)}>\cdots>x_{(n)}$。排序后的数据也称为**顺序统计量**（order statistics）。无论是分类数据还是数值型数据，排序均可借助 Excel 很容易地完成。

3.1.4 数据透视表

为了从复杂的数据中提取有用的信息，可以利用 Excel 提供的【数据透视表】(pivot table) 工具。利用数据透视表，可以对数据表的重要信息按使用者的习惯或分析要求进行汇总和作图，形成一个符合需要的交叉表（列联表）。在利用数据透视表时，数据源表中的首行必须有列标题。例如，表 3—2 就满足建立数据透视表的条件。

下面通过一个例子说明用 Excel 创建数据透视表的具体步骤。

例 3.2

在某大学随机抽取 30 名学生，调查他们的性别、家庭所在地、平均月生活费支出、平均每月购买衣物支出和购买衣物时所考虑的首要因素等，得到的数据如表 3—2 所示。试建立一个数据透视表，在表的行变量中给出性别和买衣物首选因素，在列变量中给出学生的家庭所在地区，对平均月生活费和月平均衣物支出进行交叉汇总。

表 3—2　随机抽取 30 名学生的调查数据

	A	B	C	D	E	F
1	编号	性别	家庭所在地区	平均月生活费（元）	月平均衣物支出（元）	买衣物首选因素
2	1	男	大型城市	800	200	价格
3	2	女	中小城市	600	180	款式
4	3	男	大型城市	1000	300	品牌
5	4	男	中小城市	400	40	价格
6	5	女	中小城市	500	150	款式
7	6	女	乡镇地区	800	80	品牌
8	7	男	中小城市	600	180	品牌
9	8	女	乡镇地区	400	120	价格
10	9	男	中小城市	1000	300	款式
11	10	女	大型城市	600	180	款式
12	11	女	中小城市	500	150	价格
13	12	男	乡镇地区	300	30	价格
14	13	男	乡镇地区	500	50	价格
15	14	女	中小城市	300	35	价格
16	15	男	中小城市	1000	300	款式
17	16	女	大型城市	800	350	款式
18	17	男	中小城市	500	150	款式
19	18	男	乡镇地区	1000	100	价格

20	19	女	中小城市	800	80	价格
21	20	男	乡镇地区	800	240	品牌
22	21	女	大型城市	500	50	品牌
23	22	女	大型城市	300	30	价格
24	23	男	大型城市	500	150	款式
25	24	女	中小城市	500	150	价格
26	25	男	大型城市	300	30	价格
27	26	女	大型城市	400	200	价格
28	27	男	中小城市	1000	300	品牌
29	28	男	中小城市	500	50	款式
30	29	女	大型城市	700	70	款式
31	30	女	中小城市	500	50	价格

解：用 Excel 创建数据透视表的具体步骤如下：

用 Excel 创建数据透视表的操作步骤

第 1 步：在 Excel 工作表中建立数据清单，如表 3—2 所示。

第 2 步：选中数据清单中的任意单元格，并选择【数据】菜单中的【数据透视表和数据透视图】，弹出的对话框如图 3—7 所示。然后根据需要选择“数据源类型”和“报表类型”。这里我们选用【Microsoft Office Excel 数据列表或数据库】和【数据透视表】。单击【下一步】，弹出的对话框如图 3—8 所示。

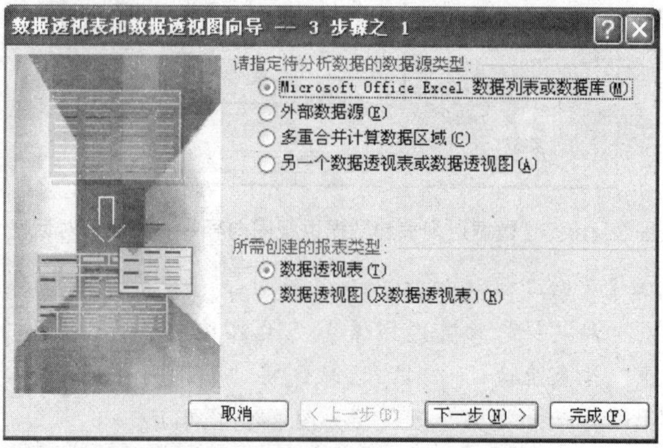

图 3—7　【数据透视表和数据透视图向导——3 步骤之 1】对话框

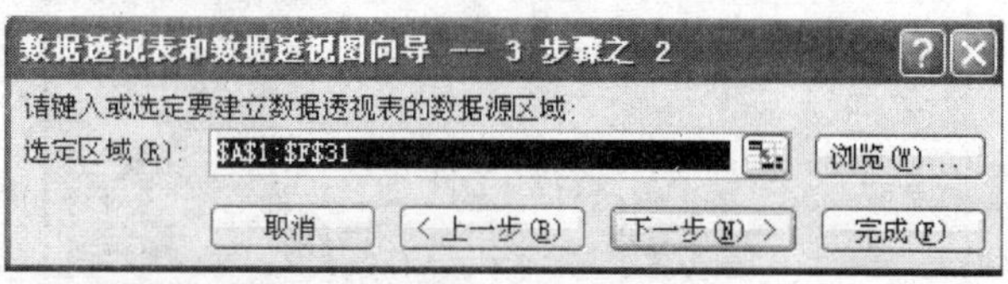

图 3—8　【数据透视表和数据透视图向导——3 步骤之 2】对话框

第 3 步：确定数据源区域。本例的数据源区域为“$A$1:$F$31”。如果在启动向导之前单击了数据源单元格，Excel 会自动选定数据源区域。单击【下一步】，弹出的对话框如图 3—9 所示。

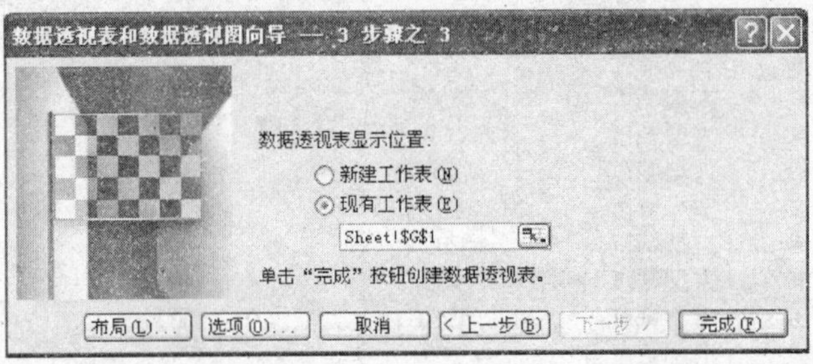

图 3—9 【数据透视表和数据透视图向导——3 步骤之 3】对话框

第 4 步：在【数据透视表和数据透视图向导——3 步骤之 3】中选择数据透视表显示位置，为方便起见可选择【现有工作表】，并利用鼠标确定数据透视表显示位置，本例为原工作表的 G1 单元格。然后选择【布局】，弹出的对话框如图 3—10 所示。

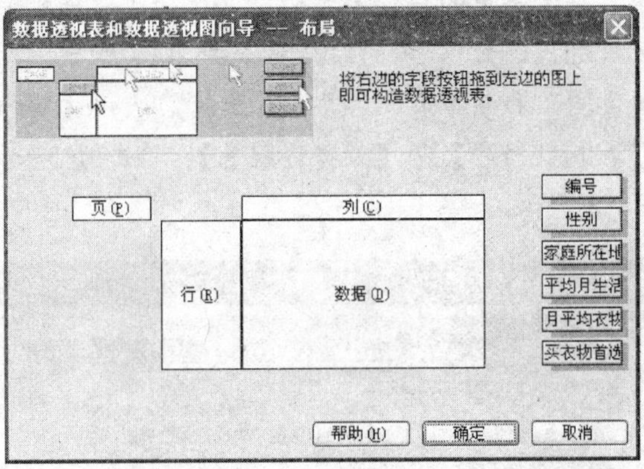

图 3—10 【数据透视表和数据透视图向导——布局】对话框

第 5 步：在【数据透视表和数据透视图向导——布局】对话框中，依次将“性别”和“买衣物首选因素”拖至左边的“行”区域，将“家庭所在地区”拖至上边的“列”区域，将“平均月生活费”和“月平均衣物支出”拖至“数据”区域，如图 3—11 所示。

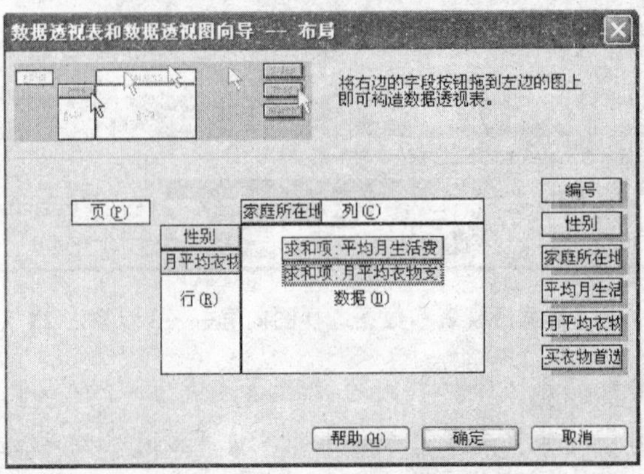

图 3—11 根据需要建立【数据透视表和数据透视图向导——布局】对话框

第 6 步：单击【确定】，自动返回【数据透视表和数据透视图向导——3 步骤之 3】对话框。然后单击【完成】，即可输出数据透视表。结果如图 3—12 所示。

	A	B	C	D	E	F	G
1							
2				家庭所在地▼			
3	性别▼	买衣物首▼	数据▼	大型城市	乡镇地区	中小城市	总计
4	男	价格	求和项:平均月生活费(元)	1100	1800	400	3300
5			求和项:月平均衣物支出(元)	230	180	40	450
6		款式	求和项:平均月生活费(元)	500		3000	3500
7			求和项:月平均衣物支出(元)	150		800	950
8		品牌	求和项:平均月生活费(元)	1000	800	1600	3400
9			求和项:月平均衣物支出(元)	300	240	480	1020
10	男 求和项:平均月生活费(元)			2600	2600	5000	10200
11	男 求和项:月平均衣物支出(元)			680	420	1320	2420
12	女	价格	求和项:平均月生活费(元)	700	400	2600	3700
13			求和项:月平均衣物支出(元)	230	120	465	815
14		款式	求和项:平均月生活费(元)	2100		1100	3200
15			求和项:月平均衣物支出(元)	600		330	930
16		品牌	求和项:平均月生活费(元)	500	800		1300
17			求和项:月平均衣物支出(元)	50	80		130
18	女 求和项:平均月生活费(元)			3300	1200	3700	8200
19	女 求和项:月平均衣物支出(元)			880	200	795	1875
20	求和项:平均月生活费(元)汇总			5900	3800	8700	18400
21	求和项:月平均衣物支出(元)汇总			1560	620	2115	4295
22							

图 3—12　根据需要建立的数据透视表

利用数据透视表分析数据十分灵活。如果要改变分析，建立不同的数据透视表，只需要将【数据透视表和数据透视图向导——布局】对话框中的“行”、“列”或“数据”区域中的变量拖出，将需要的变量拖入，即可得到所需要的数据透视表。学习数据透视表最好的办法是多练习。

3.2　品质数据的整理与展示

数据经过预处理后，可根据需要进一步做分类或分组。在对数据进行整理时，首先要弄清所面对的是什么类型的数据，因为不同类型的数据，所采取的处理方式和所适用的处理方法是不同的。对品质数据主要是做分类整理，对数值型数据则主要是做分组整理。品质数据包括分类数据和顺序数据，它们在整理和图形展示的方法上大多是相同的，但也有些微小差异。

3.2.1　分类数据的整理与图示

分类数据本身就是对事物的一种分类，因此，在整理时首先列出所分的类别，然后计算出每一类别的频数、频率或比例、比率等，即可形成一张频数分布表，最后根据需要选择适当的图形进行展示，以便对数据及其特征有一个初步的了解。

1. 频数与频数分布

频数（frequency）是落在某一特定类别或组中的数据个数。把各个类别及落在其中的相应频数全部列出，并用表格形式表现出来，称为**频数分布**（frequency distribution）。下面通过一个例子说明如何使用 Excel 来制作分类数据的频数分布表。

例 3.3

为研究不同类型软饮料的市场销售情况，一家市场调查公司对随机抽取的一家超市进行调查。表 3—3 是调查员随机观察的 50 名顾客购买的饮料类型及购买者性别的记录。生成频数分布表，观察饮料类型和顾客性别的分布状况，并进行描述性分析。

表 3—3 顾客性别及购买的饮料类型

	A	B	C	D	E	F
1	顾客性别	饮料类型	顾客性别	饮料类型	顾客性别	饮料类型
2	女	碳酸饮料	女	碳酸饮料	女	其他
3	男	绿茶	男	绿茶	女	碳酸饮料
4	男	矿泉水	男	其他	女	其他
5	女	矿泉水	女	碳酸饮料	女	果汁
6	男	碳酸饮料	男	绿茶	男	绿茶
7	男	矿泉水	男	绿茶	女	果汁
8	女	碳酸饮料	女	碳酸饮料	女	碳酸饮料
9	女	绿茶	男	碳酸饮料	女	果汁
10	男	果汁	女	绿茶	男	矿泉水
11	男	碳酸饮料	男	矿泉水	女	碳酸饮料
12	女	矿泉水	女	绿茶	女	绿茶
13	女	其他	女	碳酸饮料	女	其他
14	男	碳酸饮料	女	矿泉水	女	果汁
15	男	绿茶	男	其他	男	绿茶
16	男	碳酸饮料	男	碳酸饮料	女	其他
17	女	其他	女	果汁	女	矿泉水
18	男	矿泉水	男	矿泉水		

解：用 Excel 生成定性数据频数分布表有几种途径，其中最简单的办法是使用数据透视表进行计数和汇总。具体做法是：在【数据透视表和数据透视图向导——布局】对话框中，依次将“饮料类型”拖至左边的“行”（或列）区域，将“顾客性别”拖至“列”（或行）区域，将“饮料类型”拖至“数据”区域。

此外，使用【数据分析】工具①中的【直方图】命令也可以生成频数分布表。表 3—4 是由 Excel 生成的频数分布表。

---

① Excel【数据分析】工具的安装。Excel 中的【数据分析】工具提供了一些常用统计方法的程序。如果你的机器还没有安装此项功能，需要安装后才能使用。具体的安装步骤如下：第 1 步：在 Excel 工作表界面中点击【工具】下拉菜单，找到【加载宏】选项并单击。第 2 步：在【可用加载宏】选项中选中【分析工具库】，然后单击【确定】，系统会提示安装。第 3 步：将 Office 安装盘插入光驱，然后单击【确定】即可。

表 3—4　　不同类型饮料和顾客性别的频数分布表

	A	B	C	D
1	计数项:饮料类型	顾客性别		
2	饮料类型	男	女	总计
3	果汁	1	5	6
4	矿泉水	6	4	10
5	绿茶	7	4	11
6	其他	2	6	8
7	碳酸饮料	6	9	15
8	**总计**	22	28	50

表 3—4 中的“行”是“饮料类型”变量，“列”是“性别”变量（当然，行和列可以互换，也可以生成只含一个变量的频数分布表）。这种由两个或两个以上变量交叉分类的频数分布表也称为**列联表**（contingency table）。二维的列联表（两个变量交叉分类）也称为**交叉表**（cross table）。

使用 SPSS 生成频数分布表时，可以得到相应的描述统计量。下面仍以例 3.3 为例，说明使用 SPSS 生成频数分布表（包括交叉表）的操作步骤。

用 SPSS 生成频数分布表

第 1 步：选择【分析】→【描述统计频率】，进入主对话框。

（注：若需要描述统计量或图形，点击【统计量】或【图表】，并选择相应的选项。）

用 SPSS 生成交叉频数分布表

第 1 步：选择【分析】→【描述统计-交叉表】，进入主对话框。

第 2 步：将“饮料类型”选入【行】，将“顾客性别”选入【列】（行列可以互换）。

（注：若需要对列联表进行描述性分析，点击【单元格】，在【百分百】下选中需要的统计量，如【行】、【列】、【总计】等；若需要图形，点击【显示复式条形图】。）

SPSS 生成的饮料类型和顾客性别的频数分布表如表 3—5 和表 3—6 所示。

表 3—5　　不同类型饮料的频数分布

饮料类型

		频率	百分比	有效百分比	累积百分比
有效	果汁	6	12.0	12.0	12.0
	矿泉水	10	20.0	20.0	32.0
	绿茶	11	22.0	22.0	54.0
	其他	8	16.0	16.0	70.0
	碳酸饮料	15	30.0	30.0	100.0
	合计	50	100.0	100.0	

表 3—6　　不同性别顾客的频数分布

顾客性别

		频率	百分比	有效百分比	累积百分比
有效	男	22	44.0	44.0	44.0
	女	28	56.0	56.0	100.0
	合计	50	100.0	100.0	

表 3—5 和表 3—6 中的类别是按拼音字母升序排列的（也可以按降序排列），除了给出频率外，还给出了相应的百分比、有效百分比、累积百分比等。由于不存在缺失值，表中的百分比和缺失百分比完全相同。

表 3—7 是饮料类型和顾客性别的交叉频数分布表（列联表）。

表 3—7　饮料类型和顾客性别的交叉频数分布

饮料类型* 顾客性别 交叉制表

计数

		顾客性别		合计
		男	女	
饮料类型	果汁	1	5	6
	矿泉水	6	4	10
	绿茶	7	4	11
	其他	2	6	8
	碳酸饮料	6	9	15
合计		22	28	50

对于定性数据，除用频数分布表进行描述，还可以使用比例、百分比、比率等统计量进行描述。**比例**（proportion）也称构成比，它是一个样本（或总体）中各个部分的数据与全部数据之比，通常用于反映样本（或总体）的构成或结构。将比例乘以 100 得到的数值称为**百分比**（percentage），用%表示。**比率**（ratio）是样本（或总体）中不同类别数据之间的比值，由于比率不是部分与整体之间的对比关系，因而比值可能大于 1。

表 3—8 是 SPSS 生成的列联表（交叉表）及相应的行（row）、列（column）、合计（total）百分比等（请读者自己对结果进行观察和分析）。

表 3—8　顾客性别和饮料类型的列联表及其分析

饮料类型* 顾客性别 交叉制表

			顾客性别		合计
			男	女	
饮料类型	果汁	计数	1	5	6
		饮料类型 中的 %	16.7%	83.3%	100.0%
		顾客性别 中的 %	4.5%	17.9%	12.0%
		总数的 %	2.0%	10.0%	12.0%
	矿泉水	计数	6	4	10
		饮料类型 中的 %	60.0%	40.0%	100.0%
		顾客性别 中的 %	27.3%	14.3%	20.0%
		总数的 %	12.0%	8.0%	20.0%
	绿茶	计数	7	4	11
		饮料类型 中的 %	63.6%	36.4%	100.0%
		顾客性别 中的 %	31.8%	14.3%	22.0%
		总数的 %	14.0%	8.0%	22.0%
	其他	计数	2	6	8
		饮料类型 中的 %	25.0%	75.0%	100.0%
		顾客性别 中的 %	9.1%	21.4%	16.0%
		总数的 %	4.0%	12.0%	16.0%
	碳酸饮料	计数	6	9	15
		饮料类型 中的 %	40.0%	60.0%	100.0%
		顾客性别 中的 %	27.3%	32.1%	30.0%
		总数的 %	12.0%	18.0%	30.0%
合计		计数	22	28	50
		饮料类型 中的 %	44.0%	56.0%	100.0%
		顾客性别 中的 %	100.0%	100.0%	100.0%
		总数的 %	44.0%	56.0%	100.0%

2. 分类数据的图示

上面介绍了如何建立频数分布表来反映分类数据的频数分布。如果用图形来显示频数分布，就会更形象和直观。一张好的统计图表，往往胜过冗长的文字表述。统计图的类型有很多，多数统计图除了可以绘制二维平面图，还可以绘制三维立体图。图形的制作均可由计算机来完成。这里首先介绍分类数据的图示方法，其中包括条形图、帕累托图、饼图等。如果有两个总体或两个样本的分类相同且问题可比，还可以绘制环形图。

(1) 条形图。

条形图 (bar chart) 是用宽度相同的条形的高度或长短来表示数据多少的图形。条形图可以横置或纵置，纵置时也称为**柱形图** (column chart)。此外，条形图有简单条形图、复式条形图等形式。

例如，图 3—13 (a) 和图 3—13 (b) 分别给出了例 3.3 中饮料类型和顾客性别的条形图。

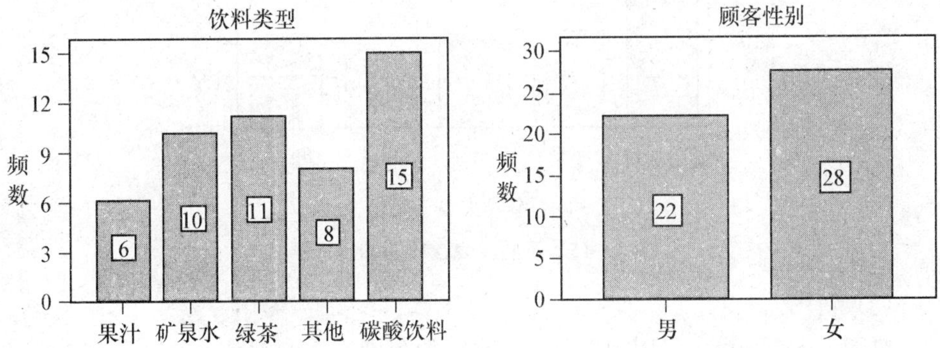

(a) 饮料类型　　(b) 顾客性别

图 3—13　饮料类型和顾客性别的条形图

图 3—14 给出了根据表 3—7 中的数据绘制的饮料类型和顾客性别的复式条形图。

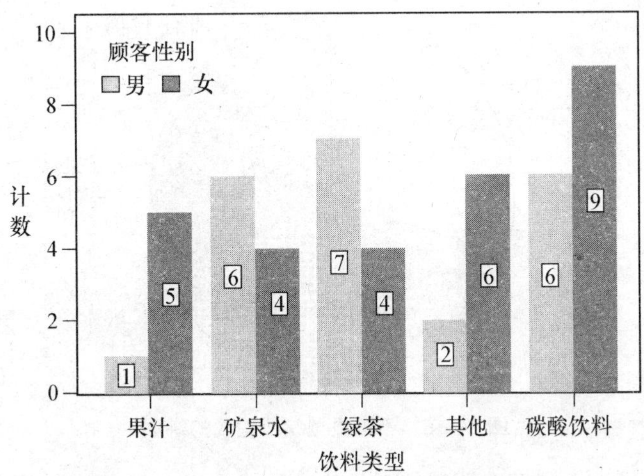

图 3—14　饮料类型和顾客性别的复式条形图

（2）帕累托图。

帕累托图（Pareto chart）是以意大利经济学家 V. Pareto 的名字命名的。该图是按各类别数据出现的频数多少排序后绘制的条形图。通过对条形的排序，容易看出哪类数据出现的多，哪类数据出现的少。根据例 3.3 中的饮料类型绘制的帕累托图如图 3—15 所示。图中左侧的纵轴给出了计数值（count），即频数，右侧的纵轴给出了累积百分比（percent）。

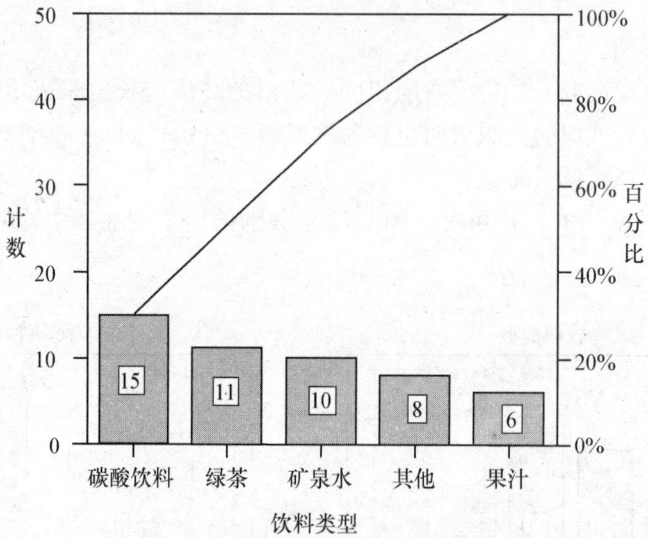

图 3—15　不同类型饮料的帕累托图

（3）饼图。

饼图（pie chart）是用圆形及圆内扇形的角度来表示数值大小的图形，它主要用于表示一个样本（或总体）中各组成部分的数据占全部数据的比例，对于研究结构性问题十分有用。例如，根据表 3—5 中不同类型饮料的频数分布数据绘制的饼图如图 3—16 所示。

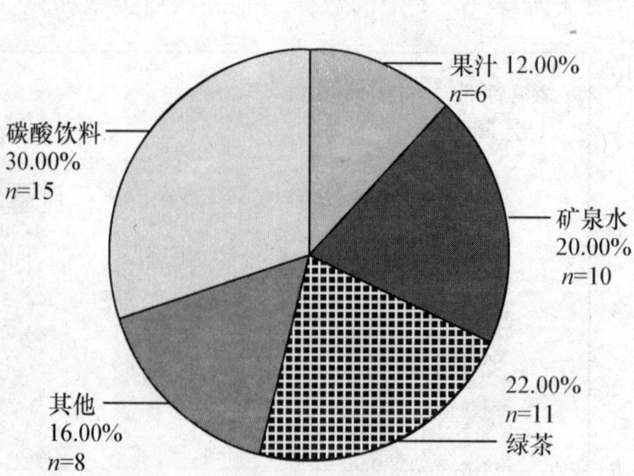

图 3—16　不同类型饮料构成的饼图

如果想比较男女顾客购买的饮料类型的构成状况，可以绘制复式饼图。它是简单饼图的嵌套，主要用于展示两个或多个分类变量的构成比较，比如，在男女分类的基础上又增加了饮料类型的分类。根据表 3—7 中的数据，使用 SPSS 的交互式（interactive）绘图方式中的饼图绘制的复式饼图如图 3—17 所示。图中给出了各分类的频数和百分比。

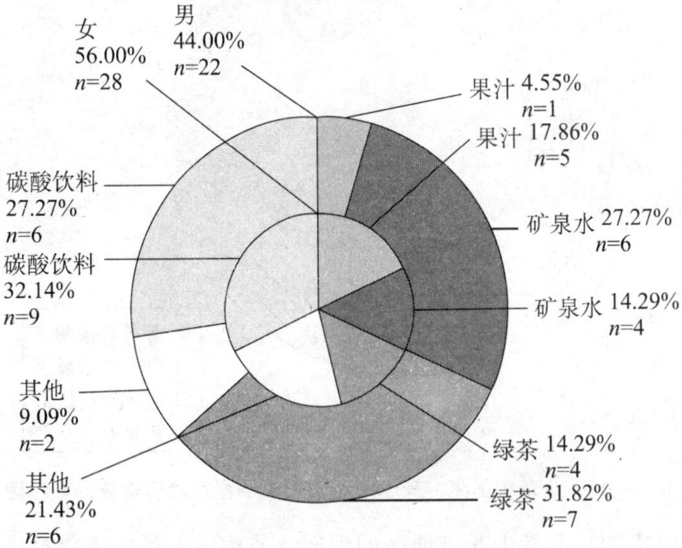

图 3—17　按性别绘制的不同类型饮料构成的复式饼图

（4）环形图。

简单饼图只能显示一个样本各部分所占的比例。比如，把 5 个地区的人口分别按高收入、中等收入和低收入划分成 3 部分，要比较 5 个地区不同收入的人口构成，则需要绘制 5 个饼图，这种做法既不经济也不便于比较。能否用一个图形比较出 5 个地区不同收入的人口构成呢？把饼图叠在一起，挖去中间的部分就可以了，这就是**环形图**（doughnut chart）。

环形图与饼图类似，但又有区别。环形图中间有一个“空洞”，每个样本用一个环来表示，样本中的每一部分数据用环中的一段表示。因此环形图可显示多个样本各部分所占的相应比例，从而有利于对构成的比较研究。

例 3.4

表 3—9 是 2006 年北京、上海和天津地区按收入法计算的地区生产总值（按当年价格计算）数据。绘制环形图比较三个地区的生产总值构成。

表 3—9　2006 年北京、上海、天津地区收入法下生产总值的构成　单位：亿元

	A	B	C	D	E
1	地　区	劳动者报酬	生产税净额	固定资产折旧	营业盈余
2	北　京	3496.57	1161.55	1251.09	1961.07
3	天　津	1383.36	775.09	595.09	1605.61
4	上　海	3756.56	1623.36	1730.51	3255.94

资料来源：国家统计局网站，www. stats. gov. cn。

解：根据表 3—9 的数据使用 Excel 绘制的环形图如图 3—18 所示。

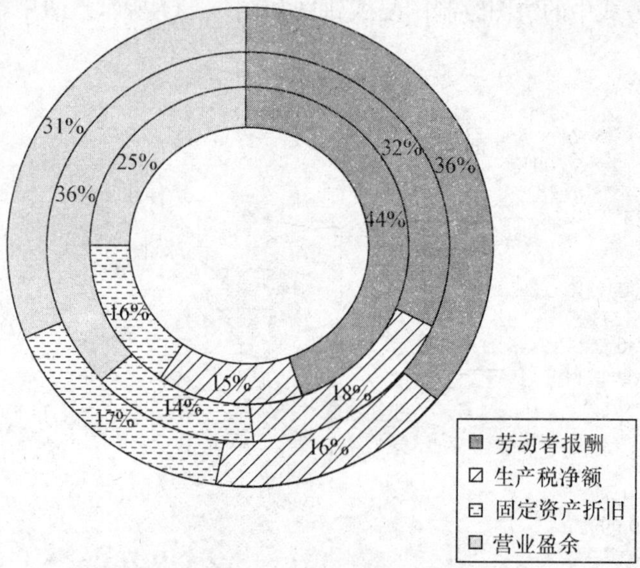

图 3—18　北京、上海、天津地区收入法下生产总值构成的环形图

图中最里边的一个环为北京地区的生产总值构成，外边依次是天津和上海。

3.2.2　顺序数据的整理与图示

上面介绍的分类数据的频数分布表和图示方法，如频数、比例、百分比、比率、条形图和饼图等，也都适用于对顺序数据的整理与显示。但一些适用于顺序数据的整理和显示方法，并不适用于分类数据。对于顺序数据，除了可使用上面的整理和显示技术，还可以计算累积频数和累积频率（百分比）。

1. 累积频数和累积频率

累积频数（cumulative frequencies）是将各有序类别或组的频数逐级累加起来得到的频数，频数的累积方法有两种：一是从类别顺序的开始一方向类别顺序的最后一方累加频数（数值型分组数据则是从变量值小的一方向变量值大的一方累加频数），称为向上累积；二是从类别顺序的最后一方向类别顺序的开始一方累加频数（数值型分组数据则是从变量值大的一方向变量值小的一方累加频数），称为向下累积。通过累积频数，可以很容易看出某一类别（或数值）以下或某一类别（或数值）以上的频数之和。

累积频率或累积百分比（cumulative percentages）是将各有序类别或组的百分比逐级累加起来，它也有向上累积和向下累积两种方法。

例 3.5

在一项有关城市住房问题的研究中，研究人员在甲乙两个城市各抽样调查 300 户，其中的一个问题是："您对您家庭目前的住房状况是否满意？"要求回答的类别依次如下：

1. 非常不满意；2. 不满意；3. 一般；4. 满意；5. 非常满意。

调查结果的频数分布表如表 3—10 和表 3—11 所示。

表 3—10　　甲城市家庭对住房状况评价的频数分布表

	A	B	C	D	E	F	G
1		甲城市					
2	回答类别	户数（户）	百分比（%）	向上累积		向下累积	
3				户数（户）	百分比（%）	户数（户）	百分比（%）
4	非常不满意	24	8	24	8	300	100
5	不满意	108	36	132	44	276	92
6	一般	93	31	225	75	168	56
7	满意	45	15	270	90	75	25
8	非常满意	30	10	300	100	30	10
9	**合计**	**300**	**100**	—	—	—	—

表 3—11　　乙城市家庭对住房状况评价的频数分布表

	A	B	C	D	E	F	G
1		乙城市					
2	回答类别	户数（户）	百分比（%）	向上累积		向下累积	
3				户数（户）	百分比（%）	户数（户）	百分比（%）
4	非常不满意	21	7.0	21	7.0	300	100.0
5	不满意	99	33.0	120	40.0	279	93.0
6	一般	78	26.0	198	66.0	180	60.0
7	满意	64	21.3	262	87.3	102	34.0
8	非常满意	38	12.7	300	100.0	38	12.7
9	**合计**	**300**	**100**	—	—	—	—

2. 顺序数据的图示

根据累积频数或累积频率，可以绘制累积频数分布或频率图。例如，根据表 3—10 的数据绘制的累积分布图如图 3—19 所示。

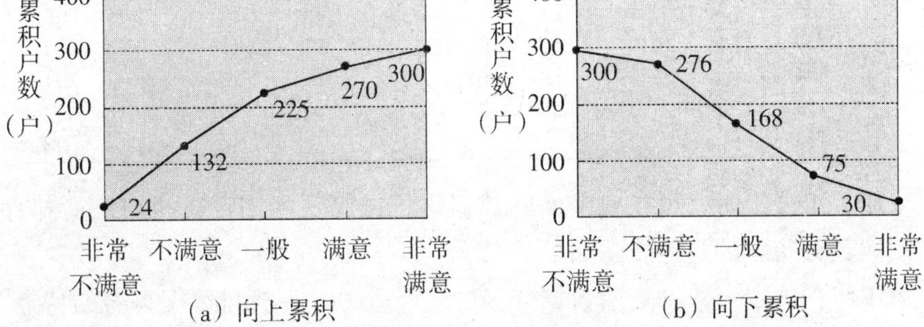

图 3—19　甲城市家庭对住房状况评价的累积分布图

3.3 数值型数据的整理与展示

上节介绍的分类和顺序数据的整理与图示方法，也都适用于数值型数据。但数值型数据还有一些特定的整理和图示方法，它们并不适用于分类数据和顺序数据。

3.3.1 数据分组

数据分组是根据统计研究的需要，将原始数据按照某种标准分成不同的组别，分组后的数据称为**分组数据**（grouped data）。数据分组的主要目的是观察数据的分布特征。数据经分组后再计算出各组中数据出现的频数，就形成了一张频数分布表。数据分组的方法有单变量值分组和组距分组两种。单变量值分组是把每一个变量值作为一组，这种分组通常只适合离散变量，且在变量值较少的情况下使用。在连续变量或变量值较多的情况下，通常采用组距分组。它是将全部变量值依次划分为若干个区间，并将一个区间的变量值作为一组。在组距分组中，一个组的最小值称为**下限**（lower limit）；一个组的最大值称为**上限**（upper limit）。

下面结合具体的例子说明分组的方法和频数分布表的编制过程。

例 3.6

表 3—12 是某电脑公司连续 4 个月每天的销售量数据（单位：台）。试对数据进行分组。

表 3—12　　某电脑公司连续 4 个月的销售量

	A	B	C	D	E	F	G	H	I	J
1	234	159	187	155	172	183	182	177	163	158
2	143	198	141	167	194	225	177	189	196	203
3	187	160	214	168	173	178	184	209	176	188
4	161	152	149	211	196	234	185	189	196	206
5	150	161	178	168	174	153	186	190	160	171
6	228	162	223	170	165	179	186	175	197	208
7	153	163	218	180	175	144	178	191	197	192
8	166	196	179	171	233	179	187	173	174	210
9	154	164	215	233	175	188	237	194	198	168
10	174	226	180	172	190	172	187	189	200	211
11	156	165	175	210	207	181	205	195	201	172
12	203	165	196	172	176	182	188	195	202	213

采用手工分组时，可先对上面的数据进行排序（使用计算机时不必排序）。分组和编制频数分布表的具体步骤如下：

第 1 步：确定组数。一组数据分多少组合适呢？一般与数据自身的特点及数据的多少有关。由于分组的目的之一是观察数据分布的特征，因此组数的多少应适中。组数太少，数据的分布就会过于集中，组数太多，数据的分布就会过于分散，这些都不便于观察数据分布的特征和规律。组数的确定应以能够显示数据的分布特征和规律为目的。一般情况下，一组数据所分的组数不应少于5组且不多于15组，即$5\leqslant K\leqslant 15$。实际应用时，可根据数据的多少和特点及分析的要求来确定组数。本例中由于数据较多，可分为10组。

第2步：确定各组的组距。**组距**（class width）是一个组的上限与下限的差。组距可根据全部数据的最大值和最小值及所分的组数来确定，即组距=(最大值−最小值)÷组数。例如，对于本例数据，最大值为237，最小值为141，则组距=(237−141)÷10=9.6。为便于计算，组距宜取5或10的倍数，而且第一组的下限应低于最小变量值，最后一组的上限应高于最大变量值，因此组距可取10。

第3步：根据分组整理成频数分布表。用Excel来制作频数分布表，这一过程与上面介绍的分类数据类似。只是需要在【接收区域】方框内，输入各组的上限值。需要注意的是，Excel在制作频数分布表时，每一组的频数包括一个组的上限值，即$a<x\leqslant b$。因此，需要在【接收区域】一列输入149，159，…，229，239。表3—13就是Excel输出的频数分布表。[①]

表3—13 某电脑公司销售量的频数分布表（一）

	A	B	C
1	按销售量分组(台)	频数（天）	频率（%）
2	140~150	4	3.33
3	150~160	9	7.50
4	160~170	16	13.33
5	170~180	27	22.50
6	180~190	20	16.67
7	190~200	17	14.17
8	200~210	10	8.33
9	210~220	8	6.67
10	220~230	4	3.33
11	230~240	5	4.17
12	合计	120	100

采用组距分组时，需要遵循不重不漏的原则。不重是指一项数据只能分在其中的某一组，不能在其他组中重复出现；不漏是指组别能够穷尽，即在所分的全部组别中每项数据都能分在其中的某一组，不能遗漏。

为解决不重的问题，统计分组时习惯上规定"上组限不在内"，即当相邻两组的上下限重叠时，恰好等于某一组上限的变量值不算在本组内，而计算在下一组内。用数学语言来表示就是分组后的变量值x满足$a\leqslant x<b$。例如，在表3—13的分组中，

① 使用Excel中的直方图工具有一个缺陷，就是频数分布表和直方图没有与数据链接，因此，如果你改变任何一个数据，频数分布表和直方图不会跟着改变，必须重复上面的步骤创建一个新的频数分布表和直方图。为解决这一问题，可以使用Excel中的FREQUENCY函数来创建频数分布表和直方图。

可根据频数分布表，使用柱形图来创建直方图。这样，当你改变任何一项数据时，频数分布表和直方图也随之改变。

150 这一数值不计算在“140～150”这一组内，而计算在“150～160”组中，其余类推。当然，对于离散变量，可以采用相邻两组组限间断的办法解决不重的问题。例如，可以对上面的数据做如下分组，如表 3—14 所示。

表 3—14　　某电脑公司销售量的频数分布表（二）

	A	B	C
1	按销售量分组(台)	频数(天)	频率(%)
2	140～149	4	3.33
3	150~159	9	7.50
4	160~169	16	13.33
5	170~179	27	22.50
6	180~189	20	16.67
7	190~199	17	14.17
8	200~209	10	8.33
9	210~219	8	6.67
10	220~229	4	3.33
11	230～239	5	4.17
12	**合计**	**120**	**100**

而对于连续变量，可以采取相邻两组组限重叠的方法，根据“上组限不在内”的规定解决不重的问题，也可以对一个组的上限值采用小数点的形式，小数点的位数根据所要求的精度具体确定。例如，对零件尺寸可以分组为 10～11.99，12～13.99，14～15.99，等等。

在组距分组中，如果全部数据中的最大值和最小值与其他数据相差悬殊，为避免出现空白组（即没有变量值的组）或个别极端值被漏掉，第一组和最后一组可以采取“××以下”及“××以上”这样的开口组。开口组通常以相邻组的组距作为其组距。例如，在上面的 120 个数据中，假定将最小值改为 102，最大值改为 265，采用上面的分组就会出现空白组，这时可采用开口组，如表 3—15 所示。

表 3—15　　某电脑公司销售量的频数分布表（三）

	A	B	C
1	按销售量分组(台)	频数(天)	频率(%)
2	150以下	4	3.33
3	150~160	9	7.50
4	160~170	16	13.33
5	170~180	27	22.50
6	180~190	20	16.67
7	190~200	17	14.17
8	200~210	10	8.33
9	210~220	8	6.67
10	220~230	4	3.33
11	230以上	5	4.17
12	**合计**	**120**	**100**

在组距分组时，如果各组的组距相等，则称为等距分组；如果各组的组距不相等，则称为不等距分组。比如上面的分组就是等距分组。有时，对于某些特殊现象或为了特定研究的需要，也可以采用不等距分组。比如，对人口年龄的分组，可根据人口成长的生理特点分成0～6岁（婴幼儿组）、7～17岁（少年儿童组）、18～59岁（中青年组）、60岁以上（老年组）等。

组距分组掩盖了各组内的数据分布状况，为反映各组数据的一般水平，我们通常用组中值作为该组数据的一个代表值。**组中值**（class midpoint）是每一组中下限值与上限值中间的值，即

$$组中值=\frac{下限值+上限值}{2}$$

使用组中值代表一组数据时有一个必要的假定条件，即各组数据在本组内呈均匀分布或在组中值两侧呈对称分布。如果实际数据的分布不符合这一假定，用组中值作为一组数据的代表值会有一定的误差。

Excel中的统计函数

使用Excel中的FREQUENCY函数也可以创建频数分布表，具体步骤是：（1）选择与接受区域相邻近的单元格区域，作为频数分布表输出的区域；（2）选择统计函数中的FREQUENCY函数；（3）在对话框Date-array后输入数据区域，在Bins-array后输入接受区域；（4）同时按下Ctrl-Shift-Enter组合键，即得到频数分布表。

为了统计分析的需要，有时需要观察某一数值以下或某一数值以上的频数或频率之和，这时可以计算出累积频数或累积频率。

3.3.2 数值型数据的图示

上面介绍的条形图、饼图、环形图及累积分布图等都适用于显示数值型数据。此外，数值型数据还有以下一些图示方法，这些方法并不适用于分类数据和顺序数据。

1. 分组数据：直方图

用图形来展示数据的分布会更形象、直观。显示分组数据频数分布特征的图形有直方图、折线图和曲线图等。**直方图**（histogram）是用于展示分组数据分布的一种图形，它是用矩形的宽度和高度（即面积）来表示频数分布的。绘制该图时，在平面直角坐标中，用横轴表示数据分组，纵轴表示频数或频率，这样，各组与相应的频数就形成了一个矩形，即直方图。例如，根据表3—13中的分组数据用Excel绘制的直方图如图3—20所示。

从图3—20可以直观地看出，电脑销售量的分布右边的尾部比左边的尾部长一些，略微有一些右偏分布。

直方图与条形图不同。首先，条形图是用条形的长度（横置时）表示各类别频数的多少，其宽度（表示类别）则是固定的；直方图是用面积表示各组频数的多少，矩形的高度表示每一组的频数或频率，宽度则表示各组的组距，因此其高度与宽度均有意义。其次，由于分组数据具有连续性，直方图的各矩形通常是连续排列，而条形图

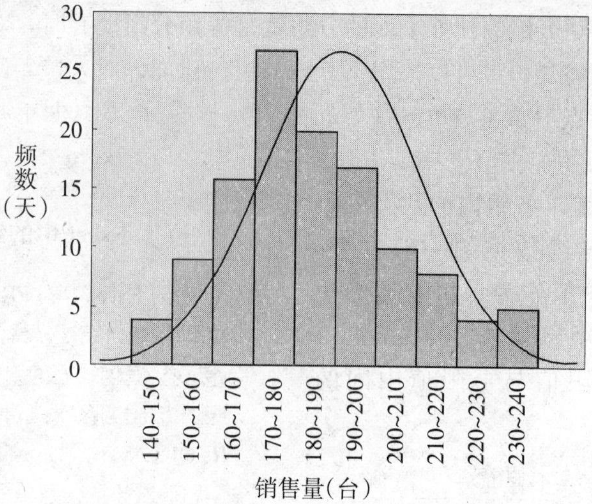

图 3—20　某电脑公司销售量分布的直方图

则是分开排列。最后，条形图主要用于展示分类数据，而直方图则主要用于展示数值型数据。

2. 未分组数据：茎叶图和箱线图

(1) 茎叶图。

茎叶图（stem-and-leaf display）是反映原始数据分布的图形。它由茎和叶两部分构成，其图形是由数字组成的。通过茎叶图，可以看出数据的分布形状及数据的离散状况，比如，分布是否对称，数据是否集中，是否有离群点，等等。

绘制茎叶图的关键是设计好树茎。制作茎叶图时，首先把一个数字分成两部分，通常是以该组数据的高位数值作为树茎，而且叶上只保留该数值的最后一个数字。例如，125 分成 12 | 5，12 分成 1 | 2，1.25 分成 12 | 5（单位：0.01），等等，前部分是树茎，后部分是树叶。树茎一经确定，树叶就自然地长在相应的树茎上了。

茎叶图类似于横置的直方图，与直方图相比，茎叶图既能给出数据的分布状况，又能给出每一个原始数值，即保留了原始数据的信息。而直方图虽然能很好地显示数据的分布，但不能保留原始的数值。在应用方面，直方图通常适用于大批量数据，茎叶图通常适用于小批量数据。

由于 Excel 中没有绘制茎叶图的功能，下面给出用 SPSS 绘制茎叶图的操作步骤。

用 SPSS 制作茎叶图

第 1 步：选择【分析】→【描述统计-探索】进入主对话框。

第 2 步：在主对话框中将变量选入【因变量列表】（本例为销售额）；点击【绘制】，在对话框中选择【茎叶图】（根据需要可选【直方图】以给出直方图）；点击【继续】回到主对话框。点击【确定】。（上述操作也可给出单批数据的箱线图。）

下面的图 3—21 是用 SPSS 绘制的电脑销售额数据的茎叶图。

```
电脑销售额 Stem-and-Leaf Plot

 Frequency    Stem &  Leaf

     3.00       14 .  134
     1.00       14 .  9
     5.00       15 .  02334
     4.00       15 .  5689
     8.00       16 .  00112334
     8.00       16 .  55567888
    13.00       17 .  0112222233444
    14.00       17 .  55556677888999
     7.00       18 .  0012234
    13.00       18 .  5667777888999
     6.00       19 .  001244
    11.00       19 .  55666667788
     5.00       20 .  01233
     5.00       20 .  56789
     6.00       21 .  001134
     2.00       21 .  58
     1.00       22 .  3
     3.00       22 .  568
     4.00       23 .  3344
     1.00 Extremes    (>=237)

 Stem width:        10
 Each leaf:       1 case(s)
```

图 3—21　某电脑公司电脑销售额分布的茎叶图

图 3—21 中的第一列给出每根茎上叶子的频数，第二列是茎，第三列是叶。下面标出了 1 个极端值 237（极端值的确定方法请参阅箱线图）、茎的宽度 10、每片叶代表一个数据（案例）。SPSS 自动将每根茎重复了一次，使分布的细节看得更清楚一些。当然，在数据较少时茎的数值也可以不重复。

(2) 箱线图。

箱线图（box plot）是由一组数据的最大值（maximum）、最小值（minimum）、中位数（median）、两个四分位数（quartiles）① 这五个特征值绘制而成的，它主要用于反映原始数据分布的特征，还可以进行多组数据分布特征的比较。箱线图的绘制方法是：先找出一组数据的最大值、最小值、中位数和两个四分位数；然后，连接两个四分位数画出箱子；再将最大值和最小值与箱子相连接，中位数在箱子中间。箱线图的一般形式如图 3—22 所示。

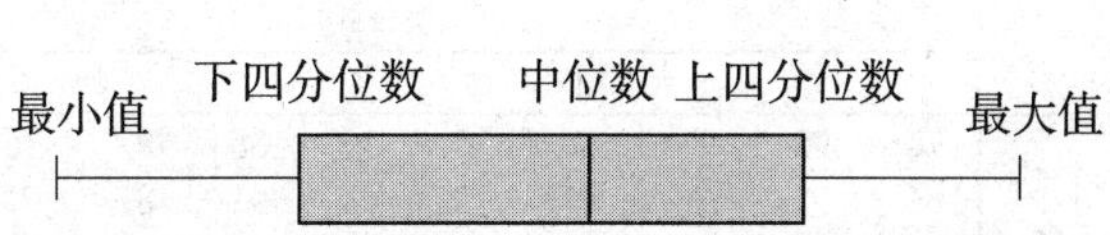

图 3—22　简单箱线图

① 中位数是一组数据排序后处于中间位置上的变量值，用 M_e 表示；四分位数是一组数据排序后处在数据 25% 位置和 75% 位置上的两个值，用 Q_L 表示下四分位数，Q_U 表示上四分位数。这些统计量将在第 4 章中详细介绍。

例如，表3—12中的数据，最大值=237；最小值=141；中位数=182；下四分位数=170.25；上四分位数=197。绘制的箱线图如图3—23所示。

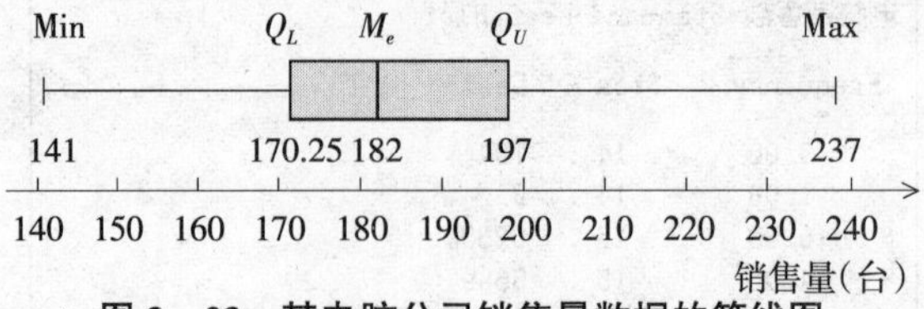

图3—23 某电脑公司销售量数据的箱线图

通过箱线图的形状可以看出数据分布的特征。图3—24就是几种不同的箱线图与其所对应的分布形状的比较。

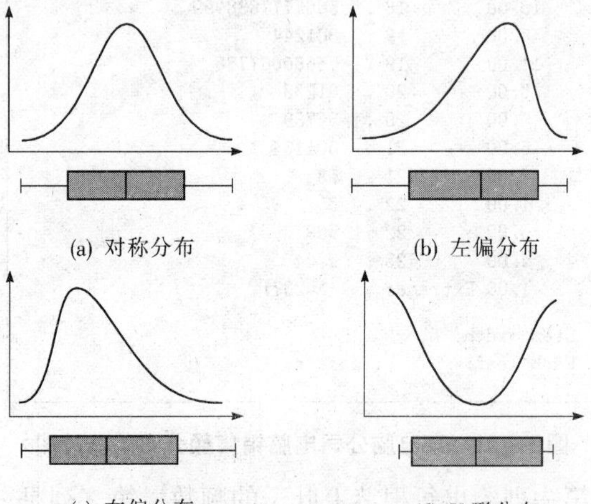

图3—24 不同分布的箱线图

对于多组数据，可以将各组数据的箱线图并列起来，从而进行分布特征的比较。先看下面的例子。

例3.7

从某大学经济管理专业二年级学生中随机抽取11人，对8门主要课程的考试成绩进行调查，所得结果如表3—16所示。试绘制各科考试成绩的比较箱线图，并分析各科考试成绩的分布特征。

表3—16 11名学生各科的考试成绩数据

	B	C	D	E	F	G	H	I	J	K	L	M
1		学生编号										
2	课程名称	1	2	3	4	5	6	7	8	9	10	11
3	英语	76	90	97	71	70	93	86	83	78	85	81
4	经济数学	65	95	51	74	78	63	91	82	75	71	55
5	西方经济学	93	81	76	88	66	79	83	92	78	86	78
6	市场营销学	74	87	85	69	90	80	77	84	91	74	70
7	财务管理	68	75	70	84	73	60	76	81	88	68	75
8	基础会计学	70	73	92	65	78	87	90	70	66	79	68
9	统计学	55	91	68	73	84	81	70	69	94	62	71
10	计算机应用基础	85	78	81	95	70	67	82	72	80	81	77

解：绘制各科考试成绩的箱线图时，先要计算出每门课程考试成绩的最大值、最小值、中位数和两个四分位数。绘制 11 名学生考试成绩的箱线图时，先要计算出每个学生考试成绩的最大值、最小值、中位数和两个四分位数，然后绘制出图形。这一过程比较烦琐，实际应用时可直接使用统计软件来完成。由于 Excel 中没有绘制箱线图的功能，下面给出使用 SPSS 绘制箱线图的操作步骤。

用 SPSS 绘制多批数据箱线图

第 1 步：选择【图形】菜单，并选择【箱图】。

第 2 步：在出现的对话框中选择【简单】，在【图表中的数据为】中选择【各个变量的摘要】，点击【定义】返回主对话框。

第 3 步：在主对话框中将所有变量选入【框的表征】。点击【确定】。

由 SPSS 绘制的 8 门课程考试成绩的箱线图如图 3—25 所示。

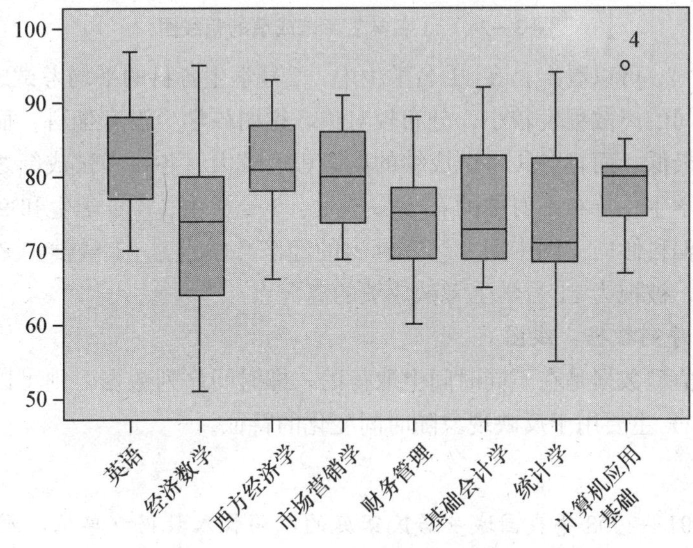

图 3—25 8 门课程考试成绩的箱线图

由图 3—25 可以看出，在 8 门课程中，平均考试成绩较高的是英语和西方经济学（中位数较高），较低的是经济数学和统计学；从考试成绩的离散程度来看，英语、西方经济学、财务管理和计算机应用基础的考试成绩比较集中（箱子较短），而经济数学、基础会计学和统计学的考试成绩则比较分散；从分布形状来看，英语、市场营销学的成绩分布大体上为对称分布（中位数在箱子的中间位置）。图中用"○"标出的点是 4 号学生在计算机应用基础课程中的最高分，被视为所有计算机成绩中的离群点。①

如果关心每个学生考试成绩的分布，可以把每个学生作为所关心的变量来画箱线图。由 SPSS 绘制的 11 名学生考试成绩的箱线图如图 3—26 所示。

① 在 SPSS 绘制的箱线图中，把超过四分位差（75%四分位数与 25%四分位数之差）1.5 倍距离的数值定义为离群点，在图中用"○"表示；把超过四分位差 3 倍距离的数值定义为极端值（extremes），用"*"表示。

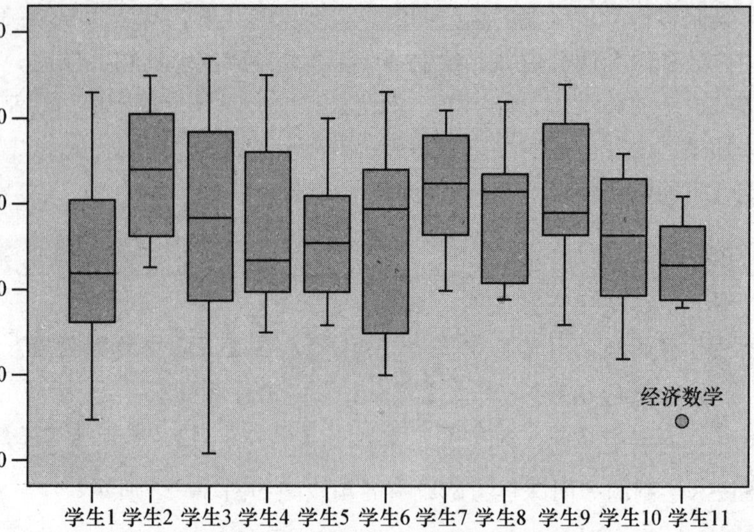

图 3—26　11 名学生考试成绩的箱线图

从图 3—26 可以看出，在 11 名学生中，2 号学生各科的平均考试成绩最高，而且各科成绩之间的离散程度较小，分布较对称，说明该学生没有偏科；而 1 号学生的平均考试成绩最低，而且各科考试成绩的离散程度较大；各科考试成绩之间离散程度最大的是 3 号学生；分布不对称的有 4 号学生、6 号学生、8 号学生和 9 号学生，表明这些学生有偏科倾向。图中用“○”标出的经济数学点是 11 号学生 8 门课程考试成绩的最低分，被视为 11 号学生考试成绩的离群点。

3. 时间序列数据：线图

如果数值型数据是在不同时间上取得的，即时间序列数据，则可以绘制线图。**线图**（line plot）主要用于反映现象随时间变化的特征。

例 3.8

已知 1991—2003 年我国城乡居民家庭的人均收入数据（单位：元），如表 3—17 所示。试绘制线图。

表 3—17　1991—2003 年城乡居民家庭人均收入

	A	B	C
1	年份	城镇居民	农村居民
2	1991	1700.6	708.6
3	1992	2026.6	784.0
4	1993	2577.4	921.6
5	1994	3496.2	1221.0
6	1995	4283.0	1577.7
7	1996	4838.9	1926.1
8	1997	5160.3	2091.1
9	1998	5425.1	2162.0
10	1999	5854.0	2210.3
11	2000	6280.0	2253.4
12	2001	6859.6	2366.4
13	2002	7702.8	2475.6
14	2003	8472.2	2622.2

资料来源：《中国统计年鉴 2004》，357 页，北京，中国统计出版社，2004。

解：根据上表数据绘制的线图如图 3—27 所示。

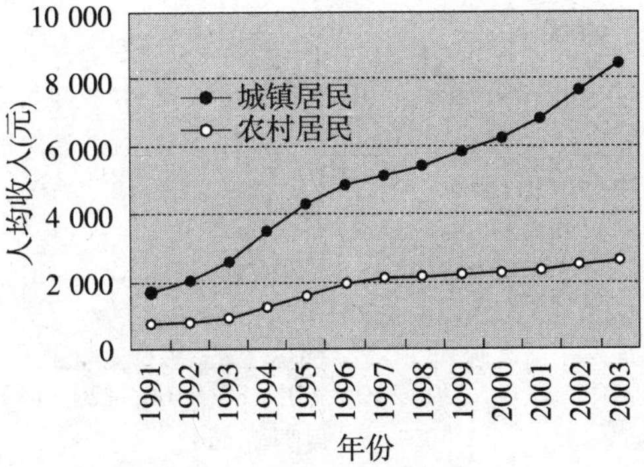

图 3—27　城乡居民家庭人均收入

从图 3—27 可以清楚地看出，城乡居民的家庭人均收入逐年提高，而且城镇居民的家庭人均收入高于农村，1993 年以后这种差距有扩大的趋势。

绘制线图时，时间一般绘在横轴，观测值绘在纵轴。一般应绘成横轴略大于纵轴的长方形，其长宽比例大致为 10∶7。图形过扁或过于瘦高，不仅不美观，而且会给人造成视觉上的错觉，不便于对数据变化的理解。一般情况下，纵轴数据下端应从“0”开始，以便于比较。如果数据与“0”之间的间距过大，可以采取折断的符号将纵轴折断。

4. 多变量数据的图示

上面介绍的一些图形描述的都是单变量数据。当有两个或两个以上变量时，可以采用多变量的图示方法，常见的有散点图、气泡图、雷达图等。

(1) 散点图。

散点图（scatter diagram）是用二维坐标展示两个变量之间关系的一种图形。它是用坐标横轴代表变量 x，纵轴代表变量 y，每组数据（x_i，y_i）在坐标系中用一个点表示，n 组数据在坐标系中形成的 n 个点称为散点，由坐标及其散点形成的二维数据图称为散点图。

例 3.9

小麦的单位面积产量与降雨量和温度等有一定关系。为了解它们之间的关系形态，收集到如下数据（见表 3—18）。试绘制小麦产量与降雨量的散点图，并分析它们之间的关系。

表 3—18　　小麦产量与降雨量和温度的数据

	A	B	C
1	温度(°C)	降雨量(mm)	产量(kg/hm²)
2	6	25	2250
3	8	40	3450
4	10	58	4500
5	13	68	5750
6	14	110	5800
7	16	98	7500
8	21	120	8250

解：根据表 3—18 中的数据绘制的散点图如图 3—28 所示。

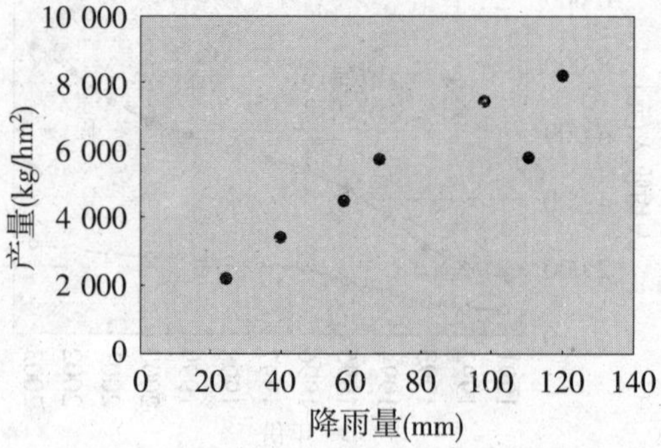

图 3—28 小麦产量与降雨量的散点图

从图 3—28 可以看出，小麦产量与降雨量之间具有明显的线性关系，随着降雨量的增多，产量也随之增加。

（2）气泡图。

气泡图（bubble chart）可用于展示三个变量之间的关系。它与散点图类似，绘制时将一个变量放在横轴，另一个变量放在纵轴，第三个变量则用气泡的大小来表示。例如，根据表 3—18 中的数据绘制的气泡图如图 3—29 所示。

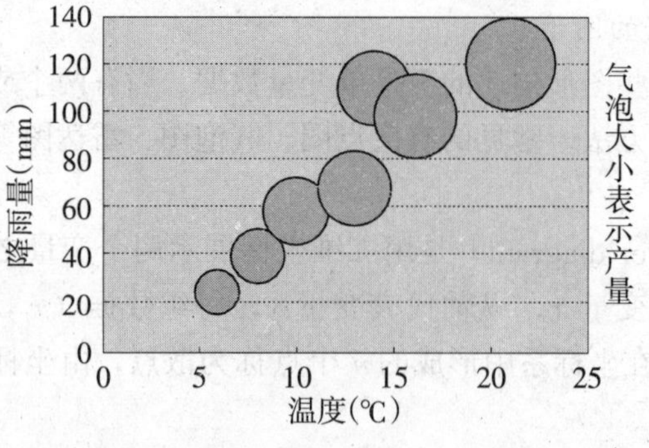

图 3—29 小麦产量与降雨量和温度的气泡图

从图 3—29 可以看出，随着气温的升高，降雨量也在增加；随着气温和降雨量的增加，小麦的产量也在提高（气泡在变大）。

（3）雷达图。

雷达图（radar chart）是显示多个变量的常用图示方法，也称为**蜘蛛图**（spider chart）。设有 n 组样本 S_1，S_2，…，S_n，每个样本测得 P 个变量 X_1，X_2，…，X_P，要绘制这 P 个变量的雷达图，具体做法是：先画一个圆，然后将圆 P 等分，得到 P 个点，令这 P 个点分别对应 P 个变量，再将这 P 个点与圆心连线，得到 P 个辐射状的半径，这 P 个半径分别作为 P 个变量的坐标轴，每个变量值的大小由半径上的点到圆心的距离表示，再将同一样本的值在 P 个坐标上的点连线。这样，n 个样本形成的 n 个多边形就是一张雷达图。

雷达图在显示或对比各变量的数值总和时十分有用。假定各变量的取值具有相同的正负号，则总的绝对值与图形所围成的区域成正比。此外，利用雷达图也可以研究多个样本之间的相似程度。

例 3.10

2003 年我国城乡居民家庭平均每人各项生活消费支出构成如表 3—19 所示。试绘制雷达图。

表 3—19　　2003 年城乡居民家庭人均消费支出构成（%）

	A	B	C
1	项 目	城镇居民	农村居民
2	食品	37.12	45.59
3	衣着	9.79	5.67
4	家庭设备用品及服务	6.30	4.20
5	医疗保健	7.31	5.96
6	交通通讯	11.08	8.36
7	教育文化娱乐服务	14.35	12.13
8	居住	10.74	15.87
9	杂项商品与服务	3.30	2.21

资料来源：《中国统计年鉴 2004》，359 页，北京，中国统计出版社，2004。

根据表 3—19 的数据绘制的雷达图如图 3—30 所示。从图中可以得到以下几点结论：无论是城镇居民还是农村居民，家庭消费支出中食品支出的比重都最大，杂项商品与服务支出的比重都最小；除食品支出和居住支出，城镇居民的支出比重都高于农村；城镇居民支出和农村居民支出在结构上具有很大的相似性。

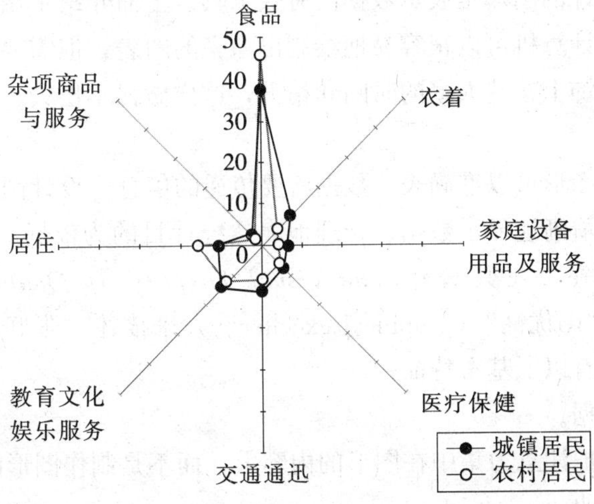

图3—30　2003 年城乡居民家庭人均消费支出构成的雷达图

图 3—31 总结了数据的类型与图示方法。

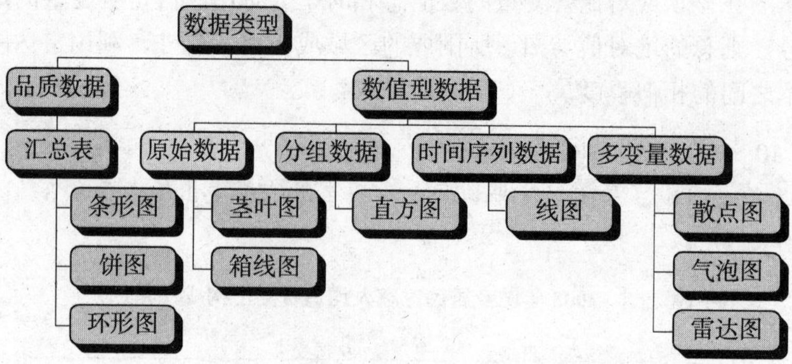

图 3—31　数据的类型与图示方法

3.4　合理使用图表

统计图和统计表是展示数据的两种主要方式。在日常生活中，阅读报纸杂志，或者在看电视、上网时，我们都能看到大量的统计图表。统计表把杂乱的数据有条理地组织在一张简明的表格内，统计图把数据形象地显示出来。显然，看统计表和统计图要比看枯燥的数字更有趣，也更容易理解。在对某些实际问题进行研究时，也经常要使用统计表和统计图。正确地使用统计表和统计图是做好统计分析的最基本技能。

3.4.1　鉴别图形优劣的准则

一张精心设计的图形是展示数据的有效工具。上面介绍了用图形来展示统计数据的方法，借助于计算机可以很容易地绘制出漂亮的图表，但需要注意的是，初学者往往会在图形的修饰上花费太多的时间和精力，这样做得不偿失，也未必合理，或许会画蛇添足。

精心设计的图形可以准确表达数据所要传递的信息。设计图形时，应绘制得尽可能简洁，以能够清晰地显示数据、合理地表达统计目的为依据。爱德华·R·塔夫特（Edward R. Tufte）在其著作 *The Visual Display of Quantitative Information*（1983）中使用“图优性”（graphical excellency）来描述一张好图。塔夫特指出，一张好的图形应具有以下基本特征：

（1）显示数据。

（2）让读者把注意力集中在图形的内容上，而不是制作图形的程序上。

（3）避免歪曲。

（4）强调数据之间的比较。

（5）服务于一个明确的目的。

（6）有对图形的统计描述和文字说明。

塔夫特还提出了五条鉴别图形优劣的准则：

(1) 一张好图应当精心设计，有助于洞察问题的实质。

(2) 一张好图应当使复杂的观点得到简明、确切、高效的阐述。

(3) 一张好图应当能在最短的时间内以最少的笔墨给读者提供最大量的信息。

(4) 一张好图应当是多维的。

(5) 一张好图应当表述数据的真实情况。

在绘制图形时，应避免一切不必要的修饰。过于花哨的修饰往往会使人注重图形本身，而掩盖了图形所要表达的信息。图形产生的视觉效果应与数据所体现的事物特征相一致，否则有可能歪曲数据，给人留下错误的印象。

3.4.2　统计表的设计

统计表是用于展示数据的另一个基本工具。在数据的收集、整理、描述和分析过程中，都要使用统计表。许多杂乱的数据，既不便于阅读，也不便于理解和分析，一旦整理在一张统计表内，就会使这些数据变得一目了然、清晰易懂。充分利用和制作好统计表是做好统计分析的基本要求。

统计表的形式多种多样，根据使用者的要求和统计数据本身的特点，可以绘制形式多样的统计表。表 3—20 就是一种比较常见的统计表。

表 3—20　　2002—2003 年城镇居民家庭抽样调查资料 ←表头

	项　目	单位	2002 年	2003 年	←列标题
行标题	调查户数	户	45 317	48 028	数据资料
	平均每户家庭人口	人	3.04	3.01	
	平均每户就业人口	人	1.58	1.58	
	平均每户就业面	%	51.97	52.49	
	平均每一就业者负担人数	人	1.92	1.91	
	平均每人全部年收入	元	8 177.40	9 061.22	
	#可支配收入	元	7 702.80	8 472.20	
	平均每人消费性支出	元	6 029.88	6 510.94	

注：本表为城镇居民家庭收支抽样调查资料。
资料来源：《中国统计年鉴 2004》，359 页，北京，中国统计出版社，2004。 } 附加

从表 3—20 可以看出，统计表一般由四个主要部分组成，即表头、行标题、列标题和数据资料，此外，必要时可以在统计表的下方加上表外附加。表头应放在表的上方，它说明的是统计表的主要内容。行标题和列标题通常安排在统计表的第一列和第一行，它表示的是所研究问题的类别名称和变量名称，如果是时间序列数据，行标题和列标题也可以是时间，当数据较多时，通常将时间放在行标题的位置。表的其余部分是具体的数据资料。表外附加通常放在统计表的下方，主要包括数据来源、变量的注释和必要的说明等内容。

由于使用者的目的以及统计数据的特点不同，统计表的设计在形式和结构上会有较大差异，但基本要求是一致的。尽管计算机的应用对统计表的形式要求越来越少，

但“科学、实用、简练、美观”仍然是设计和使用统计表所要求的。具体来说，设计和使用统计表时要注意以下几点：

首先，要合理安排统计表的结构，比如行标题、列标题、数据资料的位置应安排合理。当然，由于强调的问题不同，行标题和列标题可以互换，但应使统计表的横竖长度比例适当，避免出现过高或过宽的表格形式。

其次，表头一般应包括表号、总标题和表中数据的单位等内容。总标题应简明确切地概括出统计表的内容，一般需要说明统计数据的时间（When）、地点（Where）以及何种数据（What），即标题内容应满足 3W 要求。如果表中的全部数据都是同一计量单位，可在表的右上角标明。若各变量的计量单位不同，则应放在每个变量后或单列出一列标明。

再次，表中的上下两条横线一般用粗线，中间的其他线要用细线，这样使人看起来清楚、醒目。通常情况下，统计表的左右两边不封口，列标题之间在必要时可用竖线分开，而行标题之间通常不必用横线隔开。总之表中尽量少用横竖线。表中的数据一般是右对齐，有小数点时应以小数点对齐，而且小数点的位数应统一。对于没有数据的表格单元，一般用“—”表示，一张填好的统计表不应出现空白单元格。

最后，在使用统计表时，必要时可在表的下方加上注释，特别要注意注明数据来源，以表示对他人劳动成果的尊重，以备读者查阅使用。

□ 思考与练习

一、思考题

3.1 数据的预处理包括哪些内容？

3.2 分类数据和顺序数据的整理和图示方法各有哪些？

3.3 数值型数据的分组方法有哪些？简述组距分组的步骤。

3.4 直方图与条形图有何区别？

3.5 绘制线图应注意哪些问题？

3.6 饼图和环形图有什么不同？

3.7 茎叶图与直方图相比有什么优点？它们的应用场合是什么？

3.8 鉴别图表优劣的准则有哪些？

3.9 制作统计表应注意哪几个问题？

二、练习题

3.1 为评价家电行业售后服务的质量，随机抽取了由 100 个家庭构成的一个样本。服务质量的等级分别表示为：A. 好；B. 较好；C. 一般；D. 较差；E. 差。调查结果如下：

B	E	C	C	A	D	C	B	A	E
D	A	C	B	C	D	E	C	E	E
A	D	B	C	C	A	E	D	C	B
B	A	C	D	E	A	B	D	D	C
C	B	C	E	D	B	C	C	B	C
D	A	C	B	C	D	E	C	E	B
B	E	C	C	A	D	C	B	A	E
B	A	C	D	E	A	B	D	D	C
A	D	B	C	C	A	E	D	C	B
C	B	C	E	D	B	C	C	B	C

要求：

(1) 指出上面的数据属于什么类型。

(2) 用 Excel 制作一张频数分布表。

(3) 绘制一张条形图，反映评价等级的分布。

(4) 绘制评价等级的帕累托图。

3.2 某行业管理局所属 40 个企业 2002 年的产品销售收入数据如下：

单位：万元

152	124	129	116	100	103	92	95	127	104
105	119	114	115	87	103	118	142	135	125
117	108	105	110	107	137	120	136	117	108
97	88	123	115	119	138	112	146	113	126

要求：

(1) 根据上面的数据进行适当的分组，编制频数分布表，并计算出累积频数和累积频率。

(2) 按规定，销售收入在 125 万元以上为先进企业，115 万元～125 万元为良好企业，105 万元～115 万元为一般企业，105 万元以下为落后企业，按先进企业、良好企业、一般企业、落后企业进行分组。

3.3 某百货公司连续 40 天的商品销售额数据如下：

单位：万元

41	25	29	47	38	34	30	38	43	40
46	36	45	37	37	36	45	43	33	44
35	28	46	34	30	37	44	26	38	44
42	36	37	37	49	39	42	32	36	35

要求：根据上面的数据进行适当的分组，编制频数分布表，并绘制直方图。

3.4 利用下面的数据构建茎叶图和箱线图。

57	29	29	36	31
23	47	23	28	28
35	51	39	18	46
18	26	50	29	33
21	46	41	52	28
21	43	19	42	20

3.5 为了确定灯泡的使用寿命，在一批灯泡中随机抽取 100 个进行测试，所得结果如下：

单位：小时

700	716	728	719	685	709	691	684	705	718
706	715	712	722	691	708	690	692	707	701
708	729	694	681	695	685	706	661	735	665
668	710	693	697	674	658	698	666	696	698
706	692	691	747	699	682	698	700	710	722
694	690	736	689	696	651	673	749	708	727
688	689	683	685	702	741	698	713	676	702
701	671	718	707	683	717	733	712	683	692
693	697	664	681	721	720	677	679	695	691
713	699	725	726	704	729	703	696	717	688

要求：

(1) 利用计算机对上面的数据进行排序。

(2) 以组距为 10 进行等距分组，整理成频数分布表。

(3) 根据分组数据绘制直方图，说明数据分布的特点。

(4) 制作茎叶图，并与直方图作比较。

3.6 一种袋装食品用生产线自动装填，每袋重量大约为 50g，但由于某些原因，每袋重量不会恰好是 50g。随机抽取 100 袋食品，测得的重量数据如下：

单位：g

57	46	49	54	55	58	49	61	51	49
51	60	52	54	51	55	60	56	47	47
53	51	48	53	50	52	40	45	57	53
52	51	46	48	47	53	47	53	44	47
50	52	53	47	45	48	54	52	48	46
49	52	59	53	50	43	53	46	57	49
49	44	57	52	42	49	43	47	46	48
51	59	45	45	46	52	55	47	49	50
54	47	48	44	57	47	53	58	52	48
55	53	57	49	56	56	57	53	41	48

要求：

(1) 构建这些数据的频数分布表。

(2) 绘制频数分布的直方图。

(3) 说明数据分布的特征。

3.7　下面是一种金属零件重量的误差数据：

单位：g

61.4	46.8	65.1	61.7	77.4
63.9	54.6	71.1	60.5	52.7
73.4	87.8	32.5	27.3	47.5
57.3	60.5	52.9	40.1	47.9
54.8	60.1	19.9	30.4	58.6
56.8	46.8	32.7	81.6	60.2
76.4	54.9	37.4	71.6	48.2
32.1	39.1	19.1	48.9	38.1
53.3	26.4	53.3	55.1	58.1
27.3	67.9	74.1	55.6	32.5

要求：

(1) 以 10 为组距构建零件重量误差的频数分布表。

(2) 绘制直方图，说明零件重量误差分布的特征。

3.8　下面是北方某城市 1—2 月份各天气温的记录数据：

单位：℃

−3	2	−4	−7	−11	−1	7	8	9	−6
−14	−18	−15	−9	−6	−1	0	5	−4	−9
−6	−8	−12	−16	−19	−15	−22	−25	−24	−19
−8	−6	−15	−11	−12	−19	−25	−24	−18	−17
−14	−22	−13	−9	−6	0	−1	5	−4	−9
−3	2	−4	−4	−16	−1	7	5	−6	−5

要求：

(1) 指出上面的数据属于什么类型。

(2) 对上面的数据进行适当的分组。

(3) 绘制直方图，说明该城市气温分布的特点。

3.9　下面是某考试管理中心对 2005 年参加成人自学考试的 12 000 名学生的年龄分组数据：

年龄（岁）	18～19	20～21	22～24	25～29	30～34	35～39	40～44	45～59
%	1.9	34.7	34.1	17.2	6.4	2.7	1.8	1.2

要求：

(1) 对这个年龄分布作直方图。

(2) 用直方图分析成人自学考试人员年龄分布的特点。

3.10 下面是A，B两个班学生的数学考试成绩数据：

A班

44	57	59	60	61	61	62	63	63	65
66	66	67	69	70	70	71	72	73	73
73	74	74	74	75	75	75	75	75	76
76	77	77	77	78	78	79	80	80	82
85	85	86	86	90	92	92	92	93	96

B班

35	39	40	44	44	48	51	52	52	54
55	56	56	57	57	57	58	59	60	61
61	62	63	64	66	68	68	70	70	71
71	73	74	74	79	81	82	83	83	84
85	90	91	91	94	95	96	100	100	100

要求：

(1) 将两个班的考试成绩用一根公共的茎制成茎叶图。

(2) 比较两个班考试成绩分布的特点。

3.11 给下面的数据绘制散点图。

x	2	3	4	1	8	7
y	25	25	20	30	16	18

3.12 甲乙两个班各有40名学生，期末统计学考试成绩的分布如下：

考试成绩	人数	
	甲班	乙班
优	3	6
良	6	15
中	18	9
及格	9	8
不及格	4	2

要求：

(1) 根据上面的数据，画出两个班考试成绩的对比条形图和环形图。

(2) 比较两个班考试成绩分布的特点。

(3) 画出雷达图，比较两个班考试成绩的分布是否相似。

3.13 2005年4月北京亚运村汽车交易市场的汽车销售数据如下：

单位：辆

国产车销售排行前10名	销售量	进口车销售排行前10名	销售量
福美来	556	丰田	149
夏利	541	现代	102
捷达	370	日产	68
松花江	298	奔驰	30
富康	277	宝马	30
哈飞路宝	200	大众	23
高尔夫	190	克莱斯勒	17
东方之子	181	本田	16
长安奥拓	145	雷克萨斯	10
爱丽舍	117	奥迪	6

要求：

(1) 画出国产汽车和进口汽车销售量的对比条形图。

(2) 画出国产汽车和进口汽车销售量的环形图。

3.14 已知1995—2004年我国的国内生产总值数据如下（按当年价格计算）：

单位：亿元

年份	国内生产总值			
		第一产业	第二产业	第三产业
1995	58 478.1	11 993	28 538	17 947
1996	67 884.6	13 844.2	33 613	20 428
1997	74 462.6	14 211.2	37 223	23 029
1998	78 345.2	14 552.4	38 619	25 174
1999	82 067.5	14 471.96	40 558	27 038
2000	89 468.1	14 628.2	44 935	29 905
2001	97 314.8	15 411.8	48 750	33 153
2002	105 172.3	16 117.3	52 980	36 075
2003	117 390.2	16 928.1	61 274	39 188
2004	136 875.9	20 768.07	72 387	43 721

要求：

(1) 用Excel绘制国内生产总值的线图。

(2) 绘制第一、二、三产业国内生产总值的线图。

(3) 根据2004年的国内生产总值及其构成数据绘制饼图。

3.15 1997年我国几个主要城市各月份的平均相对湿度数据如下表所示，试绘制箱线图，并分析各城市平均相对湿度的分布特征。

月份	北京	长春	南京	郑州	武汉	广州	成都	昆明	兰州	西安
1	49	70	76	57	77	72	79	65	51	67
2	41	68	71	57	75	80	83	65	41	67
3	47	50	77	68	81	80	81	58	49	74
4	50	39	72	67	75	84	79	61	46	70
5	55	56	68	63	71	83	75	58	41	58
6	57	54	73	57	74	87	82	72	43	42
7	69	70	82	74	81	86	84	84	58	62
8	74	79	82	71	73	84	78	74	57	55
9	68	66	71	67	71	81	75	77	55	65
10	47	59	75	53	72	80	78	76	45	65
11	66	59	82	77	78	72	78	71	53	73
12	56	57	82	65	82	75	82	71	52	72

资料来源：《中国统计年鉴 1998》，10 页，北京，中国统计出版社，1998。

第 4 章 数据的概括性度量

Chapter 4

鳗鱼的公共繁殖场所①

费希尔在 1952 年的一篇文章中举了一个例子，说明如何由基本的描述统计量的知识引出一个重要的发现。

20 世纪早期，哥本哈根卡尔堡实验室的施密特（J. Schmidt）发现不同地区所捕获的同种鱼类的脊椎骨和鳃腺的数量有很大不同；甚至在同一海湾内不同地点所捕获的同种鱼类，也发现同样的倾向。然而，鳗鱼的脊椎骨的数量却变化不大。施密特从欧洲各地、冰岛、亚速尔群岛和尼罗河等几乎分离的海域里所捕获的鳗鱼的样本中，计算发现了几乎一样的均值和标准偏差值。

施密特由此推断：所有各个不同海域内的鳗鱼是由海洋中某公共场所繁殖的。后来名为“戴纳”（Dana）的科学考察船在一次远征中发现了这个场所。

利用图表展示数据，可以对数据分布的形状和特征有一个大致的了解。但要全面把握数据分布的特征，还需要找到反映数据分布特征的各个代表值。数据分布的特征可以从三个方面进行测度和描述：一是分布的集中趋势，反映各数据向其中心值靠拢或聚集的程度；二是分布的离散程度，反映各数据远离其中心值的趋势；三是分布的形状，反映数据分布的偏态和峰态。这三个方面分别反映了数据分布特征的不同侧面。本章将重点讨论分布特征值的计算方法、特点及其应用场合。

① 参见［美］C. R. 劳：《统计与真理：怎样运用偶然性》，92 页，北京，科学出版社，2004。

4.1 集中趋势的度量

集中趋势（central tendency）是指一组数据向某一中心值靠拢的程度，它反映了一组数据中心点的位置所在。本节将从统计数据的不同类型出发，从低层次的测量数据开始逐步介绍集中趋势的各个测度值。需要重新强调的是，低层次数据的集中趋势测度值适用于高层次的测量数据；反过来，高层次数据的集中趋势测度值并不适用于低层次的测量数据。因此，选用哪一个测度值来反映数据的集中趋势，要根据所掌握的数据的类型和特点来确定。

4.1.1 分类数据：众数

众数（mode）是一组数据中出现次数最多的变量值，用 M_o 表示。众数主要用于测度分类数据的集中趋势，当然也适用于作为顺序数据以及数值型数据集中趋势的测度值。一般情况下，只有在数据量较大的情况下，众数才有意义。

例 4.1

根据第 3 章表 3—4 中的数据，计算“饮料类型”的众数。

解：这里的变量为“饮料类型”，这是个分类变量，不同的类型就是变量值。在所调查的 50 人当中，购买碳酸饮料的人数最多，为 15 人，因此众数为“碳酸饮料”这一类型，即 M_o＝碳酸饮料。

这就是说，可以用“碳酸饮料”作为“饮料类型”这一变量的一个概括性度量。当然它对这一变量的代表性需要进一步分析。

例 4.2

根据第 3 章表 3—10 和表 3—11 中的数据，计算甲乙两个城市家庭对住房状况满意程度评价的众数。

解：这里的变量为“回答类别”，其变量值为非常不满意、不满意、一般、满意、非常满意。从表 3—10 中看到，甲城市中对住房表示不满意的户数最多，为 108 户，因此众数为“不满意”这一类别，即 M_o＝不满意；同样乙城市中对住房表示不满意的户数最多，为 99 户，因此众数也为“不满意”这一类别，即 M_o＝不满意。

上述结果表明，两个城市的家庭对目前的住房状况总体上来说是不满意的。

例 4.3

在某城市中随机抽取 9 个家庭，调查得到每个家庭的人均月收入数据如下（单位：元）。要求计算人均月收入的众数。

1 080　750　1 080　1 080　850　960　2 000　1 250　1 630

解：人均月收入出现频数最多的是 1 080，因此，众数 M_o=1 080 元。

> **Excel 中的统计函数**
>
> 利用 Excel 中的 MODE 函数可以计算一组数值型数据的众数。其语法为 MODE（number1，number2，…）。number1，number2，…是用于计算众数的 1～30 个参数，也可以使用单一数组（即对数组区域的引用）来代替由逗号分隔的参数。如果一组数据中不含有重复的数据，则 MODE 函数返回错误值 N/A。

众数是一个位置代表值，它不受数据中极端值的影响。从分布的角度看，众数是具有明显集中趋势点的数值，一组数据分布的最高峰点所对应的数值即为众数。当然，如果数据的分布没有明显的集中趋势或最高峰点，众数也可能不存在；如果有两个或多个最高峰点，也可以有两个或多个众数。众数的示意图如图 4—1 所示。

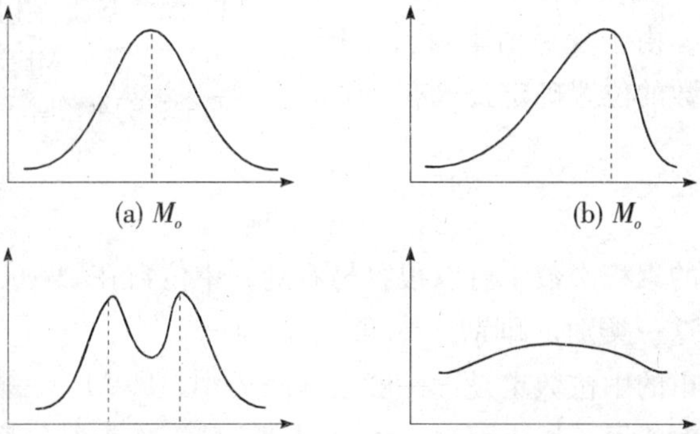

(a) M_o　(b) M_o　(c) 双众数　(d) 无众数

图 4—1　众数示意图

4.1.2　顺序数据：中位数和分位数

在一组数据中，可以找出处在某个位置上的数据，这些位置上的数据就是相应的分位数，其中包括中位数、四分位数、十分位数、百分位数等。

1. 中位数

中位数（median）是一组数据排序后处于中间位置上的变量值，用 M_e 表示。显然，中位数将全部数据等分成两部分，每部分包含 50%的数据，一部分数据比中位数大，另一部分则比中位数小。中位数主要用于测度顺序数据的集中趋势，当然也适用于测度数值型数据的集中趋势，但不适用于分类数据。

根据未分组数据计算中位数时，要先对数据进行排序，然后确定中位数的位置，最后确定中位数的具体数值。中位数位置的确定公式为：

$$中位数位置=\frac{n+1}{2} \tag{4.1}$$

式中，n 为数据个数。

设一组数据为 x_1，x_2，…，x_n，按从小到大的顺序排序后为 $x_{(1)}$，$x_{(2)}$，…，$x_{(n)}$，则中位数为：

$$M_e=\begin{cases} x_{\left(\frac{n+1}{2}\right)}, & n\text{ 为奇数} \\ \frac{1}{2}\left\{x_{\left(\frac{n}{2}\right)}+x_{\left(\frac{n}{2}+1\right)}\right\}, & n\text{ 为偶数} \end{cases} \tag{4.2}$$

例 4.4

根据第 3 章表 3—10 和表 3—11 中的数据，计算甲乙两个城市家庭对住房状况满意程度评价的中位数。

解：这是一个顺序数据，变量为对住房状况评价的"回答类别"，其中的五个选项即为变量值。由于变量值本身就是排序的，根据中位数的位置确定公式有：

$$\text{中位数位置}=\frac{300+1}{2}=150.5$$

> **Excel 中的统计函数**
>
> 利用 Excel 中的 MEDIAN 函数可以计算一组数值型数据的中位数。其语法为 MEDIAN(number1, number2, …)。number1, number2, … 是用于计算中位数的 1～30 个数值。如果一组数据中包含偶数个数字，函数 MEDIAN 将返回位于中间的两个数的平均值。

从表 3—10 的累积次数中可以很容易看到，中位数在"一般"这一类中，因此中位数是"一般"这一类别，即 M_e＝一般。

同样，乙城市的中位数也是"一般"这一类别，即 M_e＝一般。

这就是说，对于甲乙城市而言，可以用"一般"作为对住房状况评价的一个代表值。当然，其代表性如何还需进一步分析。

例 4.5

在某城市中随机抽取 9 个家庭，调查得到每个家庭的人均月收入数据如下（单位：元）。要求计算人均月收入的中位数。

1 500　750　780　1 080　850　960　2 000　1 250　1 630

解：先将上面的数据排序，结果如下：

750　780　850　960　1 080　1 250　1 500　1 630　2 000

$$\text{中位数位置}=\frac{9+1}{2}=5$$

所以中位数为 1 080，即 M_e＝1 080 元。

下面再看看当数据个数为偶数时怎样计算中位数。假定在例 4.5 中抽取了 10 个家庭，每个家庭的人均月收入数据排序后为：

660　750　780　850　960　1 080　1 250　1 500　1 630　2 000

$$\text{中位数位置}=\frac{10+1}{2}=5.5$$

中位数为：

$$M_e=\frac{960+1\ 080}{2}=1\ 020(\text{元})$$

中位数是一个位置代表值，其特点是不受极端值的影响，在研究收入分配时很有用。

2. 四分位数

中位数是从中间点将全部数据等分为两部分。与中位数类似的还有四分位数、十分位数（decile）和百分位数（percentile）等。它们分别是用 3 个点、9 个点和 99 个点将数据 4 等分、10 等分和 100 等分后各分位点上的值。这里只介绍四分位数的计算。

四分位数（quartile）也称四分位点，它是一组数据排序后处于 25%和 75%位置上的值。四分位数是通过 3 个点将全部数据等分为 4 部分，其中每部分包含 25%的数据。很显然，中间的四分位数就是中位数，因此通常所说的四分位数是指处在 25%位置上的数值（称为下四分位数）和处在 75%位置上的数值（称为上四分位数）。与中位数的计算方法类似，根据未分组数据计算四分位数时，首先对数据进行排序，然后确定四分位数所在的位置，该位置上的数值就是四分位数。与中位数不同的是，四分位数位置的确定方法有几种①，每种方法得到的结果会有一定差异，但差异不会很大。根据定义，四分位数的位置确定方法如下。

设下四分位数为 Q_L，上四分位数为 Q_U，根据四分位数的定义有：

$$Q_L\ \text{位置}=\frac{n}{4}$$
$$Q_U\ \text{位置}=\frac{3n}{4} \tag{4.3}$$

① 除了式（4.3），四分位数还有以下几种计算方法。

第一，一种较为准确的算法是按下列公式确定位置：

$$Q_L\ \text{位置}=\frac{n+1}{4}$$
$$Q_U\ \text{位置}=\frac{3(n+1)}{4}$$

第二，以中位数为中心，从两端再计算出中位数，确定位置的公式为：

$$Q\ \text{位置}=\frac{\left[\frac{n+1}{2}\right]+1}{2}$$

式中，$\left[\frac{n+1}{2}\right]$表示中位数的位置取整。这样计算出的四分位数的位置，要么是整数，要么在两个数之间 0.5 的位置上。

第三，Excel 给出的四分位数位置的确定方法为：

$$Q_L\ \text{位置}=\frac{n+3}{4}$$
$$Q_U\ \text{位置}=\frac{3n+1}{4}$$

如果位置是整数，四分位数就是该位置对应的值；如果是在 0.5 的位置上，则取该位置两侧值的平均数；如果是在 0.25 或 0.75 的位置上，则四分位数等于该位置的下侧值加上按比例分摊位置两侧数值的差值。

例 4.6

根据例 4.5 中 9 个家庭的收入调查数据，计算人均月收入的四分位数。

解：根据式（4.3），有

$$Q_L \text{ 的位置}=\frac{n}{4}=\frac{9}{4}=2.25$$

即 Q_L 在第 2 个数值（780）和第 3 个数值（850）之间 0.25 的位置上，因此

$$Q_L=780+(850-780)\times 0.25=797.5\text{（元）}$$

$$Q_U \text{ 的位置}=\frac{3n}{4}=\frac{3\times 9}{4}=6.75$$

即 Q_U 在第 6 个数值（1 250）和第 7 个数值（1 500）之间 0.75 的位置上，因此

$$Q_U=1\,250+(1\,500-1\,250)\times 0.75=1\,437.5\text{（元）}$$

根据四分位数的计算结果可以粗略地说，排序数据中，至少 25%的数据将小于或等于 Q_L，而至少 75%的数据将大于或等于 Q_L；至少 75%的数据将小于或等于 Q_U，而至少 25%的数据将大于或等于 Q_U。由于 Q_L 和 Q_U 之间包含了 50%的数据，因此，就例 4.6 而言，可以说大约有一半的家庭人均月收入在 Q_L 和 Q_U 之间。

Excel 中的统计函数

利用 Excel 中的 QUARTILE 函数可以计算一组数值型数据的四分位数。其语法为 QUARTILE（array，quart）。array 为需要求得四分位数值的数组或数字的单元格区域。quart 决定返回哪一个四分位值。如果 quart 等于 0，函数 QUARTILE 返回最小值；如果 quart 等于 1，函数 QUARTILE 返回第一个四分位数；如果 quart 等于 2，函数 QUARTILE 返回中位数；如果 quart 等于 3，函数 QUARTILE 返回第三个四分位数；如果 quart 等于 4，函数 QUARTILE 返回最大值。

4.1.3 数值型数据：平均数

平均数也称为**均值**（mean），它是一组数据相加后除以数据的个数得到的结果。

平均数在统计学中具有重要的地位，是集中趋势的最主要测度值，它主要适用于数值型数据，而不适用于分类数据和顺序数据。根据所掌握数据的不同，平均数有不同的计算形式和计算公式。

1. 简单平均数与加权平均数

根据未经分组数据计算的平均数称为**简单平均数**（simple mean）。设一组样本数据为 x_1，x_2，…，x_n，样本量（样本数据的个数）为 n，则简单样本平均数用 $\bar{x}$ 表

示，计算公式①为：

$$\bar{x}=\frac{x_1+x_2+\cdots+x_n}{n}=\frac{\sum_{i=1}^{n}x_i}{n} \tag{4.4}$$

例如，根据例 4.5 中的数据，计算 9 个家庭人均月收入的平均数为：

$$\bar{x}=\frac{1\,500+750+\cdots+1\,250+1\,630}{9}=\frac{10\,800}{9}=1\,200(\text{元})$$

根据分组数据计算的平均数称为**加权平均数**（weighted mean）。设原始数据被分成 k 组，各组的组中值分别用 M_1，M_2，…，M_k 表示，各组变量值出现的频数分别用 f_1，f_2，…，f_k 表示，则样本加权平均数的计算公式为：

$$\bar{x}=\frac{M_1f_1+M_2f_2+\cdots+M_kf_k}{f_1+f_2+\cdots+f_k}=\frac{\sum_{i=1}^{k}M_if_i}{n} \tag{4.5}$$

式中，$n=\sum f_i$，即样本量。

例 4.7

根据第 3 章表 3—13 中的数据，计算电脑销售量的平均数。

解：计算过程见表 4—1。

表 4—1　　**某电脑公司销售量平均数计算表**

	A	B	C	D
1 2	按销售量分组 （台）	组中值 M_i	频数 f_i	M_if_i
3	140~150	145	4	580
4	150~160	155	9	1395
5	160~170	165	16	2640
6	170~180	175	27	4725
7	180~190	185	20	3700
8	190~200	195	17	3315
9	200~210	205	10	2050
10	210~220	215	8	1720
11	220~230	225	4	900
12	230~240	235	5	1175
13	合计	—	120	22200

① 如果有总体的全部数据 x_1，x_2，…，x_N，则总体平均数用 μ 表示，简单总体平均数的计算公式为：

$$\mu=\frac{x_1+x_2+\cdots+x_N}{N}=\frac{\sum_{i=1}^{N}x_i}{N}$$

同样，如果原始数据被分成 k 组，各组的组中值分别用 M_1，M_2，…，M_k 表示，各组变量值出现的频数分别用 f_1，f_2，…，f_k 表示，则总体加权平均数的计算公式为：

$$\mu=\frac{M_1f_1+M_2f_2+\cdots+M_kf_k}{f_1+f_2+\cdots+f_k}=\frac{\sum_{i=1}^{k}M_if_i}{N}$$

根据式（4.5）得

$$\bar{x}=\frac{\sum_{i=1}^{k}M_i f_i}{n}=\frac{22\ 200}{120}=185(\text{台})$$

根据式（4.5）计算平均数时，是用各组的组中值代表各组的实际数据，使用这一代表值时是假定各组数据在组内是均匀分布的，如果实际数据与这一假定相吻合，计算的结果还是比较准确的，否则误差会较大。

平均数在统计学中具有重要地位，它是进行统计分析和统计推断的基础。从统计思想上看，平均数是一组数据的重心所在，是数据误差相互抵消后的必然结果。比如，对同一事物进行多次测量，所得结果可能不一致，这是测量误差所致，也可能是其他因素的偶然影响，利用平均数作为其代表值，则可以使误差相互抵消，反映出事物必然性的数量特征。

Excel 中的统计函数

利用 Excel 中的 AVERAGE 函数可以计算一组数值型数据的算数平均数。其语法为 AVERAGE(number1, number2, …)。number1，number2, …是用于计算平均数的 1～30 个参数。

2. 一种特殊的平均数：几何平均数

几何平均数（geometric mean）是 n 个变量值乘积的 n 次方根，用 G 表示。计算公式①为：

$$G=\sqrt[n]{x_1\times x_2\times\cdots\times x_n}=\sqrt[n]{\prod_{i=1}^{n}x_i} \tag{4.6}$$

式中，$\prod$ 为连乘符号。

几何平均数是适用于特殊数据的一种平均数，它主要用于计算平均比率。当所掌握的变量值本身是比率的形式时，采用几何平均法计算平均比率更为合理。在实际应用中，几何平均数主要用于计算现象的平均增长率。

Excel 中的统计函数

利用 Excel 中的 GEOMEAN 函数可以计算一组数值型数据的几何平均数。其语法为 GEOMEAN（number1，number2，…）。number1，number2, …是用于计算平均数的 1～30 个参数，也可以不使用这种用逗号分隔参数的形式，而用单个数组或数组引用的形式。如果任何数据点小于 0，则函数 GEOMEAN 返回错误值 #NUM!。

例 4.8

一位投资者持有一种股票，连续 4 年的收益率分别为 4.5%，2.1%，25.5%，1.9%。要求计算该投资者在这 4 年内的平均收益率。

① 当数据中出现零值或负值时，不宜计算几何平均数。

解： 设平均收益率为 $\bar{G}$，根据式（4.6）有

$$\begin{aligned}\bar{G} &= \sqrt[n]{\prod_{i=1}^{n} x_i} - 1 \\ &= \sqrt[4]{104.5\% \times 102.1\% \times 125.5\% \times 101.9\%} - 1 \\ &= 8.0787\%\end{aligned}$$

即该投资者的投资年平均收益率为 8.078 7%。

假定该投资者最初投入 10 000 元，按各年的几何平均收益率计算，第 4 年的本利总和应为：

$$\begin{aligned}&10\,000 \times 104.5\% \times 102.1\% \times 125.5\% \times 101.9\% \\ &= 10\,000 \times (108.0787\%)^4 \\ &= 13\,644.57(\text{元})\end{aligned}$$

如果按算术平均计算,平均收益率则为：

$$\bar{G} = (4.5\% + 2.1\% + 25.5\% + 1.9\%) \div 4 = 8.5\%$$

按算术平均收益率计算，该投资者 2004 年的本利总和应为：

$$10\,000 \times (108.5\%)^4 = 13\,858.59\ (\text{元})$$

二者相差 214.02 元，而这部分收益投资者并没有获得。这说明，对于比率数据的平均采用几何平均要比算术平均更合理。从下面的分析中可以更清楚地看出这一点。

设开始的数值为 y_0，逐年增长率为 G_1，G_2，…，G_n，则第 n 年的数值为：

$$y_n = y_0(1+G_1)(1+G_2)\cdots(1+G_n) = y_0 \prod_{i=1}^{n}(1+G_i) \tag{4.7}$$

从 y_0 到 y_n 有 n 年，每年的增长率都相同，这个增长率 G 就是平均增长率 $\bar{G}$，即式（4.7）中的 G_i 都等于 G。因此

$$(1+G)^n = \prod_{i=1}^{n}(1+G_i) \tag{4.8}$$

$$\bar{G} = \sqrt[n]{\prod_{i=1}^{n}(1+G_i)} - 1 \tag{4.9}$$

当所平均的各比率数值差别不大时，算术平均和几何平均的结果相差不大，如果各比率的数值相差较大时，二者的差别就很明显。

4.1.4　众数、中位数和平均数的比较

众数、中位数和平均数是集中趋势的三个主要测度值，它们具有不同的特点和应用场合。

1. 众数、中位数和平均数的关系

从分布的角度看，众数始终是一组数据分布的最高峰值，中位数是处于一组数据中间位置上的值，而平均数则是全部数据的算术平均。因此，对于具有单峰分布的大多数数据而言，众数、中位数和平均数之间具有以下关系：如果数据的分布是对称的，众数（M_o）、中位数（M_e）和平均数（$\bar{x}$）必定相等，即 $M_o=M_e=\bar{x}$；如果数据是左偏分布，说明数据存在极小值，必然拉动平均数向极小值一方靠，而众数和中位数由于是位置代表值，不受极值的影响，因此三者之间的关系表现为：$\bar{x}<M_e<M_o$；如果数据是右偏分布，说明数据存在极大值，必然拉动平均数向极大值一方靠，则 $M_o<M_e<\bar{x}$。上述关系如图 4—2 所示。

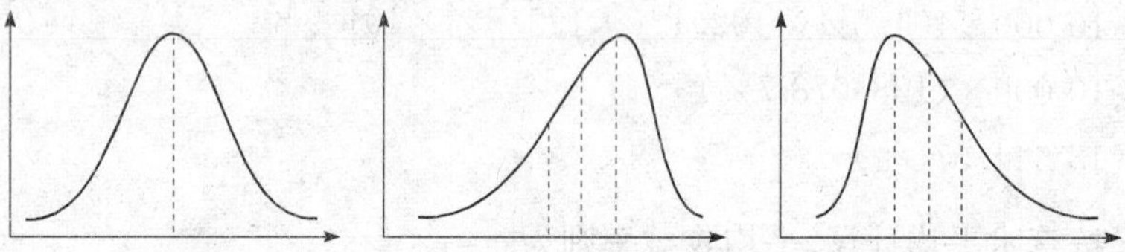

图 4—2 不同分布的众数、中位数和平均数

2. 众数、中位数和平均数的特点与应用场合

掌握众数、中位数和平均数的特点，有助于在实际应用中选择合理的测度值来描述数据的集中趋势。

众数是一组数据分布的峰值，不受极端值的影响。其缺点是具有不唯一性，一组数据可能有一个众数，也可能有两个或多个众数，也可能没有众数。众数只有在数据量较多时才有意义，当数据量较少时，不宜使用众数。众数主要适合作为分类数据的集中趋势测度值。

中位数是一组数据中间位置上的代表值，不受数据极端值的影响。当一组数据的分布偏斜程度较大时，使用中位数也许是一个好的选择。中位数主要适合作为顺序数据的集中趋势测度值。

平均数是针对数值型数据计算的，而且利用了全部数据信息，它是实际中应用最广泛的集中趋势测度值。当数据呈对称分布或接近对称分布时，3 个代表值相等或接近相等，这时则应选择平均数作为集中趋势的代表值。但平均数的主要缺点是易受数据极端值的影响，对于偏态分布的数据，平均数的代表性较差。因此，当数据为偏态分布，特别是偏斜程度较大时，可以考虑选择中位数或众数，这时它们的代表性要比平均数好。

4.2 离散程度的度量

数据的离散程度是数据分布的另一个重要特征，它反映的是各变量值远离其中心值的程度。数据的离散程度越大，集中趋势的测度值对该组数据的代表性就越差；离散程度越小，其代表性就越好。描述数据离散程度采用的测度值，根据数据类型的不同主要有异众比率、四分位差、方差和标准差。此外，还有极差、平均差以及测度相对离散程度的离散系数等。

4.2.1　分类数据：异众比率

异众比率（variation ratio）是指非众数组的频数占总频数的比例，用 V_r 表示。其计算公式为：

$$V_r=\frac{\sum f_i-f_m}{\sum f_i}=1-\frac{f_m}{\sum f_i} \tag{4.10}$$

式中，$\sum f_i$ 为变量值的总频数；f_m 为众数组的频数。

异众比率主要用于衡量众数对一组数据的代表程度。异众比率越大，说明非众数组的频数占总频数的比重越大，众数的代表性越差；异众比率越小，说明非众数组的频数占总频数的比重越小，众数的代表性越好。异众比率主要适合测度分类数据的离散程度，当然，对于顺序数据以及数值型数据也可以计算异众比率。

例 4.9

根据第 3 章表 3—4 中的数据，计算异众比率。

解：根据式（4.10）得

$$V_r=\frac{50-15}{50}=1-\frac{15}{50}=0.7=70\%$$

这说明在所调查的 50 人当中，购买其他类型饮料的人数占 70%，异众比率比较大。因此，用“碳酸饮料”来代表消费者购买饮料类型的状况，其代表性不是很好。

4.2.2　顺序数据：四分位差

四分位差（quartile deviation）也称为**内距**或**四分间距**（inter-quartile range），它是上四分位数与下四分位数之差，用 Q_d 表示。其计算公式为：

$$Q_d=Q_U-Q_L \tag{4.11}$$

四分位差反映了中间 50%数据的离散程度，其数值越小，说明中间的数据越集中；其数值越大，说明中间的数据越分散。四分位差不受极值的影响。此外，由于中位数处于数据的中间位置，因此，四分位差的大小在一定程度上也说明了中位数对一组数据的代表程度。四分位差主要用于测度顺序数据的离散程度。对于数值型数据也可以计算四分位差，但它不适合分类数据。

例 4.10

根据例 4.6 的计算结果，计算家庭人均月收入的四分位差。

解：根据例 4.6 的计算结果可知，$Q_L=797.5$，$Q_U=1\ 437.5$。四分位差为：

$$Q_d=1\ 437.5-797.5=640\ (\text{元})$$

4.2.3 数值型数据：方差和标准差

测度数值型数据离散程度的方法主要有极差、平均差、方差和标准差，其中最常用的是方差和标准差。

1. 极差

一组数据的最大值与最小值之差称为**极差**（range），也称全距，用 R 表示。其计算公式为：

$$R=\max(x_i)-\min(x_i) \tag{4.12}$$

式中，$\max(x_i)$ 和 $\min(x_i)$ 分别表示一组数据的最大值和最小值。

例如，根据例 4.5 中的数据，计算 9 个家庭人均月收入的极差为：

$$R=2\ 000-750=1\ 250\ (\text{元})$$

极差是描述数据离散程度的最简单的测度值，计算简单，易于理解，但它容易受极端值的影响。由于极差只是利用了一组数据两端的信息，不能反映出中间数据的分散状况，因而不能准确描述出数据的分散程度。

2. 平均差

平均差（mean deviation）也称**平均绝对离差**（mean absolute deviation），它是各变量值与其平均数离差绝对值的平均数，用 M_d 表示。

根据未分组数据计算平均差的公式为：

$$M_d=\frac{\sum_{i=1}^{n}|x_i-\bar{x}|}{n} \tag{4.13}$$

根据分组数据计算平均差的公式为：

$$M_d=\frac{\sum_{i=1}^{k}|M_i-\bar{x}|f_i}{n} \tag{4.14}$$

例 4.11

根据第 3 章表 3—13 中的数据，计算电脑销售量的平均差。

解：已知 $\bar{x}=185$，计算过程见表 4—2。

根据式（4.14）得

$$M_d=\frac{\sum_{i=1}^{k}|M_i-\bar{x}|f_i}{n}=\frac{2\ 040}{120}=17(\text{台})$$

表 4—2　　某电脑公司销售量数据平均差计算表

	A	B	C	D	E
1 2	按销售量分组 (台)	组中值 M_i	频数 f_i	$\lvert M_i-\bar{x}\rvert$	$\lvert M_i-\bar{x}\rvert f_i$
3	140~150	145	4	40	160
4	150~160	155	9	30	270
5	160~170	165	16	20	320
6	170~180	175	27	10	270
7	180~190	185	20	0	0
8	190~200	195	17	10	170
9	200~210	205	10	20	200
10	210~220	215	8	30	240
11	220~230	225	4	40	160
12	230~240	235	5	50	250
13	合计	—	120	—	2040

平均差以平均数为中心，反映了每个数据与平均数的平均差异程度，它能全面准确地反映一组数据的离散状况。平均差越大，说明数据的离散程度越大；反之，则说明数据的离散程度越小。为了避免离差之和等于零而无法计算平均差这一问题，平均差在计算时对离差取了绝对值，以离差的绝对值来表示总离差，这就给计算带来了不便，因而在实际中应用较少。但平均差的实际意义比较清楚，容易理解。

Excel 中的统计函数

利用 Excel 中的 AVEDEV 函数可以计算一组数值型数据的平均差。其语法为 AVEDEV（number1，number2，…）。number1，number2，… 是用于计算绝对偏差平均值的一组参数，参数可以有 1～30 个。

3. *方差和标准差*

方差（variance）是各变量值与其平均数离差平方的平均数。它在数学处理上是通过平方的办法消去离差的正负号，然后再进行平均。方差的平方根称为**标准差**（standard deviation）。方差（或标准差）能较好地反映出数据的离散程度，是实际中应用最广的离散程度测度值。

设样本方差为 s^2，根据未分组数据和分组数据计算样本方差的公式①分别为：

$$\text{未分组数据：} s^2=\frac{\sum_{i=1}^{n}(x_i-\bar{x})^2}{n-1} \tag{4.15}$$

---

① 如果能得到总体数据，对于未分组的原始数据，总体方差 σ^2 的计算公式为：

$$\sigma^2=\frac{\sum_{i=1}^{N}(x_i-\mu)^2}{N}$$

对于分组数据，总体方差的计算公式为：

$$\sigma^2=\frac{\sum_{i=1}^{k}(M_i-\mu)^2 f_i}{N}$$

开平方后即得到总体的标准差。

$$\text{分组数据：} s^2 = \frac{\sum_{i=1}^{k}(M_i - \bar{x})^2 f_i}{n-1} \tag{4.16}$$

样本方差是用样本数据个数减 1 后去除离差平方和，其中样本数据个数减 1 即 $n-1$ 称为**自由度**（degree of freedom）①。

方差开方后即得到标准差。与方差不同的是，标准差是具有量纲的，它与变量值的计量单位相同，其实际意义要比方差清楚。因此，在对实际问题进行分析时更多地使用标准差。标准差的计算公式分别为：

Excel 中的统计函数

利用 Excel 中的 STDEV 函数可以计算一组数值型数据的样本标准差。其语法为 STDEV(number1，number2，…)。number1，number2，…为样本的 1～30 个参数。如果是总体数据，则应该使用函数 STDEVP 来计算标准差。

$$\text{未分组数据：} s = \sqrt{\frac{\sum_{i=1}^{n}(x_i - \bar{x})^2}{n-1}} \tag{4.17}$$

$$\text{分组数据：} s = \sqrt{\frac{\sum_{i=1}^{k}(M_i - \bar{x})^2 f_i}{n-1}} \tag{4.18}$$

例 4.12

根据第 3 章表 3—13 中的数据，计算电脑销售量的标准差。

解： 已知 $\bar{x}=185$，计算过程见表 4—3。

根据式（4.18）得样本标准差为：

$$s = \sqrt{\frac{\sum_{i=1}^{k}(M_i - \bar{x})^2 f_i}{n-1}} = \sqrt{\frac{55\ 400}{120-1}} = 21.58(\text{台})$$

4. 相对位置的度量

有了平均数和标准差之后，可以计算一组数据中各个数值的标准分数，以测度每个数据在该组数据中的相对位置，并可以用它来判断一组数据是否有离群数据。

---

① 自由度是指附加给独立的观测值的约束或限制的个数。从字面含义来看，自由度是指一组数据中可以自由取值的个数。当样本数据的个数为 n 时，若样本平均数 $\bar{x}$ 确定下来，则附加给 n 个观测值的约束个数就是 1 个，因此只有 $n-1$ 个数据可以自由取值，其中必有一个数据不能自由取值。按照这一逻辑，如果对 n 个观测值附加的约束个数为 k 个，自由度则为 $n-k$。例如，假定样本有 3 个数值，即 $x_1=2$，$x_2=4$，$x_3=9$，则 $\bar{x}=5$。当 $\bar{x}=5$ 确定后，x_1，x_2 和 x_3 只有两个数据可以自由取值，另一个则不能自由取值，比如 $x_1=6$，$x_2=7$，那么 x_3 则必然取 2，而不能取其他值。

样本方差的自由度为什么是 $n-1$ 呢？因为在计算离差平方和 $\sum_{i=1}^{n}(x_i - x)^2$ 时，必须先求出样本平均数 $\bar{x}$，而 $\bar{x}$ 则是附加给 $\sum_{i=1}^{n}(x_i - x)^2$ 的一个约束，因此，计算离差平方和时只有 $n-1$ 个独立的观测值，而不是 n 个。样本方差用自由度去除，其原因可以从多方面来解释，从实际应用的角度看，在抽样估计中，当我们用样本方差 s^2 去估计总体方差 σ^2 时，它是 σ^2 的无偏估计量，对这一问题的进一步了解可参考第 7 章。

表 4—3　　　　某电脑公司销售量数据标准差计算表

	A	B	C	D	E
1 2	按销售量分组 (台)	组中值 M_i	频数 f_i	$(M_i-\bar{x})^2$	$(M_i-\bar{x})^2 f_i$
3	140~150	145	4	1600	6400
4	150~160	155	9	900	8100
5	160~170	165	16	400	6400
6	170~180	175	27	100	2700
7	180~190	185	20	0	0
8	190~200	195	17	100	1700
9	200~210	205	10	400	4000
10	210~220	215	8	900	7200
11	220~230	225	4	1600	6400
12	230~240	235	5	2500	12500
13	合计	—	120	—	55400

(1) 标准分数。

变量值与其平均数的离差除以标准差后的值称为**标准分数**（standard score），也称标准化值或 z 分数。设标准分数为 z，则有

$$z_i=\frac{x_i-\bar{x}}{s} \tag{4.19}$$

标准分数给出了一组数据中各数值的相对位置。比如，如果某个数值的标准分数为−1.5，就知道该数值低于平均数 1.5 倍的标准差。式（4.19）也就是我们常用的统计标准化公式，在对多个具有不同量纲的变量进行处理时，常常需要对各变量进行标准化处理。

例 4.13

根据例 4.5 的数据，计算每个家庭人均月收入的标准分数。

解：根据已知数据计算得：$\bar{x}=1\ 200$，$s=431.68$。由式（4.19）得每个家庭人均月收入的标准分数如表 4—4 所示。

表 4—4　　　　9 个家庭人均月收入的标准分数

	A	B	C
1	家庭编号	人均月收入（元）	标准分数
2	1	1500	0.695
3	2	750	-1.042
4	3	780	-0.973
5	4	1080	-0.278
6	5	850	-0.811
7	6	960	-0.556
8	7	2000	1.853
9	8	1250	0.116
10	9	1630	0.996

由表 4—4 可知，收入最低的家庭其人均月收入与平均数相比低 1.042 个标准差；而收入最高的家庭其人均月收入比平均数高 1.853 个标准差。

标准分数具有平均数为 0、标准差为 1 的特性。实际上，z 分数只是将原始数据进行了线性变换，它并没有改变一个数据在该组数据中的位置，也没有改变该组数据分布的形状，而只是将该组数据变为平均数为 0、标准差为 1。

比如，一组数据为 25，28，31，34，37，40，43，其平均数为 34，标准差为 6，其标准分数变换图可用图 4—3 表示。

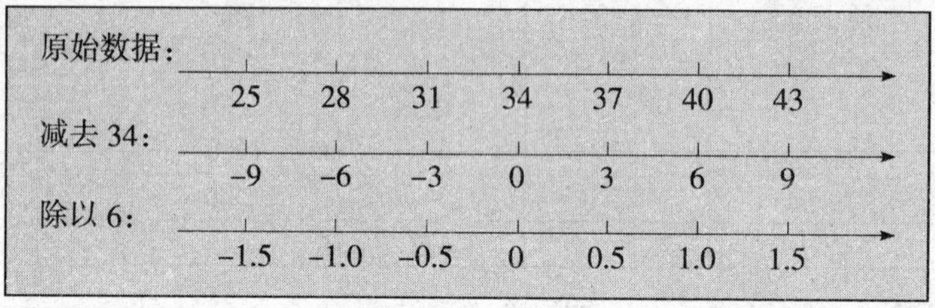

图 4—3　z 分数变换图

（2）经验法则。

当一组数据对称分布时，经验法则表明：

约有 68%的数据在平均数±1 个标准差的范围之内。

约有 95%的数据在平均数±2 个标准差的范围之内。

约有 99%的数据在平均数±3 个标准差的范围之内。

根据表 4—4 的结果，在平均数±1 个标准差范围内，即 1 200±431.68＝(768.32，1 631.68)，共有 7 个家庭，占家庭总数的 77.78%；在平均数±2 个标准差范围内，即 1 200±2×431.68＝(336.64，2 063.36)，共有 9 个家庭，占家庭总数的 100%。没有在±2 个标准差之外的数据。

可以想象，一组数据中低于或高于平均数 3 个标准差的数据很少，也就是说，在平均数±3 个标准差的范围内几乎包含了全部数据，而在±3 个标准差之外的数据，在统计上称为**离群点**（outlier）。比如，9 个家庭的人均月收入数据中就没有离群点。

（3）切比雪夫不等式。

经验法则适合对称分布的数据。如果一组数据不是对称分布，经验法则就不再适用，这时可使用切比雪夫不等式（Chebyshev's inequality），它对任何分布形状的数据都适用。切比雪夫不等式提供的是“下界”，也就是“所占比例至少是多少”，对于任意分布形态的数据，根据切比雪夫不等式，至少有（$1-1/k^2$）的数据落在±k 个标准差之内。其中 k 是大于 1 的任意值，但不一定是整数。对于 $k=2$，3，4，该不等式的含义是：

至少有 75%的数据在平均数±2 个标准差的范围之内。

至少有 89%的数据在平均数±3 个标准差的范围之内。

至少有 94%的数据在平均数±4 个标准差的范围之内。

4.2.4　相对离散程度：离散系数

方差和标准差是反映数据离散程度的绝对值，其数值的大小一方面受原变量值自身水平高低的影响，也就是与变量的平均数大小有关，变量值绝对水平高的，离散程度的测度值自然也就大，绝对水平低的离散程度的测度值自然也就小；另一方面，它们与原变量值的计量单位相同，采用不同计量单位计量的变量值，其离散程度的测度值也就不同。因此，对于平均水平不同或计量单位不同的不同组别的变量值，是不能用标准差直接比较其离散程度的。为消除变量值水平高低和计量单位不同对离散程度测度值的影响，需要计算离散系数。

离散系数也称为**变异系数**（coefficient of variation），它是一组数据的标准差与其相应的平均数之比。其计算公式为：

$$v_s = \frac{s}{\bar{x}} \tag{4.20}$$

离散系数是测度数据离散程度的相对统计量，主要是用于比较不同样本数据的离散程度。离散系数大，说明数据的离散程度也大；离散系数小，说明数据的离散程度也小。①

例 4.14

在奥运会女子 10 米气手枪比赛中，每个运动员首先进行每组 10 枪共 4 组的预赛，然后根据预赛总成绩确定进入决赛的 8 名运动员。决赛时 8 名运动员再进行 10 枪射击，再将预赛成绩加上决赛成绩以确定最后的名次。在 2008 年 8 月 10 日举行的第 29 届北京奥运会女子 10 米气手枪决赛中，进入决赛的 8 名运动员的预赛成绩和最后 10 枪的决赛成绩如表 4—5 所示。评价哪名运动员的发挥更稳定。

表 4—5　8 名运动员 10 米气手枪决赛的成绩

姓名	国家	预赛成绩	决赛10枪成绩（环）									
纳塔利娅·帕杰林娜	俄罗斯	**391**	10.0	8.5	10.0	10.2	10.6	10.5	9.8	9.7	9.5	9.3
郭文珺	中国	**390**	10.0	10.5	10.4	10.4	10.1	10.3	9.4	10.7	10.8	9.7
卓格巴德拉赫·蒙赫珠勒	蒙古	**387**	9.3	10.0	8.7	8.3	9.2	9.5	8.5	10.7	9.2	9.2
妮诺·萨卢克瓦泽	格鲁吉亚	**386**	9.8	10.3	10.0	9.5	10.2	10.7	10.4	10.6	9.1	10.8
维多利亚·柴卡	白俄罗斯	**384**	9.3	9.4	10.4	10.1	10.2	10.5	9.2	10.5	9.8	8.6
莱万多夫斯卡·萨贡	波兰	**384**	8.1	10.3	9.2	9.9	9.8	10.4	9.9	9.4	10.7	9.6
亚斯娜·舍卡里奇	塞尔维亚	**384**	10.2	9.6	9.9	9.9	9.3	9.1	9.7	10.0	9.3	9.9
米拉·内万苏	芬兰	**384**	8.7	9.3	9.2	10.3	9.8	10.0	9.7	9.9	9.9	9.7

解：如果各运动员决赛 10 枪的平均成绩差异不大，可以直接比较标准差的大小，否则需要计算离散系数。8 名运动员最后 10 枪决赛的平均成绩、标准差和离散系数如表 4—6 所示。

① 当平均数接近零时，离散系数的值趋于增大，此时必须慎重解释。

表 4—6　　8 名运动员 10 枪决赛的平均成绩、标准差和离散系数

	A	B	C	D	E
1	运动员	国家	平均环数	标准差	离散系数
2	纳塔利娅·帕杰林娜	俄罗斯	9.81	0.6154	0.0627
3	郭文珺	中国	10.23	0.4373	0.0427
4	卓格巴德拉赫·蒙赫珠勒	蒙古	9.26	0.7074	0.0764
5	妮诺·萨卢克瓦泽	格鲁吉亚	10.14	0.5461	0.0539
6	维多利亚·柴卡	白俄罗斯	9.8	0.6498	0.0663
7	莱万多夫斯卡·萨贡	波兰	9.73	0.7334	0.0754
8	亚斯娜·舍卡里奇	塞尔维亚	9.69	0.3573	0.0369
9	米拉·内万苏	芬兰	9.65	0.4625	0.0479

从离散系数可以看出，在最后 10 枪的决赛中，发挥比较稳定的运动员是塞尔维亚的亚斯娜·舍卡里奇和中国的郭文珺，发挥不稳定的运动员是蒙古的卓格巴德拉赫·蒙赫珠勒和波兰的莱万多夫斯卡·萨贡。

上述介绍的反映数据离散程度的各个测度值，适用于不同类型的数据。对于分类数据，主要用异众比率来测度其离散程度；对于顺序数据，虽然也可以计算异众比率，但主要是用四分位差来测度其离散程度；对于数值型数据，虽然可以计算异众比率、四分位差、极差和平均差等，但主要是用方差或标准差来测度其离散程度。当需要对不同样本数据的离散程度进行比较时，则使用离散系数。实际应用时，选用哪一个测度值来反映数据的离散程度，要根据所掌握的数据的类型和分析目的来确定。

4.3 偏态与峰态的度量

集中趋势和离散程度是数据分布的两个重要特征，但要全面了解数据分布的特点，还需要知道数据分布的形状是否对称、偏斜的程度以及分布的扁平程度等。偏态和峰态就是对分布形状的测度。

4.3.1 偏态及其测度

“偏态”（skewness）一词是由统计学家皮尔逊（K. Pearson）于 1895 年首次提出的，它是对数据分布对称性的测度。测度偏态的统计量是**偏态系数**（coefficient of skewness），记作 SK。

偏态系数的计算方法有很多。在根据未分组的原始数据计算偏态系数时，通常采用下面的公式：

$$SK=\frac{n\sum(x_i-\bar{x})^3}{(n-1)(n-2)s^3} \tag{4.21}$$

式中，s^3 是样本标准差的三次方。

如果一组数据的分布是对称的，则偏态系数等于 0；如果偏态系数明显不等于 0，

表明分布是非对称的。若偏态系数大于 1 或小于－1，称为高度偏态分布；若偏态系数在 0.5～1 或－1～－0.5 之间，被认为是中等偏态分布；偏态系数越接近 0，偏斜程度就越低。例如，根据第 3 章表 3—12 中的原始数据，由式（4.21）计算的偏态系数为 0.4，表明销售量的分布有一定的偏斜，且为右偏，但偏斜程度不大。

根据分组数据计算偏态系数，可采用下面的公式：

$$SK=\frac{\sum_{i=1}^{k}(M_i-\bar{x})^3 f_i}{ns^3} \tag{4.22}$$

从式（4.22）可以看到，它是离差三次方的平均数再除以标准差的三次方。当分布对称时，离差三次方后正负离差可以相互抵消，因而 SK 的分子等于 0，则 $SK=0$；当分布不对称时，正负离差不能抵消，就形成了正或负的偏态系数 SK。当 SK 为正值时，表示正离差值较大，可以判断为正偏或右偏；反之，当 SK 为负值时，表示负离差值较大，可判断为负偏或左偏。在计算 SK 时，将离差三次方的平均数除以 s^3 是为了将偏态系数转化为相对数。SK 的数值越大，表示偏斜的程度越大。

Excel 中的统计函数

利用 Excel 中的 SKEW 函数可以计算一组数值型数据的偏态系数。其语法为 SKEW（number1，number2，…）。number1，number2，…是用于计算偏斜度的 1 ～ 30 个参数。如果数据点个数少于 3 个，或样本标准差为 0，则函数 SKEW 返回错误值 ＃DIV/0!。

同样，利用 KURT 函数可以计算一组数值型数据的峰态系数。其语法为 KURT（number1，number2，…）。number1，number2，…是用于计算峰值的 1～30 个参数。如果数据点个数少于 4 个，或样本标准差为 0，则函数 KURT 返回错误值＃DIV/0!。

例 4.15

根据第 3 章表 3—13 中的数据，计算电脑销售量的偏态系数。

解：计算过程见表 4—7。

表 4—7　　某电脑公司销售量偏态系数及峰态系数计算表

	A	B	C	D	E
1 2	按销售量分组 （台）	组中值 M_i	频数 f_i	$(M_i-\bar{x})^3 f_i$	$(M_i-\bar{x})^4 f_i$
3	140~150	145	4	-256000	10240000
4	150~160	155	9	-243000	7290000
5	160~170	165	16	-128000	2560000
6	170~180	175	27	-27000	270000
7	180~190	185	20	0	0
8	190~200	195	17	17000	170000
9	200~210	205	10	80000	1600000
10	210~220	215	8	216000	6480000
11	220~230	225	4	256000	10240000
12	230~240	235	5	625000	31250000
13	合计	—	120	540000	70100000

将计算结果代入式（4.22）得

$$SK=\frac{\sum_{i=1}^{k}(M_i-\overline{x})^3 f_i}{ns^3}=\frac{\sum_{i=1}^{10}(M_i-185)^3 f_i}{120\times 21.58^3}$$

$$=\frac{540\ 000}{120\times 21.58^3}=0.448$$

偏态系数为正值，但数值不是很大，说明电脑销售量的分布为右偏分布，但偏斜程度不是很大。从第3章的图3—20销售量分布的直方图中也可以看出这一点。

4.3.2 峰态及其测度

"峰态"（kurtosis）一词是由统计学家皮尔逊于1905年首次提出的。它是对数据分布平峰或尖峰程度的测度。测度峰态的统计量是**峰态系数**（coefficient of kurtosis），记作K。

峰态通常是与标准正态分布相比较而言的。如果一组数据服从标准正态分布，则峰态系数的值等于0；若峰态系数的值明显不等于0，则表明分布比正态分布更平或更尖，通常称为平峰分布或尖峰分布，如图4—4所示。

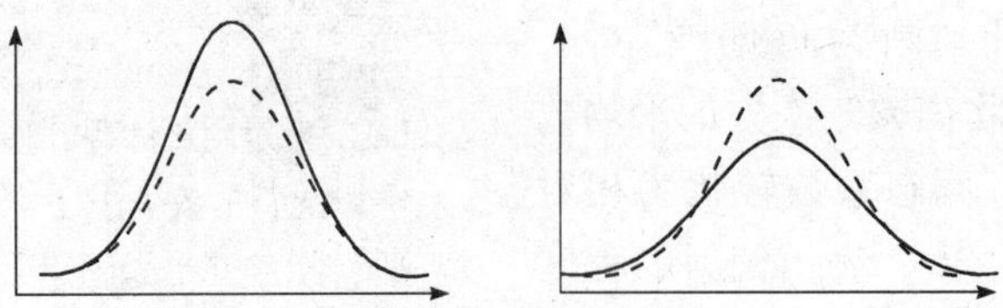

(a) 尖峰分布　　(b) 平峰分布

图4—4　尖峰分布与平峰分布示意图

在根据未分组数据计算峰态系数时，通常采用下面的公式：

$$K=\frac{n(n+1)\sum(x_i-\overline{x})^4-3\left[\sum(x_i-\overline{x})^2\right]^2(n-1)}{(n-1)(n-2)(n-3)s^4} \tag{4.23}$$

例如，根据第3章表3—12中的原始数据，由式（4.23）计算的峰态系数为-0.18。

根据分组数据计算峰态系数是用离差四次方的平均数再除以标准差的四次方，其计算公式为：

$$K=\frac{\sum_{i=1}^{k}(M_i-\overline{x})^4 f_i}{ns^4}-3 \tag{4.24}$$

式中，s^4是样本标准差的四次方。

公式中将离差四次方的平均数除以s^4是为了将峰态系数转化成相对数。用峰态系数说明分布的尖峰和扁平程度，是通过与标准正态分布的峰态系数进行比较来实现的。由于正态分布的峰态系数为 0，当 $K>0$ 时为尖峰分布，数据的分布更集中；当 $K<0$ 时为扁平分布，数据的分布越分散。式（4.24）中也可以不减 3，此时的比较标准是 3。当 $K>3$ 时为尖峰分布，$K<3$ 时为扁平分布。

例 4.16

根据表 4—7 中的数据，计算电脑销售量的峰态系数。

解：将表 4—7 的计算结果代入式（4.24）得

$$K=\frac{\sum_{i=1}^{k}(M_i-\bar{x})^4 f_i}{ns^4}-3=\frac{70\ 100\ 000}{120\times 21.58^4}-3$$
$$=-0.306$$

由于 $K=-0.306<0$，说明电脑销售量的分布与正态分布相比略有一些扁平。

本章我们介绍了数据分布特征的各种测度值，其中多数可以通过 Excel【数据分析】工具中的【描述统计】命令得出计算结果。下面利用第 3 章表 3—12 中的数据，用 Excel 给出各描述统计量的计算结果（见表 4—8）。

表 4—8　　Excel 输出的描述统计量

	A	B	C	D
1	销售量			
2	234		列1	
3	143			
4	187		平均	184.5667
5	161		标准误差	1.9792
6	150		中位数	182
7	228		众数	196
8	153		标准差	21.68054
9	166		方差	470.04594
10	154		峰度	-0.22436
11	174		偏度	0.40528
12	156		区域	96
13	203		最小值	141
14	159		最大值	237
15	198		求和	22148
16	160		观测数	120
17	152		最大(1)	237
18	161		最小(1)	141
19	162		置信度(95.0%)	3.91892
20	163			

图 4—5 总结了数据的分布特征与适用的描述统计量。

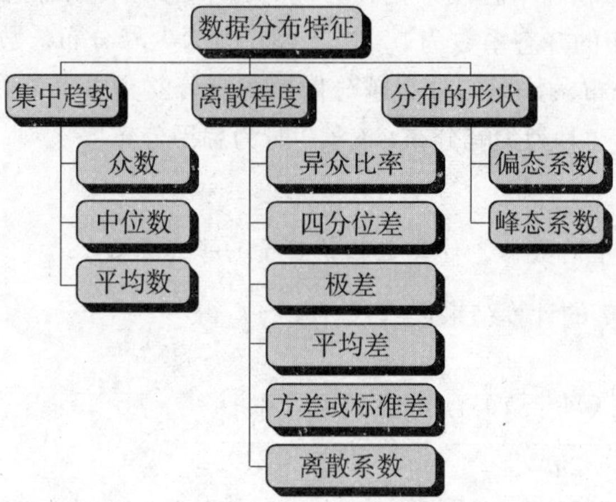

图 4—5 数据的分布特征与适用的描述统计量

思考与练习

一、思考题

4.1 一组数据的分布特征可以从哪几个方面进行测度？

4.2 怎样理解平均数在统计学中的地位？

4.3 简述四分位数的计算方法。

4.4 对于比率数据的平均为什么采用几何平均？

4.5 简述众数、中位数和平均数的特点和应用场合。

4.6 简述异众比率、四分位差、方差或标准差的应用场合。

4.7 标准分数有哪些用途？

4.8 为什么要计算离散系数？

4.9 测度数据分布形状的统计量有哪些？

二、练习题

4.1 一家汽车零售店的 10 名销售人员 5 月份销售的汽车数量（单位：辆）排序后如下：

2　4　7　10　10　10　12　12　14　15

要求：

(1) 计算汽车销售量的众数、中位数和平均数。

(2) 计算销售量的四分位数。

(3) 计算销售量的标准差。

(4) 说明汽车销售量分布的特征。

4.2　随机抽取 25 个网络用户，得到他们的年龄数据如下：

单位：周岁

19	15	29	25	24
23	21	38	22	18
30	20	19	19	16
23	27	22	34	24
41	20	31	17	23

要求：

(1) 计算众数、中位数。

(2) 计算四分位数。

(3) 计算平均数和标准差。

(4) 计算偏态系数和峰态系数。

(5) 对网民年龄的分布特征进行综合分析。

4.3　某银行为缩短顾客到银行办理业务的等待时间，准备采用两种排队方式进行试验：一种是所有顾客都进入一个等待队列；另一种是顾客在三个业务窗口处列队 3 排等待。为比较哪种排队方式使顾客等待的时间更短，两种排队方式各随机抽取 9 名顾客，得到第一种排队方式的平均等待时间为 7.2 分钟，标准差为 1.97 分钟，第二种排队方式的等待时间（单位：分钟）如下：

5.5　6.6　6.7　6.8　7.1　7.3　7.4　7.8　7.8

要求：

(1) 画出第二种排队方式等待时间的茎叶图。

(2) 计算第二种排队方式等待时间的平均数和标准差。

(3) 比较两种排队方式等待时间的离散程度。

(4) 如果让你选择一种排队方式，你会选择哪一种？试说明理由。

4.4　某百货公司 6 月份各天的销售额数据如下：

单位：万元

257	276	297	252	238	310	240	236	265	278
271	292	261	281	301	274	267	280	291	258
272	284	268	303	273	263	322	249	269	295

要求：

(1) 计算该百货公司日销售额的平均数和中位数。

(2) 计算四分位数。

(3) 计算日销售额的标准差。

4.5　甲乙两个企业生产三种产品的单位成本和总成本资料如下：

产品名称	单位成本（元）	总成本（元）	
		甲企业	乙企业
A	15	2 100	3 255
B	20	3 000	1 500
C	30	1 500	1 500

要求：比较两个企业的总平均成本哪个高，并分析其原因。

4.6 在某地区抽取120家企业，按利润额进行分组，结果如下：

按利润额分组（万元）	企业数（个）
200～300	19
300～400	30
400～500	42
500～600	18
600以上	11
合计	120

要求：

(1) 计算120家企业利润额的平均数和标准差。

(2) 计算分布的偏态系数和峰态系数。

4.7 为研究少年儿童的成长发育状况，某研究所的一位调查人员在某城市抽取100名7～17岁的少年儿童作为样本，另一位调查人员则抽取了1 000名7～17岁的少年儿童作为样本。请回答下面的问题，并解释其原因。

(1) 两位调查人员所得到的样本的平均身高是否相同？如果不同，哪组样本的平均身高较高？

(2) 两位调查人员所得到的样本的标准差是否相同？如果不同，哪组样本的标准差较大？

(3) 两位调查人员得到这1 100名少年儿童身高的最高者或最低者的机会是否相同？如果不同，哪位调查人员的机会较大？

4.8 一项关于大学生体重状况的研究发现，男生的平均体重为60kg，标准差为5kg；女生的平均体重为50kg，标准差为5kg。请回答下面的问题：

(1) 是男生的体重差异大还是女生的体重差异大？为什么？

(2) 以磅为单位（1kg=2.2lb），计算体重的平均数和标准差。

(3) 粗略地估计一下，男生中有百分之几的人体重在55kg～65kg之间？

(4) 粗略地估计一下，女生中有百分之几的人体重在40kg～60kg之间？

4.9 一家公司在招收职员时，首先要进行两项能力测试。在A项测试中，其平均分数是100分，标准差是15分；在B项测试中，其平均分数是400分，标准差是50分。一位应试者在A项测试中得了115分，在B项测试中得了425分。与平均分数相比，该应试者哪一项测试更为理想？

4.10 一条产品生产线平均每天的产量为 3 700 件，标准差为 50 件。如果某一天的产量低于或高于平均产量，并落在±2 个标准差的范围之外，就认为该生产线失去控制。下面是一周各天的产量，该生产线哪几天失去了控制？

时间	周一	周二	周三	周四	周五	周六	周日
产量（件）	3 850	3 670	3 690	3 720	3 610	3 590	3 700

4.11 对 10 名成年人和 10 名幼儿的身高进行抽样调查，结果如下：

单位：cm

成年组	166	169	172	177	180	170	172	174	168	173
幼儿组	68	69	68	70	71	73	72	73	74	75

要求：

(1) 如果比较成年组和幼儿组的身高差异，你会采用什么样的统计量？为什么？

(2) 比较分析哪一组的身高差异大？

4.12 一种产品需要人工组装，现有三种可供选择的组装方法。为检验哪种方法更好，随机抽取 15 个工人，让他们分别用三种方法组装。下面是 15 个工人分别用三种方法在相同的时间内组装的产品数量：

单位：个

方法 A	方法 B	方法 C
164	129	125
167	130	126
168	129	126
165	130	127
170	131	126
165	130	128
164	129	127
168	127	126
164	128	127
162	128	127
163	127	125
166	128	126
167	128	116
166	125	126
165	132	125

要求：

(1) 你准备采用什么方法来评价组装方法的优劣？

(2) 如果让你选择一种方法，你会作出怎样的选择？试说明理由。

4.13 在金融证券领域，一项投资的预期收益率的变化通常用该项投资的风险来衡量。预期收益率的变化越小，投资风险越低；预期收益率的变化越大，投资风险越高。下面的两个直方图分别反映了 200 种商业类股票和 200 种高科技类股票的收益率分布。在股票市场上，高收益率往往伴随着高风险。但投资于哪类股票，往往与投资者的类型有一定关系。

(1) 你认为该用什么样的统计量来反映投资的风险？

(2) 如果选择风险小的股票进行投资，应该选择商业类股票还是高科技类股票？

(3) 如果进行股票投资，你会选择商业类股票还是高科技类股票？

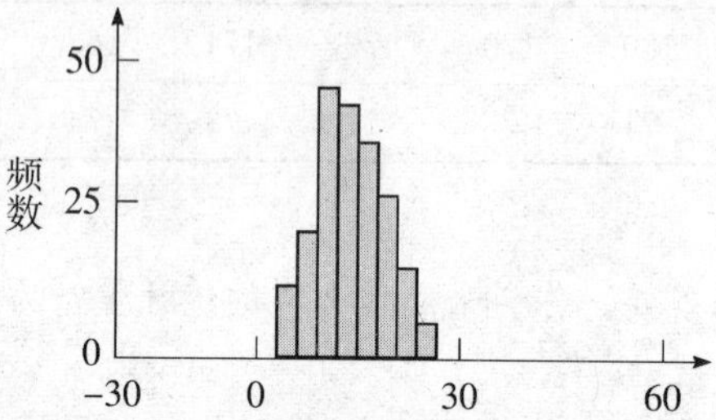

(a) 商业类股票

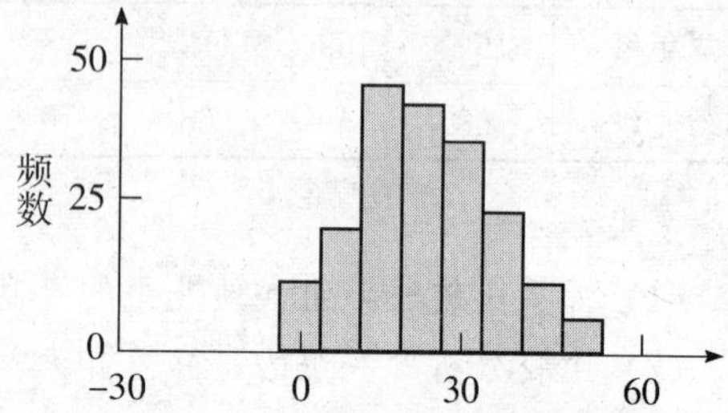

(b) 高科技类股票

第5章

Chapter 5 概率与概率分布

这样的飞机敢坐吗?

如果要求一个打火机的可靠性达到90%，而它是由10个零件组成的，那么，每个零件的可靠性应该达到多少?

如果要求一台笔记本电脑的可靠性达到90%，而它是由1 000个零部件组成的，那么，每个零部件的可靠性应该达到多少?

一架波音737客机上有300多万个零部件，如果用可靠性99.99%的零部件去组装它，这样的飞机您敢坐吗?

上面的问题可以根据下面将要讲授的概率论中独立事件的乘法原则来计算，即$A_1A_2\cdots A_{10}=90\%$。

问题1相当于问$\boxed{?}^{10}=0.90$，取对数计算结果为$0.99^{10}=0.904\,4$，即只有每个零部件的可靠性达到99%时，由它们组装的打火机的可靠性才能达到90%。

问题2与问题1类似，即相当于问$\boxed{?}^{1\,000}=0.90$，计算结果为$0.999\,9^{1\,000}=0.904\,8$，即只有每个零件的可靠性达到99.99%时，由这1 000个零部件组装的电脑的可靠性才能达到90%。

我们可以把99.99%的可靠性（或合格率）理解为万分之一的次品率。对于目前我国众多的生产制造企业而言，对万分之一的次品率会感到非常乐观。那么就用我们引以为豪的具有99.99%的可靠性的零部件去组装波音737飞机，这种飞机整体质量的可靠性不言而喻。

在前边的章节中，我们介绍了搜集、整理和描述统计数据的一些基本方法。通过对统计数据的整理和描述，可以使我们对客观事物的概貌有一个了解。然而，简单的描述方法只能实现对统计数据粗浅的利用，它与从统计数据中挖掘出规律性的东西相去甚远。统计数据中隐含着非常丰富的重要信息，要有效地充分利用统计数据，需要运用推断统计的方法。推断统计就是在搜集、整理观测样本数据的基础上，对有关总体作出推断，其特点是根据随机性的观测样本数据以及问题的条件和假定，对未知事物作出的以概率形式表述的推断。推断统计的理论和方法在我国通常被认为是概率论与数理统计的内容。本章将主要介绍概率与概率分布的基础知识。

5.1 随机事件及其概率

5.1.1 随机事件的几个基本概念

随机事件是概率论中的一个基本概念，为了说明它，先谈一下什么叫试验和事件。在同一组条件下，对某事物或现象所进行的观察或实验叫做试验，把观察或试验的结果叫做事件。

例如，随意抛掷一颗骰子（一个质地均匀、样式对称的正六面体，六面分别刻有 1，2，3，4，5，6 六个数字）就是一次试验。骰子落地，可能出现 1 点，2 点，…，6 点，或为奇数点、偶数点、点数大于 3 等都是一个事件，而且这些事件都是在一次试验中可能出现也可能不出现的。与此不同的还有两种事件，即在一次试验中，点数小于 7 这一事件，在每次抛掷后是一定出现的，而点数大于 6 这一事件，在每次抛掷后是一定不出现的。这样可以引进下面三个概念，通过互相比较，随机事件的概念会更清楚些。

（1）随机事件（random event）。在同一组条件下，每次试验可能出现也可能不出现的事件，也叫偶然事件。

（2）必然事件（certain event）。在同一组条件下，每次试验一定出现的事件。

（3）不可能事件（impossible event）。在同一组条件下，每次试验一定不出现的事件。

在掷骰子的活动中，点数小于 7 这一事件就是一个必然事件；点数大于 6 这一事件就是一个不可能事件。

概率论研究的总是随机事件，并且把必然事件与不可能事件包括在随机事件内作为两个极端来看待。

随机事件简称为事件，用大写字母 A，B，C 等表示；必然事件用 Ω 表示；不可能事件用 Φ 表示。

如果一个事件不能分解成两个或更多个事件，则这个事件称为**基本事件**（elementary event）或简单事件。例如，在掷骰子观察点数的试验中，分别观察到点数为 1 点，点数为 2 点，点数为 3 点，点数为 4 点，点数为 5 点，点数为 6 点，这是该试验中的 6 个基本事件。

基本事件具有很重要的性质。在一次试验中，只能观察到一个且仅有一个简单事件。一个试验中所有的简单事件的全体称为样本空间或基本空间，记为 Ω。如在掷硬币试验中，$\Omega=\{$正，反$\}$；在掷骰子试验中，$\Omega=\{1, 2, 3, 4, 5, 6\}$。

对事件也可以进行运算，如同对集合进行运算一样。对集合进行运算得出新的集合，而对事件进行运算则得出新的事件。关于事件的运算本书不做讨论。

5.1.2 事件的概率

事件 A 的概率是描述事件 A 在试验中出现的可能性大小的一种度量，记事件 A 出现可能性大小的数值为 $P(A)$，$P(A)$ 称为事件 A 的**概率**（probability）。基于对概率的不同解释，概率的定义有所不同，主要有古典定义、统计定义和主观概率定义。下面分别予以介绍。

1. 概率的古典定义

求一个随机事件发生的可能性的大小，这起源于赌博，如掷硬币、掷骰子等。这些问题都比较简单，它们有两个重要的共同点：

(1) 结果有限。即基本空间中只含有限个元素。如掷硬币的试验中，只能出现"正面朝上"和"反面朝上"两种结果。

(2) 各个结果出现的可能性被认为是相同的。如掷硬币，出现正面或反面的机会被认为是相等的。

具有上述两个特点的随机试验所研究的问题称为古典概型。

概率的古典定义是，如果某一随机试验的结果有限，而且各个结果出现的可能性相等，则某一事件 A 发生的概率为该事件所包含的基本事件个数 m 与样本空间中所包含的基本事件个数 n 的比值，记为：

$$P(A)=\frac{\text{事件 }A\text{ 所包含的基本事件个数}}{\text{样本空间所包含的基本事件个数}}=\frac{m}{n} \tag{5.1}$$

古典概率局限在随机试验只有有限个可能结果的范围内，这使其应用受到了很大限制。因此，人们又提出了根据某一事件在重复试验中发生的频率来确定其概率的方法，即概率的统计定义。

2. 概率的统计定义

在相同条件下随机试验 n 次，某事件 A 出现 m 次（$m\leqslant n$），则比值 m/n 称为事件 A 发生的频率。随着 n 的增大，该频率围绕某一常数 p 上下波动，且波动的幅度逐渐减小，趋于稳定，这个频率的稳定值即为该事件的概率，记为：

$$P(A)=\frac{m}{n}=p \tag{5.2}$$

3. 主观概率定义

概率的统计定义也有其局限性。在实际应用中要求在相同的条件下进行大量重复试验，而事实上很多现象并不能进行大量重复试验，特别是一些社会经济现象是无法重复的。有些现象即使能重复试验，也很难保证试验条件完全一样。因而，人们提出主观概率的概念。

所谓主观概率是指对一些无法重复的试验，只能根据以往的经验，人为确定这个事件的概率。例如，某企业想投资一个新的项目，那么投资成功的可能性有多大呢？由于是一个新项目，没有对这种项目投资的经验，所以只能在综合分析多方面信息的基础上，主观给出这个概率。比如投资成功的概率为 0.7，则投资失败的概率为 0.3。主观概率法是工商活动中决策者常用的一种判断方法。

主观概率的定义是，一个决策者根据本人掌握的信息对某个事件发生可能性的判断。

这里我们只给出主观概率的概念，它显然不是本书要讨论的重点。

5.1.3 关于概率计算的几个例子

例 5.1

某电子公司所属企业职工人数如表 5—1 所示。从该公司随机抽取一人，问：

(1) 该职工为男性的概率是多少？

(2) 该职工为手机公司职工的概率是多少？

表 5—1 某电子公司所属企业职工人数 单位：人

分公司	男职工	女职工	合计
电脑公司	4 400	1 800	6 200
手机公司	3 200	1 600	4 800
半导体公司	900	600	1 500
合计	8 500	4 000	12 500

解：(1) 用 A 表示"抽中的职工为男性"这一事件，A 为全公司男性职工的集合，基本空间为全公司职工的集合。由于全公司每个职工都可能以同等机会被抽中，因此可按古典概率定义计算事件 A 发生的概率。

$$P(A)=\frac{\text{全公司男职工人数}}{\text{全公司职工人数}}=\frac{8\,500}{12\,500}=0.68$$

(2) 用 B 表示"抽中的职工为手机公司职工"这一事件，B 为手机公司全体职工的集合，基本空间为全公司职工的集合。记事件 B 发生的概率为：

$$P(B)=\frac{\text{手机公司职工人数}}{\text{全公司职工人数}}=\frac{4\,800}{12\,500}=0.384$$

例 5.2

某工厂为了节约用电，规定每天的用电量指标为 10 000 度，按照上个月的用电记录，30 天中有 14 天的用电量超过规定指标，若第二个月仍没有具体的节电措施，试问该月第一天用电量超过指标的概率。

解：本例每天的用电量并不相等，超过用电指标的概率也不相等，因此不能采用古典概率定义。但上个月 30 天的记录可以看做重复进行了 30 次试验，其中事件 A 表示超过用电指标出现了 14 次。根据概率的统计定义有事件 A 的概率：

$$P(A)=\frac{\text{超过用电指标天数}}{\text{试验的天数}}=\frac{14}{30}=0.467$$

例 5.3

在例 5.2 中若第二个月采取了节电措施，预计超过用电指标的概率将大大降低，因此上个月超过用电指标的概率就不适用了。想要预计下个月超过用电指标的概率，要请该厂管理用电的工程师根据采用节电措施后的情况进行预测。该工程师根据该厂过去的用电情况和采取节电措施后可以节电的程度判断，用电量超过指标的概率为 10%，这就属于主观概率。

5.2　概率的性质与运算法则

5.2.1　概率的基本性质

(1) 对任一随机事件 A，有

$$0\leqslant P(A)\leqslant 1$$

(2) 必然事件的概率为 1，而不可能事件的概率为 0，即

$$P(\Omega)=1$$
$$P(\Phi)=0$$

(3) 若 A 与 B 互斥，则

$$P(A\cup B)=P(A)+P(B)$$

此性质可推广到多个两两互斥的随机事件 A_1，A_2，…，A_n，则

$$P(A_1\cup A_2\cup\cdots\cup A_n)=P(A_1)+P(A_2)+\cdots+P(A_n)$$

以上三个性质是概率的最基本性质，它们是概率运算的基础，常称为概率的公理化定义。

5.2.2　概率的加法法则

法则 1　两个互斥事件之和的概率，等于两个事件概率之和。设 A 和 B 为两个互斥事件，则

$$P(A\cup B)=P(A)+P(B) \tag{5.3}$$

例 5.4

利用例 5.1 的资料，随机抽取一名职工，计算该职工为手机公司或半导体公司职工的概率。

解：用 A 表示“抽中的为手机公司职工”这一事件，B 表示“抽中的为半导体公司职工”这一事件，则随机抽取一人为手机公司或半导体公司职工的事件为互斥事件 A 与 B 的和，其发生的概率为：

$$P(A\cup B)=P(A)+P(B)=\frac{4\ 800}{12\ 500}+\frac{1\ 500}{12\ 500}=0.504$$

如果事件 A_1，A_2，…，A_n 之间两两互斥，则

$$P(A_1\cup A_2\cup\cdots\cup A_n)=P(A_1)+P(A_2)+\cdots+P(A_n) \tag{5.4}$$

对 A 和 $\overline{A}$ 两个事件来说，由于 $A\cup\overline{A}=\Omega$，且 A 与 $\overline{A}$ 互斥，$P(\Omega)=1$，所以

$$P(A\cup\overline{A})=P(\Omega)=1 \tag{5.5}$$

即 $$P(A)+P(\overline{A})=1$$

从而 $$P(A)=1-P(\overline{A}) \tag{5.6}$$

或 $$P(\overline{A})=1-P(A) \tag{5.7}$$

在概率的计算中，用式（5.6）、式（5.7）常可简化计算。当 A 与 B 并不是两个互斥事件时，如何求 $A\cup B$ 的概率呢？我们有下面的法则 2。

法则 2 对于任意两个随机事件，它们和的概率为两个事件分别的概率之和减去两事件相交的概率，即

$$P(A\cup B)=P(A)+P(B)-P(A\cap B) \tag{5.8}$$

上面的两个法则统称为概率的加法法则。在两个法则的应用中，要特别注意法则的条件，否则很容易出错。

法则 1 可看做法则 2 的特例。如果 A 与 B 互斥，则 $P(A\cap B)=P(\Phi)=0$。式（5.8）就和式（5.3）一样了。

例 5.5

设某地有甲、乙两种报纸，该地成年人中有 30%读甲报纸，15%读乙报纸，10%两种报纸都读，成年人中有百分之几至少读一种报纸？

解：设 $A=\{$读甲报纸$\}$，$B=\{$读乙报纸$\}$，$C=\{$至少读一种报纸$\}$，则

$$P(C)=P(A\cup B)=P(A)+P(B)-P(A\cap B)$$

由题意可知：

$$P(A)=0.3$$
$$P(B)=0.15$$

$$P(A \cap B)=0.1$$

于是　　$P(C)=0.3+0.15-0.1=0.35$

即有 3.5%的成年人至少读一种报纸。

5.2.3　条件概率与独立事件

1. 条件概率

大家知道，每一个随机试验都是在一定的条件下进行的，而这里要讨论的条件概率，则是当试验结果的部分信息已知（即在原随机试验的条件下，再加上一些附加信息），例如当某一事件 B 已经发生时，事件 A 发生的概率，称这种概率为事件 B 发生条件下事件 A 发生的**条件概率**（conditional probability），记为 $P(A \mid B)$。

由于增加了新的条件（附加信息），一般来说，$P(A \mid B) \neq P(A)$。

例 5.6

100 件产品中，有 80 件正品，20 件次品；而 80 件正品中有 50 件一等品，30 件二等品。现从这 100 件产品中任取 1 件，用 A 表示"取到一等品"，B 表示"取到正品"，求 $P(A)$及 $P(A \mid B)$。

解：从 100 件产品中任取 1 件，共有 100 种可能结果，其中导致 A 出现的结果有 50 种，所以

$$P(A)=\frac{50}{100}=\frac{1}{2}=0.5$$

若已知 B 发生，即已知所取产品为正品的条件下，可能出现的结果不再是 100 种，而是只有 80 种，其中导致 A 出现的结果有 50 种，故

$$P(A|B)=\frac{50}{80}=0.625$$

在这个例子中，计算 $P(A)$ 时，依据的前提条件是 100 件产品中一等品的比例，而计算条件概率 $P(A \mid B)$ 时，这个前提条件未变，只是加上"事件 B 已发生"这一新的条件，这样一个附加信息好像给了我们一个"情报"，使我们得以在某个缩小的范围内来考虑问题。容易看出：

$$P(A|B)=\frac{50}{80}=\frac{50/100}{80/100}=\frac{P(AB)}{P(B)}$$

2. 乘法公式

条件概率 $P(A \mid B)$ 与概率 $P(AB)$，$P(B)$ 有以下关系：

$$P(A|B)=\frac{P(AB)}{P(B)}, \quad P(B)>0 \tag{5.9}$$

注意：容易验证式（5.9）对任何古典概型问题都成立。

将式（5.9）用另一种形式写出，即有

$$P(AB)=P(B)P(A|B) \tag{5.10}$$

称式（5.10）为概率的乘法公式。

在式（5.10）中，可将 A，B 的位置对换，这时有

$$P(BA)=P(A)P(B|A)$$

而 $$P(AB)=P(BA)$$

于是 $$P(AB)=P(A)P(B|A) \tag{5.11}$$

式（5.10）、式（5.11）两个公式统称为概率的乘法公式，在解题时，可根据题意选用合适的公式，便于求解。

例 5.7

设有 1 000 件产品，其中 850 件是正品，150 件是次品，从中依次抽取 2 件，2 件都是次品的概率是多少？

解：设 A_i 表示“第 i 次抽到的是次品”（$i=1$，2），所求概率为 $P(A_1A_2)$。

$$P(A_1)=\frac{150}{1\ 000}$$

$$P(A_2|A_1)=\frac{149}{999}$$

应用式（5.11）可得

$$P(A_1A_2)=P(A_1)P(A_2|A_1)$$
$$=\frac{150}{1\ 000}\times\frac{149}{999}=0.022\ 4$$

3. 独立性

使用概率的乘法公式时，一般要计算条件概率，但是在事件独立的情况下，乘法公式就变得很简单。什么是独立事件呢？一般认为，两个事件中不论哪一个事件发生并不影响另一个事件发生的概率，则称这两个事件相互独立。与此相对应的是相依事件，即一个事件发生与否会影响另一个事件的发生。根据事件**独立性**（independence）的含义，由于一个事件发生与否不会影响另一个事件发生的概率，因此其条件概率应等于其无条件概率。即

$$P(B|A)=P(B)$$
$$P(A|B)=P(A)$$

所以当两个事件相互独立时，其乘法法则可以简化为：

$$P(AB)=P(A)P(B) \tag{5.12}$$

因为式（5.12）中 A 与 B 是对称的，故若 A 独立于 B，则 B 独立于 A。于是我们可以用式（5.12）来判断两个事件 A，B 是否独立。即若 A，B 两事件满足式（5.12），则称 A，B 相互独立。

事件之间的独立性在统计分析中有着重要的意义。例如，在宏观经济研究中，要分析居民收入与银行存款之间是否独立；在企业的产品质量管理中，经常要了解各个班组与产品质量之间是否独立，等等。

式（5.12）还可推广到多个事件相互独立的情形，即如果 A_1，A_2，…，A_n 相互独立，则

$$P(A_1A_2\cdots A_n)=P(A_1)P(A_2)\cdots P(A_n) \tag{5.13}$$

本章开头所举的例子运用的就是独立事件的乘法法则。

例 5.8

某工人同时看管三台机床，每单位时间（如半小时）内机床不需要看管的概率：甲机床为 0.9，乙机床为 0.8，丙机床为 0.85。若机床是自动机床且独立工作（三台机床能同时工作），要求计算：

（1）在半小时内三台机床都不需要看管的概率。

（2）在半小时内甲、乙机床不需要看管，而丙机床需要看管的概率。

解：设 A_1，A_2，A_3 为甲、乙、丙三台机床不需要看管的事件，$\overline{A}_3$ 为丙机床需要看管的事件。根据题意，A_1，A_2，A_3 是独立事件且同时出现。

（1）在半小时内三台机床都不需要看管的概率可写成：

$$\begin{aligned}P(A_1A_2A_3)&=P(A_1)P(A_2)P(A_3)\\&=0.9\times0.8\times0.85=0.612\end{aligned}$$

（2）在半小时内甲、乙机床不需要看管，而丙机床需要看管的概率可写成：

$$\begin{aligned}P(A_1A_2\overline{A}_3)&=P(A_1)P(A_2)P(\overline{A}_3)\\&=0.9\times0.8\times(1-0.85)=0.108\end{aligned}$$

这里要注意的是，初学者容易把事件的独立性与事件的互斥混淆，下面进一步明确区分。

互斥事件一定是相互依赖（不独立）的，但相互依赖的事件不一定是互斥的。例如，事件 A 表示有雨，事件 B 表示晴天（无雨），事件 C 表示有风。显然事件 A 与 B 是互斥的，因而也是不独立的；事件 A 与 C 显然不互斥，但看来也是有依赖关系的。

不互斥事件可能是独立的，也可能是不独立的，然而独立事件不可能是互斥的。关于不互斥事件相互独立的例子，如有一批产品，A 表示第一次抽到正品，B 表示第二次抽到的也是正品，在有放回抽样时这两个事件就是独立的。

5.3　离散型随机变量及其分布

5.3.1　随机变量的概念

1. 随机事件的数量化

在第一节概率的基本概念中，介绍了什么是随机事件，某随机事件出现的概率怎

样计算，以及概率运算的基本法则。现在回过头来再看看随机事件，即在同一组条件下，每次试验可能出现也可能不出现的事件。有的采用数量标识表示，如检验一批零件，可能出现不同尺寸长度或直径；抛掷一颗骰子，可能出现的点数为1，2，3，4，5，6。显然，这些随机事件都是采用数量标识表示的。为了把随机事件数量化，以便于数学上的处理，有必要把不采用数量标识表示化为采用数量标识表示。例如，把每检验一件产品可能出现合格的指定为0，可能出现不合格的指定为1；或把每次抛掷一枚硬币可能出现正面的指定为0，可能出现反面的指定为1。这样把指定的0、1与合格、不合格一一对应，或把0、1与正面、反面一一对应，就可以把随机事件完全数量化了。

2. 随机变量的定义

既然随机事件都可以用一个数量标识表示，根据某随机事件A出现的概率定义$P(A)$，可以把A换成数量标识X，于是X具有确定概率$P(X)$。但随机事件有各种不同的情况，如抛掷一枚硬币可能出现正面或反面，正面指定为0，即$X=x_1=0$；反面指定为1，即$X=x_2=1$。根据概率定义，$P(X=x_1)=P(X=0)=P$(出现正面)$=1/2$；$P(X=x_2)=P(X=1)=P$(出现反面)$=1/2$。显然0与1是变量X的两个可能值，由此引出随机变量的定义。

在同一组条件下，如果每次试验可能出现这样或那样的结果，并且把所有的结果都能列举出来，即把X的所有可能值x_1，x_2，…，x_n都能列举出来，而且X的可能值x_1，x_2，…，x_n具有确定概率$P(x_1)$，$P(x_2)$，…，$P(x_n)$，其中$P(x_i)=P(X=x_i)$，称为**概率函数**（probability function），则X称为$P(X)$的随机变量，$P(X)$称为随机变量X的概率函数。

显然随机变量是基于随机事件的一个概念。既然各随机事件对应于一定的概率，那么随机变量也对应于一定的概率，而且用随机变量来研究所对应的一定的概率更全面、更系统。因此，可以说随机变量是用随机事件描述随机现象的数量关系的推广。

随机变量在概率论与数理统计的研究中应用非常普遍，因此可以这样说，如果微积分是研究变量的数学，那么概率论与数理统计是研究随机变量的数学。

3. 两种类型的随机变量

按照随机变量的特性，通常可把随机变量分为两类，即**离散型**（discrete）随机变量和**连续型**（continuous）随机变量。

（1）离散型随机变量。

如果随机变量X的所有取值都可以逐个列举出来，则称X为离散型随机变量。例如，在一批产品中取到次品的个数、单位时间内某交换台收到的呼叫次数等都是离散型随机变量。

（2）连续型随机变量。

如果随机变量X的所有取值无法逐个列举出来，而是取数轴上某一区间内的任一点，则称X为连续型随机变量。例如，一批电子元件的寿命、实际中常遇到的测量误差等都是连续型随机变量。

5.3.2　离散型随机变量的概率分布

1. 离散型随机变量的概率分布

设有一离散型随机变量 X，可能取值 x_1，x_2，…，x_n，其相应的概率为 p_1，p_2，…，p_n，即 $P(X=x_i)=p_i(i=1, 2, \cdots, n)$，如表 5—2 所示。

表 5—2

$X=x_i$	x_1	x_2	…	x_n
$P(X=x_i)=p_i$	p_1	p_2	…	p_n

则称该表格形式为离散型随机变量 X 的**概率分布**（probability distribution），其中，$P(X=x_i)=p_i$ 是 X 的概率函数。因为 x_1，x_2，…，x_n 构成一完备组，所以

$$\sum_{i=1}^{n} p_i = 1$$

例 5.9

如规定打靶中域Ⅰ得 3 分，中域Ⅱ得 2 分，中域Ⅲ得 1 分，中域外得 0 分。今某射手每 100 次射击，平均有 30 次中域Ⅰ，55 次中域Ⅱ，10 次中域Ⅲ，5 次中域外，考察每次射击得分为 0，1，2，3 这一离散型随机变量，其概率分布如表 5—3 所示。

表 5—3

$X=x_i$	0	1	2	3
$P(X=x_i)=p_i$	0.05	0.10	0.55	0.30

$$\sum_{i=1}^{n} p_i = 0.05+0.10+0.55+0.30 = 1$$

其图示法如图 5—1 所示。由图 5—1 可以看出，离散型随机变量的概率分布具有跳跃点及跳跃高度的特点，而跳跃高度代表概率函数 $P(x)$。

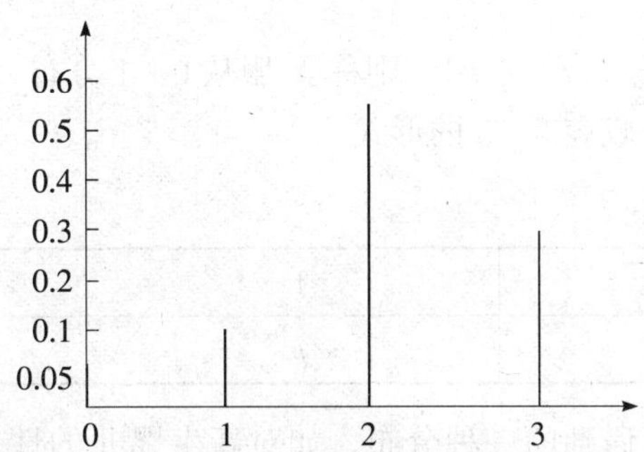

图 5—1　概率分布

例 5.10

已知一批产品的废品率为 $p=0.05$，合格率为 $q=1-p=1-0.05=0.95$。指定废品用 1 代表，合格品用 0 代表，考察任抽取一件为废品或合格品，即 1 或 0 这一离散型随机变量的概率分布，如表 5—4 所示。

表 5—4

$X=x_i$	1	0
$P(X=x_i)=p_i$	0.05	0.95

$$\sum_{i=0}^{1} p_i = 0.95 + 0.05 = 1$$

其图示法如图 5—2 所示。

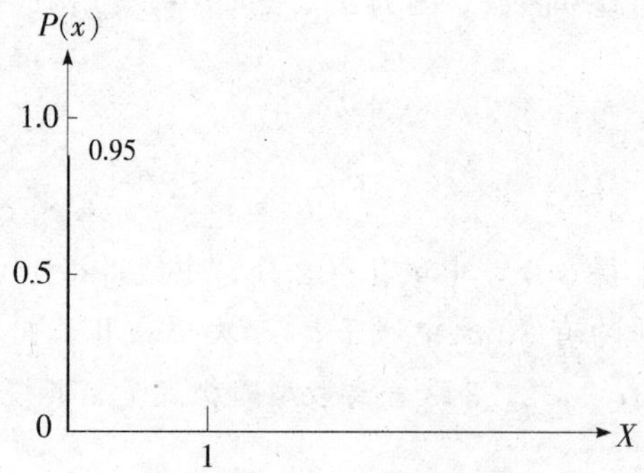

图 5—2　0—1 分布

从例 5.10 的图形与表格可以看出，它是一个仅在 0 与 1 离散点上的分布。一般称为 0—1 分布。

0—1 分布：设离散型随机变量 X 只可能取 0 和 1 两个值，它的概率分布为：

$$P(X=1)=p$$
$$P(X=0)=1-p=q$$

或　$P(x)=p^x q^{1-x}$，　$x=0,1$

式中，p，$q>0$ 为常量，$p+q=1$，则称 X 服从 0—1 分布。

0—1 分布也可写成表 5—5 的形式。

表 5—5

X	1	0
$P(x)$	p	q

0—1 分布是经常遇到的一种分布。如对新生婴儿的性别登记，检查产品质量是否合格，某种试验是否成功，电力消耗是否超过负荷等，都可以用 0—1 分布的离散型随机变量来描述。

例 5.11

抛掷一颗骰子，出现的点数是一个离散型随机变量，其概率分布如表 5—6 所示。

表 5—6

X	1	2	3	4	5	6
$P(x)$	$\frac{1}{6}$	$\frac{1}{6}$	$\frac{1}{6}$	$\frac{1}{6}$	$\frac{1}{6}$	$\frac{1}{6}$

$$\sum_{i=1}^{6} p_i = \frac{1}{6}+\frac{1}{6}+\frac{1}{6}+\frac{1}{6}+\frac{1}{6}+\frac{1}{6}=1$$

其图示法如图 5—3 所示。

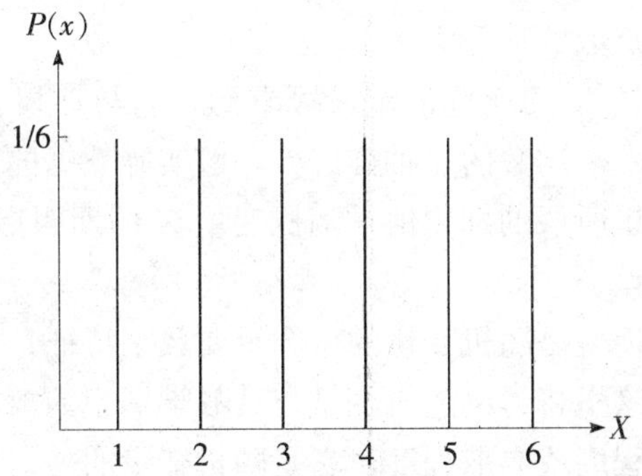

图 5—3　均匀分布

例 5.11 描述的这种概率分布叫离散型随机变量 X 的**均匀分布**（uniform distribution）。

2. 离散型随机变量的期望值和方差

为了能够全面了解随机变量 X 的概率性质，自然应该知道 X 的概率分布。然而在实际问题中，一个随机变量的概率分布往往不好确定。其实还有不少问题，并不需要知道 X 的所有概率性质，只需要知道它的某些数字特征就够了。因此，在对随机变量的研究中，确定某些数字特征是重要的。在这些数字特征中，最重要的是期望值和方差。

（1）期望值。

离散型随机变量 X 的期望值定义为，在离散型随机变量 X 的一切可能值的完备组中，各可能值 x_i 与其对应概率 p_i 的乘积之和称为该随机变量 X 的**期望值**（expected value），记作 $E(X)$ 或 μ。

若 X 取数值：x_1，x_2，…，x_n，其对应的概率为：p_1，p_2，…，p_n，则期望值为：

$$E(X)=x_1p_1+x_2p_2+\cdots+x_np_n=\sum_{i=1}^{n} x_ip_i \tag{5.14}$$

若 X 取无穷个数值：x_1，x_2，…，x_n，…，其对应的概率为：p_1，p_2，…，

p_n，…，则期望值为：

$$E(X)=x_1p_1+x_2p_2+\cdots+x_np_n+\cdots=\sum_{i=1}^{\infty}x_ip_i \tag{5.15}$$

期望值 $E(X)$ 也称为随机变量 X 的数学期望。

以掷骰子为例，它的期望值为：

$$\begin{aligned}\mu=E(X)&=\sum_{i=1}^{6}x_ip_i\\&=1\times\frac{1}{6}+2\times\frac{1}{6}+3\times\frac{1}{6}+4\times\frac{1}{6}+5\times\frac{1}{6}+6\times\frac{1}{6}\\&=3.5\end{aligned}$$

这就是说，各种可能点数的均值为 3.5。

由离散型随机变量 X 的期望值定义可看到，它与加权算术平均数的写法有点类似，其实它是加权算术平均数的一种推广。一般实际数据的加权算术平均数是具体数据的平均指标，而这里所谈的期望值是随机变量 X 的期望指标。

(2) 方差与标准差。

前面讨论的数学期望是随机变量的一个重要数字特征，它表示随机变量本身的平均水平或集中程度。这里将讨论随机变量与其数学期望的离差的平均水平，用它可以测定随机变量的变异程度或离散程度，它是随机变量的另一个重要数字特征。

例如有一批灯泡，已知其平均寿命 $E(X)=1\,000$ 小时，但仅由这一指标还不能判定这批灯泡质量的好坏，事实上，可能其中绝大部分灯泡的寿命都在 950 小时～1 050 小时左右（质量稳定）；也可能其中约一半是高质量，寿命大约有 1 300 小时，而另一半却是质量很差的，寿命大约只有 700 小时（质量不稳定）。因此为了正确评定灯泡质量，除需要考察灯泡平均寿命指标，还需要考察各个灯泡寿命 X 与一批灯泡寿命 $E(X)=1\,000$ 小时的离差的平均水平这个指标。若这个值较小，则表示质量比较稳定，质量较好；反之，质量较差。同样，在检查棉纱质量时，不仅需要知道纤维的平均长度，还要知道纤维长短的均匀度等。

随机变量的方差是用来反映随机变量取值的离散程度的。随机变量的方差定义为每一个随机变量取值与期望值的离差平方之期望值。设随机变量为 X，其方差常用 σ_X^2，$D(X)$ 或 $V(X)$ 表示，本书采用 $D(X)$，则

$$\sigma^2=D(X)=E[X-E(X)]^2$$

由上式可知，方差实际上就是随机变量 X 的函数 $[X-E(X)]^2$ 的数学期望。于是，若 X 是离散型随机变量，则

$$\sigma^2=D(X)=\sum_{i=1}^{\infty}[x_i-E(X)]^2p_i \tag{5.16}$$

式中，$p_i=P\{X=x_i\}$ $(i=1, 2, \cdots)$。

在计算方差中，一个常用的简化公式为：

$$\sigma^2=D(X)=E(X^2)-[E(X)]^2 \tag{5.17}$$

由定义可知，若 X 的取值比较集中，则方差较小；若 X 的取值比较分散，则方差较大。如果方差为 0，则意味着随机变量取值集中在期望值 $E(X)$，即随机变量以概率 1 取值 $E(X)$。

此外，称随机变量方差的平方根为标准差，记为：

$$\sigma=\sqrt{D(X)} \tag{5.18}$$

由于标准差与随机变量 X 有相同的度量单位，所以在实际中经常使用。

对于掷骰子的例子，随机变量 X 的方差为：

$$\begin{aligned}\sigma^2&=\sum_{i=1}^{n}[x_i-E(X)]^2p(x_i)\\&=(1-3.5)^2\times\frac{1}{6}+(2-3.5)^2\times\frac{1}{6}+(3-3.5)^2\times\frac{1}{6}+(4-3.5)^2\times\frac{1}{6}\\&\quad+(5-3.5)^2\times\frac{1}{6}+(6-3.5)^2\times\frac{1}{6}\\&=2.9167\end{aligned}$$

标准差 $\sigma=1.7078$，说明每次掷得的点数与平均点数 3.5 平均相距 1.707 8 点。

(3) 离散系数。

类似于第 4 章介绍的离散系数，离散系数也可用来比较不同期望值的总体之间的离中趋势。计算公式为：

$$V=\frac{\sigma}{E(X)}$$

(4) 均值和方差在财务分析中的应用。

在财务分析中，风险的概念十分重要。风险的高低有时可以单凭主观的感觉作出判断，也可以用方差或标准差去测量，从而得出一个比较客观和科学的结果。我们用以下例子具体说明如何利用方差或标准差去评估某个投资的预期平均回报率及其相对应的风险，从而作出投资的决定。

例 5.12

一位投资者有一笔现金可用于投资，现有两个投资项目可供选择。项目 A 和 B 有如下资料可供参考（见表 5—7、表 5—8)。试比较哪个投资项目较佳。

表 5—7　项目 A

持有期回报率 x(%)	可能性（概率）$p(x)$	$x\cdot p(x)$
4	0.05	0.2
5	0.1	0.5
6	0.15	0.9
7	0.4	2.8

续前表

持有期回报率 x(%)	可能性（概率）$p(x)$	$x \cdot p(x)$
8	0.15	1.2
9	0.1	0.9
10	0.05	0.5
合计	1	7

表 5—8　　项目 B

持有期回报率 x(%)	可能性（概率）$p(x)$	$x \cdot p(x)$
5.5	0.25	1.375
6.5	0.25	1.625
7.5	0.25	1.875
8.5	0.25	2.125
合计	1	7

解：在评估两个项目的回报率时，由于各有不同的可能性，所以可以运用预期平均回报率来反映个别项目的盈利能力，以便作出投资选择。

在项目 A 中，回报率 4%乘以其概率 0.05，得出 0.2%的预期回报率，这个数字同时表达了回报率的量及其出现的机会。将各个预期回报率加在一起，便得出项目 A 的预期平均回报率为 7%。用同一方法可算出项目 B 的预期平均回报率亦为 7%。由于两者的预期平均回报率相同，所以有必要评估两个项目回报率的稳定性或风险，以决定哪个较优。而稳定性或风险可用方差或标准差反映出来。计算方差及标准差时，预期平均回报率就是均值，计算见表 5—9 和表 5—10。

表 5—9　　项目 A

回报率 x(%)	预期平均回报率 μ(%)	$x-\mu$	$(x-\mu)^2$	概率 $p(x)$	$(x-\mu)^2 p(x)$
4	7	−3	9	0.05	0.45
5	7	−2	4	0.1	0.4
6	7	−1	1	0.15	0.15
7	7	0	0	0.4	0
8	7	1	1	0.15	0.15
9	7	2	4	0.1	0.4
10	7	3	9	0.05	0.45
合计	—	—	—	1	2

表 5—10　　项目 B

回报率 x(%)	预期平均回报率 μ(%)	$x-\mu$	$(x-\mu)^2$	概率 $p(x)$	$(x-\mu)^2 p(x)$
5.5	7	−1.5	2.25	0.25	0.562 5
6.5	7	−0.5	0.25	0.25	0.062 5
7.5	7	0.5	0.25	0.25	0.062 5
8.5	7	1.5	2.25	0.25	0.562 5
合计	—	—	—	1	1.25

项目A的方差 $\sigma^2=\sum(x-\mu)^2p(x)=2$

项目A的标准差 $\sigma=\sqrt{2}=1.414$

项目B的方差 $\sigma^2=\sum(x-\mu)^2p(x)=1.25$

项目B的标准差 $\sigma=\sqrt{1.25}=1.12$

项目A的标准差为1.414%，这个值反映了每一个可能出现的回报率与预期平均回报率的平均差别；数值越大，回报率的变化越大，其稳定性越小，风险越大。项目B的标准差为1.12%，比项目A的低，因此，其回报率的稳定性较高，即风险较低。比较二者，就风险控制而言，投资于项目B较项目A更优。

如果项目A和项目B的预期平均回报率不一样，则需要用离散系数来考察投资风险的大小，帮助投资者作出选择。

例5.13

如果投资项目A的预期回报率为7%，标准差为5%；而投资项目B的预期回报率为12%，标准差为7%，哪个投资项目风险较大？

解：如果只从标准差考虑，似乎投资项目B的风险较大，但由于A与B的预期回报率（均值）不同，我们需用离散系数进行比较。

项目A的离散系数 $V=\dfrac{0.05}{0.07}=0.714$

项目B的离散系数 $V=\dfrac{0.07}{0.12}=0.583$

投资项目A每单位回报率承受0.714单位的风险，而投资项目B每单位回报率的风险为0.583单位，因此，A的风险较大。

随机变量 X 的期望值和方差的含义与第4章中均值和方差的含义是一致的。期望值反映随机变量 X 取值的平均水平，方差反映随机变量 X 取值的离散程度。

3. 二项分布和泊松分布

离散型随机变量有许多重要的概率分布，下面仅介绍两种最常用的概率分布，即二项分布和泊松分布。

（1）二项分布。

实际问题中，有许多试验与掷硬币的试验有共同的性质，它们只包含两个结果。例如在市场调查中考虑产品的喜好，调查一个人相当于掷一次硬币，因为某人喜欢该产品相当于出现正面，不喜欢该产品相当于出现反面，则在调查的样本中回答喜欢的人数是一个随机变量，这种随机变量所服从的概率分布通常称为**二项分布**（binomial distribution）。类似的例子有很多，如社会学家感兴趣的是农民脱贫的比例；对酒的制造商来说，感兴趣的是饮酒者中喜欢他们所产品牌的比例。这些例子所具有的共同性质可总结如下：

- 包含了 n 个相同的试验。
- 每次试验只有两个可能的结果："成功"或"失败"。这里的"成功"和"失败”是广义的。如在某商品的喜好调查中，“成功”表示喜欢这种商品，“失败”表示不喜欢这种商品。

- 出现“成功”的概率 p 对每一次试验是相同的，“失败”的概率 q 也是如此，且 $p+q=1$。
- 试验是互相独立的。
- 试验“成功”或“失败”可以计数，即试验结果对应于一个离散型随机变量。

通常称具有上述特征的 n 次重复独立试验为 n 重贝努里试验，简称**贝努里试验**（Bernoulli trials）或贝努里试验概型。

以 X 表示 n 次重复独立试验中事件 A（成功）出现的次数，不难得出：

$$P\{X=x\}=C_n^x p^x q^{n-x}, \qquad x=0,1,2,\cdots,n \tag{5.19}$$

显然

$$P\{X=x\}\geqslant 0, \qquad x=0,1,2,\cdots,n$$

$$\sum_{x=0}^{n} C_n^x p^x q^{n-x}=(p+q)^n=1$$

注意到 $C_n^x p^x q^{n-x}$ 正好是二项式 $(p+q)$ 的展开式中的第 $x+1$ 项，故我们称随机变量 X 服从二项分布，参数为 n，p，并记作 $X\sim B(n,\ p)$。

式中的 C_n^x 表示从 n 个元素中抽取 x 个元素的组合，计算公式为：

$$C_n^x=\frac{n!}{x!\ (n-x)!} \tag{5.20}$$

二项分布的期望值和方差分别为：

$$E(X)=np \tag{5.21}$$

$$D(X)=npq \tag{5.22}$$

特别地，当 $n=1$ 时，二项分布化为：

$$P\{X=x\}=p^x q^{1-x}, \quad x=0,1$$

这就是例 5.10 中所说的 0—1 分布。

例 5.14

已知 100 件产品中有 5 件次品，现从中任取 1 件，有放回地取 3 次，求在所取的 3 件中恰有 2 件次品的概率。

解：因为这是有放回地取 3 次，因此这 3 次试验的条件是完全相同的，由此可知它是贝努里试验。

据题意，每次试验取到次品的概率为：

$$P=\frac{5}{100}=0.05$$

设 X 为所取的 3 件产品中的次品数，则 $X\sim B(3,\ 0.05)$，于是有

$P\{X=2\}=C_3^2(0.05)^2(0.95)=0.007\ 125$

如果将上述问题中的“有放回”改为“无放回”，那么各次试验条件就不同了，故不能用二项分布的概率公式来计算，而只能用古典概型求解。

$$P\{X=2\}=\frac{C_5^2C_{95}^1}{C_{100}^3}=0.005\ 9$$

这种情况实际上是概率分布中一种很重要的分布，称为超几何分布。即设有 N 件产品，其中有 M 件次品。现从中任取 n 件（假定 $n\leqslant N$），则在这 n 件中所含的次品件数 X 是一个随机变量，X 的概率函数为：

$$P\{X=m\}=\frac{C_M^mC_{N-M}^{n-m}}{C_N^n} \tag{5.23}$$

式中，m 为任取 n 件中次品的件数。

在实际问题中，真正在完全相同条件下进行的试验是不多见的。对于抽样问题来说，当原产品的批量相当大时，“无放回”可以当做“有放回”来处理。于是可用式 (5.19) 来近似计算取到的产品中含有 x 件次品的概率。

用 Excel 计算二项分布概率值的操作步骤

第 1 步：进入 Excel 界面，单击某一单元格。

第 2 步：选择【插入】→【函数】选项。

从【选择类别】窗口中选择“统计”。

从【选择函数】窗口中选择“BINOMDIST”，单击【确定】。

第 3 步：当【BINOMDIST】对话框出现时：

在【Number _ s】中输入 2（成功的次数 X）。

在【Trials】中输入 3（实验的总次数 n）。

在【Probability _ s】中输入 0.05（每次实验成功的概率 p）。

在【Cumulative】中输入 0（或 False），表示计算成功次数恰好等于指定数值的概率（输入 1 或 True 表示计算成功次数小于或等于指定数值的累积概率值）。

选择【完成】，得到结果 0.007 125。

计算超几何分布概率的步骤与上述过程类似，只不过在第 2 步【选择函数】窗口中选择“HYPGEOMDIST”函数，在第 3 步中输入相应的值即可。如下：

在【Sample _ s】中输入 2（成功的次数 X）。

在【Number _ sample】中输入 3（样本量 n）。

在【Population _ s】中输入 5（总体中成功的次数 M）。

在【Number _ pop】中输入 100（总体中的个体总数 N）。

单击【确定】即可。

(2) 泊松分布。

泊松分布（Poisson distribution）是用来描述在一指定时间范围内或在指定的面

积或体积之内某一事件出现的次数的分布。下面是一些典型的服从泊松分布的随机变量的例子。

1）在某企业中每月发生的事故的次数。

2）单位时间内到达某一服务柜台（服务站、诊所、超市的收银台、电话总机等）需要服务的顾客人数。

3）人寿保险公司每天收到的死亡声明的个数。

4）某种仪器每月出现故障的次数。

泊松分布的公式为：

$$P(X)=\frac{\lambda^x e^{-\lambda}}{x!}, \qquad x=0,1,2,\cdots \tag{5.24}$$

式中，λ 为给定的时间间隔内事件的平均数。

泊松分布的期望值和方差分别为：

$$E(X)=\lambda$$
$$D(X)=\lambda$$

例 5.15

假定某企业职工在周一请事假的人数 X 近似服从泊松分布，且设周一请事假的平均数为 2.5 人。要求计算：

(1) X 的均值与标准差。

(2) 在给定的某周一正好请事假是 5 人的概率。

解：(1) 根据公式，X 的均值和方差均为 2.5，即 $E(X)=2.5$。

$$\text{标准差}=\sqrt{D(X)}=\sqrt{2.5}=1.581$$

(2) X 的概率分布为：

$$P(X)=\frac{\lambda^x e^{-\lambda}}{x!}$$

式中，$\lambda=2.5$，$x=5$，$e^{-2.5}=0.082\,085$，所以

$$P(5)=\frac{(2.5)^5 e^{-2.5}}{5!}=0.067$$

在 n 重贝努里试验中，当成功的概率很小（即 $p\to 0$），试验次数很大时，二项分布可近似等于泊松分布，即

$$C_n^x p^x q^{n-x}\approx\frac{\lambda^x e^{-\lambda}}{x!}$$

在实际应用中，当 $p\leqslant 0.25$，$n>20$，$np\leqslant 5$ 时，用泊松分布近似二项分布效果良好。

例 5.16

已知某批集成电路的次品率为 0.15%，随机抽取 1 000 块集成电路，求次品数为

0，1，2，3 的概率。

解：把“集成电路的次品数”看成随机变量 X，显然 X 服从二项分布，$p=0.0015$，$n=1000$。直接用二项分布公式求解，就要计算下列各式：

$$P\{X=0\}=C_{1000}^{0}(0.0015)^{0}(0.9985)^{1000}$$

$$P\{X=1\}=C_{1000}^{1}(0.0015)^{1}(0.9985)^{999}$$

$$P\{X=2\}=C_{1000}^{2}(0.0015)^{2}(0.9985)^{998}$$

$$P\{X=3\}=C_{1000}^{3}(0.0015)^{3}(0.9985)^{997}$$

这样直接计算相当麻烦，考虑用泊松分布计算。因为 $p=0.0015<0.25$，$np=1.5<5$，所以可以用泊松分布近似计算。其中 $\lambda=np=1.5$。

$$P\{X=0\}=\frac{\lambda^x}{x!}e^{-\lambda}=\frac{1.5^0}{0!}e^{-1.5}=0.223130$$

$$P\{X=1\}=\frac{1.5^1}{1!}e^{-1.5}=0.334695$$

$$P\{X=2\}=\frac{1.5^2}{2!}e^{-1.5}=0.251021$$

$$P\{X=3\}=\frac{1.5^3}{3!}e^{-1.5}=0.125511$$

表 5—11 给出了用二项分布直接计算与用泊松分布近似计算结果的对比，可以看到，二者之间的差距非常小。

表 5—11　　二项分布与泊松分布结果对照表

$P\{X=x\}$	$C_n^x p^x q^{n-x}$	$\frac{\lambda^x}{x!}e^{-\lambda}$	绝对差
$P\{X=0\}$	0.222 879	0.223 130	0.000 251
$P\{X=1\}$	0.334 821	0.334 695	0.000 126
$P\{X=2\}$	0.251 241	0.251 021	0.000 220
$P\{X=3\}$	0.125 558	0.125 511	0.000 047

在实际应用中，二项分布和泊松分布的计算都可以直接查表，而无须使用公式。读者可将例 5.14 和例 5.15 的结果用查表方式给出。

用 Excel 计算泊松分布概率值的操作步骤

第 1 步：进入 Excel 界面，单击某一单元格。

第 2 步：选择【插入】→【函数】选项。

从【选择类别】窗口中选择“统计”。

从【选择函数】窗口中选择“POISSON”，单击【确定】。

第 3 步：当【POISSON】对话框出现时：

在【X】中输入事件出现的次数（本例为 0）。

在【Mean】中输入泊松分布的均值 λ（本例为 1.5）。

在【Cumulative】中输入 0（或 False），表示计算事件出现次数恰好等于指定数值的概率（输入 1 或 True 表示计算事件出现次数小于或等于指定数值的累积概率值）。

只需在【X】选项中，分别填入 1，2，3 即可计算出其相应概率。

5.4 连续型随机变量的概率分布

5.4.1 概率密度与分布函数

由于连续型随机变量可以取某一区间或整个实数轴上的任意一个值，所以我们不能像对离散型随机变量那样，列出每一个值及其相应的概率，而必须用其他的方法，通常用数学函数的形式和分布函数的形式来描述。当用函数 $f(x)$ 来表示连续型随机变量时，我们将 $f(x)$ 称为**概率密度函数**（probability density function）。

概率密度函数应满足下述两个条件：

$$(1)\ f(x)\geqslant 0 \tag{5.25}$$

$$(2)\ \int_{-\infty}^{+\infty} f(x)\mathrm{d}x = 1 \tag{5.26}$$

需要指出的是，$f(x)$ 并不是一个概率，即 $f(x)\neq P(X=x)$，$f(x)$ 称为概率密度函数，而 $P(X=x)$ 在连续分布的条件下为零。在连续分布的情况下以曲线下面的面积表示概率，如随机变量 X 在 a 与 b 之间的概率可以写成：

$$P(a<X<b)=\int_a^b f(x)\mathrm{d}x \tag{5.27}$$

即图 5—4 中阴影部分的面积。

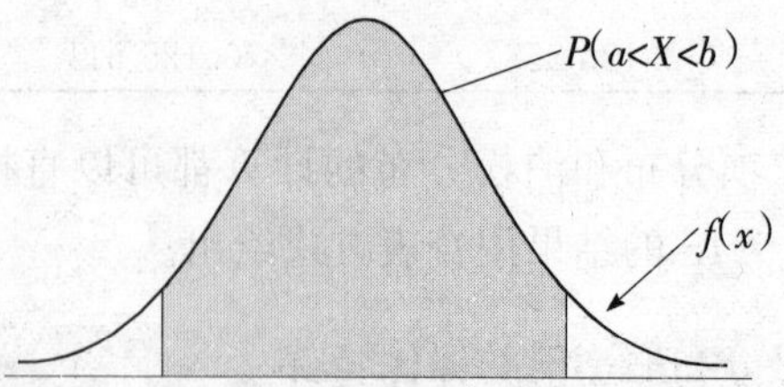

图 5—4 概率 $P(a<X<b)$

连续型随机变量的概率也可以用分布函数 $F(x)$ 来表示，分布函数定义为：

$$F(x)=P(X\leqslant x)=\int_{-\infty}^{x} f(t)\mathrm{d}t,\quad -\infty<x<+\infty \tag{5.28}$$

这也是建立在密度函数 $f(x)$ 的基础之上的，因此 $P(a<X<b)$ 也可以写成：

$$\int_a^b f(x) = F(b) - F(a) \tag{5.29}$$

显然，连续型随机变量的概率密度是其分布函数的导数，即

$$f(x)=F'(x) \tag{5.30}$$

连续型随机变量的期望值与方差分别定义为：

$$E(X) = \int_{-\infty}^{+\infty} xf(x)\mathrm{d}x = \mu \tag{5.31}$$

$$D(X) = \int_{-\infty}^{+\infty} [x - E(x)]^2 f(x)\mathrm{d}x = \sigma^2 \tag{5.32}$$

例 5.17

设连续型随机变量 X 在有限区间（a，b）内取值，其概率密度为：

$$f(x)=\begin{cases} \dfrac{1}{b-a}, & a<X<b \quad (a<b) \\ 0, & \text{其他} \end{cases}$$

试求：(1) 分布函数 $F(x)$。(2) 期望值与方差。

解：(1) 由分布函数的定义可得

$$F(x) = P(X \leqslant x) = \int_{-\infty}^{x} f(t)\mathrm{d}t$$

$x \leqslant a$ 时，$f(x)=0$，所以

$$F(x)=0$$

$a<x<b$ 时，$f(x)=\dfrac{1}{b-a}$，所以

$$F(x) = \int_{-\infty}^{x} f(t)\mathrm{d}t = \int_a^x \frac{1}{b-a}\mathrm{d}t = \frac{x-a}{b-a}$$

$b \leqslant x$ 时，$f(x)=0$，所以

$$F(x) = \int_{-\infty}^{x} f(t)\mathrm{d}t = \int_{-\infty}^{a} 0\mathrm{d}t + \int_a^b \frac{1}{b-a}\mathrm{d}t + \int_b^x 0\mathrm{d}t = 1$$

所以　$$F(x)=\begin{cases} 0, & x \leqslant a \\ \dfrac{x-a}{b-a}, & a<x<b \\ 1, & b \leqslant x \end{cases}$$

(2) $$\begin{aligned} E(X) &= \int_{-\infty}^{+\infty} xf(x)\mathrm{d}x \\ &= \int_{-\infty}^{a} 0\mathrm{d}x + \int_a^b \frac{x}{b-a}\mathrm{d}x + \int_b^{+\infty} 0\mathrm{d}x \\ &= \frac{1}{2}(b+a) \end{aligned}$$

$$
\begin{aligned}
D(X) &= \int_{-\infty}^{+\infty} [x - E(x)]^2 f(x) \mathrm{d}x \\
&= E(X)^2 - [E(X)]^2 \\
&= \int_a^b \frac{x^2}{b-a} \mathrm{d}x - \left[\frac{b+a}{2}\right]^2 \\
&= \frac{b^2 + ab + a^2}{3} - \left[\frac{b+a}{2}\right]^2 \\
&= \frac{(b-a)^2}{12}
\end{aligned}
$$

这个例子反映的是连续型随机变量 X 的分布，称为均匀分布。

例 5.18

某个电子装置的寿命服从指数分布：

$$
f(x) = \begin{cases} \lambda \mathrm{e}^{-\lambda x}, & x > 0 \\ 0, & x \leqslant 0 \end{cases}
$$

求 X 的期望值、方差和标准差。

解：

$$
\begin{aligned}
E(X) &= \int_{-\infty}^{+\infty} x f(x) \mathrm{d}x = \int_0^{+\infty} x\lambda \mathrm{e}^{-\lambda x} \mathrm{d}x \\
&= \int_0^{+\infty} \mathrm{e}^{-\lambda x} \mathrm{d}x \\
&= \frac{1}{\lambda}
\end{aligned}
$$

$$
\begin{aligned}
D(X) &= \int_{-\infty}^{+\infty} [x - E(x)]^2 f(x) \mathrm{d}x \\
&= \int_{-\infty}^{+\infty} (x - \frac{1}{\lambda})^2 \lambda \mathrm{e}^{-\lambda x} \mathrm{d}x \\
&= \int_0^{+\infty} x^2 \lambda \mathrm{e}^{-\lambda x} \mathrm{d}x - \frac{2}{\lambda} \int_0^{+\infty} x\lambda \mathrm{e}^{-\lambda x} \mathrm{d}x + \frac{1}{\lambda^2} \int_0^{+\infty} \lambda \mathrm{e}^{-\lambda x} \mathrm{d}x \\
&= \int_0^{+\infty} x^2 \mathrm{d}(-\mathrm{e}^{-\lambda x}) - \frac{1}{\lambda^2} = \frac{2}{\lambda^2} - \frac{1}{\lambda^2} = \frac{1}{\lambda^2}
\end{aligned}
$$

标准差为：

$$
\sigma = \sqrt{\sigma^2} = \sqrt{\frac{1}{\lambda^2}} = \frac{1}{\lambda}
$$

这个例子反映的是指数分布，在产品质量管理及可靠性研究中经常碰到。

5.4.2 正态分布

在连续型随机变量中，最重要的一种随机变量是具有钟形概率分布的随机变量，如图 5—5 所示。人们称它为正态随机变量，相应的概率分布称为**正态分布**（normal distribution）。

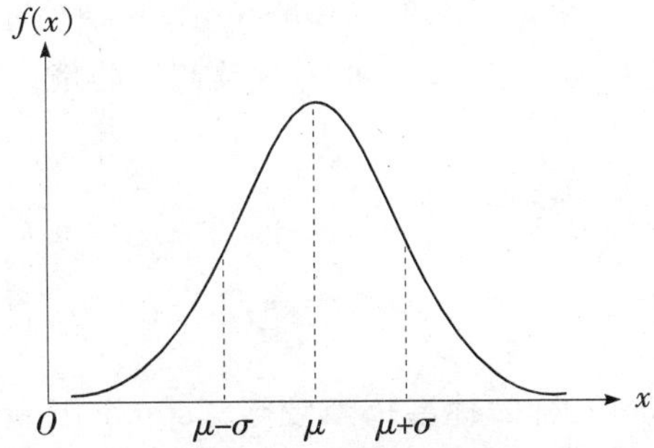

图 5—5　正态分布的概率密度曲线

在社会经济问题中，有许多随机变量的概率分布都服从正态分布。例如，某地区同年龄组儿童的发育特征，如身高、体重、肺活量；某公司年销售量；在同一条件下产品的质量以平均质量为中心上下摆动；特别差的和特别好的都是少数，多数处在中间状态；人群中的高个子和矮个子都是少数，而中等身材的人居多，等等。

正态分布是最重要的一种连续型分布，在实际中有着非常广泛的应用。

1. 正态分布的定义及图形特点

如果随机变量 X 的概率密度为：

$$f(x)=\frac{1}{\sigma\sqrt{2\pi}}e^{-\frac{1}{2\sigma^2}(x-\mu)^2}, -\infty<x<+\infty \tag{5.33}$$

则称 X 服从正态分布，记作 $X\sim N(\mu, \sigma^2)$，其中，$-\infty<\mu<+\infty$，$\sigma>0$，μ 为随机变量 X 的均值，σ 为随机变量 X 的标准差，它们是正态分布的两个参数。

$X\sim N(\mu, \sigma^2)$ 通常读成随机变量 X 服从均值为 μ、方差为 σ^2 的正态分布。

为了画出正态分布的图形，先对概率密度 $f(x)$ 作几点讨论：

(1) $f(x)\geqslant 0$，即整个概率密度曲线都在 x 轴的上方。

(2) 曲线 $f(x)$ 相对于 $x=\mu$ 对称，并在 $x=\mu$ 处达到最大值，$f(\mu)=\frac{1}{\sqrt{2\pi}\sigma}$。

(3) 曲线的陡缓程度由 σ 决定，σ 越大，曲线越平缓；σ 越小，曲线越陡峭。

(4) 当 x 趋于无穷时，曲线以 x 轴为其渐近线。

综上所述，即可画出正态分布的概率密度曲线，如图 5—5 所示，它是一条对称的钟形曲线。

为了说明参数 μ，σ 对曲线位置、形状的影响，可参见图 5—6。

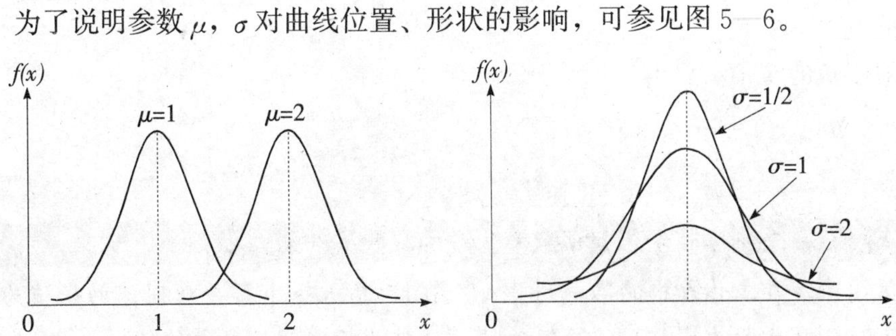

图 5—6　参数 μ 和 σ 对曲线位置、形状的影响

由图 5—6 可看出，μ 决定了图形的中心位置，σ 决定了图形中曲线的陡峭程度。当 σ 较大时，曲线趋于平缓；当 σ 较小时，曲线趋于陡峭。

2. 标准正态分布

当式（5.33）中 $\mu=0$，$\sigma=1$ 时，有

$$f(x)=\frac{1}{\sqrt{2\pi}}e^{-\frac{x^2}{2}},\quad -\infty<x<+\infty \tag{5.34}$$

相应的正态分布 $N(0,1)$ 称为**标准正态分布**（standard normal distribution）。对标准正态分布，通常用 $\varphi(x)$ 表示概率密度函数，用 $\Phi(x)$ 表示分布函数，即

$$\varphi(x)=\frac{1}{\sqrt{2\pi}}e^{-\frac{x^2}{2}} \tag{5.35}$$

$$\Phi(x)=\int_{-\infty}^{x}\varphi(t)\mathrm{d}t=\int_{-\infty}^{x}\frac{1}{\sqrt{2\pi}}e^{-\frac{t^2}{2}}\mathrm{d}t \tag{5.36}$$

标准正态分布的概率密度函数 $\varphi(x)$ 和分布函数 $\Phi(x)$ 的图形如图 5—7 所示。

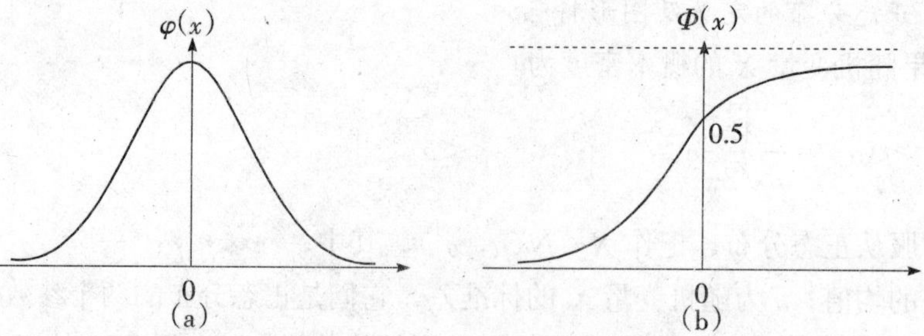

图 5—7 标准正态分布的概率密度函数和分布函数

标准正态分布的重要性在于，任何一个一般的正态分布都可以通过线性变换转化为标准正态分布。

设 $X\sim N(\mu,\sigma^2)$，则

$$Z=\frac{X-\mu}{\sigma}\sim N(0,1) \tag{5.37}$$

式（5.37）就是将一般正态分布转化为标准正态分布的公式。

3. 正态分布表

只要将一般正态分布转化为标准正态分布，通过查表，就可解决正态分布的概率计算问题。

对于负的 x 值，可由

$$\Phi(-x)=1-\Phi(x) \tag{5.38}$$

得到。

用 Excel 绘制标准正态分布概率密度函数曲线的操作步骤

第 1 步：在工作表中的第一列“A1:A61”输入一个等差数列，初始值为“−3”，步长为“0.1”，终值为“3”，作为标准正态变量的值。

第 2 步：选中 B1 单元格，选择【插入】→【函数】选项，出现对话框时：

从【选择类别】窗口中选择“统计”。

从【选择函数】窗口中选择“NORMDIST”，单击【确定】，计算 A1 单元格对应数据的概率密度值。

在【X】选项中输入 A1（计算 A1 单元格所对应的数据的概率值）。

在【Mean】中输入 0（均值为 0）。

在【Standard _ dev】中输入 1（标准差为 1）。

在【Cumulative】中输入 0 或 false，表示计算的是概率密度，输入 1 或 true，表示计算的是累积概率密度。

第 3 步：单击 B1 单元格，鼠标指向单元格右下角填充控点，按住鼠标左键往下拖至 B61 单元格，这样计算出 A1:A61 区域正态变量值对应的正态概率密度值。

第 4 步：将 A1:A61 作为横坐标、B1:B61 作为纵坐标，根据“图表向导”绘制折线图，结果如图 5—8 至图 5—10 所示。

	A	B	C	D
1	-3	0.004432		
2	-2.9	0.005953		
3	-2.8	0.007915		
4	-2.7	0.010421		
5	-2.6	0.013583		
6	-2.5	0.017528		
7	-2.4	0.022395		
8	-2.3	0.028327		
9	-2.2	0.035475		
10	-2.1	0.043984		
11	-2	0.053991		
12	-1.9	0.065616		
13	-1.8	0.07895		

图 5—8　标准正态分布概率密度函数的数据清单

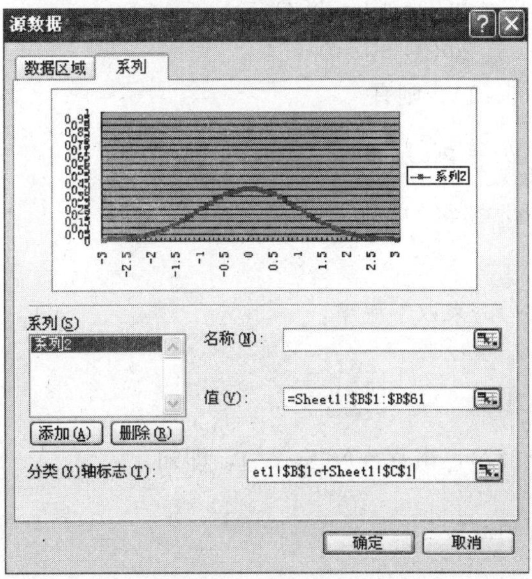

图 5—9　标准正态分布概率密度函数曲线图的数据来源

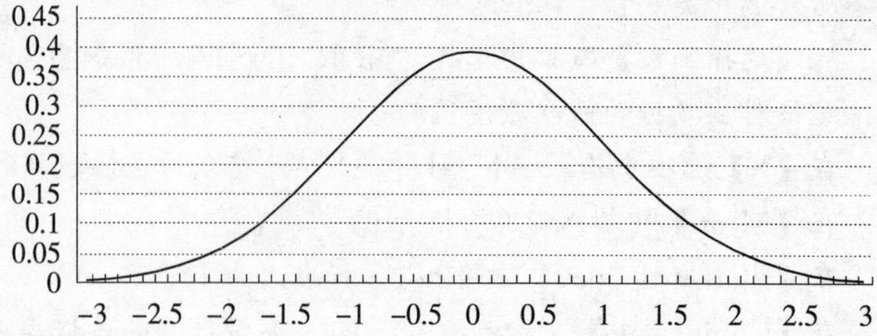

图 5—10 标准正态分布概率密度函数曲线

例 5.19

设 $X \sim N(0, 1)$，求以下概率：

(1) $P(X<1.5)$。

(2) $P(X>2)$。

(3) $P(-1<X\leqslant 3)$。

(4) $P(|X|\leqslant 2)$。

解：(1) $P(X<1.5)=\int_{-\infty}^{1.5}\varphi(t)\mathrm{d}t=\Phi(1.5)=0.933\ 2$

(2) $P(X>2)=1-P(X\leqslant 2)=1-\Phi(2)=1-0.977\ 3=0.022\ 7$

(3) $$\begin{aligned}P(-1<X\leqslant 3)&=P(X\leqslant 3)-P(X\leqslant -1)=\Phi(3)-\Phi(-1)\\&=\Phi(3)-[1-\Phi(1)]\\&=0.998\ 7-(1-0.841\ 3)\\&=0.84\end{aligned}$$

(4) $$\begin{aligned}P(|X|\leqslant 2)&=P(-2\leqslant X\leqslant 2)=\Phi(2)-\Phi(-2)\\&=\Phi(2)-[1-\Phi(2)]\\&=2\Phi(2)-1=0.954\ 5\end{aligned}$$

一般设 $X \sim N(0, 1)$，则有

$$P(a\leqslant X\leqslant b)=\Phi(b)-\Phi(a) \tag{5.39}$$

$$P(|X|\leqslant a)=2\Phi(a)-1$$

例 5.20

设 $X \sim N(5, 3^2)$，求以下概率：

(1) $P(X\leqslant 10)$。

(2) $P(2\leqslant X<10)$。

解：根据式 (5.37)，由 $X \sim N(5, 3^2)$，即知：

$$\frac{X-5}{3}\sim N(0,1)$$

(1) $P(X\leqslant 10)=P\left(\frac{X-5}{3}\leqslant\frac{10-5}{3}\right)$

$$=P\left(\frac{X-5}{3}\leqslant 1.67\right)$$

$$=\int_{-\infty}^{1.67}\varphi(t)\mathrm{d}t=\Phi(1.67)=0.952\,5$$

(2) $P(2<X<10)=P\left(\frac{2-5}{3}<\frac{X-5}{3}<\frac{10-5}{3}\right)$

$$=P\left(-1<\frac{X-5}{3}<1.67\right)$$

$$=\Phi(1.67)-\Phi(-1)$$

$$=0.952\,5-[1-\Phi(1)]=0.793\,8$$

一般设 $X\sim N(\mu,\sigma^2)$，则有

$$P(a\leqslant X\leqslant b)=\Phi\left(\frac{b-\mu}{\sigma}\right)-\Phi\left(\frac{a-\mu}{\sigma}\right) \tag{5.40}$$

用 Excel 计算正态分布概率值的操作步骤（以例 5.20（1）为例）

第 1 步：进入 Excel 界面，鼠标点击某一空白单元格。

第 2 步：选择【插入】→【函数】选项，出现对话框时：

从【选择类别】窗口中选择“统计”。

从【选择函数】窗口中选择“NORMDIST”，单击【确定】，出现如图 5—11 所示的界面。

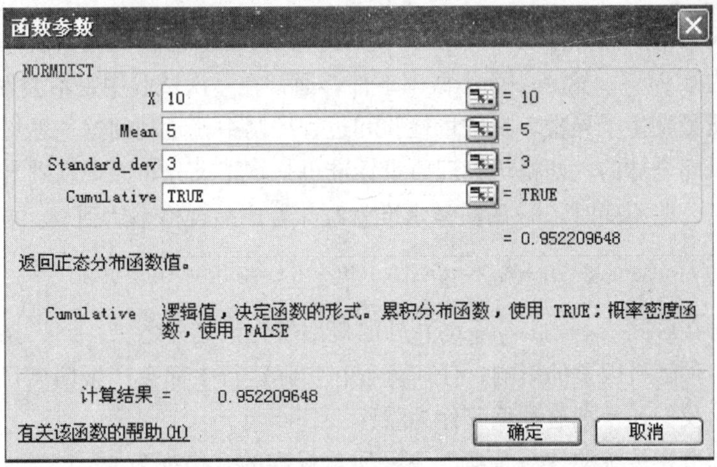

图 5—11　函数参数

填入适当的参数，得出计算结果为 0.952 2。这一结果与前面例子的结果稍有不同，属近似计算误差。

或者直接在单元格中输入“=NORMDIST(10,5,3,TRUE)”，也能得到相同的结果。

例 5.20 中的第（2）题在单元格中只需输入“=NORMDIST(10,5,3,TRUE)－

NORMDIST(2,5,3,TRUE)”即可。

例 5.21

某种零件的长度服从正态分布，平均长度为 10mm，标准差为 0.2mm。试问：

(1) 从该批零件中随机抽取一件，其长度不到 9.4mm 的概率。

(2) 为了保证产品质量，要求以 95% 的概率保证该零件的长度在 9.5mm～10.5mm 之间，这一要求能否实现？

解：已知 $X \sim N(10, 0.2^2)$，则

(1) $P(X<9.4)=\Phi\left(\frac{9.4-10}{0.2}\right)=\Phi(-3)=0.0013$

(2)
$$\begin{aligned} P(9.5<X<10.5) &= \Phi\left(\frac{10.5-10}{0.2}\right)-\Phi\left(\frac{9.5-10}{0.2}\right) \\ &= \Phi(2.5)-\Phi(-2.5) \\ &= 2\Phi(2.5)-1 \\ &= 2\times 0.9938-1 \\ &= 0.9876 \end{aligned}$$

即可以 98.76% 的概率保证该批零件的长度在 9.5mm～10.5mm 之间，也就是说，该批零件的质量要求可以实现。

4. 正态分布在质量管理中的应用

在全面质量管理中，我们知道

$$P(\mu-3\sigma<X<\mu+3\sigma)=\Phi(3)-\Phi(-3)=0.9973$$

这表明当某质量特性 $X \sim N(\mu, \sigma^2)$ 时，其特性值落在区间（$\mu-3\sigma$，$\mu+3\sigma$）外的概率仅为 0.27%。这是一个小概率事件，通常在一次试验中是不会发生的，一旦发生就认为质量发生了异常，在质量检验和过程控制中就是利用这一思想。

当今风靡全球的六西格玛管理质量标准也是在正态分布原理基础上建立的。

当上下公差不变时，6σ 的质量水准就意味着产品合格率达到 99.999 999 8%，即

$$P(\mu-6\sigma<X<\mu+6\sigma)=\Phi(6)-\Phi(-6)=0.999999998$$

其特性值落在区间（$\mu-6\sigma$，$\mu+6\sigma$）外的概率仅为十亿分之二。

由于种种随机因素的影响，任何流程在实际运行中都会产生偏离目标值或者期望值的情况，我们通常把这种偏移称为漂移。

我们知道在传统的“3σ 原则”下，质量标准的合格率为 99.73%。即使在没有任何漂移的情况下，也意味着 2 700ppm 的不合格率。考虑到漂移时是 66 807ppm。

通常考虑到 1.5σ 漂移时，6σ 〈≠〉 十亿分之二次品率，不合格率为百万分之 3.4。即在某生产流程或服务系统中有 100 万个出现缺陷的机会，而 6σ 质量水准下出现的缺陷不到 4 个。更为详细的内容见有关六西格玛管理的文献。

5. 二项分布的正态近似

由德莫佛-拉普拉斯（Demoivre-Laplace）定理可知二项分布近似服从正态分布。

关于这个定理我们只给出它的描述。

设随机变量 $X \sim B(n,\ p)$，则对任意 x，有

$$\lim_{n\to\infty} P\left\{\frac{X-np}{\sqrt{np(1-p)}} \leqslant x\right\} = \int_{-\infty}^{x} \frac{1}{\sqrt{2\pi}} e^{-\frac{t^2}{2}}\, dt$$

定理表明，当 n 很大，而 $0<p<1$ 是一个定值时，$\dfrac{X-np}{\sqrt{np\ (1-p)}}$近似服从标准正态分布 $N(0,\ 1)$；或者说，二项随机变量 X 近似服从正态分布 $N(np,\ np(1-p))$。

利用定理，可进一步得到：

$$\begin{aligned} P(x_1 \leqslant X \leqslant x_2) &= \sum_{x=x_1}^{x_2} C_n^x p^x q^{n-x} \\ &= \int_a^b \frac{1}{\sqrt{2\pi}} e^{-\frac{t^2}{2}}\, dt \\ &= \Phi(b) - \Phi(a) \end{aligned}$$

式中，$a=\dfrac{x_1-np}{\sqrt{npq}}$，$b=\dfrac{x_2-np}{\sqrt{npq}}$，$q=1-p$。

上述正态近似很重要，它提供了计算二项概率的和的一种实用且简便的近似方法。

例 5.22

100 台车床彼此独立地工作，每台车床的实际工作时间占全部工作时间的 80%，试求：

(1) 任一时刻有 70～86 台车床在工作的概率。

(2) 任一时刻有 80 台以上车床在工作的概率。

解：将在任一时刻观察每台车床是否工作看成是一次试验，依题意本例可看做 100 重贝努里概型，每次试验成功（车床工作）的概率为：

$$p=\frac{80}{100}=0.8$$

设 X 表示 100 台车床中工作着的车床台数，可见 $X \sim B(100,\ 0.8)$，现利用正态分布近似计算，这里 $np=80$，$\sqrt{np(1-p)}=4$，于是

$$\begin{aligned} (1)\ P(70 \leqslant X \leqslant 86) &= P\left(\frac{70-80}{4}<\frac{X-80}{4}<\frac{86-80}{4}\right) \\ &= P\left(-2.5<\frac{X-80}{4}<1.5\right) \\ &= \Phi(1.5)-\Phi(-2.5) \\ &= \Phi(1.5)+\Phi(2.5)-1 \\ &= 0.933\,2+0.993\,8-1 \\ &= 0.927 \end{aligned}$$

（2）$P(X\geqslant 80)=P\left(\frac{X-80}{4}\geqslant 0\right)=1-\Phi(0)=0.5$

用 Excel 绘制正态概率图进行数据正态性的评估

例 5.23

某商家的销售数据如表 5—12 所示。

表 5—12

促销	售后服务	销售额	奖金
0	0	23	2
0	0	19	1.5
0	0	17	2
0	0	26	2.1
0	1	28	1.5
0	1	23	1.2
0	1	24	1.6
0	1	30	1.8
1	0	26	1.8
1	0	22	1.1
1	0	20	0.9
1	0	30	2.1
1	1	36	2.1
1	1	28	1.21
1	1	30	1.91
1	1	32	2.15
2	0	30	1.8
2	0	23	1.2
2	0	25	1.3
2	0	32	1.92
2	1	48	1.7
2	1	40	1.3
2	1	41	1.2
2	1	46	1.81

在进行方差分析之前，必须检验数据的正态性。选取销售额这一列数据进行正态性评估。

第 1 步：对销售额按照升序排列，记为 $X(j)$。

第 2 步：计算 $(j-0.5)/24$。

第 3 步：根据公式 $(j-0.5)/24=P(Z)$，求出正态分位数。

单击 D2 单元格，选择【插入】→【函数】选项，出现对话框时：

从【选择类别】窗口中选择“统计”。

从【选择函数】窗口中选择“NORMSINV”，单击【确定】，界面如图 5—12 所示。

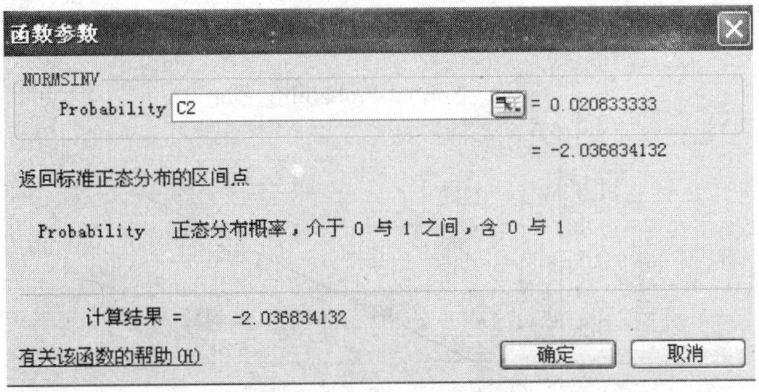

图 5—12　函数参数

再单击 D2 单元格，鼠标指向单元格右下角填充控点，按住鼠标左键往下拖至 D25 单元格，这样计算出 C2:C25 区域中概率值对应的标准正态分位数，如表 5—13 所示。

表 5—13

	A	B	C	D
1	j	销售额X(j)	(j-0.5)/24	Zi
2	1	17	0.020833333	-2.036834132
3	2	19	0.0625	-1.534120544
4	3	20	0.104166667	-1.258161561
5	4	22	0.145833333	-1.054472452
6	5	23	0.1875	-0.887146559
7	6	23	0.229166667	-0.741594044
8	7	23	0.270833333	-0.61029461
9	8	24	0.3125	-0.488776411
10	9	25	0.354166667	-0.37409541
11	10	26	0.395833333	-0.264146977
12	11	26	0.4375	-0.157310685
13	12	28	0.479166667	-0.05224518
14	13	28	0.520833333	0.05224518
15	14	30	0.5625	0.157310685

第 4 步：选择【工具】→【数据分析】，在【分析工具】中选择“回归”，单击【确定】。以 Z_i 为纵轴，$X(j)$ 为横轴，绘制标准正态概率图。其界面如图 5—13 所示。

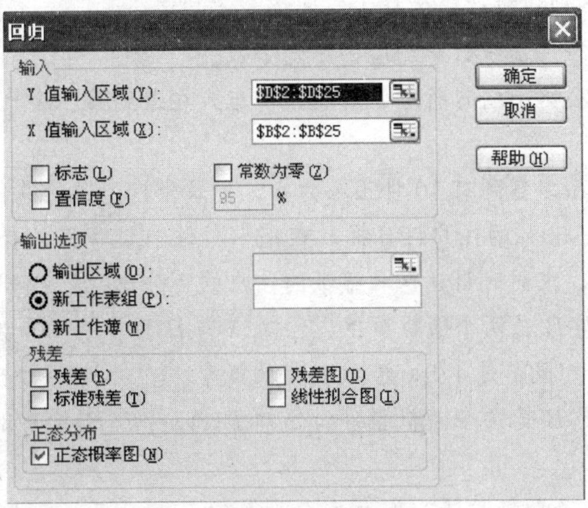

图 5—13　回归

单击【确定】，得到标准正态概率图，如图 5—14 所示。

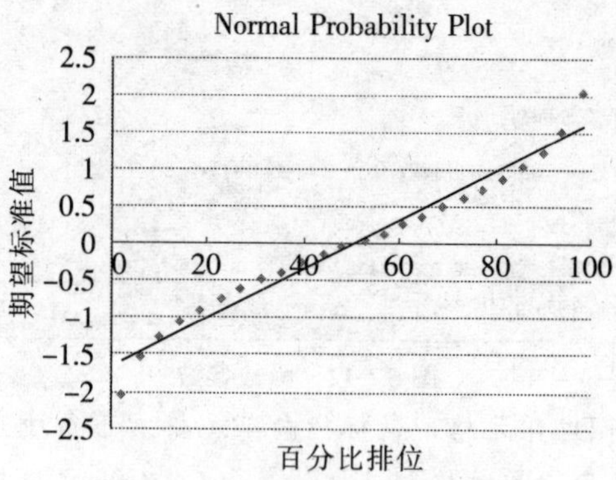

图 5—14　标准正态概率图

其中，$X(j)$ 转化为其对应的百分比排位。从图 5—14 可看出，由（$X(j)$，Z_i）形成的点基本上围绕在一条直线周围，可以说该组数据基本上服从正态分布。

□ 思考与练习

一、思考题

5.1　频率与概率有什么关系？

5.2　独立性与互斥性有什么关系？

5.3　根据自己的经验体会举几个服从泊松分布的随机变量的实例。

5.4　根据自己的经验体会举几个服从正态分布的随机变量的实例。

二、练习题

5.1　写出下列随机试验的样本空间：

(1) 记录某班一次统计学测验的平均分数。

(2) 某人在公路上骑自行车，观察该骑车人在遇到第一个红灯停下来以前遇到的绿灯次数。

(3) 生产产品，直到有 10 件正品为止，记录生产产品的总件数。

5.2　某市有 50%的住户订日报，有 65%的住户订晚报，有 85%的住户至少订两种报纸中的一种，求同时订这两种报纸的住户的百分比。

5.3　设 A 与 B 是两个随机事件，已知 A 与 B 至少有一个发生的概率是 1/3，A 发生且 B 不发生的概率是 1/9，求 B 发生的概率。

5.4　设 A 与 B 是两个随机事件，已知 $P(A)=P(B)=1/3$，$P(A|B)=1/6$，求 $P(\overline{A}|\overline{B})$。

5.5　有甲、乙两批种子，发芽率分别是 0.8 和 0.7。在两批种子中各随机取一粒，试求：

(1) 两粒都发芽的概率。

(2) 至少有一粒发芽的概率。

(3) 恰有一粒发芽的概率。

5.6　某厂产品的合格率为96%，合格品中一级品率为75%，从产品中任取一件为一级品的概率是多少？

5.7　某种品牌的电视机用到5 000小时未坏的概率为3/4，用到10 000小时未坏的概率为1/2。现在有一台这种品牌的电视已经用了5 000小时未坏，它能用到10 000小时的概率是多少？

5.8　考虑掷两枚硬币的试验。令X表示观察到正面的个数，试求X的概率分布。

5.9　某人花2元钱买彩票，他抽中100元奖的概率是0.1%，抽中10元奖的概率是1%，抽中1元奖的概率是20%，假设各种奖不能同时抽中，试求：

(1) 此人收益的概率分布。

(2) 此人收益的期望值。

5.10　设随机变量X的概率密度为：

$$f(x)=\frac{3x^2}{\theta^3},\quad 0<x<\theta$$

(1) 已知$P(X>1)=\frac{7}{8}$，求θ的值。

(2) 求X的期望值与方差。

5.11　一张考卷上有5道题目，同时每道题列出4个备选答案，其中有一个答案是正确的。某学生凭猜测能答对至少4道题的概率是多少？

5.12　设随机变量X服从参数为λ的泊松分布，且已知$P\{X=1\}=P\{X=2\}$，求$P\{X=4\}$。

5.13　设随机变量X服从参数为λ的泊松分布：

$$P\{X=k\}=\frac{\lambda^k}{k!}e^{-\lambda},\quad k=0,1,2,\cdots$$

问k取何值时$P\{X=k\}$最大（λ为整数时）？

5.14　设$X\sim N(3,\ 4)$，试求：

(1) $P\{|X|>2\}$。

(2) $P\{X>3\}$。

5.15　一工厂生产的电子管寿命X（以小时计算）服从期望值$\mu=160$的正态分布，若要求$P\{120<X<200\}\geqslant 0.08$，允许标准差$\sigma$最大为多少？

5.16　一本书排版后一校时出现错误处数X服从正态分布$N(200,\ 400)$，试求：

(1) 出现错误处数不超过230的概率。

(2) 出现错误处数在190～210之间的概率。

第6章 统计量及其抽样分布

Chapter 6

城市居民收入如何估计?

借助统计学方法研究任何实际问题，首先要做的工作就是收集数据，收集数据是一项很重要的基础工作。收集数据的一般方法是查阅各种统计年鉴和报表，再就是运用某种调查方法获取欲研究问题的有关数据。通过抽样调查获取数据的方式在我国方兴未艾。抽样调查的方法很多，专业性很强，现在已有不少有关抽样技术的专著。在利用统计方法研究的问题中，通常把所要调查研究的事物或现象的全体称为总体，而把组成总体的每个元素（成员）称为个体，一个总体中所含个体的数量称为总体的容量。例如，要研究某城市居民的家庭收入状况，那么这个城市所有家庭的收入状况就是我们研究的总体，而每个家庭的收入状况就是个体。

为了推断总体的某些特征，需要从总体中按一定的抽样技术抽取若干个体，将这一抽取过程称为抽样。所抽取的部分个体称为样本，样本中所含个体的数量称为样本量。例如，在研究某城市居民家庭收入时，随机抽取1 000户进行调查，这1 000户就是一个样本，样本量就是1 000。以1 000户居民家庭收入的信息作为这个城市居民家庭收入估计的依据，这样的估计可靠性如何？依据的基本统计理论是什么？这正是本章要解决的问题。

通过抽样或查年鉴得到的原始数据，一般是杂乱无章的，很难从中直接看出有价值的东西。因此，一般需要对获取的原始数据加以整理，以便把我们感兴趣的信息提取出来，并用简明醒目的方式加以表述。画原始数据的散点图、饼图、直方图等方法是直观表达数据的常见方式。统计学中最主要的提取信息的方式就是对原始数据进行一定的运算，得出某些代表性的数字，以反映出数据某些方面的特征，这种数字称为统计量。用统计学语言表述就是：统计量是样本的函数，它不依赖于任何未知参数。

推断统计学的重要作用就是，通过从总体中抽取样本构造适当的统计量，由样本性质去推断关于总体的性质。本章将较系统地介绍统计量的概念，以正态分布为基础导出常用的几个重要分布，并给出一些常用样本统计量的抽样分布。

6.1 统计量

6.1.1 统计量的概念

在实际应用中，当我们从某总体中抽取一个样本（X_1，X_2，…，X_n）后，并不能直接应用它去对总体的有关性质和特征进行推断，这是因为样本虽然是从总体中获取的代表，含有总体性质的信息，但仍较分散。为了使统计推断成为可能，首先必须把分散在样本中我们关心的信息集中起来，针对不同的研究目的，构造不同的样本函数，这种函数在统计学中称为统计量。

定义 6.1 设 X_1，X_2，…，X_n 是从总体 X 中抽取的容量为 n 的一个样本，如果由此样本构造一个函数 $T(X_1, X_2, \cdots, X_n)$，不依赖于任何未知参数，则称函数 $T(X_1, X_2, \cdots, X_n)$ 是一个统计量。

通常，又称 $T(X_1, X_2, \cdots, X_n)$ 为样本统计量。当获得样本的一组具体观测值 x_1，x_2，…，x_n 时，代入 T，计算出 $T(x_1, x_2, \cdots, x_n)$ 的数值，就获得一个具体的统计量值。

例 6.1

设 X_1，X_2，…，X_n 是从某总体 X 中抽取的一个样本，则

$$\overline{X}=\frac{1}{n}\sum_{i=1}^{n}X_i$$

$$S^2=\frac{1}{n-1}\sum_{i=1}^{n}(X_i-\overline{X})^2$$

都是统计量，而 $\sum_{i=1}^{n}[X_i-E(X)]^2$，$[X_i-E(X)]/D(X)$ 都不是统计量。这是因为其中的 $E(X)$ 和 $D(X)$ 都是依赖于总体分布的未知参数。

统计量是样本的一个函数。由样本构造具体的统计量，实际上是对样本所含的总体信息按某种要求进行加工处理，把分散在样本中的信息集中到统计量的取值上，不同的统计推断问题要求构造不同的统计量。统计量在统计学中具有极其重要的地位，它是统计推断的基础。统计量在统计学中的地位相当于随机变量在概率论中的地位。

6.1.2 常用统计量

在一般的概率论教材中，把数学期望及方差等概念用所谓“矩”的概念来描述。

当 n 充分大时，有定理可以保证经验分布函数 $F_n(x)$ 很靠近总体分布函数 $F(X)$。因此，经验分布函数 $F_n(x)$ 的各阶矩就反映了总体各阶矩的信息。通常把经验分布函数的各阶矩称为样本各阶矩。常用的样本各阶矩及其函数都是实际应用中的具体统计量。

(1) $\overline{X}=\frac{1}{n}\sum_{i=1}^{n}X_i$ 是样本的均值，它反映出总体 X 数学期望的信息。样本均值是最常用的统计量。

(2) $S^2=\frac{1}{n-1}\sum_{i=1}^{n}(X_i-\overline{X})^2$ 是样本方差，它反映的是总体 X 方差的信息。样本方差 S^2 及样本标准差 S 也是最常用的统计量。

(3) $V=S/\overline{X}$是样本变异系数，它反映出总体变异系数 C 的信息。其中变异系数定义为$C=\sqrt{D(X)}/E(X)$，它反映出随机变量在以它的均值为单位时取值的离散程度。此统计量消除了均值不同对不同总体的离散程度的影响，常用来刻画均值不同时不同总体的离散程度。在投资项目的风险分析中、不同群体或行业的收入差距描述中有着广泛的应用。

(4) $m_k=\frac{1}{n}\sum_{i=1}^{n}X_i^k$，称 m_k 为样本 k 阶矩。它反映出总体 k 阶矩的信息。显然，$m_1=\overline{X}$就是样本均值。

(5) $\upsilon_k=\frac{1}{n-1}\sum_{i=1}^{n}(X_i-\overline{X})^k$，称 υ_k 为样本 k 阶中心矩。它反映出总体 k 阶中心矩的信息。显然，υ_2 就是样本方差。

(6) $\alpha_3=\sqrt{n-1}\sum_{i=1}^{n}(X_i-\overline{X})^3/\left(\sum_{i=1}^{n}(X_i-\overline{X})^2\right)^{3/2}$，称 α_3 为样本偏度。它反映出总体偏度的信息。偏度反映了随机变量密度函数曲线在众数（密度函数在这一点达到最大值）两边的对称偏斜性。如果 $X\sim N(\mu,\ \sigma^2)$，则偏度 $\alpha_3=0$。

(7) $\alpha_4=n-1\sum_{i=1}^{n}(X_i-\overline{X})^4/\left[\sum_{i=1}^{n}(X_i-\overline{X})^2\right]^2-3$，称 α_4 为样本峰度。它反映出总体峰度的信息。峰度反映了密度函数曲线在众数附近的“峰”的尖峭程度。正态随机变量 $X\sim N(\mu,\ \sigma^2)$ 的峰度 $\alpha_4=0$。

偏度和峰度的概念在质量控制和可靠性研究中有着极其广泛的应用。

6.1.3 次序统计量

随着统计学的发展，次序统计量成为参数估计和假设检验的一类重要的统计量。

定义 6.2 设 X_1，X_2，…，X_n 是从总体 X 中抽取的一个样本，$X_{(i)}$ 称为第 i 个次序统计量，它是样本（X_1，X_2，…，X_n）满足如下条件的函数：每当样本得到一组观测值 x_1，x_2，…，x_n 时，其由小到大的排序 $x_{(1)}\leqslant x_{(2)}\leqslant\cdots\leqslant x_{(i)}\leqslant\cdots\leqslant x_{(n)}$ 中，第 i 个值 $x_{(i)}$ 就作为次序统计量 $X_{(i)}$ 的观测值，而 $X_{(1)}$，$X_{(2)}$，…，$X_{(n)}$ 称为次序统计量。其中，$X_{(1)}$ 和 $X_{(n)}$ 分别为最小和最大次序统计量。

$R_{(n)}=X_{(n)}-X_{(1)}$ 称为样本极差。极差反映出样本中最大值与最小值的差距，但损失了样本的中间信息，所以当样本量 n 增加时，$R_{(n)}$ 变得不甚可靠。$R_{(n)}$ 的作用与样本方差一样，反映样本观测值的离散程度。尽管用 $R_{(n)}$ 反映观测值离散程度较粗，但计算简单，所以在企业质量管理的现场中应用较多。

在第 4 章曾提到的中位数、分位数、四分位数等都是次序统计量。就次序统计量可进一步讨论它的有关分布，但限于篇幅及大纲要求此处从略。

6.1.4　充分统计量

在前边我们曾由样本（X_1，X_2，…，X_n）构造一个统计量 $T(X_1, X_2, \cdots, X_n)$，可以看出，样本统计量 T 的构造过程就是对样本 X_1，X_2，…，X_n 根据要求进行加工处理的过程，这种加工处理就是把原来杂乱无章的样本观测值用少数几个经过加工的统计量的值来代替。在实际统计推断中，是用统计量的值进行推断，而不是由样本观测值进行推断。这就意味着，经过加工后，有了统计量的值即可。既然统计量如此重要，我们就希望在构造统计量的过程中尽可能保留样本中有关总体的信息。在统计学中，假如一个统计量能把含在样本中有关总体的信息一点都不损失地提取出来，那对保证后边的统计推断质量具有重要意义。统计量加工过程中一点信息都不损失的统计量通常称为充分统计量。

例 6.2

某电子元件厂欲了解其产品的不合格率 p，质检员抽检了 100 个电子元件，检查结果是，除前 3 个是不合格品（记为 $X_1=1$，$X_2=1$，$X_3=1$），其他都是合格品（记为 $X_i=0$（$i=4, 5, \cdots, 100$））。当企业领导问及抽检结果时，质检员给出如下两种回答：

（1）抽检的 100 个元件中有 3 个不合格（记为 $\sum_{i=1}^{100} X_i = 3$）。

（2）抽检的 100 个元件中前 3 个不合格（记为 $X_1=1$，$X_2=1$，$X_3=1$）。

这两种回答就反映了质检员对样本的两种不同处理思想。这两种回答所用的统计量分别为：

$$T_1 = \sum_{i=1}^{100} X_i$$

$$T_2 = X_1 + X_2 + X_3$$

显然，统计量 T_2 不包含样本中有关 p 的全部信息，因而不能令人满意。而统计量 T_1 综合了样本中有关 p 的全部信息，使样本信息没有任何损失。

统计量的充分性是统计学中的基本概念之一。关于统计量 $T = T(X_1, X_2, \cdots, X_n)$ 必须满足什么条件才能具有上述意义上的充分性的讨论已超出了本书的范围。这里要特别说明的是判别充分统计量的方法称为因子分解定理，这个定理是奈曼和哈尔姆斯在 20 世纪 40 年代提出并严格证明的。

在产品检验中，二项分布有着重要的应用，统计量 $T_1=\sum_{i=1}^{100}X_i$ 是不合格品率 p 的充分统计量。

当 $X=(X_1,X_2,\cdots,X_n)$ 是来自正态分布 $N(\mu,\sigma^2)$ 的一个样本时，若 μ 已知，则 $\sum_{i=1}^{n}(X_i-\mu)$ 是 σ^2 的充分统计量；若 σ^2 已知，则 $\overline{X}=\frac{1}{n}\sum_{i=1}^{n}X_i$ 是 μ 的充分统计量。

6.2 关于分布的几个概念

6.2.1 抽样分布

近代统计学的创始人之一，英国统计学家费希尔曾把抽样分布、参数估计和假设检验看做统计推断的三个中心内容。研究统计量的性质和评价一个统计推断的优良性，完全取决于其抽样分布的性质。所以，抽样分布的研究是统计学中的重要内容。

在总体 X 的分布类型已知时，若对任一自然数 n，都能导出统计量 $T=T(X_1, X_2, \cdots, X_n)$ 的分布的数学表达式，这种分布称为精确的抽样分布。它对样本量 n 较小的统计推断问题非常有用。精确的抽样分布大多是在正态总体情况下得到的。在正态总体条件下，主要有 χ^2 分布、t 分布、F 分布，常称之为统计三大分布。在下一节我们将较为详细地介绍这些分布。

6.2.2 渐近分布

在统计学的抽样分布理论中，至今已求出的精确抽样分布并不多。通常，精确抽样分布是很难求得的，有时尽管求出了精确抽样分布，但也因为过于复杂而难以应用。所以统计学家借助极限工具，寻求在样本量 n 无限增大时，统计量 $T(X_1, X_2, \cdots, X_n)$ 的极限分布。在实际应用中，当 n 较大时，就用这种极限分布作为抽样分布的一种近似，这种极限分布常称为渐近分布。现在有不少重要的统计方法就是基于渐近分布提出的。

例 6.3

设 $X_1, X_2, \cdots, X_n$ 是抽自正态总体 $N(0,\sigma^2)$ 的一个样本。可以证明当 $n\to\infty$ 时，$\sqrt{n}\overline{X}/\sigma\to N(0, 1)$ 和 $S^2\to\sigma^2$，所以统计量 $T=\sqrt{n}\overline{X}/S$ 的渐近分布为 $N(0, 1)$。

后面将介绍的中心极限定理揭示的就是样本均值 $\overline{X}$ 的渐近分布。它在统计学中有着非常重要的地位，应用广泛。

6.2.3 随机模拟获得的近似分布

在实际应用中，有许多问题要寻求它的精确分布和渐近分布都是非常困难的，而在计算机技术飞速发展的今天，利用计算机进行随机模拟来获得某种统计量的近似分布已十分容易。因此，人们普通应用随机模拟方法寻求统计量的分布。限于篇幅，下面只讲授这种方法的思想。

设有一个统计量 $T=T(X_1, X_2, \cdots, X_n)$，为了获得统计量 T 的分布函数 $F^{(n)}(t)$，其中 n 为样本量，我们可连续作一系列类似试验，每次试验都是从总体中随机抽取容量为 n 的样本，然后计算其统计量的值。当这种试验进行了 N 次时，就得到统计量 T 的 N 个观测值：$T_1, T_2, \cdots, T_N$。根据这 N 个观测值可做其经验分布函数 $F_N^{(n)}(t)$。可以证明，这种经验分布函数 $F_N^{(n)}(t)$ 是统计量 T（在样本量 n 固定的条件下）的分布 $F^{(n)}(t)$ 的一个很好的近似。这种寻求统计量的方法就是反复地从总体中抽样，这种抽样完全可由计算机来实现，由此得到的统计量的分布就是随机模拟法所获得的近似分布。有兴趣者可参见有关统计模拟计算的图书。

6.3 由正态分布导出的几个重要分布

6.3.1 χ^2 分布

χ^2 分布是由赫尔默特（Hermert）和皮尔逊分别于 1875 年和 1900 年推导出来的。

定义 6.3 设随机变量 $X_1, X_2, \cdots, X_n$ 相互独立，且 $X_i(i=1, 2, \cdots, n)$ 服从标准正态分布 $N(0, 1)$，则它们的平方和 $\sum_{i=1}^{n} X_i^2$ 服从自由度为 n 的 χ^2 分布。

自由度是统计学中常用的一个概念，它可以解释为独立变量的个数，还可解释为二次型的秩。例如，$Y=X^2$ 是自由度为 1 的 χ^2 分布，$\text{rank}(Y)=1$；$Z=\sum_{i=1}^{n} X_i^2$ 是自由度为 n 的 χ^2 分布，$\text{rank}(Z)=n$。

关于 χ^2 分布的密度函数较为复杂，非统计专业只关心应用的读者不必了解，加之限于篇幅，所以本书将不介绍 χ^2 分布、t 分布、F 分布的密度函数。有兴趣的读者可参见数学形式比较严谨的有关数理统计图书。

下面给出当 $n=1$，$n=4$，$n=10$，$n=20$ 时，χ^2 分布的概率密度函数曲线，如图 6—1 所示。

χ^2 分布的数学期望为：

$$E(\chi^2)=n$$

χ^2 分布的方差为：

$$D(\chi^2)=2n$$

χ^2 分布还具有可加性，即若 $\chi_1^2 \sim \chi^2(n_1)$，$\chi_2^2 \sim \chi^2(n_2)$，且独立，则

$$\chi_1^2+\chi_2^2 \sim \chi^2(n_1+n_2)$$

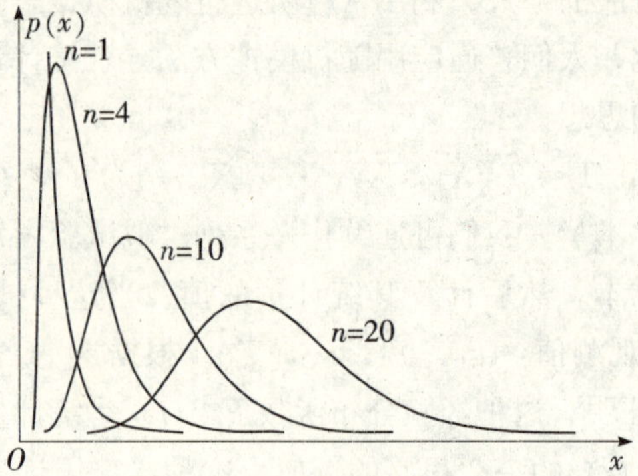

图 6—1　χ^2 分布的示意图

由图 6—1 还可看出，当自由度增加到足够大时，χ^2 分布的概率密度曲线趋于对称。当 $n\to+\infty$时，χ^2 分布的极限分布是正态分布。

$\chi^2(n)$ 的 p 分位数 $\chi_p^2(n)$ 可由卡方分布表查得。当自由度 n 很大时，$\sqrt{2\chi^2(n)}$ 近似服从 $N(\sqrt{2n-1},1)$ 。实际上，当自由度 $n>45$ 时，有

$$\chi_p^2(n)\approx\frac{1}{2}(\mu_p+\sqrt{2n-1})^2 \tag{6.1}$$

式中，μ_p 即 Z_p，为正态 p 分位数，可由正态分布表查得。

6.3.2　t 分布

t 分布也称为学生氏分布，是戈塞特（W. S. Gosset）于 1908 年在一篇以"Student"（学生）为笔名的论文中首次提出的。

定义 6.4　设随机变量 $X\sim N(0,\ 1)$，$Y\sim\chi^2(n)$，且 X 与 Y 独立，则

$$t=\frac{X}{\sqrt{Y/n}} \tag{6.2}$$

其分布称为 t 分布，记为 $t(n)$，其中，n 为自由度。

t 分布的密度函数是一偶函数，其图形如图 6—2 所示。

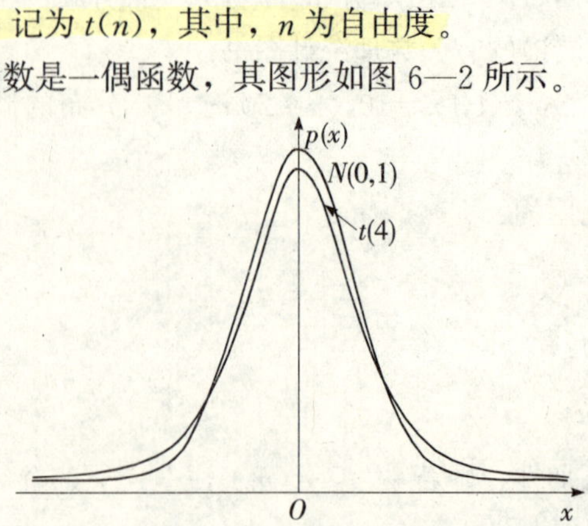

图 6—2　t 分布的示意图

当 $n\geqslant 2$ 时，t 分布的数学期望 $E(t)=0$。

当 $n\geqslant 3$ 时，t 分布的方差 $D(t)=\frac{n}{n-2}$。

由图 6—2 可以看出，t 分布的密度函数曲线与标准正态分布 $N(0,1)$ 的密度函数曲线非常相似，都是单峰偶函数。只是，$t(n)$ 的密度函数在两侧的尾部要比 $N(0,1)$ 的两侧尾部粗一些。$t(n)$ 的方差比 $N(0,1)$ 的方差大一些。

自由度为 1 的分布称为柯西分布，随着自由度 n 的增加，t 分布的密度函数越来越接近标准正态分布的密度函数。实际应用中，一般当 $n\geqslant 30$ 时，t 分布与标准正态分布就非常接近。t 分布的诞生对于统计学中小样本理论及其应用有着重要的促进作用。特别是当戈塞特最初提出 t 分布时并不被人重视和接受。后来费希尔在他的农业实验中也遇到小样本问题，这才发现 t 分布有实用价值。1923 年，费希尔对 t 分布给出严格而简单的证明，1925 年编制出 t 分布表之后，戈塞特的小样本方法才被统计界广泛认可。

下面看一个与 t 分布有关的抽样分布：

设 X_1，X_2，…，X_n 是来自正态分布 $N(\mu,\sigma^2)$ 的一个样本，$\overline{X}=\frac{1}{n}\sum_{i=1}^{n}X_i$，$S^2=\frac{1}{n-1}\sum_{i=1}^{n}(X_i-\overline{X})^2$，则

$$\frac{\sqrt{n}(\overline{X}-\mu)}{S}\sim t(n-1) \tag{6.3}$$

称为服从自由度为 $(n-1)$ 的 t 分布。

设 X 和 Y 是两个相互独立的总体，$X\sim N(\mu_1,\ \sigma^2)$，$Y\sim N(\mu_2,\ \sigma^2)$，$X_1$，$X_2$，…，$X_n$ 是来自 X 的一个样本，Y_1，Y_2，…，Y_m 是来自 Y 的一个样本，记

$$\overline{X}=\frac{1}{n}\sum_{i=1}^{n}X_i$$

$$\overline{Y}=\frac{1}{m}\sum_{i=1}^{m}Y_i$$

$$S_x^2=\frac{1}{n-1}\sum_{i=1}^{n}(X_i-\overline{X})^2$$

$$S_y^2=\frac{1}{m-1}\sum_{i=1}^{m}(Y_i-\overline{Y})^2$$

$$S_{xy}^2=\frac{(n-1)S_x^2+(m-1)S_y^2}{n+m-2}$$

则

$$\frac{(\overline{X}-\overline{Y})-(\mu_1-\mu_2)}{S_{xy}}\sqrt{\frac{mn}{m+n}}\sim t(n+m-2) \tag{6.4}$$

6.3.3 *F* 分布

F 分布是统计学家费希尔首先提出的。*F* 分布有着广泛的应用，在方差分析、回归方程的显著性检验中有着重要的地位。

定义 6.5 设随机变量 Y 与 Z 相互独立，且 Y 和 Z 分别服从自由度为 m 和 n 的 χ^2 分布，随机变量 X 有如下表达式：

$$X=\frac{Y/m}{Z/n}=\frac{nY}{mZ} \tag{6.5}$$

则称 X 服从第一自由度为 m，第二自由度为 n 的 F 分布，记为 $F(m, n)$，简记为 $X \sim F(m, n)$。F 分布的密度函数图如图 6—3 所示。

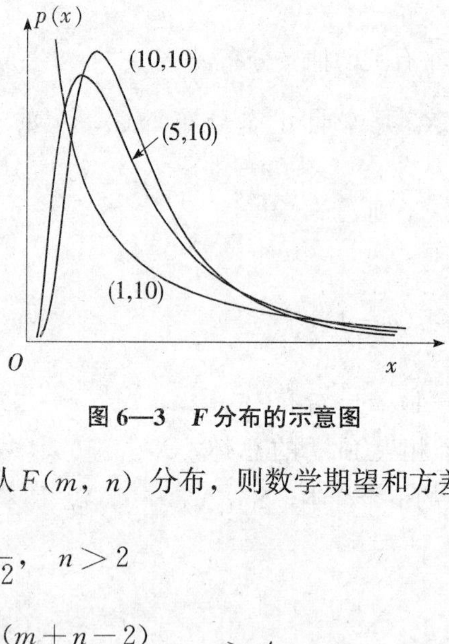

图 6—3 F 分布的示意图

设随机变量 X 服从 $F(m, n)$ 分布，则数学期望和方差分别为：

$$E(X)=\frac{n}{n-2}, \quad n>2 \tag{6.6}$$

$$D(X)=\frac{2n^2(m+n-2)}{m(n-2)(n-4)}, \quad n>4 \tag{6.7}$$

F 分布的 p 分位数 $F_p(v_1, v_2)$ 可查 F 分布表获得，且

$$F_p(v_1,v_2)=\frac{1}{F_{1-p}(v_2,v_1)} \tag{6.8}$$

由此可知，在 F 分布中，两个自由度的位置不可互换。此外，这一性质在查 F 分布表时有重要应用。

F 分布与 t 分布还存在如下关系：

如果随机变量 X 服从 $t(n)$ 分布，则 X^2 服从 $F(1,n)$ 的 F 分布。这在回归分析的回归系数显著性检验中有用。

6.4　样本均值的分布与中心极限定理

设 X_1，X_2，…，X_n 为从某一总体中抽出的随机样本，则由以上讨论可知 X_1，X_2，…，X_n 为互相独立且与总体有相同分布的随机变量。要知道 $\overline{X}$ 的分布，必须知道总体的分布。由于正态分布是最常见的分布之一，所以我们主要介绍在总体分布为正态分布 $N(\mu, \sigma^2)$ 时样本均值 $\overline{X}$ 的分布。

当总体分布为正态分布 $N(\mu, \sigma^2)$ 时，可以得到下面的结果：

$\overline{X}$ 的**抽样分布**（sampling distribution）仍为正态分布，$\overline{X}$ 的数学期望为 μ，方差为 σ^2/n，则

$$\overline{X} \sim N\left(\mu, \frac{\sigma^2}{n}\right) \tag{6.9}$$

上面的结果表明，$\overline{X}$ 的期望值与总体均值相同，而方差则缩小为总体方差的 $1/n$。这说明当用样本均值 $\overline{X}$ 去估计总体均值 μ 时，平均来说没有偏差（这一点称为无偏性）；当 n 越来越大时，$\overline{X}$ 的散布程度越来越小，即用 $\overline{X}$ 估计 μ 越来越准确。

然而在实际问题中，总体的分布并不总是正态分布或近似正态分布，此时 $\overline{X}$ 的分布也将取决于总体分布的情况。值得庆幸的是，当抽样个数 n 比较大时，人们证明了如下的中心极限定理。该定理告诉我们不管总体的分布是什么，此时样本均值 $\overline{X}$ 的分布总是近似正态分布，只要总体的方差 σ^2 有限。因为无论对什么总体分布，设总体均值为 μ，总体方差为 σ^2，总有

$$E(\overline{X}) = E\left(\frac{1}{n}\sum_{i=1}^{n} X_i\right) = \frac{1}{n}\sum_{i=1}^{n} E(X_i) = \mu \tag{6.10}$$

$$D(\overline{X}) = D\left(\frac{1}{n}\sum_{i=1}^{n} X_i\right) = \frac{1}{n^2}\sum_{i=1}^{n} D(X_i) = \frac{\sigma^2}{n} \tag{6.11}$$

所以当 n 比较大时，$\overline{X}$ 近似服从 $N\left(\mu, \frac{\sigma^2}{n}\right)$，等价地有 $\frac{\overline{X}-\mu}{\sigma/\sqrt{n}} \sim N(0,1)$。

中心极限定理（central limit theorem）：设从均值为 μ、方差为 σ^2（有限）的任意一个总体中抽取样本量为 n 的样本，当 n 充分大时，样本均值 $\overline{X}$ 的抽样分布近似服从均值为 μ、方差为 σ^2/n 的正态分布。

图 6—4 描述的是 $\overline{X}$ 的抽样分布趋于正态分布的过程。

中心极限定理要求 n 必须充分大，那么多大才叫充分大呢？这与总体的分布形状有关。总体偏离正态越远，则要求 n 越大。然而在实际应用中，总体的分布未知。此时，我们常要求 $n \geqslant 30$。顺便指出，大样本、小样本之间并不是以样本量大小来区分的。在样本量固定的条件下所进行的统计推断、问题分析，不管样本量有多大，都称为小样本问题；而在样本量 $n \to \infty$ 的条件下进行的统计推断、问题分析则称为大样本问题。一般统计学中的 $n \geqslant 30$ 为大样本，$n < 30$ 为小样本只是一种经验说法。

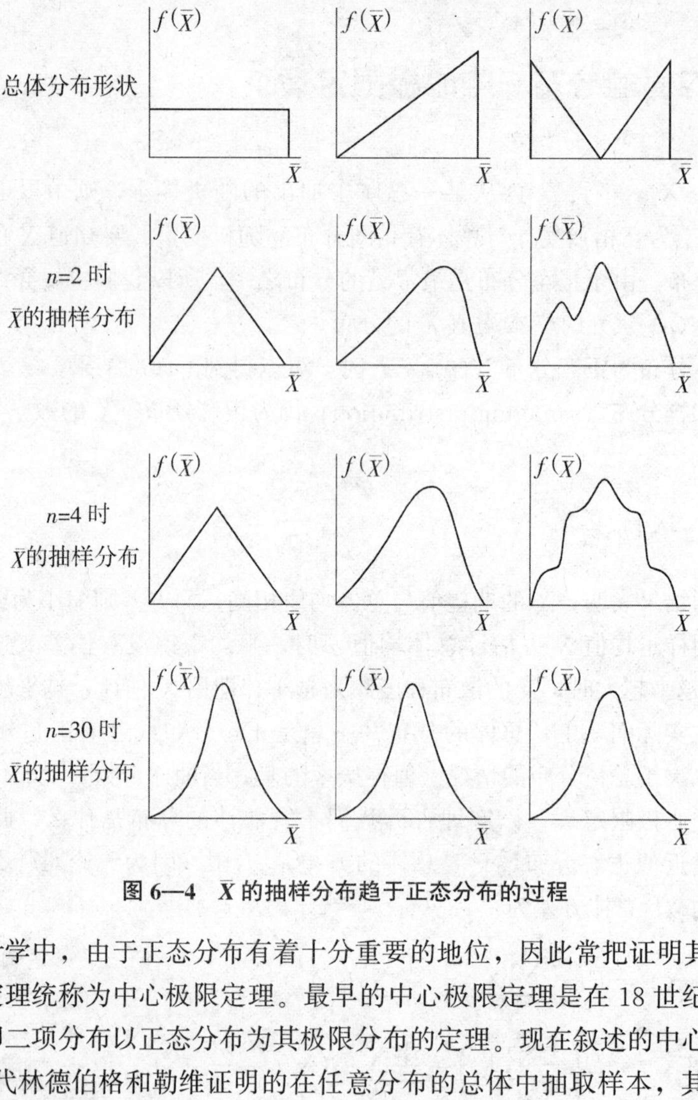

图 6—4　$\bar{X}$ 的抽样分布趋于正态分布的过程

在统计学中，由于正态分布有着十分重要的地位，因此常把证明其极限分布为正态分布的定理统称为中心极限定理。最早的中心极限定理是在 18 世纪初由德莫佛所证明的，即二项分布以正态分布为其极限分布的定理。现在叙述的中心极限定理是 19 世纪 20 年代林德伯格和勒维证明的在任意分布的总体中抽取样本，其样本均值的极限分布为正态分布的定理。

例 6.4

设从一个均值 $\mu=10$、标准差 $\sigma=0.6$ 的总体中随机选取容量为 $n=36$ 的样本。假定该总体不是很偏，要求：

(1) 计算样本均值 $\bar{X}$ 小于 9.9 的近似概率。

(2) 计算样本均值 $\bar{X}$ 超过 9.9 的近似概率。

(3) 计算样本均值 $\bar{X}$ 在总体均值 $\mu=10$ 附近 0.1 范围内的近似概率。

解：根据中心极限定理，不论总体的分布是什么形状，在假定总体分布不是很偏的情形下，当从总体中随机选取 $n=36$ 的样本时，样本均值 $\bar{X}$ 近似服从均值 $\mu_{\bar{X}}=\mu=10$、标准差 $\sigma_{\bar{X}}=\frac{\sigma}{\sqrt{n}}=\frac{0.6}{\sqrt{36}}=0.1$ 的正态分布，即

$\overline{X} \sim N(10, 0.1^2)$

(1) $P(\overline{X} < 9.9) = P\left(\dfrac{\overline{X}-10}{0.1} < \dfrac{9.9-10}{0.1}\right)$

$= P\left(Z < \dfrac{-0.1}{0.1}\right) = P(Z < -1)$

$= 1 - P(Z < 1) = 1 - \Phi(1)$

$= 1 - 0.8413$

$= 0.1587$

(2) $P(\overline{X} > 9.9) = 1 - P(\overline{X} \leqslant 9.9)$

$= 1 - 0.1587$

$= 0.8413$

(3) $P(9.9 < \overline{X} < 10.1) = P\left(\dfrac{9.9-10}{0.1} < \dfrac{\overline{X}-10}{0.1} < \dfrac{10.1-10}{0.1}\right)$

$= P\left(Z < \dfrac{10.1-10}{0.1}\right) - P\left(Z < \dfrac{9.9-10}{0.1}\right)$

$= P(Z < 1) - P(Z < -1)$

$= 2P(Z < 1) - 1 = 2\Phi(1) - 1$

$= 2 \times 0.8413 - 1$

$= 0.6826$

例6.5

某汽车电瓶商声称其生产的电瓶具有均值为60个月、标准差为6个月的寿命分布。现假设质检部门决定检验该厂的说法是否准确，为此随机抽取了50个该厂生产的电瓶进行寿命试验。

(1) 假定厂商声称是正确的，试描述50个电瓶的平均寿命的抽样分布。

(2) 假定厂商声称是正确的，则50个样品组成的样本的平均寿命不超过57个月的概率为多少？

解：(1) 尽管我们对电瓶的寿命分布的形状不甚了解，但根据中心极限定理可以推出50个电瓶的平均寿命近似服从正态分布，其均值 $\mu_{\overline{X}} = \mu = 60$，方差 $\sigma_{\overline{X}}^2 = \dfrac{\sigma_X^2}{n} = \dfrac{6^2}{50} = 0.72$，$\sigma_{\overline{X}} = \sqrt{\sigma_{\overline{X}}^2} = \sqrt{0.72} = 0.85$，即

$\overline{X} \sim N(60, 0.85^2)$

(2) 如果厂方声称是正确的，则观察到50个电瓶的平均寿命不超过57个月的概率为：

$P(\overline{X} \leqslant 57) = P\left(\dfrac{\overline{X}-60}{0.85} \leqslant \dfrac{57-60}{0.85}\right) = P\left(Z \leqslant \dfrac{57-60}{0.85}\right)$

$= P(Z \leqslant -3.529) = 1 - P(Z \leqslant 3.529)$

$= 1 - \Phi(3.529) = 1 - 0.9998 = 0.0002$

即如果厂方的说法正确，则 50 个电瓶的平均寿命不超过 57 个月的概率为 0.000 2。这是一个不可能事件。根据小概率事件原理，观察到 50 个电瓶的平均寿命小于或等于 57 个月的事件是不可能的；反之，如果真的观察到 50 个电瓶的平均寿命低于 57 个月，则有理由怀疑厂方说法的正确性，即可认为厂方的说法是不正确的。

6.5 样本比例的抽样分布

前面讨论的抽样分布问题，都是关于计量值的变量，然而在实际应用中还常会遇到一些计数变量的情形。例如，在消费调查及民意测验中常要对具有某一特征的产品或事物的喜好人数进行研究。那时我们常假定总体中对具有某一特征产品的喜好比例为 π，在此条件下去研究当从总体中随机抽取 n 个个体进行调查时，喜好某一产品的人数 X 的概率。在实际应用中我们所关心的正是总体中喜好某一产品的人数的比例 π。如果在样本大小为 n 的样本中具有某一特征的个体数为 X，则样本比例用 $\hat{p}$ 表示：

$$\hat{p}=\frac{X}{n} \tag{6.12}$$

以后就用样本比例 $\hat{p}$ 来估计总体比例 π。

由二项分布的原理和渐近分布的理论可知，当 n 充分大时，$\hat{p}$ 的分布可用正态分布去逼近。此时，$\hat{p}$ 服从均值为 π、方差为 $\frac{\pi(1-\pi)}{n}$ 的正态分布，即

$$\hat{p}\sim N\left(\pi,\frac{\pi(1-\pi)}{n}\right) \tag{6.13}$$

一般情况下，如果 X 是一随机变量，C 为一常数，则 CX 与 X 有相同的分布形状。设 $E(X)=\mu$，$D(X)=\sigma^2$，则 $E(CX)=C\mu$，$D(CX)=C^2\sigma^2$。

例 6.6

设 $X\sim N(16,\ 2^2)$，试描述 $10X$ 的抽样分布。

解：$X\sim N(16,\ 2^2)$，根据上述性质 $10X$ 也服从正态分布，由于

$$E(10X)=10E(X)=160$$
$$D(10X)=100D(X)=100\times 2^2=400$$

所以

$$10X\sim N(160,\ 400)$$

例 6.7

假定某统计人员在其填写的报表中有 2% 至少会有一处错误，如果我们检查一个由 600 份报表组成的随机样本，其中至少有一处错误的报表所占的比例在 0.025～

0.070 之间的概率有多大？

解： 设 600 份报表中至少有一处错误的报表所占的比例为 $\hat{p}$，由题意可知：

$$\mu_{\hat{p}}=\pi=0.02$$

$$\sigma_{\hat{p}}=\sqrt{\frac{\pi(1-\pi)}{n}}=\sqrt{\frac{0.02\times 0.98}{600}}=0.005\ 7$$

因为

$$\mu_{\hat{p}}-2\sigma_{\hat{p}}=0.02-0.011\ 4=0.008\ 6$$

$$\mu_{\hat{p}}+2\sigma_{\hat{p}}=0.02+0.011\ 4=0.031\ 4$$

均在 0～1 之间，故根据中心极限定理，有

$$\hat{p}\sim N\left(\pi,\frac{\pi(1-\pi)}{n}\right)$$

即

$$\hat{p}\sim N(0.02,0.005\ 7^2)$$

从而所求概率为：

$$P(0.025\leqslant\hat{p}\leqslant 0.070)=P\left(\frac{0.025-\pi}{\sqrt{\frac{\pi(1-\pi)}{n}}}\leqslant\frac{\hat{p}-\pi}{\sqrt{\frac{\pi(1-\pi)}{n}}}\leqslant\frac{0.070-\pi}{\sqrt{\frac{\pi(1-\pi)}{n}}}\right)$$

$$=P(0.877\leqslant Z\leqslant 8.77)$$

$$=\Phi(8.77)-\Phi(0.877)=0.190\ 2$$

即该统计人员所填写的报表中至少有一处错误的报表所占的比例在 0.025～0.070 之间的概率为 19.02%。

6.6　两个样本平均值之差的分布

在实际中，我们常会遇到比较两个平均值或比例的问题。例如，要比较人们的购买行为中喜欢产品甲的比例与喜欢产品乙的比例；比较两种不同投资项目的预期回报；比较不同班组生产不合格品的比例等。以上问题都可概括为相对应的样本统计量的比较。

在比较两个总体均值之差的问题研究中，可以考虑比较从两个总体中选出的两个独立随机样本的平均值 $\overline{X}_1$ 与 $\overline{X}_2$ 之差。那么，$\overline{X}_1-\overline{X}_2$ 与 $\mu_1-\mu_2$ 的接近程度如何呢？这就要研究 $\overline{X}_1-\overline{X}_2$ 的抽样分布。

设 $\overline{X}_1$ 是独立地抽自总体 $X_1\sim N(\mu_1，\sigma_1^2)$ 的一个容量为 n_1 的样本的均值，$\overline{X}_2$ 是独立地抽自总体 $X_2\sim N(\mu_2，\sigma_2^2)$ 的一个容量为 n_2 的样本的均值，则有

$$E(\overline{X}_1-\overline{X}_2)=E(\overline{X}_1)-E(\overline{X}_2)=\mu_1-\mu_2 \tag{6.14}$$

$$D(\overline{X}_1-\overline{X}_2)=D(\overline{X}_1)+D(\overline{X}_2)=\frac{\sigma_1^2}{n_1}+\frac{\sigma_2^2}{n_2} \tag{6.15}$$

如果两个总体均为正态分布，则 $\overline{X}_1-\overline{X}_2$ 也为正态分布，其均值和方差就分别是式（6.14）和式（6.15）。

当 n_1 和 n_2 比较大时，一般要求 $n_1\geqslant 30$，$n_2\geqslant 30$，$\overline{X}_1-\overline{X}_2$ 的抽样分布不管总体分布如何均可用正态分布来近似，其均值和方差就分别是式（6.14）和式（6.15）。

例 6.8

甲、乙两所著名高校在某年录取新生时，甲校的平均分为 655 分，且服从正态分布，标准差为 20 分；乙校的平均分为 625 分，也是正态分布，标准差为 25 分。现从甲、乙两校各随机抽取 8 名新生计算其平均分数，出现甲校比乙校的平均分低的可能性有多大?

解：因为两个总体均为正态分布，所以 8 个新生的平均成绩 $\overline{X}_1$，$\overline{X}_2$ 也分别为正态分布，$\overline{X}_1-\overline{X}_2$ 也为正态分布，且

$$\overline{X}_1-\overline{X}_2\sim N\left(\mu_1-\mu_2,\frac{\sigma_1^2}{n_1}+\frac{\sigma_2^2}{n_2}\right)$$

甲校新生平均成绩低于乙校新生平均成绩，即 $\overline{X}_1-\overline{X}_2\leqslant 0$，故

$$P(\overline{X}_1-\overline{X}_2\leqslant 0)=P\left(\frac{\overline{X}_1-\overline{X}_2-(\mu_1-\mu_2)}{\sqrt{\frac{\sigma_1^2}{n_1}+\frac{\sigma_2^2}{n_2}}}\leqslant\frac{0-(655-625)}{\sqrt{\frac{20^2}{8}+\frac{25^2}{8}}}\right)$$

$$=P(Z\leqslant -2.65)=0.004$$

由此可见，出现甲校新生平均成绩低于乙校新生成绩的可能性很小。

在此，顺便讨论一下两个样本比例之差的抽样分布。

设分别从具有参数为 π_1 和参数为 π_2 的二项总体中抽取包含 n_1 个观测值和 n_2 个观测值的独立样本，则两个样本比例差的抽样分布为：

$$\hat{p}_1-\hat{p}_2=\frac{X_1}{n_1}-\frac{X_2}{n_2}$$

具有下列性质：

(1) $$E(\hat{p}_1-\hat{p}_2)=\pi_1-\pi_2 \tag{6.16}$$

$$D(\hat{p}_1-\hat{p}_2)=\frac{\pi_1(1-\pi_1)}{n_1}+\frac{\pi_2(1-\pi_2)}{n_2} \tag{6.17}$$

（2）当 n_1 和 n_2 很大时，（$\hat{p}_1-\hat{p}_2$）的抽样分布近似为正态分布，其均值为式（6.16），方差为式（6.17）。

例 6.9

一项抽样调查表明甲城市的消费者中有 15%的人喝过商标为“圣洁”牌的矿泉水，而乙城市的消费者中只有 8%的人喝过该种矿泉水。如果这些数据是真实的，那

么当我们分别从甲城市抽取 120 人，乙城市抽取 140 人组成两个独立随机样本时，样本比例差 $\hat{p}_1-\hat{p}_2$ 不低于 0.08 的概率有多大？

解：根据题意 $\pi_1=0.15$，$\pi_2=0.08$，$n_1=120$，$n_2=140$，($\hat{p}_1-\hat{p}_2$) 的抽样分布近似为正态分布，即

$$(\hat{p}_1-\hat{p}_2)\sim N\left(\pi_1-\pi_2,\ \frac{\pi_1(1-\pi_1)}{n_1}+\frac{\pi_2(1-\pi_2)}{n_2}\right)$$

即

$$(\hat{p}_1-\hat{p}_2)\sim N(0.07,\ 0.001\,59)$$

从而所求概率为：

$$\begin{aligned}P(\hat{p}_1-\hat{p}_2\geqslant 0.08)&=P\left(\frac{(\hat{p}_1-\hat{p}_2)-0.07}{\sqrt{0.001\,59}}\geqslant\frac{0.08-0.07}{\sqrt{0.001\,59}}\right)\\&=P(Z\geqslant 0.251)\\&=0.400\,9\end{aligned}$$

6.7　关于样本方差的分布

6.7.1　样本方差的分布

样本方差的分布比较复杂，它与总体的分布有关。这里只介绍当总体分布为正态分布时，样本方差的分布。

设 X_1，X_2，…，X_n 为来自正态分布的样本，则可以推导出如下结果：

设总体分布为 $N(\mu,\sigma^2)$ 的正态分布，则样本方差 S^2 的分布为：

$$(n-1)\ S^2/\sigma^2\sim\chi^2(n-1)\tag{6.18}$$

式中，将 $\chi^2(n-1)$ 称为自由度为 $n-1$ 的卡方分布。

6.7.2　两个样本方差比的分布

我们只介绍两个总体分布均为正态分布时，分别来自这两个总体的两个样本方差比的分布。

设 X_1，X_2，…，X_{n_1} 是来自正态总体 $N(\mu_1,\sigma_1^2)$ 的一个样本，Y_1，Y_2，…，Y_{n_2} 是来自正态总体 $N(\mu_2,\sigma_2^2)$ 的一个样本，且 $X_i(i=1,2,\cdots,n_1)$ 与 $Y_i(i=1,2,\cdots,n_2)$ 相互独立，则

$$\frac{S_x^2/S_y^2}{\sigma_1^2/\sigma_2^2}=\frac{S_x^2/\sigma_1^2}{S_y^2/\sigma_2^2}\sim F(n_1-1,\ n_2-1)\tag{6.19}$$

式中，$$S_x^2=\frac{1}{n_1-1}\sum_{i=1}^{n_1}(X_i-\overline{X})^2$$

$$\overline{X}=\frac{1}{n_1}\sum_{i=1}^{n_1}X_i$$

$$S_y^2=\frac{1}{n_2-1}\sum_{i=1}^{n_2}(Y_i-\overline{Y})^2$$

$$\overline{Y}=\frac{1}{n_2}\sum_{i=1}^{n_2}Y_i$$

$F(n_1-1,n_2-1)$ 是第一自由度（分子自由度）为 n_1-1，第二自由度（分母自由度）为 n_2-1 的 F 分布。

□ 思考与练习

一、思考题

6.1 什么是统计量？为什么要引进统计量？统计量中为什么不含任何未知参数？

6.2 判断下列样本函数中哪些是统计量？哪些不是统计量？

$T_1=(X_1+X_2+\cdots+X_{10})/10$

$T_2=\min(X_1,X_2,\cdots,X_{10})$

$T_3=X_{10}-\mu$

$T_4=(X_{10}-\mu)/\sigma$

6.3 什么是次序统计量？

6.4 什么是充分统计量？

6.5 什么是自由度？

6.6 简述 χ^2 分布、t 分布、F 分布及正态分布之间的关系。

6.7 什么是抽样分布？

6.8 简述中心极限定理的意义。

二、练习题

6.1 调节一个装瓶机使其对每个瓶子的灌装量均值为 μ 盎司，通过观察这台装瓶机对每个瓶子的灌装量服从标准差 $\sigma=1.0$ 盎司的正态分布。随机抽取由这台机器灌装的 9 个瓶子形成一个样本，并测定每个瓶子的灌装量。试确定样本均值偏离总体均值不超过 0.3 盎司的概率。

6.2 在练习题 6.1 中，如果我们希望 $\overline{Y}$ 与 μ 的偏差在 0.3 盎司之内的概率达到 0.95，应当抽取多大的样本？

6.3 Z_1，Z_2，…，Z_6 表示从标准正态总体中随机抽取的容量 $n=6$ 的一个样本，试确定常数 b，使得

$$P(\sum_{i=1}^{6} Z_i^2 \leqslant b) = 0.95$$

6.4　在练习题 6.1 中，假定装瓶机对瓶子的灌装量服从方差 $\sigma^2=1$ 的标准正态分布。假定我们计划随机抽取 10 个瓶子组成样本，观测每个瓶子的灌装量，得到 10 个观测值，用这 10 个观测值我们可以求出样本方差 $S^2 = \frac{1}{n-1}\sum_{i=1}^{n}(Y_i - \bar{Y})^2$，确定一个合适的范围使得有较大的概率保证 S^2 落入其中是有用的，试求 b_1 和 b_2，使得

$$P(b_1 \leqslant S^2 \leqslant b_2) = 0.90$$

第 7 章 参数估计

Chapter 7

大学生平均每月的生活费支出有多少?

为了解大学生日常生活费支出及生活费来源状况，对在校本科生的月生活费支出问题进行了抽样调查。本次调查向在校男女本科生共发放问卷 300 份，回收问卷 291 份，其中有效问卷共 265 份。调查数据经整理后，得到全部 265 名学生和按性别划分的男女学生的生活费支出数据，如下表所示。

按支出分组（元）	学生数
300 以下	4
300～400	41
400～500	74
500～600	62
600～700	33
700 以上	51
合计	265

根据抽样结果使用 95%的置信水平得到的估计结论是：全校本科生的月生活费平均水平在 520.79 元～554.31 元之间；男生的月生活费平均水平在 505.39 元～552.19 元之间；女生的月生活费平均水平在 522.04 元～570.44 元之间。

调查还对生活费支出结构和生活费来源进行了分析。结果表明，生活费的主要来源集中在父母供给，其他来源依次是勤工俭学、助学贷款及其他。生活费的主要支出集中在伙食费上，其他支出依次是衣着、娱乐休闲、学习用品、日化用品。

参数估计是推断统计的重要内容之一。它是在抽样及抽样分布的基础上，根据样本统计量来推断所关心的总体参数。本章将介绍参数估计的基本方法，内容包括一个总体参数的估计和两个总体参数的估计，最后介绍参数估计中样本量的确定问题。

7.1　参数估计的基本原理

7.1.1　估计量与估计值

如果能够掌握总体的全部数据，那么只需要作一些简单的统计描述，就可以得到所关心的总体特征，比如，总体均值、方差、比例等。但现实情况比较复杂，有些现象的范围比较广，不可能对总体中的每个单位都进行测定。或者有些总体的个体数很多，不可能也没有必要进行一一测定。这就需要从总体中抽取一部分个体进行调查，进而利用样本提供的信息来推断总体的特征。

参数估计（parameter estimation）就是用样本统计量去估计总体的参数。比如，用样本均值 $\bar{x}$ 估计总体均值 μ，用样本比例 p 估计总体比例 π，用样本方差 s^2 估计总体方差 σ^2，等等。如果将总体参数笼统地用一个符号 θ 来表示，而用于估计总体参数的统计量用 $\hat{\theta}$ 表示，参数估计也就是如何用 $\hat{\theta}$ 来估计 θ。

在参数估计中，用来估计总体参数的统计量称为**估计量**（estimator），用符号 $\hat{\theta}$ 表示。样本均值、样本比例、样本方差等都可以是一个估计量。而根据一个具体的样本计算出来的估计量的数值称为**估计值**（estimated value）。比如，要估计一个班学生考试的平均分数，从中抽取一个随机样本，全班的平均分数是不知道的，称为参数，用 θ 表示，根据样本计算的平均分数 $\bar{x}$ 就是一个估计量，用 $\hat{\theta}$ 表示，假定计算出来的样本平均分数为 80 分，这个 80 分就是估计量的具体数值，称为估计值。

7.1.2　点估计与区间估计

参数估计的方法有点估计和区间估计两种。

1. 点估计

点估计（point estimate）就是用样本统计量 $\hat{\theta}$ 的某个取值直接作为总体参数 θ 的估计值。比如，用样本均值 $\bar{x}$ 直接作为总体均值 μ 的估计值，用样本比例 p 直接作为总体比例 π 的估计值，用样本方差 s^2 直接作为总体方差 σ^2 的估计值，等等。假定要估计一个班学生考试成绩的平均分数，根据抽出的一个随机样本计算的平均分数为 80 分，用 80 分作为全班平均考试分数的一个估计值，这就是点估计。再比如，若要估计一批产品的合格率，根据抽样结果合格率为 96%，将 96%直接作为这批产品合格率的估计值，这也是一个点估计。

虽然在重复抽样条件下，点估计的均值可望等于总体真值（比如，$E(\bar{x})=\mu$），但由于样本是随机的，抽出一个具体的样本得到的估计值很可能不同于总体真值。在用点估计值代表总体参数值的同时，还必须给出点估计值的可靠性，也就是说，必须能说出点估计值与总体参数的真实值接近的程度。但一个点估计值的可靠性是由它的抽样标准误差来衡量的，这表明一个具体的点估计值无法给出估计的可靠性的度量，因此就不能完全依赖于一个点估计值，而是围绕点估计值构造总体参数的一个区间，这就是区间估计。

2. 区间估计

假定参数是射击靶上 10 环的位置，作一次射击，打在靶心 10 环的位置上的可能性很小，但打在靶子上的可能性就很大，用打在靶上的这个点画出一个区间，这个区间包含靶心的可能性就很大，这就是区间估计的基本思想。

区间估计（interval estimate）是在点估计的基础上，给出总体参数估计的一个区间范围，该区间通常由样本统计量加减估计误差得到。与点估计不同，进行区间估计时，根据样本统计量的抽样分布可以对样本统计量与总体参数的接近程度给出一个概率度量。下面将以总体均值的区间估计为例来说明区间估计的基本原理。

由样本均值的抽样分布可知，在重复抽样或无限总体抽样的情况下，样本均值的数学期望等于总体均值，即 $E(\bar{x})=\mu$，样本均值的标准误差为 $\sigma_{\bar{x}}=\sigma/\sqrt{n}$，由此可知样本均值 $\bar{x}$ 落在总体均值 μ 的两侧各为 1 个抽样标准差范围内的概率为0.682 7；落在 2 个抽样标准差范围内的概率为 0.954 5；落在 3 个抽样标准差范围内的概率为 0.997 3，等等。

实际上，可以求出样本均值 $\bar{x}$ 落在总体均值 μ 的两侧任何一个抽样标准差范围内的概率。但实际估计时，情况恰好相反。$\bar{x}$ 是已知的，而 μ 是未知的，也正是将要估计的。由于 $\bar{x}$ 与 μ 的距离是对称的，如果某个样本的平均值落在 μ 的两个标准差范围之内，反过来，μ 也就被包括在以 $\bar{x}$ 为中心左右两个标准差的范围之内。因此约有95%的样本均值会落在 μ 的两个标准差的范围之内。也就是说，约有 95%的样本均值所构造的两个标准差的区间会包括 μ。通俗地说，如果抽取 100 个样本来估计总体的均值，由 100 个样本所构造的 100 个区间中，约有 95 个区间包含总体均值，而另外 5 个区间则不包含总体均值。图 7—1 给出了区间估计的示意图。

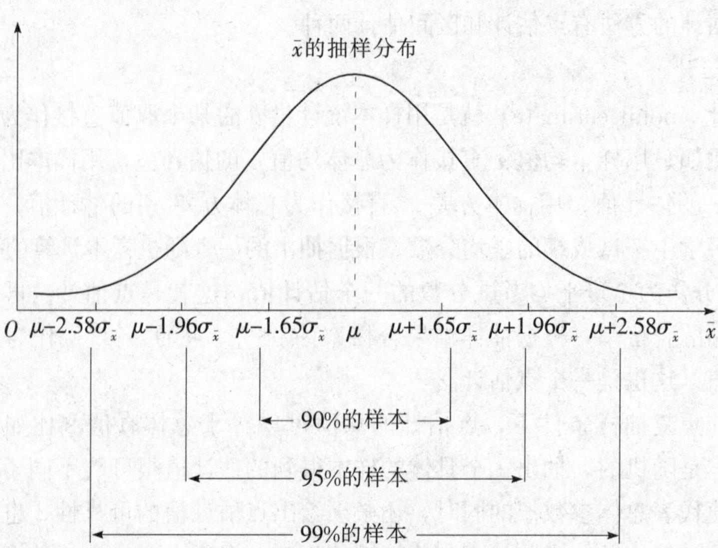

图 7—1 区间估计示意图

在区间估计中，由样本统计量所构造的总体参数的估计区间称为**置信区间**（confidence interval），其中区间的最小值称为置信下限，最大值称为置信上限。由于统计学家在某种程度上确信这个区间会包含真正的总体参数，所以给它取名为置信区间。原因是，如果抽取了许多不同的样本，比如说抽取 100 个样本，根据每一个样本构造一个置信区间，这样，由 100 个样本构造的总体参数的 100 个置信区间中，有 95%的区间包含了总体参数的真值，而 5%则没包含，则 95%这个值称为置信水平。一般地，如果将构造置信区间的步骤重复多次，置信区间中包含总体参数真值的次数所占的比例称为**置信水平**（confidence level），也称为**置信度**或**置信系数**（confidence coefficient）。

在构造置信区间时，可以用所希望的任意值作为置信水平。比较常用的置信水平及正态分布曲线下右侧面积为 $\alpha/2$ 时的 z 值（$z_{\alpha/2}$）如表 7—1 所示。

表 7—1　常用置信水平的 $z_{\alpha/2}$ 值

置信水平	α	$\alpha/2$	$z_{\alpha/2}$
90%	0.10	0.05	1.645
95%	0.05	0.025	1.96
99%	0.01	0.005	2.58

有关置信区间的概念可用图 7—2 来表示。

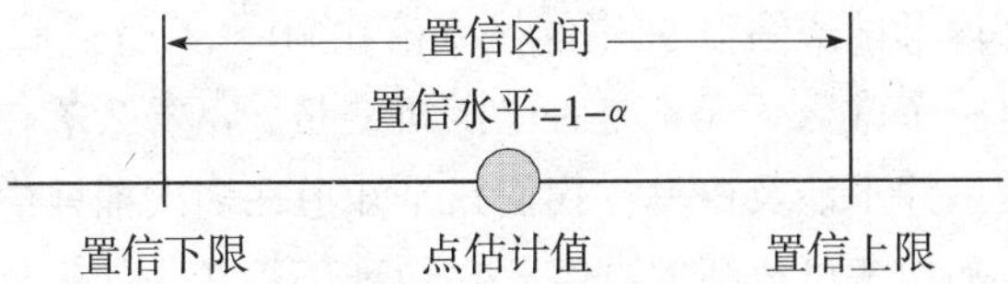

图 7—2　置信区间示意图

从图 7—1 和图 7—2 不难看出，当样本量给定时，置信区间的宽度随着置信系数的增大而增大，从直觉上说，区间比较宽时，才会使这一区间有更大的可能性包含参数的真值；当置信水平固定时，置信区间的宽度随样本量的增大而减小，换言之，较大的样本所提供的有关总体的信息要比较小的样本多。

对置信区间的理解，有以下几点需要注意：

(1) 如果用某种方法构造的所有区间中有 95%的区间包含总体参数的真值，5%的区间不包含总体参数的真值，那么，用该方法构造的区间称为置信水平为 95%的置信区间。同样，其他置信水平的区间也可以用类似的方式进行表述。

(2) 总体参数的真值是固定的、未知的，而用样本构造的区间则是不固定的。若抽取不同的样本，用该方法可以得到不同的区间，从这个意义上说，置信区间是一个随机区间，它会因样本的不同而不同，而且不是所有的区间都包含总体参数的真值。一个置信区间就像是为捕获未知参数而撒出去的网，不是所有撒网的地点都能捕获到参数。

(3) 在实际问题中，进行估计时往往只抽取一个样本，此时所构造的是与该样本相联系的一定置信水平（比如 95%）下的置信区间。由于用该样本所构造的区间是一个特定的区间，而不再是随机区间，所以无法知道这个样本所产生的区间是否包含总体参数的真值。我们只能希望这个区间是大量包含总体参数真值的区间中的一个，但它也可能是少数几个不包含参数真值的区间中的一个。比如，从一个总体中抽取 20 个随机样本，得到总体均值 μ 的 20 个估计区间，如图 7—3 所示。图中每个区间中间的点表示 μ 的点估计，即样本均值 $\bar{x}$。可以看出 20 个区间中只有第 8 个区间没有包含总体均值 μ。如果这是 95%的置信区间，最后只有 5%的区间没有包含 μ。

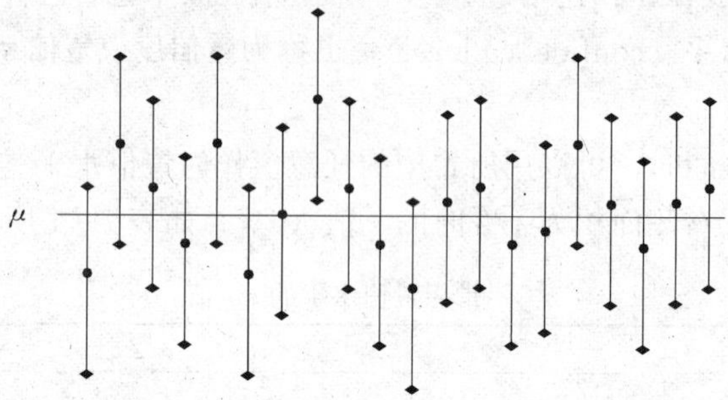

图 7—3　重复构造出的 μ 的 20 个置信区间

比如，用 95%的置信水平得到某班学生考试成绩的置信区间为 60～80 分，我们不能说 60～80 分这个区间以 95%的概率包含全班学生平均考试成绩的真值，或者表述为全班学生的平均考试成绩以 95%的概率落在 60～80 分之间，这类表述是错误的，因为总体均值 μ 是一个常数，而不是一个随机变量。μ 要么落在这个范围内，要么不在这个范围内，这里并不涉及概率。我们只是知道在多次抽样中有 95%的样本得到的区间包含全班学生平均考试成绩的真值。它的真正意义是如果做了 100 次抽样，大概有 95 次找到的区间包含真值，有 5 次找到的区间不包含真值。假定全班考试成绩平均数的真值为 70 分，60～80 分这个区间一定包含真值，如果全班考试成绩平均数的真值为 50 分，那么区间 60～80 分就绝对不包含真值，无论做多少次试验。因此，这个概率不是用来描述某个特定的区间包含总体参数真值的可能性，而是针对随机区间而言的。一个特定的区间"总是包含"或"绝对不包含"参数的真值，不存在"以多大的概率包含总体参数"的问题。但是，用概率可以知道在多次抽样得到的区间中大概有多少个区间包含了参数的真值。

7.1.3 评价估计量的标准

参数估计是用样本估计量 $\hat{\theta}$ 作为总体参数 θ 的估计。实际上，用于估计 θ 的估计量有很多，比如，可以用样本均值作为总体均值的估计量，也可以用样本中位数作为总体均值的估计量，等等。那么，究竟用样本的哪种估计量作为总体参数的估计呢？自然要用估计效果最好的那种估计量。什么样的估计量才算是一个好的估计量呢？这就需要有一定的评价标准。统计学家给出了评价估计量的一些标准，主要有以下几个。

1. 无偏性

无偏性（unbiasedness）是指估计量抽样分布的数学期望等于被估计的总体参数。设总体参数为 θ，所选择的估计量为 $\hat{\theta}$，如果 $E(\hat{\theta})=\theta$，则称 $\hat{\theta}$ 为 θ 的无偏估计量。

图 7—4 给出了点估计量无偏和有偏的情形。

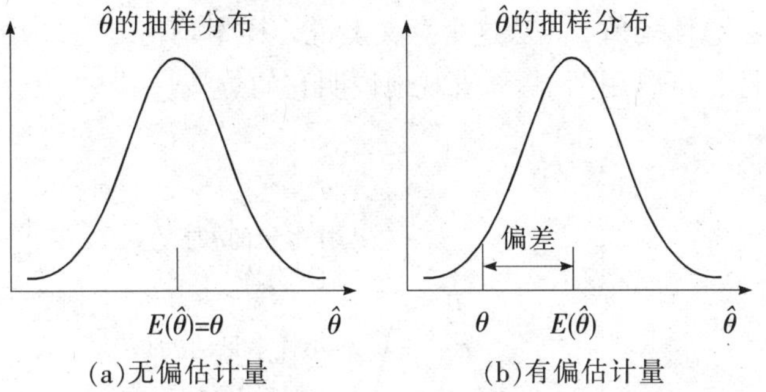

图 7—4　无偏和有偏估计量

根据样本均值的抽样分布可知，$E(\bar{x})=\mu$，$E(p)=\pi$，同样可以证明，$E(s^2)=\sigma^2$，因此 $\bar{x}$，p，s^2 分别是总体均值 μ，总体比例 π，总体方差 σ^2 的无偏估计量。

2. 有效性

一个无偏的估计量并不意味着它就非常接近被估计的参数，它还必须与总体参数的离散程度比较小。**有效性**（efficiency）是指对同一总体参数的两个无偏估计量，有更小标准差的估计量更有效。假定有两个用于估计总体参数的无偏估计量，分别用 $\hat{\theta}_1$ 和 $\hat{\theta}_2$ 表示，它们的抽样分布的方差分别用 $D(\hat{\theta}_1)$ 和 $D(\hat{\theta}_2)$ 表示，如果 $\hat{\theta}_1$ 的方差小于 $\hat{\theta}_2$ 的方差，即 $D(\hat{\theta}_1)<D(\hat{\theta}_2)$，就称 $\hat{\theta}_1$ 是比 $\hat{\theta}_2$ 更有效的一个估计量。在无偏估计的条件下，估计量的方差越小，估计就越有效。

图 7—5 说明了两个无偏估计量 $\hat{\theta}_1$ 和 $\hat{\theta}_2$ 的抽样分布。可以看到，$\hat{\theta}_1$ 的方差比 $\hat{\theta}_2$ 的方差小，因此 $\hat{\theta}_1$ 的值比 $\hat{\theta}_2$ 的值更接近总体的参数，即 $\hat{\theta}_1$ 比 $\hat{\theta}_2$ 更有效，是一个更好的估计量。

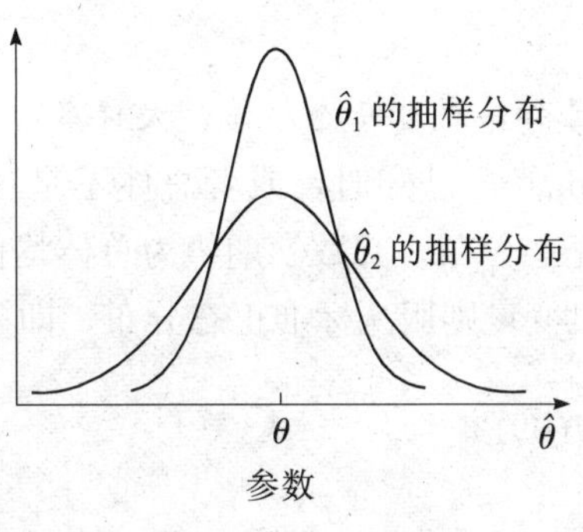

图 7—5　两个无偏估计量的抽样分布

3. 一致性

一致性（consistency）是指随着样本量的增大，估计量的值越来越接近被估总体的参数。换言之，一个大样本给出的估计量要比一个小样本给出的估计量更接近总体的参数。根据样本均值的抽样分布可知，样本均值抽样分布的标准差为 $\sigma_{\bar{x}}=\sigma/\sqrt{n}$，由于 $\sigma_{\bar{x}}$ 与样本量大小有关，样本量越大，$\sigma_{\bar{x}}$ 的值就越小。因此可以说，大样本量给出的估计量更接近总体均值 μ。从这个意义上说，样本均值是总体均值的一个一致估计量。对于一致性，可以用图 7—6 直观地说明它的意义。

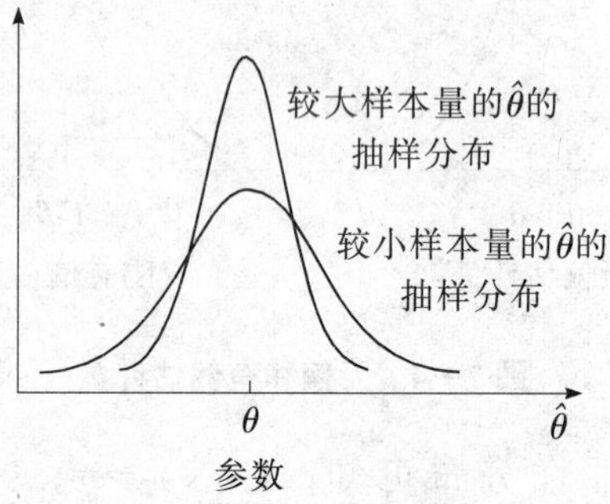

图 7—6　两个不同样本量的样本统计量的抽样分布

7.2　一个总体参数的区间估计

研究一个总体时，所关心的参数主要有总体均值 μ、总体比例 π 和总体方差 σ^2 等。本节将介绍如何用样本统计量来构造一个总体参数的置信区间。

7.2.1　总体均值的区间估计

在对总体均值进行区间估计时，需要考虑总体是否为正态分布，总体方差是否已知，用于构造估计量的样本是大样本（通常要求 $n\geqslant 30$）还是小样本（$n<30$）等几种情况。

1. 正态总体、方差已知，或非正态总体、大样本

当总体服从正态分布且 σ^2 已知时，或者总体不是正态分布但为大样本时，样本均值 $\bar{x}$ 的抽样分布均为正态分布，其数学期望为总体均值 μ，方差为 σ^2/n。而样本均值经过标准化以后的随机变量则服从标准正态分布，即

$$z=\frac{\bar{x}-\mu}{\sigma/\sqrt{n}}\sim N(0,1) \tag{7.1}$$

根据式（7.1）和正态分布的性质可以得出总体均值 μ 在 $1-\alpha$ 置信水平下的置信区间为：

$$\bar{x} \pm z_{\alpha/2}\frac{\sigma}{\sqrt{n}} \tag{7.2}$$

式中，$\bar{x}-z_{\alpha/2}\frac{\sigma}{\sqrt{n}}$称为置信下限，$\bar{x}+z_{\alpha/2}\frac{\sigma}{\sqrt{n}}$称为置信上限；$\alpha$ 是事先所确定的一个概率值，也称为风险值，它是总体均值不包括在置信区间的概率；$1-\alpha$ 称为置信水平；$z_{\alpha/2}$是标准正态分布右侧面积为 $\alpha/2$ 时的 z 值；$z_{\alpha/2}\frac{\sigma}{\sqrt{n}}$ 是估计总体均值时的**估计误差**（estimate error）。这就是说，总体均值的置信区间由两部分组成：点估计值和描述估计量精度的±值，这个±值称为估计误差。

如果总体服从正态分布但 σ^2 未知，或总体并不服从正态分布，只要是在大样本条件下，式（7.1）中的总体方差 σ^2 就可以用样本方差 s^2 代替，这时总体均值 μ 在 $1-\alpha$ 置信水平下的置信区间可以写为：

$$\bar{x} \pm z_{\alpha/2}\frac{s}{\sqrt{n}} \tag{7.3}$$

例 7.1

一家食品生产企业以生产袋装食品为主，每天的产量大约为 8 000 袋。按规定每袋的重量应为 100g。为对产品重量进行监测，企业质检部门经常要进行抽检，以分析每袋重量是否符合要求。现从某天生产的一批食品中随机抽取 25 袋，测得每袋重量如表 7—2 所示。

表 7—2　　**25 袋食品的重量**　　单位：g

112.5	101.0	103.0	102.0	100.5
102.6	107.5	95.0	108.8	115.6
100.0	123.5	102.0	101.6	102.2
116.6	95.4	97.8	108.6	105.0
136.8	102.8	101.5	98.4	93.3

已知产品重量服从正态分布，且总体标准差为 10g。试估计该天产品平均重量的置信区间，置信水平为 95%。

解：已知 $\sigma=10$，$n=25$，置信水平 $1-\alpha=95\%$，查标准正态分布表，得 $z_{\alpha/2}=1.96$。

根据样本数据计算的样本均值为：

$$\bar{x}=\frac{\sum_{i=1}^{n}x_i}{n}=\frac{2\,634}{25}=105.36$$

根据式（7.2）得

$$\bar{x} \pm z_{\alpha/2}\frac{\sigma}{\sqrt{n}}=105.36 \pm 1.96\times\frac{10}{\sqrt{25}}$$

即 105.36±3.92=(101.44，109.28)，该批食品平均重量 95%的置信区间为 101.44g～109.28g。(该天生产的食品的平均重量是否在 101.44g～109.28g 之间？请读者自己思考。)

例 7.2

一家保险公司收集到由 36 位投保人组成的随机样本，得到每位投保人的年龄数据如表 7—3 所示。

表 7—3　　36 位投保人年龄的数据　　单位：周岁

23	35	39	27	36	44
36	42	46	43	31	33
42	53	45	54	47	24
34	28	39	36	44	40
39	49	38	34	48	50
34	39	45	48	45	32

试建立投保人年龄 90%的置信区间。

解：已知 $n=36$，$1-\alpha=90\%$，$z_{\alpha/2}=1.645$。由于总体方差未知，但为大样本，可用样本方差来代替总体方差。

根据样本数据计算的样本均值和标准差如下：

$$\bar{x}=\frac{\sum_{i=1}^{n}x_i}{n}=39.5$$

$$s=\sqrt{\frac{\sum_{i=1}^{n}(x_i-\bar{x})^2}{n-1}}=7.77$$

根据式 (7.3) 得

$$\bar{x}\pm z_{\alpha/2}\frac{s}{\sqrt{n}}=39.5\pm 1.645\times\frac{7.77}{\sqrt{36}}$$

即 39.5±2.13=(37.4，41.6)，投保人平均年龄 90%的置信区间为 37.4 岁～41.6 岁。

2. 正态总体、方差未知、小样本

如果总体服从正态分布，则无论样本量如何，样本均值 $\bar{x}$ 的抽样分布都服从正态分布。这时，只要总体方差 σ^2 已知，即使是在小样本的情况下，也可以按式 (7.1) 建立总体均值的置信区间。但是，如果总体方差 σ^2 未知，而且是在小样本情况下，则需要用样本方差 s^2 代替 σ^2，这时，样本均值经过标准化以后的随机变量则服从自由度为 $(n-1)$ 的 t 分布，即

$$t=\frac{\bar{x}-\mu}{s/\sqrt{n}}\sim t(n-1) \tag{7.4}$$

因此，需要采用 t 分布来建立总体均值 μ 的置信区间。

t 分布是类似正态分布的一种对称分布，它通常要比正态分布平坦和分散。一个特定的 t 分布依赖于称之为自由度的参数。随着自由度的增大，t 分布逐渐趋于正态分布，如图 7—7 所示。

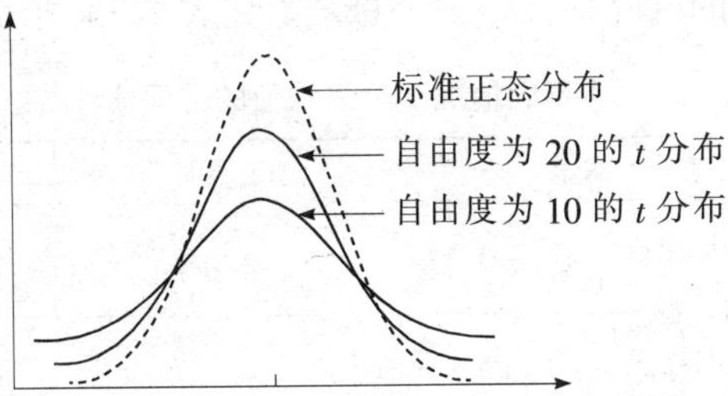

图 7—7　不同自由度的 t 分布与标准正态分布的比较

根据 t 分布建立的总体均值 μ 在 $1-\alpha$ 置信水平下的置信区间为：

$$\bar{x} \pm t_{\alpha/2}\frac{s}{\sqrt{n}} \tag{7.5}$$

式中，$t_{\alpha/2}$ 是自由度为 $n-1$ 时，t 分布中右侧面积为 $\alpha/2$ 时的 t 值，该值可通过书后所附的 t 分布表查得，也可利用 Excel 提供的 TINV 统计函数计算 t 分布的临界值，其语法为 TINV(α，df)，其中 α 为对应于双尾 t 分布的概率，即如果要求 $t_{\alpha/2}=t_{0.05/2}=t_{0.025}$ 的临界值，应输入的 α 值为 0.05。例如，函数"＝TINV(0.05，20)"的结果为 2.085 963。

例 7.3

已知某种灯泡的寿命服从正态分布，现从一批灯泡中随机抽取 16 个，测得其使用寿命（单位：h）如下：

1 510	1 450	1 480	1 460	1 520	1 480	1 490	1 460
1 480	1 510	1 530	1 470	1 500	1 520	1 510	1 470

试建立该批灯泡平均使用寿命的 95%的置信区间。

解：根据抽样结果计算得

$$\bar{x}=\frac{\sum_{i=1}^{n}x_i}{n}=\frac{23\,840}{16}=1\,490$$

$$s=\sqrt{\frac{\sum_{i=1}^{n}(x_i-\bar{x})^2}{n-1}}=\sqrt{\frac{9\,200}{16-1}}=24.77$$

根据 $\alpha=0.05$ 查 t 分布表得 $t_{\alpha/2}(n-1)=t_{0.025}(15)=2.131$，由式（7.5）得平均使用寿命的置信区间为：

$$\bar{x} \pm t_{\alpha/2}\frac{s}{\sqrt{n}} = 1\,490 \pm 2.131 \times \frac{24.77}{\sqrt{16}}$$

即 1 490±13.2=(1 476.8，1 503.2)，该种灯泡平均使用寿命的 95%的置信区间为 1 476.8h～1 503.2h。

下面对总体均值的区间估计作一个总结，如表 7—4 所示。

表 7—4　　不同情况下总体均值的区间估计

总体分布	样本量	σ已知	σ未知
正态分布	大样本（$n \geqslant 30$）	$\bar{x} \pm z_{\alpha/2}\frac{\sigma}{\sqrt{n}}$	$\bar{x} \pm z_{\alpha/2}\frac{s}{\sqrt{n}}$
	小样本（$n < 30$）	$\bar{x} \pm z_{\alpha/2}\frac{\sigma}{\sqrt{n}}$	$\bar{x} \pm t_{\alpha/2}\frac{s}{\sqrt{n}}$
非正态分布	大样本（$n \geqslant 30$）	$\bar{x} \pm z_{\alpha/2}\frac{\sigma}{\sqrt{n}}$	$\bar{x} \pm z_{\alpha/2}\frac{s}{\sqrt{n}}$

7.2.2 总体比例的区间估计

这里只讨论大样本情况下总体比例的估计问题。[①] 由样本比例 p 的抽样分布可知，当样本量足够大时，比例 p 的抽样分布可用正态分布近似。p 的数学期望为 $E(p)=\pi$；p 的方差为 $\sigma_p^2=\frac{\pi(1-\pi)}{n}$。而样本比例经标准化后的随机变量则服从标准正态分布，即

$$z=\frac{p-\pi}{\sqrt{\pi(1-\pi)/n}} \sim N(0,1) \tag{7.6}$$

与总体均值的区间估计类似，在样本比例 p 的基础上加减估计误差 $z_{\alpha/2}\sigma_p$，即得总体比例 π 在 $1-\alpha$ 置信水平下的置信区间为：

$$p \pm z_{\alpha/2}\sqrt{\frac{\pi(1-\pi)}{n}} \tag{7.7}$$

用式（7.7）计算总体比例 π 的置信区间时，π 值应该是已知的。但实际情况不然，π 值恰好是要估计的，所以，需要用样本比例 p 来代替 π。这时，总体比例的置信区间可表示为：

$$p \pm z_{\alpha/2}\sqrt{\frac{p(1-p)}{n}} \tag{7.8}$$

式中，α 是显著性水平；$z_{\alpha/2}$ 是标准正态分布右侧面积为 $\alpha/2$ 时的 z 值；$z_{\alpha/2}\sqrt{\frac{p(1-p)}{n}}$

---

① 对于总体比例的估计，确定样本量是否足够大的一般经验规则是：区间 $p \pm 2\sqrt{p(1-p)/2}$ 中不包含 0 或 1，或者要求 $np \geqslant 5$ 和 $n(1-p) \geqslant 5$。

是估计总体比例时的估计误差。这就是说，总体比例的置信区间由两部分组成：点估计值和描述估计量精度的±值，这个±值称为估计误差。

例 7.4

某城市想要估计下岗职工中女性所占的比例，随机抽取了 100 个下岗职工，其中 65 人为女职工。试以 95%的置信水平估计该城市下岗职工中女性比例的置信区间。

解：已知 $n=100$，$z_{\alpha/2}=1.96$。根据抽样结果计算的样本比例为：

$$p=\frac{65}{100}=65\%$$

根据式（7.8）得

$$p \pm z_{\alpha/2}\sqrt{\frac{p(1-p)}{n}} = 65\% \pm 1.96 \times \sqrt{\frac{65\% \times (1-65\%)}{100}}$$

即 65%±9.35%=(55.65%，74.35%)，该城市下岗职工中女性比例的 95%的置信区间为 55.65%～74.35%。

7.2.3　总体方差的区间估计

这里只讨论正态总体方差的估计问题。根据样本方差的抽样分布可知，样本方差服从自由度为 $n-1$ 的 χ^2 分布。因此，用 χ^2 分布构造总体方差的置信区间。

若给定一个显著性水平 α，用 χ^2 分布构造的总体方差 σ^2 的置信区间可用图 7—8 表示。

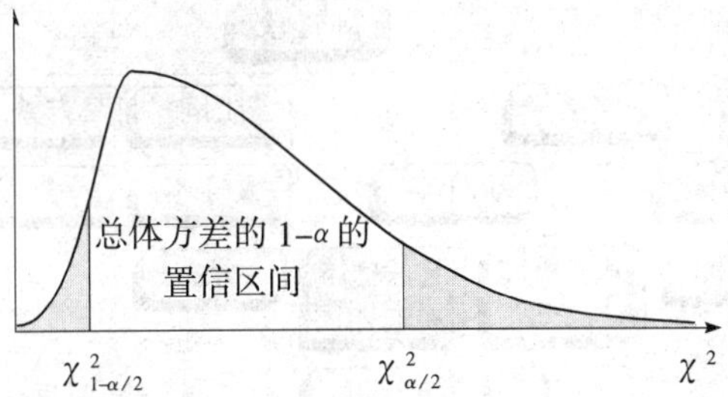

图 7—8　自由度为 $n-1$ 的 χ^2 分布

由图 7—8 可以看出，建立总体方差 σ^2 的置信区间，也就是要找到一个 χ^2 值，使其满足

$$\chi^2_{1-\alpha/2} \leqslant \chi^2 \leqslant \chi^2_{\alpha/2} \tag{7.9}$$

由于 $\frac{(n-1)s^2}{\sigma^2} \sim \chi^2(n-1)$，可用它来代替 χ^2，于是有

$$\chi^2_{1-\alpha/2} \leqslant \frac{(n-1)s^2}{\sigma^2} \leqslant \chi^2_{\alpha/2} \tag{7.10}$$

根据式（7.10）可推导出总体方差 σ^2 在 $1-\alpha$ 置信水平下的置信区间为：

$$\frac{(n-1)s^2}{\chi^2_{\alpha/2}} \leqslant \sigma^2 \leqslant \frac{(n-1)s^2}{\chi^2_{1-\alpha/2}} \tag{7.11}$$

例 7.5

仍利用例 7.1 的数据，以 95%的置信水平建立食品总体重量标准差的置信区间。

解：根据样本数据计算的样本方差为：

$$s^2 = \frac{\sum_{i=1}^{n}(x_i-\bar{x})^2}{n-1} = \frac{2\ 237.02}{25-1} = 93.21$$

根据显著性水平 $\alpha=0.05$ 和自由度 $n-1=25-1=24$，查 χ^2 分布表得

$$\chi^2_{\alpha/2}(n-1) = \chi^2_{0.025}(25-1) = 39.364\ 1$$
$$\chi^2_{1-\alpha/2}(n-1) = \chi^2_{0.975}(25-1) = 12.401\ 1$$

所以，总体方差 σ^2 的置信区间为：

$$\frac{(25-1)\times 93.21}{39.364\ 1} \leqslant \sigma^2 \leqslant \frac{(25-1)\times 93.21}{12.401\ 1}$$

即 $56.83 \leqslant \sigma^2 \leqslant 180.39$。相应地，总体标准差的置信区间则为 $7.54 \leqslant \sigma \leqslant 13.43$。该企业生产的食品总体重量标准差的 95%的置信区间为 7.54g～13.43g。

图 7—9 总结了一个总体参数估计的不同情形及所使用的分布。

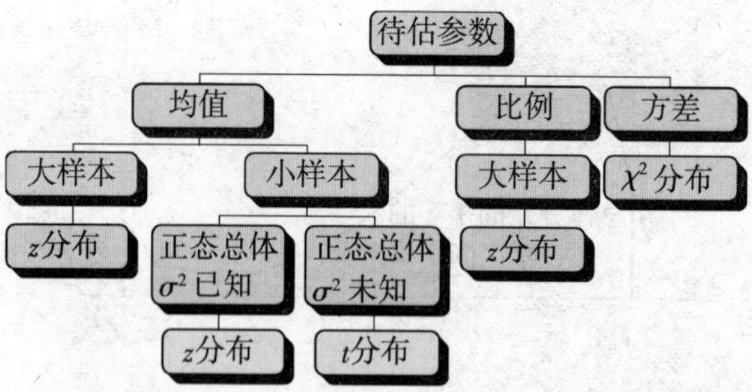

图 7—9　一个总体参数的估计及所使用的分布

7.3　两个总体参数的区间估计

对于两个总体，所关心的参数主要有两个总体的均值之差 $\mu_1-\mu_2$ 、两个总体的比例之差 $\pi_1-\pi_2$ 、两个总体的方差比 σ_1^2/σ_2^2 等。

7.3.1 两个总体均值之差的区间估计

设两个总体的均值分别为 μ_1 和 μ_2，从两个总体中分别抽取样本量为 n_1 和 n_2 的两个随机样本，其样本均值分别为 $\bar{x}_1$ 和 $\bar{x}_2$ 。两个总体均值之差 $\mu_1-\mu_2$ 的估计量显然是两个样本的均值之差 $\bar{x}_1-\bar{x}_2$ 。

1. 两个总体均值之差的估计：独立样本

(1) 大样本的估计。

如果两个样本是从两个总体中独立抽取的，即一个样本中的元素与另一个样本中的元素相互独立，则称为**独立样本**（independent sample）。如果两个总体都为正态分布，或两个总体不服从正态分布但两个样本都为大样本（$n_1\geqslant30$ 和 $n_2\geqslant30$），根据抽样分布的知识可知，两个样本均值之差 $\bar{x}_1-\bar{x}_2$ 的抽样分布服从期望值为（$\mu_1-\mu_2$）、方差为 $\left(\frac{\sigma_1^2}{n_1}+\frac{\sigma_2^2}{n_2}\right)$ 的正态分布，而两个样本均值之差经标准化后则服从标准正态分布，即

$$z=\frac{(\bar{x}_1-\bar{x}_2)-(\mu_1-\mu_2)}{\sqrt{\frac{\sigma_1^2}{n_1}+\frac{\sigma_2^2}{n_2}}}\sim N(0,1) \tag{7.12}$$

当两个总体的方差 σ_1^2 和 σ_2^2 都已知时，两个总体均值之差 $\mu_1-\mu_2$ 在 $1-\alpha$ 置信水平下的置信区间为：

$$(\bar{x}_1-\bar{x}_2)\pm z_{\alpha/2}\sqrt{\frac{\sigma_1^2}{n_1}+\frac{\sigma_2^2}{n_2}} \tag{7.13}$$

当两个总体的方差 σ_1^2 和 σ_2^2 未知时，可用两个样本方差 s_1^2 和 s_2^2 来代替，这时，两个总体均值之差 $\mu_1-\mu_2$ 在 $1-\alpha$ 置信水平下的置信区间为：

$$(\bar{x}_1-\bar{x}_2)\pm z_{\alpha/2}\sqrt{\frac{s_1^2}{n_1}+\frac{s_2^2}{n_2}} \tag{7.14}$$

例7.6

某地区教育管理部门想估计两所中学的学生高考时的英语平均分数之差，为此在两所中学独立抽取两个随机样本，有关数据如表7—5所示。

表7—5 两个样本的有关数据

中学1	中学2
$n_1=46$	$n_2=33$
$\bar{x}_1=86$	$\bar{x}_2=78$
$s_1=5.8$	$s_2=7.2$

试建立两所中学高考英语平均分数之差95%的置信区间。

解：根据式（7.14）得

$$(\bar{x}_1-\bar{x}_2)\pm z_{\alpha/2}\sqrt{\frac{s_1^2}{n_1}+\frac{s_2^2}{n_2}}=(86-78)\pm 1.96\times\sqrt{\frac{5.8^2}{46}+\frac{7.2^2}{33}}$$

即 8±2.97=(5.03，10.97)，两所中学高考英语平均分数之差 95%的置信区间为 5.03 分～10.97 分。

(2) 小样本的估计。

在两个样本都为小样本的情况下，为估计两个总体的均值之差，需要作出以下假定：

1) 两个总体都服从正态分布。

2) 两个随机样本独立地分别抽自两个总体。

在上述假定下，无论样本量的大小，两个样本均值之差都服从正态分布。当两个总体方差 σ_1^2 和 σ_2^2 已知时，可用式（7.13）建立两个总体均值之差的置信区间。当 σ_1^2 和 σ_2^2 未知时，有以下几种情况。

1) 当两个总体的方差 σ_1^2 和 σ_2^2 未知但相等时，即 $\sigma_1^2=\sigma_2^2$，需要用两个样本的方差 s_1^2 和 s_2^2 来估计，这时，需要将两个样本的数据组合在一起，以给出总体方差的合并估计量 s_p^2，计算公式为：

$$s_p^2=\frac{(n_1-1)s_1^2+(n_2-1)s_2^2}{n_1+n_2-2} \tag{7.15}$$

这时，两个样本均值之差经标准化后服从自由度为 (n_1+n_2-2) 的 t 分布，即

$$t=\frac{(\bar{x}_1-\bar{x}_2)-(\mu_1-\mu_2)}{s_p\sqrt{\frac{1}{n_1}+\frac{1}{n_2}}}\sim t(n_1+n_2-2) \tag{7.16}$$

因此，两个总体均值之差 $\mu_1-\mu_2$ 在 $1-\alpha$ 置信水平下的置信区间为：

$$(\bar{x}_1-\bar{x}_2)\pm t_{\alpha/2}(n_1+n_2-2)\sqrt{s_p^2\left(\frac{1}{n_1}+\frac{1}{n_2}\right)} \tag{7.17}$$

例 7.7

为估计两种方法组装产品所需时间的差异，分别对两种不同的组装方法各随机安排 12 个工人，每个工人组装一件产品所需的时间如表 7—6 所示。

表 7—6　　两种方法组装产品所需的时间（一）　　单位：分钟

方法 1	方法 2	方法 1	方法 2
28.3	27.6	36.0	31.7
30.1	22.2	37.2	26.0
29.0	31.0	38.5	32.0
37.6	33.8	34.4	31.2
32.1	20.0	28.0	33.4
28.8	30.2	30.0	26.5

假定两种方法组装产品的时间服从正态分布，且方差相等，试以 95%的置信水平建立两种方法组装产品所需平均时间之差的置信区间。

解：根据样本数据计算得到

方法 1：$\bar{x}_1 = 32.5 \qquad s_1^2 = 15.996$

方法 2：$\bar{x}_2 = 28.8 \qquad s_2^2 = 19.358$

总体方差的合并估计量为：

$$s_p^2 = \frac{(n_1-1)s_1^2+(n_2-1)s_2^2}{n_1+n_2-2}$$

$$= \frac{(12-1)\times 15.996+(12-1)\times 19.358}{12+12-2} = 17.677$$

根据 $\alpha=0.05$，自由度 $(12+12-2)=22$ 查 t 分布表得 $t_{0.05/2}(22)=2.0739$。两个总体均值之差 $\mu_1-\mu_2$ 在 95%置信水平下的置信区间为：

$$(\bar{x}_1-\bar{x}_2) \pm t_{\alpha/2}(n_1+n_2-2)\sqrt{s_p^2\left(\frac{1}{n_1}+\frac{1}{n_2}\right)}$$

$$= (32.5-28.8) \pm 2.0739 \times \sqrt{17.677 \times \left(\frac{1}{12}+\frac{1}{12}\right)}$$

$$= 3.7 \pm 3.56$$

即 (0.14，7.26)，两种方法组装产品所需平均时间之差的 95%的置信区间为 0.14 分钟～7.26 分钟。

2) 当两个总体的方差 σ_1^2 和 σ_2^2 未知且不相等时，即 $\sigma_1^2 \neq \sigma_2^2$，两个样本均值之差经标准化后近似服从自由度为 v 的 t 分布，自由度 v 的计算公式为：

$$v = \frac{\left(\frac{s_1^2}{n_1}+\frac{s_2^2}{n_2}\right)^2}{\frac{(s_1^2/n_1)^2}{n_1-1}+\frac{(s_2^2/n_2)^2}{n_2-1}} \tag{7.18}$$

两个总体均值之差在 $1-\alpha$ 置信水平下的置信区间为：

$$(\bar{x}_1-\bar{x}_2) \pm t_{\alpha/2}(v)\sqrt{\frac{s_1^2}{n_1}+\frac{s_2^2}{n_2}} \tag{7.19}$$

例 7.8

仍然沿用例 7.7 的数据。假定第一种方法随机安排 12 个工人，第二种方法随机安排 8 个工人，即 $n_1=12$，$n_2=8$，所得的有关数据如表 7—7 所示。

表 7—7　两种方法组装产品所需的时间（二）　单位：分钟

方法 1	方法 2	方法 1	方法 2
28.3	27.6	36.0	31.7
30.1	22.2	37.2	26.5
29.0	31.0	38.5	
37.6	33.8	34.4	
32.1	20.0	28.0	
28.8	30.2	30.0	

同时假定两个总体的方差不相等，试以95%的置信水平建立两种方法组装产品所需平均时间之差的置信区间。

解：根据表7—7的数据计算得到

方法1：$\bar{x}_1=32.5\qquad s_1^2=15.996$

方法2：$\bar{x}_2=27.875\quad s_2^2=23.014$

计算的自由度为：

$$v=\frac{\left(\dfrac{15.996}{12}+\dfrac{23.014}{8}\right)^2}{\dfrac{(15.996/12)^2}{12-1}+\dfrac{(23.014/8)^2}{8-1}}=13.188\approx 13$$

根据自由度13查t分布表得$t_{0.05/2}(13)=2.1604$。两个总体均值之差$\mu_1-\mu_2$在$1-\alpha$置信水平下的置信区间为：

$$\begin{aligned}&(\bar{x}_1-\bar{x}_2)\pm t_{\alpha/2}(v)\sqrt{\frac{s_1^2}{n_1}+\frac{s_2^2}{n_2}}\\&=(32.5-27.875)\pm 2.1604\times\sqrt{\frac{15.996}{12}+\frac{23.014}{8}}\\&=4.625\pm 4.433\end{aligned}$$

即（0.192，9.058），两种方法组装产品所需平均时间之差的95%的置信区间为0.192分钟～9.058分钟。

2. 两个总体均值之差的估计：匹配样本

在例7.7中使用的是两个独立的样本，但使用独立样本来估计两个总体均值之差存在着潜在的弊端。比如，在对每种方法随机指派12个工人时，偶尔可能会将技术比较差的12个工人指定给方法1，而将技术较好的12个工人指定给方法2，这种不公平的指派可能会掩盖两种方法组装产品所需时间的真正差异。

为解决这一问题，可以使用**匹配样本**（matched sample），即一个样本中的数据与另一个样本中的数据相对应。比如，先指定12个工人用第一种方法组装产品，然后再让这12个工人用第二种方法组装产品，这样得到的两种方法组装产品的数据就是匹配数据。匹配样本可以消除由于样本指定的不公平造成的两种方法组装时间上的差异。

使用匹配样本进行估计时，在大样本条件下，两个总体均值之差$\mu_d=\mu_1-\mu_2$在$1-\alpha$置信水平下的置信区间为：

$$\bar{d}\pm z_{\alpha/2}\frac{\sigma_d}{\sqrt{n}}\tag{7.20}$$

式中，d表示两个匹配样本对应数据的差值；$\bar{d}$表示各差值的均值；σ_d表示各差值的标准差。当总体的σ_d未知时，可用样本差值的标准差s_d来代替。

在小样本情况下，假定两个总体各观察值的配对差服从正态分布。两个总体均值

之差 $\mu_d=\mu_1-\mu_2$ 在 $1-\alpha$ 置信水平下的置信区间为：

$$\bar{d}\pm t_{\alpha/2}(n-1)\frac{s_d}{\sqrt{n}} \tag{7.21}$$

例 7.9

由 10 名学生组成一个随机样本，让他们分别采用 A 和 B 两套试卷进行测试，结果如表 7—8 所示。

表 7—8　　10 名学生两套试卷的得分

学生编号	试卷 A	试卷 B	差值 d
1	78	71	7
2	63	44	19
3	72	61	11
4	89	84	5
5	91	74	17
6	49	51	−2
7	68	55	13
8	76	60	16
9	85	77	8
10	55	39	16

假定两套试卷分数之差服从正态分布，试建立两套试卷平均分数之差 $\mu_d=\mu_1-\mu_2$ 的 95%的置信区间。

解：根据上表数据计算得

$$\bar{d}=\frac{\sum_{i=1}^{n}d_i}{n_d}=\frac{110}{10}=11$$

$$s_d=\sqrt{\frac{\sum_{i=1}^{n}(d_i-\bar{d})^2}{n_d-1}}=6.53$$

根据自由度 $(10-1)=9$ 查 t 分布表得 $t_{0.05/2}(9)=2.2622$。根据式（7.21）得两套试卷平均分数之差 $\mu_d=\mu_1-\mu_2$ 的 95%的置信区间为：

$$\begin{aligned}\bar{d}\pm t_{\alpha/2}(n-1)\frac{s_d}{\sqrt{n}}&=11\pm 2.2622\times\frac{6.53}{\sqrt{10}}\\&=11\pm 4.67\end{aligned}$$

即（6.3，15.7），两套试卷平均分数之差的 95%的置信区间为 6.3 分～15.7 分。

7.3.2 两个总体比例之差的区间估计

由样本比例的抽样分布可知，从两个二项总体中抽出两个独立的样本，则两个样本比例之差的抽样分布服从正态分布。同样，两个样本的比例之差经标准化后则服从

标准正态分布，即

$$Z=\frac{(p_1-p_2)-(\pi_1-\pi_2)}{\sqrt{\frac{\pi_1(1-\pi_1)}{n_1}+\frac{\pi_2(1-\pi_2)}{n_2}}}\sim N(0,1) \tag{7.22}$$

当两个总体比例 π_1 和 π_2 未知时，可用样本比例 p_1 和 p_2 来代替，因此，根据正态分布建立的两个总体比例之差 $\pi_1-\pi_2$ 在 $1-\alpha$ 置信水平下的置信区间为：

$$(p_1-p_2)\pm z_{\alpha/2}\sqrt{\frac{p_1(1-p_1)}{n_1}+\frac{p_2(1-p_2)}{n_2}} \tag{7.23}$$

例 7.10

在某个电视节目的收视率调查中，从农村随机调查了 400 人，有 32%的人收看了该节目；从城市随机调查了 500 人，有 45%的人收看了该节目。试以 95%的置信水平估计城市与农村收视率之差的置信区间。

解：设城市收视率 $p_1=45\%$，农村收视率 $p_2=32\%$。当 $\alpha=0.05$ 时，$z_{\alpha/2}=1.96$。因此，置信区间为：

$$(p_1-p_2)\pm z_{\alpha/2}\sqrt{\frac{p_1(1-p_1)}{n_1}+\frac{p_2(1-p_2)}{n_2}}$$

$$=(45\%-32\%)\pm 1.96\times\sqrt{\frac{45\%\times(1-45\%)}{500}+\frac{32\%\times(1-32\%)}{400}}$$

$$=13\%\pm 6.32\%$$

即（6.68%，19.32%），城市与农村收视率之差的 95%的置信区间为6.68%～19.32%。

7.3.3 两个总体方差比的区间估计

在实际中，经常会遇到比较两个总体的方差问题。比如，希望比较用两种不同方法生产的产品性能的稳定性，比较不同测量工具的精度，等等。

由于两个样本方差比的抽样分布服从 $F(n_1-1,n_2-2)$ 分布，因此可用 F 分布来构造两个总体方差比 σ_1^2/σ_2^2 的置信区间。用 F 分布构造的两个总体方差比的置信区间可用图 7—10 来表示。

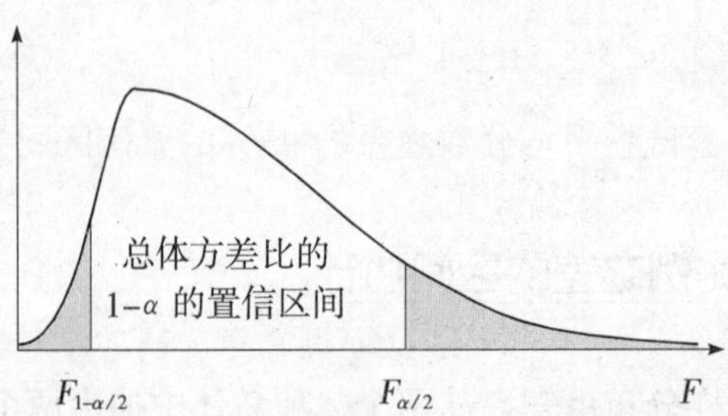

图 7—10 方差比的置信区间示意图

建立两个总体方差比的置信区间，也就是要找到一个 F 值，使其满足

$$F_{1-\alpha/2} \leqslant F \leqslant F_{\alpha/2} \tag{7.24}$$

由于 $\frac{s_1^2}{s_2^2} \cdot \frac{\sigma_2^2}{\sigma_1^2} \sim F(n_1-1, n_2-1)$，故可用它来代替 F，于是有

$$F_{1-\alpha/2} \leqslant \frac{s_1^2}{s_2^2} \cdot \frac{\sigma_2^2}{\sigma_1^2} \leqslant F_{\alpha/2} \tag{7.25}$$

根据式（7.25），可以推导出两个总体方差比 σ_1^2/σ_2^2 在 $1-\alpha$ 置信水平下的置信区间为：

$$\frac{s_1^2/s_2^2}{F_{\alpha/2}} \leqslant \frac{\sigma_1^2}{\sigma_2^2} \leqslant \frac{s_1^2/s_2^2}{F_{1-\alpha/2}} \tag{7.26}$$

式中，$F_{\alpha/2}$ 和 $F_{1-\alpha/2}$ 是分子自由度为（n_1-1）和分母自由度为（n_2-1）的 F 分布的右侧面积为 $\alpha/2$ 和 $1-\alpha/2$ 的分位数。由于 F 分布表中只给出面积较小的右分位数，此时可利用下面的关系求得 $F_{1-\alpha/2}$ 的分位数值：

$$F_{1-\alpha/2}(n_1, n_2) = \frac{1}{F_\alpha(n_2, n_1)} \tag{7.27}$$

式中，n_1 表示分子自由度；n_2 表示分母自由度。

例 7.11

为研究男女学生在生活费支出（单位：元）上的差异，在某大学各随机抽取 25 名男学生和 25 名女学生，得到下面的结果：

男学生：$\bar{x}_1 = 520$　　$s_1^2 = 260$

女学生：$\bar{x}_2 = 480$　　$s_2^2 = 280$

试以 90%的置信水平估计男女学生生活费支出方差比的置信区间。

解： 根据自由度 $n_1=25-1=24$ 和 $n_2=25-1=24$ 查 F 分布表，得

$$F_{\alpha/2}(24,24) = F_{0.05}(24,24) = 1.98$$

根据式（7.27）得

$$F_{1-\alpha/2}(24,24) = F_{0.95}(24,24) = \frac{1}{1.98} = 0.505$$

根据式（7.26）得

$$\frac{260/280}{1.98} \leqslant \frac{\sigma_1^2}{\sigma_2^2} \leqslant \frac{260/280}{0.505}$$

即 $0.47 \leqslant \frac{\sigma_1^2}{\sigma_2^2} \leqslant 1.84$，男女学生生活费支出方差比的 90%的置信区间为0.47～1.84。

下面将前两节介绍的参数估计方法小结一下，如表 7—9（a）和表 7—9（b）所示。

表 7—9（a） 一个总体参数的区间估计

参数	点估计量(值)	标准误差	$(1-\alpha)\%$的置信区间	假定条件
μ 总体均值	$\bar{x}$	$\frac{\sigma}{\sqrt{n}}$	$\bar{x}\pm z_{\alpha/2}\frac{\sigma}{\sqrt{n}}$	(1) σ已知 (2) 大样本($n\geqslant 30$)
			$\bar{x}\pm z_{\alpha/2}\frac{s}{\sqrt{n}}$	(1) σ未知 (2) 大样本($n\geqslant 30$)
	$\bar{x}$	$\frac{\sigma}{\sqrt{n}}$	$\bar{x}\pm t_{\alpha/2}\frac{s}{\sqrt{n}}$	(1) 正态总体 (2) σ未知 (3) 小样本($n<30$)
π 总体比例	p	$\sqrt{\frac{\pi(1-\pi)}{n}}$	$p\pm z_{\alpha/2}\sqrt{\frac{p(1-p)}{n}}$	(1) 二项总体 (2) 大样本($np\geqslant 5, n(1-p)\geqslant 5$)
σ^2 总体方差	s^2	（不要求）	$\frac{(n-1)s^2}{\chi^2_{\alpha/2}}\leqslant\sigma^2\leqslant\frac{(n-1)s^2}{\chi^2_{1-\alpha/2}}$	正态总体

表 7—9(b)　两个总体参数的区间估计

参数	点估计量(值)	标准误差	$(1-\alpha)\%$的置信区间	假定条件
$\mu_1-\mu_2$ 两个总体 均值之差	$\bar{x}_1-\bar{x}_2$	$\sqrt{\frac{\sigma_1^2}{n_1}+\frac{\sigma_2^2}{n_2}}$	$(\bar{x}_1-\bar{x}_2)\pm z_{\alpha/2}\sqrt{\frac{\sigma_1^2}{n_1}+\frac{\sigma_2^2}{n_2}}$	(1) 独立大样本 $(n_1\geqslant30,n_2\geqslant30)$ (2) σ_1,σ_2 已知
			$(\bar{x}_1-\bar{x}_2)\pm z_{\alpha/2}\sqrt{\frac{s_1^2}{n_1}+\frac{s_2^2}{n_2}}$	(1) 独立大样本 $(n_1\geqslant30,n_2\geqslant30)$ (2) σ_1,σ_2 未知
	$\bar{x}_1-\bar{x}_2$	$\sqrt{\frac{\sigma_1^2}{n_1}+\frac{\sigma_2^2}{n_2}}$	$(\bar{x}_1-\bar{x}_2)\pm t_{\alpha/2}(n_1+n_2-2)\sqrt{s_p^2\left(\frac{1}{n_1}+\frac{1}{n_2}\right)}$	(1) 两个正态总体 (2) 独立小样本 $(n_1<30,n_2<30)$ (3) σ_1,σ_2 未知但相等
	$\bar{x}_1-\bar{x}_2$	$\sqrt{\frac{\sigma_1^2}{n_1}+\frac{\sigma_2^2}{n_2}}$	$(\bar{x}_1-\bar{x}_2)\pm t_{\alpha/2}(v)\sqrt{\frac{s_1^2}{n_1}+\frac{s_2^2}{n_2}}$	(1) 两个正态总体 (2) 独立小样本 $(n_1<30,n_2<30)$ (3) σ_1,σ_2 未知且不相等
$\mu_d=\mu_1-\mu_2$ 两个总体 均值之差	$\bar{d}$	$\frac{\sigma_d}{\sqrt{n}}$	$\bar{d}\pm z_{\alpha/2}\frac{\sigma_d}{\sqrt{n}}$	匹配大样本 $(n_1\geqslant30,n_2\geqslant30)$
	$\bar{d}$	$\frac{\sigma_d}{\sqrt{n}}$	$\bar{d}\pm t_{\alpha/2}(n-1)\frac{s_d}{\sqrt{n}}$	(1) 两个正态总体 (2) 匹配小样本 $(n_1<30,n_2<30)$
$\pi_1-\pi_2$ 两个总体 比例之差	p_1-p_2	$\sqrt{\frac{\pi_1(1-\pi_1)}{n_1}+\frac{\pi_2(1-\pi_2)}{n_2}}$	$(p_1-p_2)\pm z_{\alpha/2}\sqrt{\frac{p_1(1-p_1)}{n_1}+\frac{p_2(1-p_2)}{n_2}}$	(1) 两个二项总体 (2) 大样本 $(n_1p_1\geqslant5,n_1(1-p_1)\geqslant5$ $n_2p_2\geqslant5,n_2(1-p_2)\geqslant5)$
σ_1^2/σ_2^2 两个总体 方差比	s_1^2/s_2^2	(不要求)	$\frac{s_1^2/s_2^2}{F_{\alpha/2}}\leqslant\frac{\sigma_1^2}{\sigma_2^2}\leqslant\frac{s_1^2/s_2^2}{F_{1-\alpha/2}}$	两个正态总体

图 7—11 总结了两个总体参数估计的不同情形及所使用的分布。

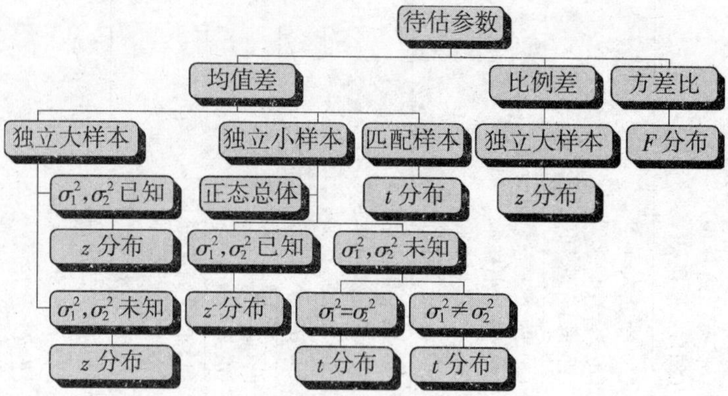

图 7—11 两个总体参数的估计及所使用的分布

7.4 样本量的确定

在进行参数估计之前，首先应该确定一个适当的样本量，也就是应该抽取一个多大的样本来估计总体参数。在进行估计时，总是希望提高估计的可靠程度。但在一定的样本量下，要提高估计的可靠程度（置信水平），就应扩大置信区间，而过宽的置信区间在实际估计中往往是没有意义的。比如，我们说某一天会下雨，置信区间并不宽，但可靠性相对较低；如果说第三季度会下一场雨，尽管很可靠，但准确性又太差，也就是置信区间太宽了，这样的估计是没有意义的。想要缩小置信区间，又不降低置信程度，就需要增加样本量。但样本量的增加也会受到许多限制，比如会增加调查的费用和工作量。通常，样本量的确定与可以容忍的置信区间的宽度以及对此区间设置的置信水平有一定关系。因此，如何确定一个适当的样本量，也是抽样估计中需要考虑的问题。

7.4.1 估计总体均值时样本量的确定

上面已经讲到，总体均值的置信区间是由样本均值 $\bar{x}$ 和估计误差两部分组成的。在重复抽样或无限总体抽样条件下，估计误差为 $z_{\alpha/2}\dfrac{\sigma}{\sqrt{n}}$。$z_{\alpha/2}$ 的值和样本量 n 共同确定了估计误差的大小。一旦确定了置信水平 $1-\alpha$，$z_{\alpha/2}$ 的值就确定了。对于给定的 $z_{\alpha/2}$ 的值和总体标准差 σ，就可以确定任一希望的估计误差所需要的样本量。令 E 代表所希望达到的估计误差，即

$$E=z_{\alpha/2}\frac{\sigma}{\sqrt{n}} \tag{7.28}$$

由此可以推导出确定样本量的公式如下：

$$n=\frac{(z_{\alpha/2})^2\sigma^2}{E^2} \tag{7.29}$$

式中的 E 值是使用者在给定的置信水平下可以接受的估计误差，$z_{\alpha/2}$ 的值可直接由区间估计中所用到的置信水平确定。如果能求出 σ 的具体值，就可以用上面的公式计算所需的样本量。在实际应用中，如果 σ 的值不知道，可以用以前相同或类似的样本的标准差来代替；也可以用试验调查的办法，选择一个初始样本，以该样本的标准差作为 σ 的估计值。

从式（7.29）可以看出，样本量与置信水平成正比，在其他条件不变的情况下，置信水平越大，所需的样本量也就越大；样本量与总体方差成正比，总体的差异越大，所要求的样本量也越大；样本量与估计误差的平方成反比，即可以接受的估计误差的平方越大，所需的样本量就越小。

需要说明的是：根据式（7.29）计算出的样本量不一定是整数，通常是将样本量取成较大的整数，也就是将小数点后面的数值一律进位成整数，如 24.68 取 25，24.32 也取 25 等。这就是样本量的圆整法则。

例 7.12

拥有工商管理学士学位的大学毕业生年薪的标准差大约为 2 000 元，假定想要估计年薪 95%的置信区间，希望估计误差为 400 元，应抽取多少样本？

解：已知 $\sigma=2\,000$，$E=400$，$z_{\alpha/2}=1.96$。

根据式（7.29）得

$$n=\frac{(z_{\alpha/2})^2\sigma^2}{E^2}=\frac{1.96^2\times 2\,000^2}{400^2}=96.04\approx 97$$

即应抽取 97 人作为样本。

7.4.2　估计总体比例时样本量的确定

与估计总体均值时样本量的确定方法类似，在重复抽样或无限总体抽样条件下，估计总体比例置信区间的估计误差为 $z_{\alpha/2}\sqrt{\frac{\pi(1-\pi)}{n}}$，$z_{\alpha/2}$ 的值、总体比例 π 和样本量 n 共同确定了估计误差的大小。一旦确定了置信水平 $1-\alpha$，$z_{\alpha/2}$ 的值就确定了。由于总体比例的值是固定的，所以估计误差由样本量来确定，样本量越大，估计误差就越小，估计的精度就越好。因此，对于给定的 $z_{\alpha/2}$ 的值，就可以确定任一希望的估计误差所需要的样本量。令 E 代表所希望达到的估计误差，即

$$E=z_{\alpha/2}\sqrt{\frac{\pi(1-\pi)}{n}} \tag{7.30}$$

由此可以推导出重复抽样或无限总体抽样条件下确定样本量的公式如下：

$$n=\frac{(z_{\alpha/2})^2\pi(1-\pi)}{E^2} \tag{7.31}$$

式中的估计误差 E 必须是使用者事先确定的，大多数情况下，一般取 E 的值小于 0.10。$z_{\alpha/2}$ 的值可直接由区间估计中所用到的置信水平确定。如果能够求出 π 的具体值，就可以用上面的公式计算所需的样本量。在实际应用中，如果 π 的值不知道，可以用类似的样本比例来代替；也可以用试验调查的办法，选择一个初始样本，以该样本的比例作为 π 的估计值。当 π 的值无法知道时，通常取使 $\pi(1-\pi)$ 最大时的 0.5。

例 7.13

根据以往的生产统计，某种产品的合格率约为 90%，现要求估计误差为 5%，在 95%的置信区间下，应抽取多少个产品作为样本？

解：已知 $\pi=90\%$，$E=5\%$，$z_{\alpha/2}=1.96$。

根据式 (7.31) 得

$$n=\frac{(z_{\alpha/2})^2\pi(1-\pi)}{E^2}=\frac{1.96^2\times0.9\times(1-0.9)}{0.05^2}=138.3\approx139$$

即应抽取 139 个产品作为样本。

□ 思考与练习

一、思考题

7.1 解释估计量和估计值。

7.2 简述评价估计量好坏的标准。

7.3 怎样理解置信区间？

7.4 解释 95%的置信区间。

7.5 $z_{\alpha/2}\dfrac{\sigma}{\sqrt{n}}$ 的含义是什么？

7.6 解释独立样本和匹配样本的含义。

7.7 在对两个总体均值之差的小样本估计中，对两个总体和样本都有哪些假定？

7.8 简述样本量与置信水平、总体方差、估计误差的关系。

二、练习题

7.1 从一个标准差为 5 的总体中采用重复抽样方法抽出一个样本量为 40 的样本，样本均值为 25。

(1) 样本均值的抽样标准差 $\sigma_{\bar{x}}$ 等于多少？

(2) 在 95%的置信水平下，估计误差是多少？

7.2 某快餐店想要估计每位顾客午餐的平均花费金额，在为期 3 周的时间里选取 49 名顾客组成了一个简单随机样本。

(1) 假定总体标准差为15元，求样本均值的抽样标准差。

(2) 在95%的置信水平下，求估计误差。

(3) 如果样本均值为120元，求总体均值μ的95%的置信区间。

7.3　从一个总体中随机抽取$n=100$的随机样本，得到$\bar{x}=104\ 560$，假定总体标准差$\sigma=85\ 414$，试构建总体均值μ的95%的置信区间。

7.4　从总体中抽取一个$n=100$的简单随机样本，得到$\bar{x}=81$，$s=12$。

(1) 构建μ的90%的置信区间。

(2) 构建μ的95%的置信区间。

(3) 构建μ的99%的置信区间。

7.5　利用下面的信息，构建总体均值的置信区间。

(1) $\bar{x}=25$，$\sigma=3.5$，$n=60$，置信水平为95%。

(2) $\bar{x}=119.6$，$s=23.89$，$n=75$，置信水平为98%。

(3) $\bar{x}=3.419$，$s=0.974$，$n=32$，置信水平为90%。

7.6　利用下面的信息，构建总体均值的置信区间。

(1) 总体服从正态分布，且已知$\sigma=500$，$n=15$，$\bar{x}=8\ 900$，置信水平为95%。

(2) 总体不服从正态分布，且已知$\sigma=500$，$n=35$，$\bar{x}=8\ 900$，置信水平为95%。

(3) 总体不服从正态分布，σ未知，$n=35$，$\bar{x}=8\ 900$，$s=500$，置信水平为90%。

(4) 总体不服从正态分布，σ未知，$n=35$，$\bar{x}=8\ 900$，$s=500$，置信水平为99%。

7.7　某大学为了解学生每天上网的时间，在全校7 500名学生中采取重复抽样方法随机抽取36人，调查他们每天上网的时间，得到下面的数据（单位：小时）：

3.3	3.1	6.2	5.8	2.3	4.1	5.4	4.5	3.2
4.4	2.0	5.4	2.6	6.4	1.8	3.5	5.7	2.3
2.1	1.9	1.2	5.1	4.3	4.2	3.6	0.8	1.5
4.7	1.4	1.2	2.9	3.5	2.4	0.5	3.6	2.5

求该校大学生平均上网时间的置信区间，置信水平分别为90%，95%和99%。

7.8　从一个正态总体中随机抽取样本量为8的样本，各样本值分别为：10，8，12，15，6，13，5，11。求总体均值μ的95%的置信区间。

7.9　某居民小区为研究职工上班从家里到单位的距离，抽取了由16个人组成的一个随机样本，他们到单位的距离（单位：km）分别是：

10　3　14　8　6　9　12　11　7　5　10　15　9　16　13　2

假定总体服从正态分布，求职工上班从家里到单位平均距离的95%的置信区间。

7.10　从一批零件中随机抽取36个，测得其平均长度为149.5cm，标准差为1.93cm。

(1) 试确定该种零件平均长度的95%的置信区间。

（2）在上面的估计中，你使用了统计中的哪一个重要定理？请简要解释这一定理。

7.11 某企业生产的袋装食品采用自动打包机包装，每袋标准重量为100g。现从某天生产的一批产品中按重复抽样随机抽取50包进行检查，测得每包重量如下：

每包重量(g)	包数
96～98	2
98～100	3
100～102	34
102～104	7
104～106	4
合计	50

已知食品包重服从正态分布，要求：

（1）确定该种食品平均重量的95%的置信区间。

（2）如果规定食品重量低于100g属于不合格，确定该批食品合格率的95%的置信区间。

7.12 假设总体服从正态分布，利用下面的数据构建总体均值μ的99%的置信区间。

16.4	17.1	17.0	15.6	16.2
14.8	16.0	15.6	17.3	17.4
15.6	15.7	17.2	16.6	16.0
15.3	15.4	16.0	15.8	17.2
14.6	15.5	14.9	17.7	16.3

7.13 一家研究机构想估计在网络公司工作的员工每周加班的平均时间，为此随机抽取了18个员工，得到他们每周加班的时间数据如下（单位：小时）：

6	21	17	20	7	0	8	16	29
3	8	12	11	9	21	25	15	16

假定员工每周加班的时间服从正态分布，估计网络公司员工平均每周加班时间的90%的置信区间。

7.14 利用下面的样本数据构建总体比例π的置信区间。

（1）$n=44$，$p=0.51$，置信水平为99%。

（2）$n=300$，$p=0.82$，置信水平为95%。

（3）$n=1\,150$，$p=0.48$，置信水平为90%。

7.15 在一项家电市场调查中，随机抽取了200个居民户，调查他们是否拥有某一品牌的电视机，其中拥有该品牌电视机的家庭占23%。求总体比例的置信区间，置信水平分别为90%和95%。

7.16 一位银行的管理人员想估计每位顾客在该银行的月平均存款额。他假设所有顾客月存款额的标准差为1 000元，要求的估计误差在200元以内，置信水平为99%。应选取多大的样本？

7.17 计算下列条件下所需的样本量。

(1) $E=0.02$，$\pi=0.40$，置信水平为96%。

(2) $E=0.04$，π未知，置信水平为95%。

(3) $E=0.05$，$\pi=0.55$，置信水平为90%。

7.18 某居民小区共有居民500户，小区管理者准备采用一项新的供水设施，想了解居民是否赞成。采取重复抽样方法随机抽取了50户，其中有32户赞成，18户反对。

(1) 求总体中赞成该项改革的户数比例的置信区间（$\alpha=0.05$）。

(2) 如果小区管理者预计赞成的比例能达到80%，估计误差不超过10%，应抽取多少户进行调查（$\alpha=0.05$）？

7.19 根据下面的样本结果，计算总体标准差σ的90%的置信区间。

(1) $\bar{x}=21$，$s=2$，$n=50$。

(2) $\bar{x}=1.3$，$s=0.02$，$n=15$。

(3) $\bar{x}=167$，$s=31$，$n=22$。

7.20 顾客到银行办理业务时往往需要等待一段时间，而等待时间的长短与多种因素有关，比如，银行业务员办理业务的速度，顾客等待排队的方式等。为此，某银行准备采取两种排队方式进行试验，第一种排队方式是：所有顾客都进入一个等待队列；第二种排队方式是：顾客在三个业务窗口处列队三排等待。为比较哪种排队方式使顾客等待的时间更短，银行各随机抽取10名顾客，他们在办理业务时所等待的时间（单位：分钟）如下：

方式1	6.5	6.6	6.7	6.8	7.1	7.3	7.4	7.7	7.7	7.7
方式2	4.2	5.4	5.8	6.2	6.7	7.7	7.7	8.5	9.3	10.0

要求：

(1) 构建第一种排队方式等待时间标准差的95%的置信区间。

(2) 构建第二种排队方式等待时间标准差的95%的置信区间。

(3) 根据(1)和(2)的结果，你认为哪种排队方式更好？

7.21 已知两个正态总体的方差σ_1^2和σ_2^2未知但相等，即$\sigma_1^2=\sigma_2^2$。从两个总体中分别抽取两个独立的随机样本，它们的均值和标准差如下表所示：

来自总体1的样本	来自总体2的样本
$n_1=14$	$n_2=7$
$\bar{x}_1=53.2$	$\bar{x}_2=43.4$
$s_1^2=96.8$	$s_2^2=102.0$

要求：

(1) 构建 $\mu_1-\mu_2$ 的 90%的置信区间。

(2) 构建 $\mu_1-\mu_2$ 的 95%的置信区间。

(3) 构建 $\mu_1-\mu_2$ 的 99%的置信区间。

7.22　从两个正态总体中分别抽取两个独立的随机样本，它们的均值和标准差如下表所示：

来自总体 1 的样本	来自总体 2 的样本
$\bar{x}_1=25$	$\bar{x}_2=23$
$s_1^2=16$	$s_2^2=20$

(1) 设 $n_1=n_2=100$，求 $\mu_1-\mu_2$ 的 95%的置信区间。

(2) 设 $n_1=n_2=10$，$\sigma_1^2=\sigma_2^2$，求 $\mu_1-\mu_2$ 的 95%的置信区间。

(3) 设 $n_1=n_2=10$，$\sigma_1^2\neq\sigma_2^2$，求 $\mu_1-\mu_2$ 的 95%的置信区间。

(4) 设 $n_1=10$，$n_2=20$，$\sigma_1^2=\sigma_2^2$，求 $\mu_1-\mu_2$ 的 95%的置信区间。

(5) 设 $n_1=10$，$n_2=20$，$\sigma_1^2\neq\sigma_2^2$，求 $\mu_1-\mu_2$ 的 95%的置信区间。

7.23　下表是由 4 对观察值组成的随机样本。

配对号	来自总体 A 的样本	来自总体 B 的样本
1	2	0
2	5	7
3	10	6
4	8	5

(1) 计算 A 与 B 各对观察值之差，再利用得出的差值计算 $\bar{d}$ 和 s_d 。

(2) 设 μ_1 和 μ_2 分别为总体 A 和总体 B 的均值，构建 $\mu_d=\mu_1-\mu_2$ 的 95%的置信区间。

7.24　一家人才测评机构对随机抽取的 10 名小企业的经理人用两种方法进行自信心测试，得到的自信心测试分数如下：

人员编号	方法 1	方法 2
1	78	71
2	63	44
3	72	61
4	89	84
5	91	74
6	49	51
7	68	55
8	76	60
9	85	77
10	55	39

构建两种方法平均自信心得分之差 $\mu_d=\mu_1-\mu_2$ 的 95%的置信区间。

7.25　从两个总体中各抽取一个 $n_1=n_2=250$ 的独立随机样本，来自总体1的样本比例为 $p_1=40\%$，来自总体2的样本比例为 $p_2=30\%$。

要求：

(1) 构建 $\pi_1-\pi_2$ 的 90%的置信区间。

(2) 构建 $\pi_1-\pi_2$ 的 95%的置信区间。

7.26　生产工序的方差是工序质量的一个重要度量。当方差较大时，需要对工序进行改进以减小方差。下面是两部机器生产的袋茶重量（单位：g）的数据：

机器1			机器2		
3.45	3.22	3.90	3.22	3.28	3.35
3.20	2.98	3.70	3.38	3.19	3.30
3.22	3.75	3.28	3.30	3.20	3.05
3.50	3.38	3.35	3.30	3.29	3.33
2.95	3.45	3.20	3.34	3.35	3.27
3.16	3.48	3.12	3.28	3.16	3.28
3.20	3.18	3.25	3.30	3.34	3.25

构建两个总体方差比 σ_1^2/σ_2^2 的 95%的置信区间。

7.27　根据以往的生产数据，某种产品的废品率为 2%。如果要求 95%的置信区间，估计误差不超过 4%，应抽取多大的样本？

7.28　某超市想要估计每个顾客平均每次购物花费的金额。根据过去的经验，标准差大约为 120 元，现要求以 95%的置信水平估计每个顾客平均购物金额的置信区间，并要求估计误差不超过 20 元，应抽取多少个顾客作为样本？

第 8 章 假设检验

Chapter 8

传统观念被颠覆了吗?①

雪儿·海蒂（Shere Hite）在 1987 年出版的《女性与爱情：前进中的文化之旅》一书中，给出了大量数据：

- 84%的女性“在情感上对两性关系不满意”(804 页)。
- 70%的女性“在结婚五年或者更久后发生了婚外性关系”(856 页)。
- 95%的女性“在恋爱时会因男友而产生情感及心理上的烦恼”(810 页)。
- 84%的女性“在与男友的恋爱中有屈尊感”(809 页)。

这本书遭到全美报纸及杂志文章的广泛批评。例如，《时代周刊》(1987 年 10 月 12 日）的封面故事《后退，巴迪》里认为海蒂的研究结论是“模糊的”、“价值有限的”。但也有人说，海蒂提供的数据说明了现代女性的价值观念，颠覆了人们传统观念中的女性。

海蒂的数据真的颠覆了人们传统的观念吗？回答这个问题我们需要进行假设检验。

参数估计（parameter estimation）和**假设检验**（hypothesis testing）是统计推断的两个组成部分，它们都是利用样本对总体进行某种推断，但推断的角度不同。参数估计讨论的是用样本统计量估计总体参数的方法，总体参数 μ 在估计前是未知的。而在假设检验中，则是先对 μ 的值提出一个假设，然后利用样本信息去检验这个假设是否成立。因此也可以说，本章讨论的内容是如何利用样本信息，对假设成立与否做出判断的一套程序。

① 参见 Sharon L. Lohr，Sampling：Design and Analysis，北京，中国统计出版社，2002。

8.1 假设检验的基本问题

8.1.1 假设问题的提出

假设检验是推论统计中的一项重要内容，现实生活中有大量的事例可以归结为假设检验的问题。本章的内容不妨从下面的例子谈起。

例 8.1

由统计资料得知，1989 年某地新生儿的平均体重为 3 190 克，现从 1990 年的新生儿中随机抽取 100 个，测得其平均体重为 3 210 克，问 1990 年的新生儿与 1989 年相比，体重有无显著差异？

解：从调查结果看，1990 年新生儿的平均体重 3 210 克，比 1989 年新生儿的平均体重 3 190 克增加了 20 克，但这 20 克的差异可能源于不同的情况。一种情况是，1990 年新生儿的体重与 1989 年相比没有什么差别，20 克的差异是由于抽样的随机性造成的；另一种情况是，抽样的随机性不可能造成 20 克这样大的差异，1990 年新生儿的体重与 1989 年新生儿的体重相比确实有所增加。

上述问题的关键点是，20 克的差异说明了什么？这个差异能不能用抽样的随机性来解释？为了回答这个问题，我们可以采取假设的方法。假设 1989 年和 1990 年新生儿的体重没有显著差异，如果用 μ_0 表示 1989 年新生儿的平均体重，μ 表示 1990 年新生儿的平均体重，我们的假设可以表示为 $\mu=\mu_0$ 或 $\mu-\mu_0=0$，现要利用 1990 年新生儿体重的样本信息检验上述假设是否成立。如果成立，说明这两年新生儿的体重没有显著差异；如果不成立，说明 1990 年新生儿的体重有了明显增加。在这里，问题是以假设的形式提出的，问题的解决方案是检验提出的假设是否成立。所以假设检验的实质是检验我们关心的参数——1990 年的新生儿总体平均体重是否等于某个我们感兴趣的数值。

8.1.2 假设的表达式

统计的语言是用一个等式或不等式表示问题的原假设。在新生儿体重这个例子中，原假设采用等式的方式，即

$$H_0:\mu=3\ 190(\text{克})$$

这里 H_0 表示**原假设**（null hypothesis）。由于原假设（H）的下标用 0 表示，所以有些文献上将此称为“零假设”。μ 是我们要检验的参数，即 1990 年新生儿总体体重的均值。该表达式提出的命题是，1990 年的新生儿与 1989 年的新生儿在体重上没有什么差异。显然，3 190 克是 1989 年新生儿总体的均值，是我们感兴趣的数值。如

果用 μ_0 表示感兴趣的数值，原假设更一般的表达式为：

$$H_0: \mu = \mu_0 \quad 或 \quad H_0: \mu - \mu_0 = 0$$

尽管原假设陈述的是两个总体的均值相等，却并不表示它是既定的事实，仅是假设而已。如果原假设不成立，就要拒绝原假设，而需要在另一个假设中做出选择，这个假设称为**备择假设**（alternative hypothesis）。在我们的例子中，备择假设的表达式为：

$$H_1: \mu \neq 3\ 190(克)$$

H_1 表示备择假设，它意味着 1990 年的新生儿与 1989 年的新生儿在体重上有明显差异。备择假设更一般的表达式为：

$$H_1: \mu \neq \mu_0 \quad 或 \quad H_1: \mu - \mu_0 \neq 0$$

原假设与备择假设互斥，肯定原假设，意味着放弃备择假设；否定原假设，意味着接受备择假设。由于假设检验是围绕着对原假设是否成立而展开的，所以有些文献也把备择假设称为替换假设，表明当原假设不成立时的替换。

8.1.3 两类错误

对于原假设提出的命题，我们需要做出判断，这种判断可以用“原假设正确”或“原假设错误”来表述。当然，这是依据样本提供的信息进行判断的，也就是由部分来推断总体。因而判断有可能正确，也有可能不正确，也就是说，我们面临着犯错误的可能。所犯的错误有两种类型，第Ⅰ类错误是原假设 H_0 为真却被我们拒绝了，犯这种错误的概率用 α 表示，所以也称 **$\boldsymbol{\alpha}$ 错误**（α error）或**弃真错误**；第Ⅱ类错误是原假设为伪我们却没有拒绝，犯这种错误的概率用 β 表示，所以也称 **$\boldsymbol{\beta}$ 错误**（β error）或**取伪错误**。在前面的例子中，α 错误和 β 错误分别意味着什么呢？

α 错误：原假设 $H_0: \mu = 3\ 190$（克）是正确的，但我们做出了错误的判断，认为 $H_0: \mu \neq 3\ 190$（克），即在假设检验中拒绝了本来是正确的原假设，这时犯了弃真错误。

β 错误：原假设 $H_0: \mu = 3\ 190$（克）是错误的，但我们却认为原假设 $H_0: \mu = 3\ 190$（克）是成立的，即在假设检验中没有拒绝本来是错误的原假设，这时犯了取伪错误。

由此看出，当原假设 H_0 为真，我们却将其拒绝，犯这种错误的概率用 α 表示，那么，当 H_0 为真，我们没有拒绝 H_0，则表明做出了正确的决策，其概率自然为 $1-\alpha$；当原假设 H_0 为伪，我们却没有拒绝 H_0，犯这种错误的概率用 β 表示，那么，当 H_0 为伪，我们拒绝 H_0，这也是正确的决策，其概率为 $1-\beta$，正确决策和犯错误的概率可以归纳为表 8—1。

表 8—1 假设检验中各种可能结果的概率

项目	没有拒绝 H_0	拒绝 H_0
H_0 为真	$1-\alpha$（正确决策）	α（弃真错误）
H_0 为伪	β（取伪错误）	$1-\beta$（正确决策）

自然，人们希望犯这两类错误的概率越小越好。但对于一定的样本量 n，不能同时做到犯这两类错误的概率都很小。如果减小 α 错误，就会增大犯 β 错误的机会；若减小 β 错误，就会增大犯 α 错误的机会。这就像在区间估计中，你要想增大估计的可靠性，就会使区间变宽而降低精度；你要想提高精度，就要求估计区间变得很窄，而这样，估计的可靠性就会大打折扣。当然，使 α 和 β 同时变小的办法也有，这就是增大样本量。但样本量不可能没有限制，否则就会使抽样调查失去意义。因此，在假设检验中，就有一个对两类错误进行控制的问题。

一般来说，哪一类错误所带来的后果越严重，危害越大，在假设检验中就应当把哪一类错误作为首要的控制目标。但在假设检验中，大家都在执行这样一个原则，即首先控制犯 α 错误原则。这样做的原因主要有两点，一方面，大家都遵循一个统一的原则，讨论问题就比较方便。但这还不是最主要的，最主要的原因在于，从实用的观点看，原假设是什么常常是明确的，而备择假设是什么则常常是模糊的。在前面所举的新生儿体重的例子中，原假设 $H_0:\mu=3\ 190$ 克的数量标准十分清楚，而备择假设 $H_1:\mu\neq3\ 190$ 克的数量标准则比较模糊。我们不知道是 $\mu>3\ 190$ 克，还是 $\mu<3\ 190$ 克，而且究竟大多少，大的程度也不清楚。显然，对于一个含义清楚的假设和一个含义模糊的假设，我们更愿意接受前者。正是在这个背景下，我们就更为关心如果 H_0 为真，而我们却把它拒绝了，犯这种错误的可能性有多大。而这正是 α 错误所表现的内容。假设检验中犯两类错误的情况如图 8—1 所示。

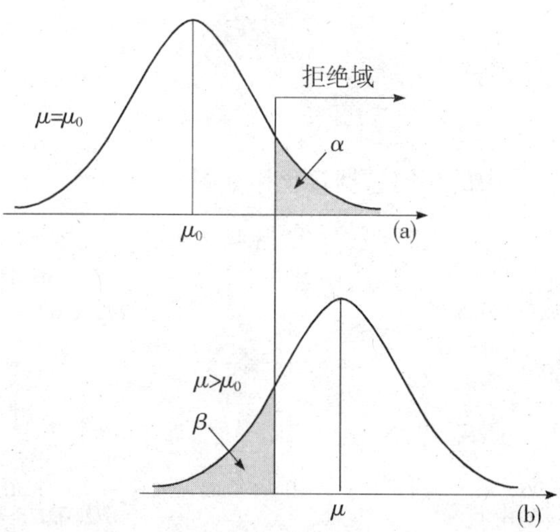

图 8—1 假设检验中犯两类错误的图示

图 8—1 中（a）显示，如果原假设 $H_0:\mu=\mu_0$ 为真，样本的观察结果应当在 μ_0 附近，落入阴影中的概率为 α，我们是根据样本的观察结果做出判断决策，如果观察结果落入（a）中的阴影部分，我们便拒绝原假设，这时便犯了 α 错误，尽管犯这个错误的概率比较小，但这种错误是不可避免的。图 8—1 中（b）显示，如果原假设为伪，被检验的参数 $\mu>\mu_0$，那么当样本观察结果落入阴影 β 中时，我们还是把 μ 看成 μ_0 而没有拒绝，这时便犯了取伪错误，其概率为 β。由图 8—1 还可以看出，如果临界点沿水平方向右移，α 将变小而 β 将变大；如果向左移，α 将变大而 β 将变小。这也说明了在假设检验中 α 和 β 此消彼长的关系。

8.1.4 假设检验的流程

假设检验的一般流程如下：

首先提出原假设和备择假设。在前面新生儿体重这个例子中，原假设和备择假设分别为：

$H_0:\mu=3\ 190$(克)

$H_1:\mu\neq 3\ 190$(克)

接下来，需要确定适当的检验统计量，并计算其数值。在参数的假设检验中，如同在参数估计中一样，要借助样本统计量进行统计推断，这个统计量称为检验统计量。选择哪个统计量作为检验统计量需要考虑一些因素，例如，进行检验的样本量是多还是少，总体标准差 σ 已知还是未知，等等。这些因素与参数估计中确定统计量的标准相同。

计算统计量类似于分数转化过程，如同把一般得分转化为标准得分，在上例中，假定总体 σ 已知，且样本量大（经验说法是当 $n\geqslant 30$ 时，称为大样本），所以采用 z 统计量，计算公式为：

$$z=\frac{\bar{x}-\mu_0}{\sigma/\sqrt{n}} \tag{8.1}$$

由此，可以将上例中的相应数据转化，如图 8—2 所示。

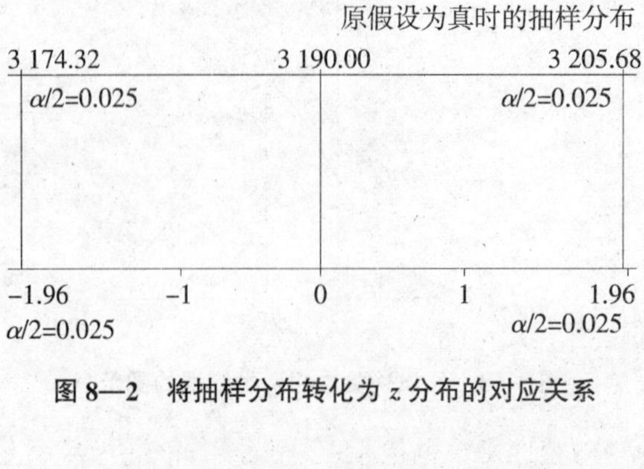

图 8—2 将抽样分布转化为 z 分布的对应关系

在图上方，3 190.00 是 1989 年新生儿体重的平均值，假如根据有关资料知道新生儿体重的标准差为 80 克，即 $\sigma=80$，由例 8.1 可知样本量 $n=100$，根据抽样分布原理，当 $\mu=3\ 190$，$\sigma=80$，$n=100$，$\alpha=0.05$ 时得到的置信区间，3 174.32为置信区间的下限，3 205.68 为置信区间的上限。如果原假设成立，那么 95%的样本均值应当落在这个范围。

在图下方，两个临界点 3 174.32 克和 3 205.68 克分别转化为 z 值，即 $z_{\alpha/2}=\pm1.96$，而与总体均值 3 190 克对应的 z 值恰好为零。z 统计量服从标准正态分布，如图 8—3 所示。

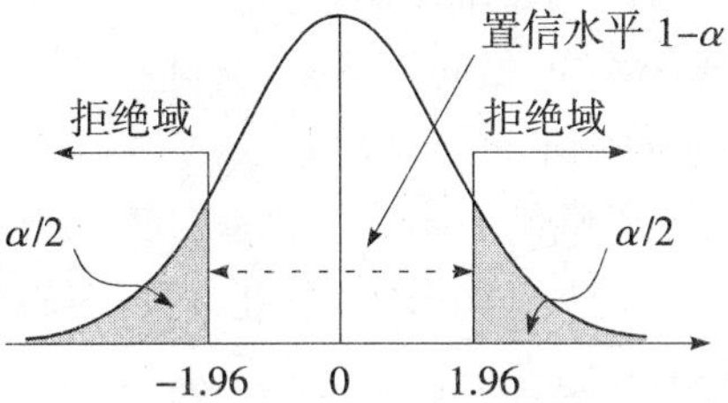

图 8—3　双侧检验示意图

图 8—3 可以直观地帮助我们理解假设检验。进行假设检验利用的是小概率原理，小概率原理是指发生概率很小的随机事件在一次试验中是几乎不可能发生的。根据这一原理可以作出是否拒绝原假设的决定。但什么样的概率才算小呢？著名的英国统计学家费希尔把小概率的标准定为 0.05，虽然费希尔并没有对为什么选择 0.05 给出充分的解释，但人们还是沿用了这个标准，把 0.05 或比 0.05 更小的概率看成小概率。

如果原假设成立，那么在一次试验中 z 统计量落入图 8—3 两侧拒绝域的概率只有 0.05，这个概率是很小的。如果这个情况真的出现，我们有理由认为总体的真值不是 3 190 克，也即拒绝原假设，接受备择假设。

样本均值 $\bar{x}=3\ 210$，由 $\mu_0=3\ 190$，$\sigma=80$，$n=100$，代入式 (8.1)，算得

$$z=\frac{\bar{x}-\mu_0}{\sigma/\sqrt{n}}=\frac{3\ 210-3\ 190}{80/\sqrt{100}}=2.5$$

最后可以进行统计决策。由图 8—3 看出，计算出的 z 值 2.5 落入拒绝域，所以拒绝原假设，认为与 1989 年相比，1990 年新生儿的体重有显著差异。

由图 8—3 还可以看出，如果根据样本数据计算出的 z 值小于 -1.96，同样落入拒绝域，也要拒绝原假设，将左右两边的情况结合起来，我们得到采用这种方法进行假设检验的决策准则：

若 $|z|<|z_{\alpha/2}|$，不拒绝 H_0；

若 $|z|>|z_{\alpha/2}|$，拒绝 H_0。

8.1.5　利用 *P* 值进行决策

前面进行检验的程序是根据检验统计量落入的区域作出是否拒绝原假设的决策。

在确定 α 以后，拒绝域的位置也就相应确定了，其好处是进行决策的界限清晰，但缺陷是进行决策面临的风险是笼统的。在上面的例子中，计算的 $z=2.5$，落入拒绝域，我们拒绝原假设，并知道犯弃真错误的概率（面临的风险）为 0.05，如果计算的 $z=2.0$，同样落入拒绝域，我们拒绝原假设面临的风险也是 0.05。0.05 是一个通用的风险概率，这是用域表示的缺陷，但根据不同的样本结果进行决策，面临的风险事实上是有差别的，为了精确地反映决策的风险度，可以利用 P 值进行决策。

为了解什么是 P 值，让我们回到前面的例子。在例 8.1 中，根据随机抽样测得 1990 年的样本均值 $\bar{x}=3\ 210$ 克，与 1989 年的总体均值3 190克相差 20 克，20 克的差异究竟是大还是小？换句话说，如果原假设成立，即 1990 年新生儿体重的总体均值与 1989 年新生儿体重的总体均值相同，那么随机抽取出 $n=100$ 的样本，其均值大于 3 210 克的概率有多大呢？我们把这个概率称为 P 值，所以 P 值就是当原假设为真时所得到的样本观察结果或更极端结果出现的概率。如果 P 值很小，说明这种情况发生的概率很小，而如果出现了，根据小概率原理，我们就有理由拒绝原假设，P 值越小，我们拒绝原假设的理由就越充分。

P 值是通过计算得到的，P 值的大小取决于三个因素，一个是样本数据与原假设之间的差异，在新生儿体重的例子里这个差异是 20 克；另一个是样本量，这里 $n=100$；再一个是被假设参数的总体分布。在这个例子中计算出的 $P=0.012\ 42$，这就是说，如果原假设成立，样本均值等于和大于3 210克的概率只有0.012 42，这是很小的，由此我们可以拒绝原假设，得到与前面 z 值检验相同的结论，如图 8—4 所示。

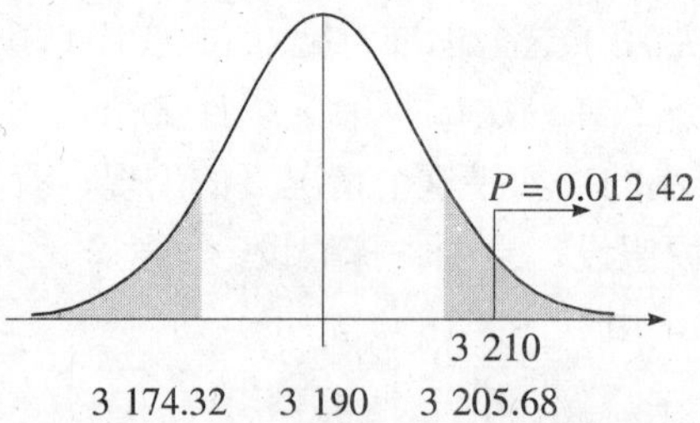

图 8—4　新生儿体重的抽样分布

手工计算 P 值比较复杂，但使用计算机计算 P 值就很方便。如何使用计算机计算后面有专门介绍。

P 值的长处是它反映了观察到的实际数据与原假设之间不一致的概率值，与传统的拒绝域范围相比，P 是一个具体的值，这样就提供了更多的信息。如果事先确定了显著性水平，如 $\alpha=0.05$，则在双侧检验中，$P>0.025(\alpha/2=0.025)$ 不能拒绝原假设；反之，$P<0.025$ 则拒绝原假设。在单侧检验中，$P>0.05$ 不能拒绝原假设，$P<0.05$ 则拒绝原假设。当然，也可以直接使用 P 值进行决策，这时 P 值本身就代表了显著性水平。我们也可以使用 P 值，按照所需要的显著性水平进行判断和决策，具体做法就是用 P 值和需要的显著性水平进行比较。

8.1.6　单侧检验

图 8—3 是双侧检验的示意图，它有两个拒绝域、两个临界值，每个拒绝域的面积为 $\alpha/2$，如果原假设的命题为 $\mu=\mu_0$ 的形式，则属于双侧检验，如在例 8.1 中，有

$$H_0:\mu=3\ 190(克)$$
$$H_1:\mu\neq 3\ 190(克)$$

就属于这种情况。在双侧检验中，只要 $\mu>\mu_0$ 或 $\mu<\mu_0$ 二者之中有一个成立，就可以拒绝原假设。

在另外一些情况下，我们关心的假设问题带有方向性。有两种情况：一种是我们所考察的数值越大越好，如灯泡的使用寿命、轮胎行驶的里程数，等等；另一种是数值越小越好，如废品率、生产成本等。根据人们的关注点不同，单侧检验中可以有不同的方向。

1. 左单侧检验

例 8.2

某批发商欲从厂家购进一批灯泡，根据合同规定灯泡的使用寿命平均不能低于 1 000 小时。已知灯泡燃烧寿命服从正态分布，标准差为 200 小时。在总体中随机抽取了 100 个灯泡，得知样本均值为 960 小时，批发商是否应该购买这批灯泡？

解：这是一个单侧检验问题。显然，如果灯泡的燃烧寿命超过了 1 000 小时，批发商是欢迎的，因为他用已定的价格（灯泡寿命为 1 000 小时的价格）购进了更高质量的产品。因此，如果样本均值超过 1 000 小时，他会购进这批灯泡。问题在于样本均值为 960 小时他是否应当购进。因为即便总体均值为 1 000 小时，由于抽样的随机性，样本均值略小于 1 000 小时的情况也是会经常出现的。在这种场合下，批发商更为关注可以容忍的下限，即当灯泡寿命低于什么水平时拒绝。于是检验的形式为：

$$H_0:\mu\geqslant 1\ 000$$
$$H_1:\mu<1\ 000$$

左单侧检验如图 8—5 所示（$\alpha=0.05$）。也可以把左单侧检验称为下限检验。

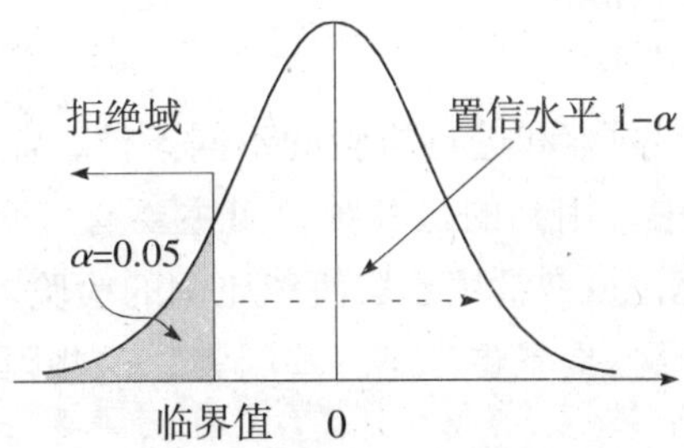

图 8—5　左单侧检验示意图

2. 右单侧检验

与左单侧检验的问题相反，有时我们希望所考察的数值越小越好。请看下面的例题。

例 8.3

某种大量生产的袋装食品，按规定重量不得少于 250 克。今从一批该食品中随机抽取 50 袋，发现有 6 袋重量低于 250 克，若规定不符合标准的比例达到 5%，食品就不得出厂，问该批食品能否出厂？

解：显然，不符合标准的比例越小越好。在这个产品质量检验的问题中，我们比较关心次品率的上限，即不合标准的比例达到多少我们就要拒绝。由于采用的是产品质量抽查，即使总体不合标准的比例没有超过 5%，属于合格范围，但由于抽样的随机性，样本中不合标准的比例略大于 5%的情况也是会经常发生的。如果采用右单侧检验，确定拒绝的上限临界点，检验的形式则可以写为：

$$H_0: \mu \leqslant 5\%$$
$$H_1: \mu > 5\%$$

右单侧检验如图 8—6 所示（$\alpha=0.05$）。也可以把右单侧检验称为上限检验。

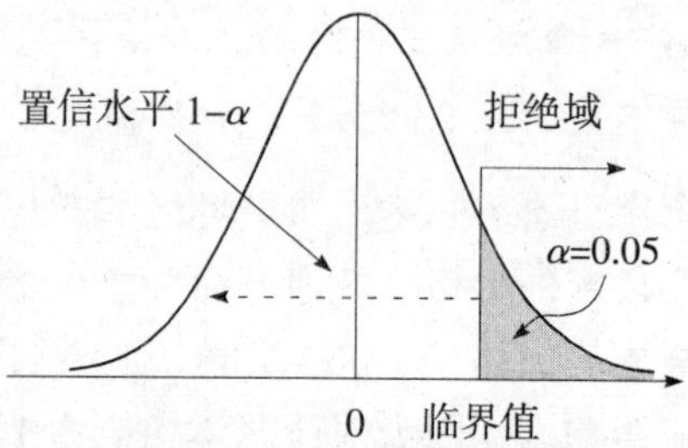

图 8—6　右单侧检验示意图

8.2　一个总体参数的检验

8.2.1　检验统计量的确定

根据假设检验的不同内容和进行检验的不同条件，需要采用不同的检验统计量，在一个总体参数的检验中，用到的检验统计量主要有三个：z 统计量，t 统计量，χ^2 统计量。z 统计量和 t 统计量常常用于均值和比例的检验，χ^2 统计量则用于方差的检验。选择什么统计量进行检验需要考虑一些因素，这些因素主要有样本量 n 的大小，总体的标准差 σ 是否已知。

1. 样本量

样本量大小是选择检验统计量的一个要素。在样本量大的条件下，如果总体为正态分布，样本统计量服从正态分布；如果总体为非正态分布，样本统计量渐近服从正态分布。所以在这种情况下，我们都可以把样本统计量视为正态分布，这时可以使用 z 统计量（z 分布）。z 统计量的计算公式如式（8.1)，即在总体标准差 σ 已知时，有

$$z=\frac{\bar{x}-\mu_0}{\sigma/\sqrt{n}}$$

实践中当总体标准差 σ 未知时，可以用样本标准差 s 代替，上式可以写为：

$$z=\frac{\bar{x}-\mu_0}{s/\sqrt{n}}$$

样本量较小时，情况有些复杂。在假设总体为正态分布的前提下，要看我们是否掌握总体标准差 σ 的信息。

2. 总体标准差 σ 是否已知

在样本量较小的情况下，如果总体标准差已知，样本统计量服从正态分布，这时可以采用 z 统计量。如果总体标准差未知，进行检验所依赖的信息有所减少，这时只能使用样本标准差，样本统计量服从 t 分布，应该采用 t 统计量。与正态分布相比，t 分布更为扁平，在相同概率条件下，t 分布的临界点向两边更为扩展，临界点与中心距离更远，这意味着推断的精度下降，这是总体标准差 σ 未知所要付出的代价。

t 统计量的计算公式为：

$$t=\frac{\bar{x}-\mu_0}{s/\sqrt{n}} \tag{8.2}$$

t 统计量的自由度为 $n-1$。

由上述讨论看出，样本量大小是选择检验统计量一个很重要的因素，在大样本情况下一般可以使用 z 统计量。但样本量 n 为多大才算大样本，不同的人可能给出不同的回答，同时也与被检验的对象有关。仅就分布本身而言，当 n 较小时，t 分布与 z 分布的差异是明显的，随着 n 的扩大，t 分布向 z 分布逼近，它们之间的差异逐渐缩小，t 分布以 z 分布为极限。当样本量 $n>30$ 时，t 分布与 z 分布已经非常接近了，具备了用 z 分布取代 t 分布的理由。所以可以说，当 $n<30$ 时，如果 σ 未知，必须使用 t 统计量；在 $n>30$ 的条件下，选择 t 统计量还是 z 统计量可以根据使用者的偏好。

总体均值和比例检验统计量的确定标准可以归结为图 8—7。

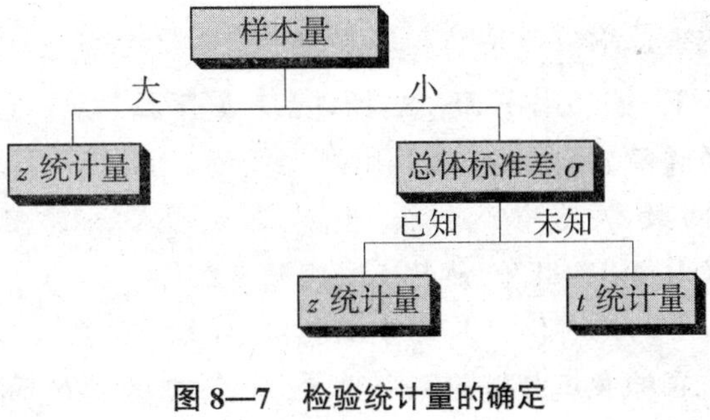

图 8—7　检验统计量的确定

8.2.2 总体均值的检验

1. 样本量大

例 8.4

某机床厂加工一种零件，根据经验知道，该厂加工零件的椭圆度渐近服从正态分布，其总体均值为 0.081mm，今另换一种新机床进行加工，取 200 个零件进行检验，得到椭圆度均值为 0.076mm，样本标准差为 0.025mm，问新机床加工零件的椭圆度总体均值与以前有无显著差别。

解：在这个例题中，我们所关心的是新机床加工零件的椭圆度总体均值与老机床加工零件的椭圆度均值 0.081mm 是否有所不同，于是可以假设：

$H_0: \mu = 0.081\text{mm}$　没有显著差别

$H_1: \mu \neq 0.081\text{mm}$　有显著差别

这是一个双侧检验问题，所以只要 $\mu > \mu_0$ 或 $\mu < \mu_0$ 二者之中有一个成立，就可以拒绝原假设。

由题意可知，$\mu_0 = 0.081\text{mm}$，$s = 0.025\text{mm}$，$\bar{x} = 0.076\text{mm}$。因为 $n > 30$，故选用 z 统计量。

$$z = \frac{\bar{x} - \mu_0}{s/\sqrt{n}} = \frac{0.076 - 0.081}{0.025/\sqrt{200}} = -2.83$$

通常把 α 称为**显著性水平**（significant level）。显著性水平是一个统计专有名词，在假设检验中，它的含义是当原假设正确时却被拒绝的概率或风险，其实这就是前面所说假设检验中犯弃真错误的概率，它是由人们根据检验的要求确定的，通常取 $\alpha = 0.05$ 或 $\alpha = 0.01$，这表明，当做出接受原假设的决定时，其正确的概率为 95% 或 99%，此时不妨取 $\alpha = 0.05$，查表可以得出临界值：

$$z_{\alpha/2} = \pm 1.96$$

z 的下标 $\alpha/2$ 表示双侧检验。

因为 $|z| > |z_{\alpha/2}|$，根据决策准则，拒绝 H_0，可以认为新老机床加工零件椭圆度的均值有显著差别。

用 Excel 中的统计函数功能计算 *P* 值的操作步骤

第 1 步：进入 Excel 表格界面，选择【插入】下拉菜单。

第 2 步：选择【函数】。

第 3 步：在函数分类中选“统计”，随后，在函数名的菜单中选择字符“NORMSDIST”，然后点击【确定】。

第 4 步：输入 z 的绝对值（本例为 2.83），得到的函数值为 0.997 672 537，这意味着在标准正态分布条件下，z 值 2.83 左边的面积为 0.997 672 537，如

图 8—8 所示。

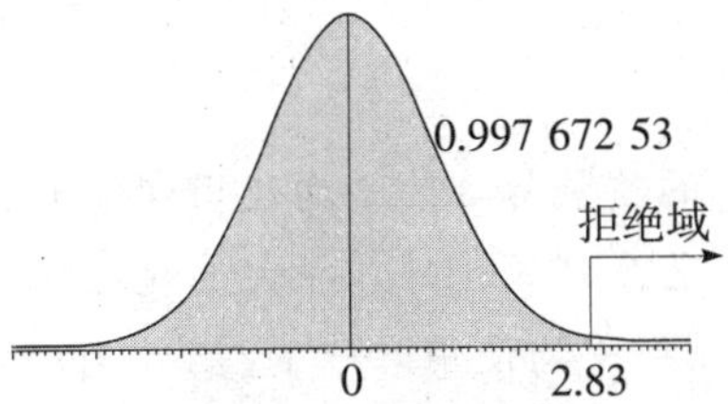

图 8—8　标准正态分布 z 值示意图

$z=2.83$ 右边和 $z=-2.83$ 左边的面积是一样的。在我们的例子中是双侧检验，故最后的 P 值为：

$$P=2\times(1-0.997\ 672\ 537)=0.004\ 655$$

P 值远远小于 α，故拒绝 H_0，得到与前面相同的结论。

例 8.5

我们再对例 8.2 中的假设进行检验。

解： 根据前面的分析，采用左单侧检验。

在该例中已知 $\mu_0=1\ 000$，$\bar{x}=960$，$\sigma=200$，$n=100$，并假定显著性水平 $\alpha=0.05$。由图 8—5 可知拒绝域在左侧，所以临界值为负，即 $z_\alpha=-1.645$。z 的下标 α 表示单侧检验。

进行检验的过程为：

$$H_0:\mu\geqslant 1\ 000$$
$$H_1:\mu<1\ 000$$
$$z=\frac{\bar{x}-\mu_0}{\sigma/\sqrt{n}}=\frac{960-1\ 000}{200/\sqrt{100}}=-2$$

由于 $|z|>|z_\alpha|$，即 z 的值位于拒绝域，所以拒绝 H_0，即这批灯泡的使用寿命低于 1 000 小时，批发商不应购买。

如果使用 P 值检测，按照前述方法，找到 NORMSDIST，在 z 值框内录入样本统计量 z 的绝对值 2，与之相对的函数值为 0.977 25，由于这是单侧检验，故 P 值为：

$$P=1-0.977\ 25=0.022\ 75$$

在单侧检验中，用 P 值直接与 α 比较，由于 $P(0.022\ 75)<\alpha(0.05)$，故拒绝 H_0。

但如果在此例的假设检验中，取显著性水平 $\alpha=0.02$，则有 $P>\alpha$，这时就不能拒绝 H_0。

这进一步说明，检验的结论是建立在概率的基础上的。不能拒绝 H_0 并不一定保证 H_0 为真，只是在规定的显著性水平上不能拒绝原假设。上面的例子说明能在 0.95

的置信水平上拒绝原假设，却不能在 0.98 的置信水平上拒绝原假设。

2. 样本量小，σ 已知

例 8.6

某电子元件批量生产的质量标准为平均使用寿命 1 200 小时，标准差为 150 小时。某厂宣称它采用一种新工艺生产的元件质量大大超过规定标准。为了进行验证，随机抽取了 20 件作为样本，测得平均使用寿命 1 245 小时。能否说该厂的元件质量显著地高于规定标准？

解：首先需要规定检验的方向。在本例中某厂称其产品质量大大超过规定标准 1 200 小时，要检验这个宣称是否可信，因而是单侧检验。从逻辑上看，如果样本均值低于 1 200 小时，元件厂的宣称是会被拒绝的，即使略高于 1 200 小时，我们也会拒绝。只有当样本均值大大超过 1 200 小时，以至于用抽样的随机性也难以解释时，我们才能认可该厂产品质量确实超过规定标准。所以用右单侧检验更为适宜。

由题意可知，$\mu_0=1\ 200$，$\bar{x}=1\ 245$，$\sigma=150$，$n=20$，并规定 $\alpha=0.05$。虽然 $n<30$，但由于 σ 已知，可以使用 z 统计量。进行检验的过程为：

$$H_0: \mu \leqslant 1\ 200$$

$$H_1: \mu > 1\ 200$$

$$z=\frac{\bar{x}-\mu_0}{\sigma/\sqrt{n}}=\frac{1\ 245-1\ 200}{150/\sqrt{20}}=1.34$$

因为这是右单侧检验，由图 8—6 可知拒绝域在右侧，查表得知临界值 $z_\alpha=1.645$。

由于 $z=1.34$ 在非拒绝域，所以不能拒绝 H_0，即还不能说该厂产品质量显著地高于规定标准。

若用 P 值检测，方法与前相同，在 z 值框内输入 1.34，得到函数值为 0.909 9，由于是单侧检验，故 P 值为：

$$P=1-0.909\ 9=0.090\ 1$$

由于 $P>\alpha$，故不能拒绝 H_0，新产品与老产品质量尚未表现出显著差别。

3. 样本量小，σ 未知

例 8.7

某机器制造出的肥皂厚度为 5cm，今欲了解机器性能是否良好，随机抽取 10 块肥皂作为样本，测得平均厚度为 5.3cm，标准差为 0.3cm，试以 0.05 的显著性水平检验机器性能良好的假设。

解：如果机器性能良好，生产出的肥皂厚度将在 5cm 上下波动，过薄或过厚都不符合产品质量标准，所以，根据题意，这是双侧检验问题。

由于总体 σ 未知，且样本量 n 较小，所以应采用 t 统计量。

已知条件为：$\mu_0=5$，$\bar{x}=5.3$，$s=0.3$，$n=10$，$\alpha=0.05$。

$H_0: \mu = 5$

$H_1: \mu \neq 5$

$$t = \frac{\bar{x} - \mu_0}{s / \sqrt{n}} = \frac{5.3 - 5}{0.3/\sqrt{10}} = 3.16$$

当 $\alpha = 0.05$，自由度 $n-1=9$ 时，查表得 $t_{\alpha/2}(9) = 2.262\ 2$。因为 $t > t_{\alpha/2}$，样本统计量落入拒绝域，故拒绝 H_0，接受 H_1，说明该机器的性能不好。

用 Excel 计算 t 统计量检验的 P 值的操作步骤

第 1 步：进入 Excel 表格界面，选择【插入】下拉菜单。

第 2 步：选择【函数】。

第 3 步：在函数分类中选“统计”，至此为止，与 z 统计量检验中的 P 值计算步骤完全相同。随后，在函数名的菜单中选择字符“TDIST”，然后点击【确定】。

第 4 步：在弹出的 X 栏中，输入计算出的 t 值（本例为 3.16）。

在自由度（Deg_freedom）栏中，输入本例中的自由度 9。

在 Tails 栏中，输入 2，表明是双侧检验，如果是单测检验，则在该栏内输入 1。

Excel 计算的 P 值的结果为 0.011 55。

8.2.3　总体比例的检验

比例值总是介于 0～1 或 0～100%之间，在实际问题中，常常需要检验总体比例是否为某个假设值 π_0，例如，全部产品中合格品的比例，一批种子的发芽率，对某项改革措施赞同者的比例，等等。民意调查中常常遇到大量的比例检验问题，因为调查的内容总是与比例有关，例如，希望了解总体中有多少人支持这种或那种观点，多少人知道这件事或那件事。对于一个政治候选人来说，在两人竞选时，50%是一个相当重要的标志，得票率超过 50%将在选举中获胜，所以选举前的民意测验可以给候选人提供如何与对手竞争的重要信息。如果某候选人在一次民意调查中的支持率为 48%，他最终是否能如愿当选？48%与 50%有差异，这个差异是由于抽样的随机性带来的，还是由于该候选人的支持率确实低于竞争对手？候选人竞选班子中的统计专家会精心设计假设检验，通过不断的民意调查所提供的信息，分析竞选的走势。

如果一个事件只可能有两种结果，我们将其称为二项分布，可以证明，在样本量大的情况下，若 $np > 5$，$nq > 5$，则可以把二项分布问题变换为正态分布问题近似地去求解。

这就是说，在总体比例的检验中，通常采用 z 统计量。一般而言，在有关比例的问题的调查中往往使用大样本量，而小样本量的结果是极不稳定的。例如，随机抽取 10 个人，如果支持者有 4 人，支持率为 40%；如果支持者有 5 人，支持率则为 50%，样本中一个人的态度差异导致调查结果相差 10 个百分点，这种不稳定性是我们不愿意看到的。

在比例问题的检验中，z 统计量的计算公式为：

$$z=\frac{p-\pi_0}{\sqrt{\frac{\pi_0(1-\pi_0)}{n}}} \tag{8.3}$$

式中，p 为样本比例；π_0 为总体比例 π 的假设值。

例 8.8

一项统计结果声称，某市老年人口（年龄在 65 岁以上）所占的比例为 14.7%，该市老年人口研究会为了检验该项统计是否可靠，随机抽选了 400 名居民，发现其中有 57 人年龄在 65 岁以上。调查结果是否支持该市老年人口比例为 14.7%的看法（$\alpha=0.05$）？

解： $H_0:\pi=14.7\%$

$H_1:\pi\neq 14.7\%$

$$p=\frac{57}{400}=0.142\ 5=14.25\%$$

$$z=\frac{p-\pi_0}{\sqrt{\frac{\pi_0(1-\pi_0)}{n}}}=\frac{0.142\ 5-0.147}{\sqrt{\frac{0.147\times(1-0.147)}{400}}}=-0.254$$

这是一个双侧检验，当 $\alpha=0.05$ 时，有

$$z_{\alpha/2}=\pm 1.96$$

由于 $|z|<|z_{\alpha/2}|$，不能拒绝 H_0，可以认为调查结果支持了该市老年人口所占比例为 14.7%的看法。

8.2.4 总体方差的检验

在假设检验中，有时不仅需要检验正态总体的均值、比例，而且需要检验正态总体的方差。例如，在产品质量检验中，质量标准是通过不同类型的指标反映的，有些属于均值类型，如尺寸、重量、抗拉强度等；有些属于比例类型，如产品合格率、废品率等；有些属于方差类型，如尺寸的方差、重量的方差、抗拉强度的方差等。在这里，方差反映着产品的稳定性。方差大，说明产品的性能不稳定，波动大。凡与均值有关的指标，通常也与方差有关，方差从另一个方面说明研究现象的状况。在经济生活方面，对方差关注的例子比比皆是。例如，居民的平均收入说明了收入达到的一般水平，是衡量经济发展阶段的一个重要指标，而收入的方差则反映了收入分配差异的情况，可以用于评价收入的合理性。在投资方面，收益率的方差是评价投资风险的重要依据。

对方差进行检验的程序，与均值检验、比例检验是一样的，它们之间的主要区别是所使用的检验统计量不同。方差检验所使用的是 χ^2 统计量。对一个方差为 σ^2 的正态总体反复抽样，计算每一个样本方差 s^2，则 s^2 的分布大体如图 8—9 所示。

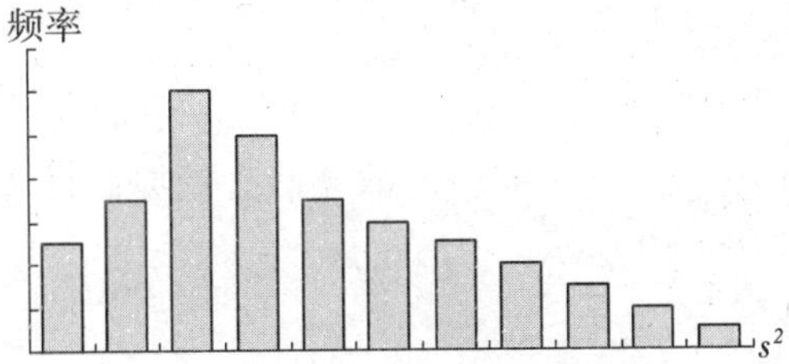

图 8—9　s^2 分布的直方图

由于 $s^2=\dfrac{\sum(x_i-\overline{x})^2}{n-1}$，故

$$\sum(x_i-\overline{x})^2=(n-1)s^2$$

可以证明，$\sum(x_i-\overline{x})^2$ 除以总体方差 σ^2 将服从 χ^2 分布，即

$$\chi^2=\frac{(n-1)s^2}{\sigma^2} \tag{8.4}$$

在第 6 章中，已经对 χ^2 分布做过专门讨论，这里不再赘述。假设检验中，χ^2 与 z 统计量、t 统计量一样，在确定的 α 水平下，也有其固定的拒绝域。

若进行双侧检验，拒绝域分布在 χ^2 统计量分布曲线的两边；若是单侧检验，拒绝域分布在 χ^2 统计量分布曲线的一边。具体是在左边还是右边，需要根据原假设和备择假设的情况而定。

例 8.9

某厂商生产出一种新型的饮料装瓶机器，按设计要求，该机器装一瓶 1 000ml 的饮料误差上下不超过 1ml。如果达到设计要求，表明机器的稳定性非常好。现从该机器装完的产品中随机抽取 25 瓶，分别进行测定（用样本观测值分别减 1 000ml），得到如表 8—2 所示的结果。

表 8—2　25 瓶饮料容量测试结果　单位：ml

0.3	−0.4	−0.7	1.4	−0.6
−0.3	−1.5	0.6	−0.9	1.3
−1.3	0.7	1	−0.5	0
−0.6	0.7	−1.5	−0.2	−1.9
−0.5	1	−0.2	−0.6	1.1

试以 $\alpha=0.05$ 的显著性水平检验该机器的性能是否达到设计要求。

解： 这里采用单侧检验，如果样本统计量 $\chi^2\geqslant\chi^2_\alpha(n-1)$，则拒绝原假设；若 $\chi^2<\chi^2_\alpha(n-1)$，则不能拒绝原假设。

$H_0: \sigma^2 \leqslant 1$

$H_1: \sigma^2 > 1$

由样本数据可以计算出 $s^2=0.866$，故

$$\chi^2=\frac{(n-1)s^2}{\sigma^2}=\frac{(25-1)\times 0.866}{1}=20.8$$

查 χ^2 分布表可知，$\chi^2_{0.05}(24)=36.415$，故不能拒绝原假设 H_0，可以认为该机器的性能达到设计要求，如图 8—10 所示。

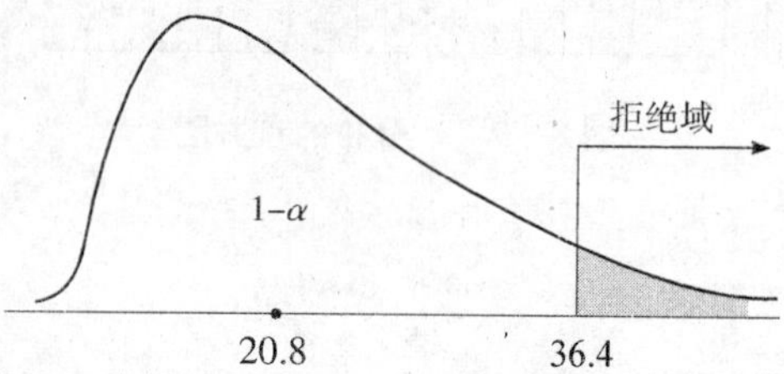

图 8—10　χ^2 检验示意图

8.3　两个总体参数的检验

在许多情况下，人们需要比较两个总体的参数，看它们是否有显著的区别。例如，在相同年龄组中，高学历和低学历的职工收入是否有明显的差异；同一种教学方法，在不同的年级或不同内容的课程中是否会有不同的效果，等等。对此，可以利用两个总体参数的检验寻找答案。

8.3.1　检验统计量的确定

两个总体参数检验的主要内容有：两个总体均值之差的检验，两个总体比例之差的检验，两个总体方差比的检验。与一个总体参数的检验讨论的问题类似，两个总体参数的检验也涉及检验统计量的选择问题。选择什么检验统计量取决于被检验参数的抽样分布，而抽样分布与样本量大小，与总体方差 σ^2 是否已知都有关系。

两个总体均值之差的检验中，可能出现的情况有：

(1)总体方差 σ_1^2，σ_2^2 已知或未知。

在 σ_1^2，σ_2^2 已知的条件下，由抽样分布理论可知，样本统计量服从 z 分布；而在 σ_1^2，σ_2^2 未知的条件下，样本统计量服从 t 分布。故当 σ_1^2，σ_2^2 已知时，可以使用 z 检验；当 σ_1^2，σ_2^2 未知时，可以使用 t 检验。

(2)$n(n_1, n_2)$较大或较小。

当样本量 n_1，n_2 都较大时，如果总体方差 σ_1 和 σ_2 未知，可以用样本方差 s_1^2，s_2^2 替代，这时，样本统计量近似服从 z 分布，采用 z 作为检验统计量是可行的。但是，当 n_1

当 n_1 或 n_2 不大时，如果 σ_1^2，σ_2^2 未知，就应该采用 t 作为检验统计量。

两个总体比例之差的检验中，一般采用 z 统计量，其理由与前一节一个正态总体比例的检验中采用 z 统计量的理由相同。

两个总体方差比的检验中，正如第 6 章中所讨论的，此时样本统计量服从自由度为 n_1-1 和 n_2-1 的 F 分布，故在这种情况下使用 F 作为检验统计量。

上述讨论可以归纳为图 8—11。

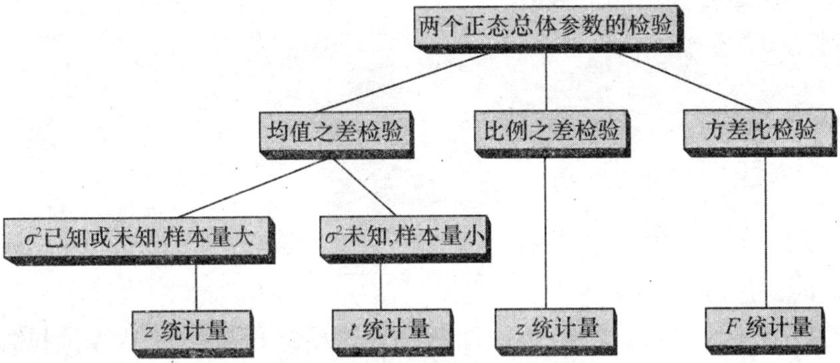

图 8—11　检验统计量的确定

8.3.2　两个总体均值之差的检验

1. σ_1^2，σ_2^2 已知

当两个总体均服从正态分布或虽然两个总体的分布形式未知，但抽自两个总体的样本量均较大，且两个总体的方差 σ_1^2，σ_2^2 已知时，可以证明，由两个独立样本算出的 $\bar{x}_1-\bar{x}_2$ 的抽样分布服从正态分布，标准差为：

$$\sigma_{\bar{x}_1-\bar{x}_2}=\sqrt{\frac{\sigma_1^2}{n_1}+\frac{\sigma_2^2}{n_2}}$$

此时，作为检验统计量 z 的计算公式为：

$$z=\frac{(\bar{x}_1-\bar{x}_2)-(\mu_1-\mu_2)}{\sqrt{\frac{\sigma_1^2}{n_1}+\frac{\sigma_2^2}{n_2}}} \tag{8.5}$$

式中，μ_1 为总体 1 的均值；μ_2 为总体 2 的均值。

例 8.10

有两种方法可用于制造某种以抗拉强度为重要特征的产品。根据以往的资料得知，第一种方法生产出的产品抗拉强度的标准差为 8 千克，第二种方法的标准差为 10 千克。从两种方法生产的产品中各抽一个随机样本，样本量分别为 $n_1=32$，$n_2=40$，测得 $\bar{x}_1=50$ 千克，$\bar{x}_2=44$ 千克。问这两种方法生产出来的产品平均抗拉强度是否有显著差别（$\alpha=0.05$）?

解：由于检验两种方法生产出的产品在抗拉强度上是否存在显著差别，并未涉及方向，所以是双侧检验。建立假设并进行检验：

$H_0:\mu_1-\mu_2=0$ 　没有显著差别

$H_1:\mu_1-\mu_2\neq 0$ 　有显著差别

本题中 σ_1^2，σ_2^2 已知，应选用 z 作为检验统计量，即采用式（8.5），有

$$z=\frac{(\bar{x}_1-\bar{x}_2)-(\mu_1-\mu_2)}{\sqrt{\frac{\sigma_1^2}{n_1}+\frac{\sigma_2^2}{n_2}}}$$

已知 $\bar{x}_1=50$，$\bar{x}_2=44$，$\sigma_1^2=8^2$，$\sigma_2^2=10^2$，$n_1=32$，$n_2=40$，故

$$z=\frac{50-44-0}{\sqrt{\frac{64}{32}+\frac{100}{40}}}=2.83$$

$\alpha=0.05$ 时，$z_{\alpha/2}=1.96$。

因为 $z>z_{\alpha/2}$，所以拒绝 H_0，即两种方法生产出来的产品其抗拉强度有显著差别。

如果计算 P 值，方法与一个正态总体均值检验中计算 P 值的方法相同。经计算，此题中的 P 值为 0.004 654。在双侧检验中，由于 $P<\alpha/2$，故拒绝 H_0，得到与前面相同的结论。

2. σ_1^2，σ_2^2 未知，且 n 较小

在 σ_1^2，σ_2^2 未知且 n 较小的情况下，进行两个总体均值之差的检验需要使用 t 统计量，这里又有两种情况：一种是虽然两个总体方差未知，但知道 $\sigma_1^2=\sigma_2^2$。这个条件的成立，往往是从已有的大量经验中得到的，或者事先进行了关于两个方差相等的检验，并得到肯定的结论。这时，$\sigma_{\bar{x}_1-\bar{x}_2}$ 的估计为：

$$\hat{\sigma}_{\bar{x}_1-\bar{x}_2}=s_p\sqrt{\frac{1}{n_1}+\frac{1}{n_2}} \tag{8.6}$$

式中，

$$s_p^2=\frac{(n_1-1)s_1^2+(n_2-1)s_2^2}{n_1+n_2-2} \tag{8.7}$$

于是，检验统计量 t 的计算公式为：

$$t=\frac{(\bar{x}_1-\bar{x}_2)-(\mu_1-\mu_2)}{s_p\sqrt{\frac{1}{n_1}+\frac{1}{n_2}}} \tag{8.8}$$

t 的自由度为 n_1+n_2-2。

另一种情况是 σ_1^2，σ_2^2 未知，且没有理由判定 σ_1^2 与 σ_2^2 相等，故认为 $\sigma_1^2\neq\sigma_2^2$。当 σ_1^2，σ_2^2 未知时，自然是用样本方差 s_1^2，s_2^2 分别估计 σ_1^2，σ_2^2，$\sigma_{\bar{x}_1-\bar{x}_2}$ 的估计为：

$$\hat{\sigma}_{\bar{x}_1-\bar{x}_2}=\sqrt{\frac{s_1^2}{n_1}+\frac{s_2^2}{n_2}} \tag{8.9}$$

但此时抽样分布已不服从自由度为 (n_1+n_2-2) 的 t 分布，而是近似服从自由度为 f 的 t 分布，f 的计算公式为：

$$f=\frac{\left(\frac{s_1^2}{n_1}+\frac{s_2^2}{n_2}\right)^2}{\frac{\left(\frac{s_1^2}{n_1}\right)^2}{n_1-1}+\frac{\left(\frac{s_2^2}{n_2}\right)^2}{n_2-1}} \tag{8.10}$$

这时，检验统计量 t 的计算公式为：

$$t=\frac{(\bar{x}_1-\bar{x}_2)-(\mu_1-\mu_2)}{\sqrt{\frac{s_1^2}{n_1}+\frac{s_2^2}{n_2}}} \tag{8.11}$$

t 的自由度为 f。

例 8.11

尽管存在争议，但大多数科学家认为，食用含有高纤维的谷类食物有助于降低癌症发生的可能性。然而一个科学家提出，如果人们在早餐中食用高纤维的谷类食物，那么平均而言，与早餐没有食用谷物的人群相比，食用谷物者在午餐中摄取的热量（大卡）将会减少（Toronto Star，1991）。如果这个观点成立，谷物食品的生产商又将获得一个很好的机会，他们会宣传说："多吃谷物吧，早上也吃，这样将有助于减肥。"为了验证这个假设，随机抽取了 35 人，询问他们早餐和午餐的通常食谱，根据他们的食谱，将其分为两类，一类为经常谷类食用者（总体 1），一类为非经常谷类食用者（总体 2）。然后测度每人午餐的大卡摄取量。经过一段时间的实验，得到的结果如表 8—3 所示。

表 8—3　　35 人大卡摄取量

总体 1	568	681	636	607	555
	496	540	539	529	562
	589	646	596	617	584
总体 2	650	569	622	630	596
	637	628	706	617	624
	563	580	711	480	688
	723	651	569	709	632

试以 $\alpha=0.05$ 的显著性水平进行检验。

解：本例中要检验的命题是：早餐食用较多的谷类食物有助于减少午餐中热量的摄取。总体 1 和总体 2 的热量摄取均值分别用 μ_1，μ_2 表示。由于此命题是一个尚未被证实的命题，在单侧检验中，原假设对此类命题应持否定态度，故建立的假设为：

$$H_0:\mu_1-\mu_2\geqslant 0$$
$$H_1:\mu_1-\mu_2<0$$

由于 n_1，n_2 均较小，且 σ_1^2，σ_2^2 未知，也无法断定 $\sigma_1^2=\sigma_2^2$ 是否成立，故属于 n 较小，σ_1^2，σ_2^2 未知，且 $\sigma_1^2\neq\sigma_2^2$ 的情况。据此，采用 t 分布，其自由度为 f。

经过计算，得到 $\bar{x}_1=589.67$，$\bar{x}_2=629.25$，$s_1^2=2\,431.429$，$s_2^2=3\,675.461$，$f=32.34$，若取 $f=32$，由 t 分布表可知 $t_{0.05}(32)=1.694$。由式（8.11），检验统计量 t 值为：

$$t=\frac{(\bar{x}_1-\bar{x}_2)-(\mu_1-\mu_2)}{\sqrt{\dfrac{s_1^2}{n_1}+\dfrac{s_2^2}{n_2}}}=\frac{(589.67-629.25)-0}{\sqrt{\dfrac{2\,431.429}{15}+\dfrac{3\,675.461}{20}}}=-2.128$$

由于 $|t|>|t_\alpha|$，故拒绝 H_0。

本题中，计算的 P 值为 0.009，由于 $P<\alpha$，所以得到拒绝 H_0 的相同结论。

用 Excel 进行两个总体均值之差的检验的操作步骤

将表 8—3 中总体 1 的 15 个数据输入到工作表中的 A1:A15，总体 2 的 20 个数据输入到工作表中的 B1:B20。然后按如下步骤操作：

第 1 步：选择【工具】下拉菜单。

第 2 步：选择【数据分析】选项。

第 3 步：在分析工具中选择【t 检验，双样本异方差假设】(注：对于其他条件的假设，操作步骤类似)。

第 4 步：当出现对话框时：

在【变量 1 的区域】方框内输入数据区域 A1:A15。

在【变量 2 的区域】方框内输入数据区域 B1:B20。

在【假设平均差】方框内输入 0。本例中，建立的原假设为：$H_0:\mu_1-\mu_2\geqslant 0$，故输入 0。如果我们欲检验两个总体均值之差是否等于某个具体数值，如 $H_0:\mu_1-\mu_2=4$，则在该框内输入 4。

在【α】框内输入 0.05。

在【输出选项】中选择输出区域（本例中选“新工作表”）。

选择【确定】。

输出结果如表 8—4 所示。

表 8—4　　双样本异方差假设检验输出表

	A	B	C
1	t-检验：双样本异方差假设		
2			
3		变量 1	变量 2
4	平均	583	629.25
5	方差	2431.428571	3675.460526
6	观测值	15	20
7	假设平均差	0	
8	df	33	
9	t Stat	-2.486888876	
10	P(T<=t) 单尾	0.009059379	
11	t 单尾临界	1.692360456	
12	P(T<=t) 双尾	0.018118757	
13	t 双尾临界	2.03451691	

在有原始数据的条件下，使用 Excel 进行运算是十分方便的。

8.3.3　两个总体比例之差的检验

设两个总体服从二项分布，这两个总体中具有某种特征单位数的比例分别为 π_1 和 π_2，但 π_1 和 π_2 未知，可以用样本比例 p_1 和 p_2 代替。有两种情况：

1. 检验两个总体比例相等的假设

该假设的表达式为：

$$H_0: \pi_1-\pi_2=0 \quad 或 \quad H_0: \pi_1=\pi_2$$

在原假设成立的条件下，最佳的方差是 $p(1-p)$，其中 p 是将两个样本合并后得到的比例估计量，即

$$p=\frac{x_1+x_2}{n_1+n_2}=\frac{p_1n_1+p_2n_2}{n_1+n_2} \tag{8.12}$$

式中，x_1 表示样本 n_1 中具有某种特征的单位数；x_2 表示样本 n_2 中具有某种特征的单位数。

在大样本条件下，统计量 z 的表达式为：

$$z=\frac{p_1-p_2}{\sqrt{p(1-p)\left(\frac{1}{n_1}+\frac{1}{n_2}\right)}} \tag{8.13}$$

例 8.12

人们普遍认为麦当劳的主要消费群体是青少年，但对市场的进一步细分却发现有不同的看法。一种观点认为小学生更喜欢麦当劳，另一种观点认为中学生对麦当劳的喜爱程度不亚于小学生。某市场调查公司对此在某地区进行了一项调查，随机抽取了 100 名小学生和 100 名中学生，调查的问题是如果有麦当劳和其他中式快餐（如兰州拉面），你会首选哪种作为经常性午餐。调查结果如下：小学生（样本 1）100 人中有 76 人把麦当劳作为首选的经常性午餐，中学生（样本 2）100 人中有 69 人作出同样的选择。调查结果支持哪种观点？

解：作为第三方的调查公司，其角色是中立的，所以建立的假设为：

$$H_0: \pi_1-\pi_2=0 \quad 或 \quad H_0: \pi_1=\pi_2$$

$$H_0: \pi_1-\pi_2\neq 0 \quad 或 \quad H_0: \pi_1\neq\pi_2$$

由式（8.12）可得

$$p=\frac{x_1+x_2}{n_1+n_2}=\frac{76+69}{100+100}=0.725$$

由式（8.13）可得

$$z=\frac{p_1-p_2}{\sqrt{p(1-p)\left(\frac{1}{n_1}+\frac{1}{n_2}\right)}}$$

$$=\frac{0.76-0.69}{\sqrt{0.725\times(1-0.725)\times\left(\frac{1}{100}+\frac{1}{100}\right)}}=1.11$$

由决策准则可知，$z=1.11$ 落入接受域，故调查结果支持原假设，说明在该地区小学生和中学生对麦当劳的偏爱程度没有显著差异。

2. 检验两个总体比例之差不为零的假设

即检验 $\pi_1-\pi_2=d_0(d_0\neq 0)$，在这种情况下，两个样本比例之差 p_1-p_2 近似服从以 $\pi_1-\pi_2$ 为数学期望，$\frac{p_1(1-p_1)}{n_1}+\frac{p_2(1-p_2)}{n_2}$ 为方差的正态分布，因而可以选择 z 作为检验统计量：

$$z=\frac{(p_1-p_2)-(\pi_1-\pi_2)}{\sqrt{\frac{p_1(1-p_1)}{n_1}+\frac{p_2(1-p_2)}{n_2}}}$$

$$=\frac{(p_1-p_2)-d_0}{\sqrt{\frac{p_1(1-p_1)}{n_1}+\frac{p_2(1-p_2)}{n_2}}} \quad (8.14)$$

例 8.13

有一项研究报告说青少年经常上网聊天，男生的比例至少超过女生 10 个百分点，即 $\pi_1-\pi_2\geqslant 10\%$（$\pi_1$ 为男生比例，π_2 为女生比例）。现对 150 个男生和 150 个女生进行上网聊天的频度调查，其中经常聊天的男生有 68 人，经常聊天的女生有 54 人。调查结果是否支持研究报告的结论（$\alpha=0.05$）？

解：$H_0:\pi_1-\pi_2\geqslant 10\%$

$H_1:\pi_1-\pi_2<10\%$

由题意可知，$n_1=n_2=150$，$p_1=\frac{68}{150}=0.45$，$p_2=\frac{54}{150}=0.36$，$d_0=10\%$。

由式（8.14）可得

$$z=\frac{(p_1-p_2)-d_0}{\sqrt{\frac{p_1(1-p_1)}{n_1}+\frac{p_2(1-p_2)}{n_2}}}$$

$$=\frac{0.45-0.36-0.1}{\sqrt{\frac{0.45\times(1-0.45)}{150}+\frac{0.36\times(1-0.36)}{150}}}=-0.177$$

这是一个左单侧检验，$z_\alpha=-1.645$，由决策准则可知，$z=-0.177$，落入非拒绝域，故无法推翻原假设，调查结果支持研究报告的结论。

8.3.4　两个总体方差比的检验

如果要检验两个总体方差是否相等，可以通过两个方差之比是否等于 1 来进行。实际中会遇到关注两个总体方差是否相等的问题，如比较两个生产过程的稳定性，比较两种投资方案的风险等。前面讨论两个总体均值之差的检验时，假定两个总体方差相等或不相等。事实上，在许多情况下总体方差是否相等事先往往并不知道，因此在进行两个总体均值之差的检验之前，可以先进行两个总体方差是否相等的检验，由此获得所需要的信息。

为了比较两个未知的总体方差 σ_1^2 和 σ_2^2，我们用两个样本方差的比来判断，如果 s_1^2/s_2^2 接近于 1，说明两个总体方差 σ_1^2 和 σ_2^2 很接近，如果比值结果远离 1，说明 σ_1^2 与 σ_2^2 之间有较大差异。由第 6 章的内容可知，在两个正态总体条件下，两个方差之比服从 F 分布，即

$$F=\frac{s_1^2/\sigma_1^2}{s_2^2/\sigma_2^2} \tag{8.15}$$

在原假设 $\sigma_1^2=\sigma_2^2$ 下，检验统计量 $F=\frac{s_1^2}{s_2^2}$，此时 F 统计量的两个自由度分别为：分子自由度 n_1-1，分母自由度 n_2-1。

在单侧检验中，一般把较大的 s^2 放在分子 s_1^2 的位置，此时 $F>1$，拒绝域在 F 分布的右侧，原假设和备择假设分别为：

$H_0:\sigma_1^2\leqslant\sigma_2^2$

$H_1:\sigma_1^2>\sigma_2^2$

临界点为 $F_\alpha(n_1-1,\ n_2-1)$。这样处理含义明确，易于理解，而且查表方便。在双侧检验中，拒绝域在 F 分布的两侧，两个临界点的位置分别为：

$$F_{\alpha/2}(n_1-1,n_2-1),F_{1-\alpha/2}(n_1-1,n_2-1)$$

如图 8—12 所示。

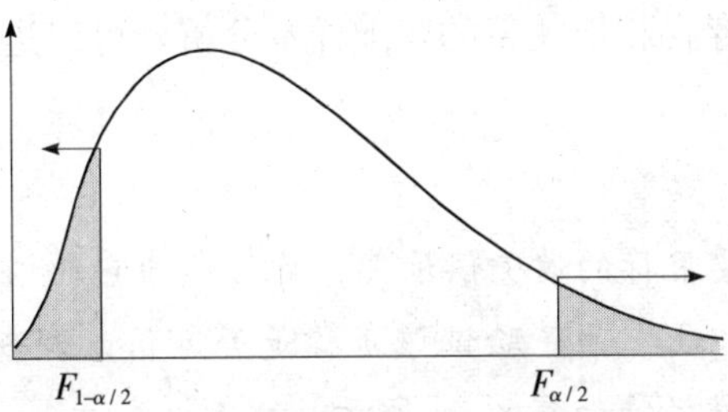

图 8—12　F 分布双侧检验示意图

通常，F 分布表仅给出 $F_{\alpha/2}$ 的位置，可以用它来推算 $F_{1-\alpha/2}$ 的位置，推算公式为：

$$F_{1-\alpha/2}=\frac{1}{F_{\alpha/2}(n_2-1,n_1-1)} \tag{8.16}$$

注意在式（8.16）中，等号右边分母 $F_{\alpha/2}$ 的自由度要调换一下。

例 8.14

在例 8.11 中，得到两个样本的方差分别为 $s_1^2=2\ 431.429$，$s_2^2=3\ 675.461$（见表 8—4），现以 $\alpha=0.05$ 的显著性水平检验两个总体的方差是否相等。

解：由于是检验 σ_1^2 和 σ_2^2 是否相等，故采用双侧检验：

$H_0:\sigma_1^2=\sigma_2^2$ 或 $\sigma_1^2/\sigma_2^2=1$

$H_1:\sigma_1^2\neq\sigma_2^2$ 或 $\sigma_1^2/\sigma_2^2\neq 1$

$$F=\frac{s_1^2}{s_2^2}=\frac{2\ 431.429}{3\ 675.461}=0.662$$

对于 $F_{\alpha/2}(n_1-1,\ n_2-1)$，查表得

$F_{0.025}(14,\ 19)=2.62$

（注：由于自由度 $n_1-1=14$ 数值表中没有，故取 15。）

$F_{0.025}(19,\ 14)=2.84$

（同样的原因用 20 代替 19。）

由式（8.16），有

$$F_{1-\alpha/2}=\frac{1}{F_{\alpha/2}(n_2-1,n_1-1)}=\frac{1}{2.84}=0.352$$

本例中，两个临界点分别为 $F_{1-\alpha/2}=0.352$，$F_{\alpha/2}=2.62$，样本统计量 F 值为 0.662，故不能拒绝 H_0，可以认为这两个总体的方差没有显著差异。

8.3.5 检验中的匹配样本

在前面对两个总体参数进行显著性检验的讨论中，我们都假定样本是独立的。然而在可能情况下采用存在相依关系的匹配样本分析，可以进一步提高效率。对此用下例说明。

例 8.15

一个以减肥为主要目标的健美俱乐部声称，参加它的训练班至少可以使肥胖者平均体重减轻 8.5 千克以上。为了验证该声称是否可信，调查人员随机抽取了 10 名参加者，得到他们的体重记录如表 8—5 所示。

表 8—5　　训练前后的体重记录　　单位：千克

训练前	94.5	101	110	103.5	97	88.5	96.5	101	104	116.5
训练后	85	89.5	101.5	96	86	80.5	87	93.5	93	102

在 $\alpha=0.05$ 的显著性水平下，调查结果是否支持该俱乐部的声称？

解： $H_0:\mu_1-\mu_2\leqslant 8.5$ 平均减重没有超过 8.5 千克

$H_1:\mu_1-\mu_2>8.5$ 平均减重超过 8.5 千克

此时，与训练前后的体重相比，调查人员更关心它们之间的差值。根据上述资料，可以构造出一个差值（减重）样本，如表 8—6 所示。

表 8—6 **差值样本构造表** 单位：千克

训练前	训练后	差值 x
94.5	85	9.5
101	89.5	11.5
110	101.5	8.5
103.5	96	7.5
97	86	11
88.5	80.5	8
96.5	87	9.5
101	93.5	7.5
104	93	11
116.5	102	14.5
合计	—	98.5

差值样本的均值和标准差分别为：

$$\bar{x}=\frac{\sum x}{n}=\frac{98.5}{10}=9.85$$

$$s=\sqrt{\frac{\sum(x_i-\bar{x})^2}{n-1}}$$

$$=\sqrt{\frac{(9.5-9.85)^2+\cdots+(14.5-9.85)^2}{10-1}}=2.199$$

由此得到抽样分布的标准差的估计值为：

$$\hat{\sigma}_{\bar{x}}=\frac{s}{\sqrt{n}}=\frac{2.199}{\sqrt{10}}=0.695$$

因为样本量 n 不大，所以采用 t 分布，其自由度为 $n-1=10-1=9$，由前可知，这是右单侧检验，当 $\alpha=0.05$ 时，$t_\alpha(9)=1.833$。

若把减重（差值）视为一总体，调查人员关心其均值是否大于 8.5 千克。根据上述资料，可以计算出拒绝原假设的临界点，该临界点为：

$$8.5+t_\alpha\hat{\sigma}_{\bar{x}}=8.5+1.833\times 0.695=9.774$$

上述决策如图 8—13 所示。

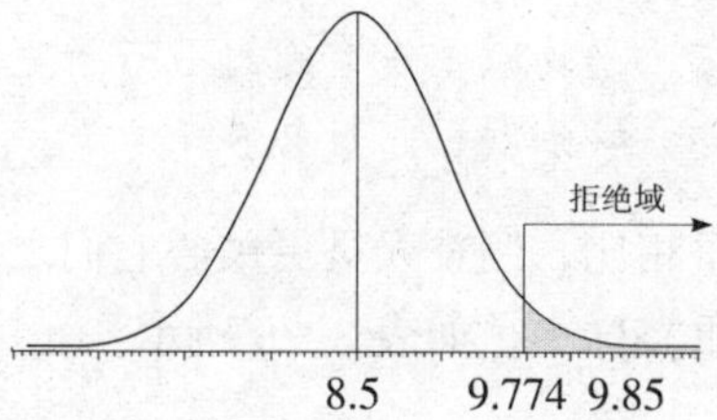

图 8—13 右单侧检验示意图（一）

若样本均值 $\bar{x}<9.774$，接受原假设 $H_0:\mu_1-\mu_2\leqslant 8.5$；若 $\bar{x}>9.774$，接受备择假设 $H_1:\mu_1-\mu_2>8.5$。在此，$\bar{x}=9.85>9.774$，故拒绝原假设，可以认为该俱乐部的声称是可信的。

作为对比，考察相同背景下的两个独立样本。若调查人员随机抽取 10 名参加者训练前的体重记录，又随机抽取另 10 名参加者训练后的体重记录，假设同样得到表 8—5 中的数据。计算结果如表 8—7 所示。

表 8—7 根据表 8—5 计算的结果

样本	样本量	均值	方差
训练前	$n_1=10$	$\bar{x}_1=101.25$	$s_1^2=63.40$
训练后	$n_1=10$	$\bar{x}_2=91.40$	$s_2^2=50.49$

由式（8.7），有

$$s_p^2=\frac{(n_1-1)s_1^2+(n_2-1)s_2^2}{n_1+n_2-2}$$

$$=\frac{(10-1)\times 63.40+(10-1)\times 50.49}{10+10-2}$$

$$=56.945$$

$$s_p=\sqrt{56.945}=7.546$$

$$\hat{\sigma}_{\bar{x}_1-\bar{x}_2}=s_p\sqrt{\frac{1}{n_1}+\frac{1}{n_2}}=7.546\times\sqrt{\frac{1}{10}+\frac{1}{10}}=3.375$$

此时 t 分布的自由度为 $n_1+n_2-2=10+10-2=18$，$\alpha=0.05$，故

$$t_\alpha(18)=1.7341$$

可以计算出拒绝域的临界点为：

$$8.5+t_\alpha\hat{\sigma}_{\bar{x}_1-\bar{x}_2}=8.5+1.7341\times 3.375=14.352$$

因为 $\bar{x}_1-\bar{x}_2=101.25-91.40=9.85<14.352$，所以不能拒绝 H_0，调查结果否认该俱乐部的声称。上述决策如图 8—14 所示。

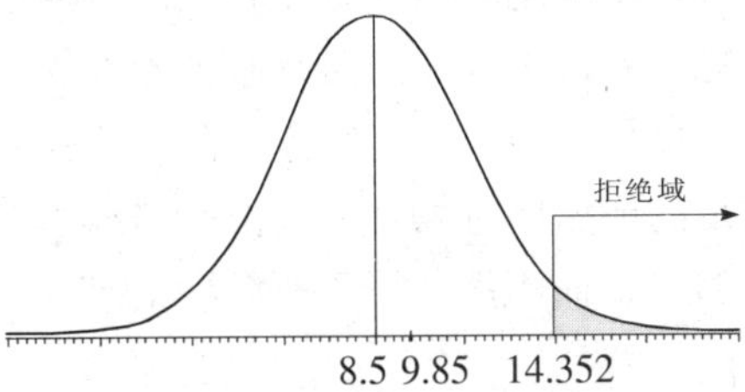

图 8—14 右单侧检验示意图（二）

为什么由表 8—5 中相同的数据会得出不同的结论呢？通过对比可以看出，在匹配样本的检验中，抽样分布的标准差 $\hat{\sigma}_{\bar{x}}=0.695$，而在独立样本的检验中，抽样分布的标准差 $\hat{\sigma}_{\bar{x}_1-\bar{x}_2}=3.375$。与较小的标准差相比，9.85 显著大于 8.5；而与较大的标准差相比，9.85 大于 8.5 的程度则不显著。由于匹配样本实质上起到了控制观测变量影响因素的作用，因而可以得到更为精确的推断结果。

需要注意的是，在什么情况下可以把两个样本看成是匹配样本？可以考虑下面两个例子。一个例子是研究人员检验新稻种和旧稻种是否有显著差异。如果从一个地区抽取新稻种的样本，从另一个地区抽取旧稻种的样本，则两个样本是独立的；但如果将一块地一分为二，一边用新稻种，一边用旧稻种，这时稻种生长所依赖的土壤、水分、气候等自然条件均相同，这样的样本就是匹配样本。另一个例子是欲检验打字员在使用两种不同型号的打字机时打字速度是否有显著差异。假设让一批打字员使用某种型号的打字机，让另一批打字员使用另一种型号的打字机，这时的样本是独立的；但如果让同一批打字员分别使用不同型号的打字机，这时的样本就是匹配样本。在两个总体参数的检验问题中，根据可能的情况采用匹配样本的设计，可以有效地提高检验的效率。

8.4 检验问题的进一步说明

8.4.1 关于检验结果的解释

在前面各种类型的检验中，我们采用是否拒绝原假设 H_0 的方式达到检验目的。事实上，原假设是关于总体分布的某个未知特征的一种猜测，我们并不知道这个猜测是否正确。但是在选择 α 作为显著性的标准时，却是在 H_0 为真的前提下进行的，意思是，正常情况下事件结果应该与原假设 H_0 相差不远，如果发生了与 H_0 不一致的、概率小于显著性水平 α 的事件，则拒绝 H_0，否则，不拒绝 H_0。这种反证法的特点，保证了犯第Ⅰ类错误的概率不超过 α，即错误地拒绝 H_0 的概率不超过 α，但无法提供有关犯第Ⅱ类错误的信息，即不知道错误地接受 H_0 的概率。因此，对于显著性水平 α 的检验准则而言，如果出现拒绝 H_0 的结果，我们可以说“结论 H_1 为真出错的概率不超过 α”。

从假设检验的原理看，不拒绝原假设意味着我们所构造的与原假设相矛盾的小概率事件没有发生，但可能还有许多其他的与原假设矛盾的小概率事件，我们没有也无法证实所有的这些小概率事件不会发生，因此，我们把假设检验中出现接受 H_0 的结果解释为"没有发现充足的证据反对 H_0"，或更严格地解释为"在显著性水平 α 下没有发现充足的证据反对 H_0"，而不用"接受原假设 H_0"，因为我们无法证明原假设是真的。

8.4.2 单侧检验中假设的建立

在单侧检验中，如何建立假设是一个需要考虑的问题。如果是左侧检验，即

$$H_0: \mu \geqslant \mu_0$$
$$H_1: \mu < \mu_0$$

当 $|\bar{x}-\mu_0| < \Delta$ 时，不拒绝 H_0。

如果是右侧检验，即

$$H_0: \mu \leqslant \mu_0$$
$$H_1: \mu > \mu_0$$

当 $|\bar{x}-\mu_0| < \Delta$ 时，不拒绝 H_0。这样，同一个数据却得出相反的结论。这种情况可以由下面的例子得到说明。

例 8.16

某种灯泡的质量标准是平均燃烧寿命不得低于 1 000 小时。已知灯泡批量产品的燃烧寿命服从正态分布，且标准差为 100 小时。商店欲从工厂进货，随机抽取 81 个灯泡检查，测得 $\bar{x}=990$ 小时，问商店是否决定购进这批灯泡（$\alpha=0.05$）？

解： 这里可以有两种假设。

第一种，认为该厂生产的灯泡不会低于规定的质量标准，故检验 $\mu \geqslant 1\,000$ 小时是否成立。

$$H_0: \mu \geqslant 1\,000$$
$$H_1: \mu < 1\,000$$

这是左侧检验，检验统计量 z 为：

$$z=\frac{990-1\,000}{100/\sqrt{81}}=-0.9$$

而 $z_\alpha=-1.645$，由于 $|z| < |z_\alpha|$，所以不能拒绝 H_0，即可以认为该厂生产的灯泡达到了规定的质量标准。

第二种，认为该厂生产的灯泡很可能低于规定的质量标准，故检验 $\mu \leqslant 1\,000$ 小时是否成立。

$$H_0: \mu \leqslant 1\,000$$
$$H_1: \mu > 1\,000$$

这是右侧检验，临界值 $z_\alpha = 1.645$ 在分布曲线的右侧，检验统计量 $z = -0.9$，故同样不能拒绝 H_0，即认为灯泡的质量没有达到规定标准。

于是出现了一个两种情况下的推断似乎矛盾的现象。其实，这也反映了统计推断的一种特点，它不是简单地采用那种“非此即彼”的逻辑。为了便于说明，可以认为检验是在两种不同的背景下进行的。第一种假设的背景是，从过去的历史记录看，该灯泡厂有良好的声誉，商店相信该厂的质量一贯是不错的，于是选择 $\mu \geqslant \mu_0$ 作为原假设。这样做对灯泡厂是有利的，因为这使得达到质量标准的产品只以很低的概率 α 被拒收。虽然这会使商店面临接受不合格产品的风险，但厂家良好的历史记录显示这种情况的可能性很小。商店也由增大货源而获利。

第二种假设的背景是，以往的记录表明，厂家的产品质量并不很好，这时，商店就可以坚持以 $\mu \leqslant \mu_0$ 为原假设。这样做表明商店要求有较强的证据才能相信这批产品质量达到了标准。这就类似于说一个人一向表现不好，则必须有显著的好的表现，才能相信他确有进步。这样做就达到了至少把 $100(1-\alpha)\%$ 的不合格产品拒之门外的目的。

由此可见，同一个问题，由于对背景的了解不同而采取了不同的态度，具体是通过选择假设的方向来体现的。这样也就不难理解前面所出现的表面矛盾。当产品质量一贯很好时，我们认为稍差的样本并不成为整批产品非优的有力证据；当产品质量一贯不好时，我们认为测试合格的样本也不成为整批产品为优的有力证据。出发点不同，并无矛盾可言。

当然，在实际问题的检验中，我们不可能对问题的背景都有所了解，如何提出假设，特别是单侧假设的方向，便成为一个问题。但遗憾的是，如何确定假设并没有固定的统一标准，假设的确定通常与所要检验的问题的性质，检验者所要达到的目的有一定关系，也与检验员的经验和知识水平有关。不过，在假设检验中一般是把希望证明的命题放在备择假设上，而把原有的、传统的观点或结论放在原假设上，这样可以更好地体现假设检验的价值。设想一下，如果我们完全认可原有的东西，就没有必要去进行检验了，正是我们对原有的东西产生怀疑，才去进行调查，希望能够用事实推翻原有的观念，带来新的结论。由于推翻原假设需要检验统计量落入拒绝域，所以在一次试验中原假设是具有优势的，由小概率原理，备择假设在一次试验中不容易发生，但一旦发生，我们就有充足的理由推翻原假设，这意味着一个新结论的诞生。但是没有拒绝原假设，并不意味着备择假设就是错的，只是说还没有足够的证据表明原假设不成立。这与法庭上对被告定罪类似，总是先假定被告无罪（原假设），然后看这些证据是否能判定被告有罪（备择假设）。如果证据不充分，我们不能说被告一定清白，只是说目前的证据还无法认定被告有罪。而如果证据充分，我们则可以得到被告有罪的定论。因而在假设检验中对统计结论的正确理解是很重要的。接受备择假设一定意味着原假设错误；没有拒绝原假设并不能表明备择假设一定是错的。

所谓“原有的、传统的”是指原有的理论、原有的看法、原有的状况，或者说是那些历史的、经验的、在此之前被大多数人所认可和接受的东西，在没有充分证据证明其错误时，总是假定是正确的，处于原假设被保护的位置。而那些新的、可能的、猜测的则处于备择假设的位置。人们感兴趣的是那些新的、可能的、猜测的东西，希望用事实推翻原假设，实现吐故纳新。可以分析下面几个例子：

● 采用新技术后，将会使产品的使用寿命延长到 5 000 小时以上。

分析：产品的使用寿命没有超过 5 000 小时是原来的情况，在没有充分事实证明前不应轻易否定，故

$H_0:\mu\leqslant 5\ 000$　　不能轻易否定的命题

$H_1:\mu>5\ 000$　　需要验证的命题

● 改进生产工艺后，会使产品的废品率降到 1%以下。

分析：以前的产品废品率在 1%以上，改进生产工艺可以使产品废品率下降正是需要验证的命题，故

$H_0:\pi\geqslant 1\%$　　不能轻易否定的命题

$H_1:\pi<1\%$　　需要验证的命题

● 一项研究认为，与不吸烟相比，吸烟容易导致肺癌。

分析：若令 π_1 为吸烟人群的肺癌发病率，π_2 为不吸烟人群的肺癌发病率，则该命题的表述为 $\pi_1\geqslant\pi_2$。也许有人对此有不同看法，但要推翻上述命题，验证“吸烟与肺癌无关”的新命题，则需要证据。因此

$H_0:\pi_1\geqslant\pi_2$　　不能轻易否定的命题

$H_1:\pi_1<\pi_2$　　需要验证的命题

单侧检验中假设的建立，本质上取决于检验人员对检验问题的价值判断，因此，对同一个问题提出不同方向的假设这种情况也是有的。我们不能武断地说哪种价值观对，哪种价值观错，只能在价值判断共同标准的前提下，讨论在具体的条件下哪种假设更为合理。

□ 思考与练习

一、思考题

8.1　假设检验和参数估计有什么相同点和不同点？

8.2　什么是假设检验中的显著性水平？统计显著是什么意思？

8.3　什么是假设检验中的两类错误？

8.4　两类错误之间存在什么样的数量关系？

8.5　解释假设检验中的 P 值。

8.6　显著性水平与 P 值有何区别？

8.7　假设检验依据的基本原理是什么？

8.8　在单侧检验中原假设和备择假设的方向应该如何确定？

二、练习题

8.1　已知某炼铁厂的铁水含碳量服从正态分布 $N(4.55, 0.108^2)$，现在测定了9炉铁水，其平均含碳量为4.484。如果估计方差没有变化，可否认为现在生产的铁水平均含碳量为4.55（$\alpha=0.05$）？

8.2　一种元件，要求其使用寿命不得低于700小时。现从一批这种元件中随机抽取36件，测得其平均寿命为680小时。已知该元件寿命服从正态分布，$\sigma=60$ 小时，试在显著性水平0.05下确定这批元件是否合格。

8.3　某地区小麦的一般生产水平为亩产250公斤，其标准差为30公斤。现用一种化肥进行试验，从25个小区抽样，平均产量为270公斤。这种化肥是否使小麦明显增产（$\alpha=0.05$）？

8.4　糖厂用自动打包机打包，每包标准重量是100千克。每天开工后需要检验一次打包机工作是否正常。某日开工后测得9包重量（单位：千克）如下：

99.3　98.7　100.5　101.2　98.3　99.7　99.5　102.1　100.5

已知包重服从正态分布，试检验该日打包机工作是否正常（$\alpha=0.05$）。

8.5　某种大量生产的袋装食品，按规定不得少于250克。今从一批该食品中任意抽取50袋，发现有6袋低于250克。若规定不符合标准的比例超过5%就不得出厂，问该批食品能否出厂（$\alpha=0.05$）？

8.6　某厂家在广告中声称，该厂生产的汽车轮胎在正常条件下行驶距离超过目前的平均水平25 000公里。对一个由15个轮胎组成的随机样本做了试验，得到样本均值和标准差分别为27 000公里和5 000公里。假定轮胎寿命服从正态分布，问该厂家的广告是否真实（$\alpha=0.05$）？

8.7　某种电子元件的寿命 x（单位：小时）服从正态分布。现测得16只元件的寿命如下：

159　280　101　212　224　379　179　264
222　362　168　250　149　260　485　170

是否有理由认为元件的平均寿命显著地大于225小时（$\alpha=0.05$）？

8.8　随机抽取9个单位，测得结果分别为：

85　59　66　81　35　57　55　63　66

以 $\alpha=0.05$ 的显著性水平对下述假设进行检验：$H_0:\sigma^2\leqslant 100$，$H_1:\sigma^2>100$。

8.9　A，B两厂生产同样的材料。已知其抗压强度服从正态分布，且 $\sigma_A^2=63^2$，$\sigma_B^2=57^2$。从A厂生产的材料中随机抽取81个样品，测得 $\bar{x}_A=1\,070\text{kg/cm}^2$；从B厂生产的材料中随机抽取64个样品，测得 $\bar{x}_B=1\,020\text{kg/cm}^2$。根据以上调查结果，能否认为A，B两厂生产的材料平均抗压强度相同（$\alpha=0.05$）？

8.10 装配一个部件可以采用不同的方法，所关心的问题是哪一个方法的效率更高。劳动效率可以用平均装配时间来反映。现从不同的装配方法中各抽取 12 件产品，记录各自的装配时间（单位：分钟）如下：

甲方法：31 34 29 32 35 38 34 30 29 32 31 26

乙方法：26 24 28 29 30 29 32 26 31 29 32 28

两总体为正态总体，且方差相同，问这两种方法的装配时间有无显著差别（$\alpha=0.05$）？

8.11 调查了 339 名 50 岁以上的人，在 205 名吸烟者中有 43 个患慢性气管炎，在 134 名不吸烟者中有 13 人患慢性气管炎。调查数据能否支持“吸烟者容易患慢性气管炎”这种观点（$\alpha=0.05$）？

8.12 为了控制贷款规模，某商业银行有个内部要求，平均每项贷款数额不能超过 60 万元。随着经济的发展，贷款规模有增大的趋势。银行经理想了解在同样项目条件下，贷款的平均规模是否明显地超过 60 万元，故一个 $n=144$ 的随机样本被抽出，测得 $\bar{x}=68.1$ 万元，$s=45$。在 $\alpha=0.01$ 的显著性水平下采用 P 值进行检验。

8.13 有一种理论认为服用阿司匹林有助于减少心脏病的发生，为了进行验证，研究人员把自愿参与实验的 22 000 人随机平均分成两组，一组人员每星期服用三次阿司匹林（样本 1），另一组人员在相同的时间服用安慰剂（样本 2）。持续 3 年之后进行检测，样本 1 中有 104 人患心脏病，样本 2 中有 189 人患心脏病。以 $\alpha=0.05$ 的显著性水平检验服用阿司匹林是否可以降低心脏病发生率。

8.14 某工厂制造螺栓，规定螺栓口径为 7.0cm，方差为 0.03cm。今从一批螺栓中抽取 80 个测量其口径，得平均值为 6.97cm，方差为 0.037 5cm。假定螺栓口径服从正态分布，问这批螺栓是否达到规定的要求（$\alpha=0.05$）？

8.15 有人说在大学中男生的学习成绩比女生的学习成绩好。现从一个学校中随机抽取了 25 名男生和 16 名女生，对他们进行了同样题目的测试。测试结果表明，男生的平均成绩为 82 分，方差为 56 分，女生的平均成绩为 78 分，方差为 49 分。假设显著性水平 $\alpha=0.02$，从上述数据中能得到什么结论？

第 9 章 分类数据分析

Chapter 9

泰坦尼克号的死亡记录告诉了我们什么?

1912 年 4 月 15 日，豪华巨轮泰坦尼克号与冰山相撞而沉没。1985 年，泰坦尼克号的沉船遗骸被发现。美国探险家洛维特在船舱里看见了一幅画，102 岁高龄的罗丝声称她就是画中的少女。罗丝开始叙述她当年的故事：1912 年 4 月 10 日，被称为“世界工业史上的奇迹”的泰坦尼克号从英国的南安普顿出发驶往美国纽约。富家少女罗丝与母亲及未婚夫卡尔一道上船，另一边，不羁的少年画家杰克靠在码头上的一场赌博赢到了船票。罗丝不愿嫁给卡尔，打算投海自尽，被杰克抱住。很快，美丽活泼的罗丝与英俊开朗的杰克相爱了。悲剧发生了，泰坦尼克号与冰山相撞。杰克把生存的机会让给了爱人罗丝，自己则在冰海中被冻死。老态龙钟的罗丝讲完这段爱情后，把那串价值连城的珠宝沉入海底，让它陪着杰克和这段爱情长眠海底。我们在后来看到的电影《泰坦尼克号》就是根据罗丝的回忆拍摄的。

据记载，当时船上有 1 316 名乘客和 892 名船员共 2 208 人，事故发生后幸存 718 人，约 2/3 的人在海难中丧生。2 208 人中，按性别划分，男性 1 738 人，女性 470 人；按年龄划分，成年人 2 099 人，儿童 109 人；按所在舱位划分，一等舱 325 人，二等舱 285 人，三等舱 706 人，船员舱 892 人。在幸存的 718 人中，按性别划分，男性 374 人，女性 344 人；按年龄划分，成年人 661 人，儿童 57 人；按所在舱位划分，一等舱 203 人，二等舱 118 人，三等舱 178 人，船员舱 219 人。

以上都是分类数据。数据是枯燥的，但讲述的问题却是鲜活的。死亡与性别是否有关？与年龄是否有关？与所在舱位是否有关？如何解释这些关系？当时人们的价值观念和对待死亡的态度有什么联系？通过本章的学习，可以掌握对定类数据进行分析的方法。

本章讨论的统计方法主要用于分类数据的分析。此外，在上一章中介绍了两个总体比例之差的检验，如果对更多的总体比例进行比较，则需要采用本章介绍的方法。对分类数据进行分析的统计方法主要是利用 χ^2 分布，许多教材又将其称为 χ^2 检验。χ^2 检验的应用主要表现在两个方面：拟合优度检验和独立性检验。列联表是进行独立性检验的重要工具。

9.1 分类数据与 χ^2 统计量

9.1.1 分类数据

在第 1 章中曾提出统计数据的类型有分类数据、顺序数据和数值型数据。分类数据是对事物进行分类的结果，其特征是，调查结果虽然用数值表示，但不同数值描述了调查对象的不同特征。例如，研究青少年家庭状况与行为之间的关系，青少年家庭状况是一个分类数据，可以分为“完整家庭”和“离异家庭”，如果调查结果为“1”，则表示被调查者来自完整家庭，调查结果为“2”，则表示被调查者来自离异家庭。青少年行为也可以分为两类，“犯罪”和“未犯罪”，分别用“1”和“2”表示。对这类问题是在汇总数据的基础上进行分析的，数据汇总的结果表现为频数。

例如在前面泰坦尼克号海难的例子中，当时船上共 2 208 人，其中男性 1 738 人，女性 470 人。海难发生后，幸存者 718 人，其中男性 374 人，女性 344 人。这里，性别是分类变量，有两个类别：男性和女性；幸存的男性 374 人和女性 344 人都是事件结果，以频数的方式表现。

由第 1 章的讨论我们还知道，在一些问题的研究中，数值型数据可以转化为分类数据。例如“收入”是一个数值型数据，但如果研究收入分配，则可以按照一定的标准把不同收入的被调查者分为不同的类型，如“高收入群”、“较高收入群”、“中等收入群”等。各收入群的统计结果就是频数。

由上述内容可知，分类数据的结果是频数，χ^2 检验是对分类数据的频数进行分析的统计方法。

9.1.2 χ^2 统计量

在第 6 章中对 χ^2 分布已经有所介绍，这里结合本章研究的问题，讨论 χ^2 统计量的应用。χ^2 可以用于测定两个分类变量之间的相关程度。若用 f_o 表示观察值频数（observed frequency），用 f_e 表示期望值频数（expected frequency），则 χ^2 统计量可以写为：

$$\chi^2 = \sum \frac{(f_o - f_e)^2}{f_e} \tag{9.1}$$

χ^2 统计量有如下特征：首先，$\chi^2 \geqslant 0$，因为它是对平方结果的汇总；其次，χ^2 统计量的分布与自由度有关；最后，χ^2 统计量描述了观察值与期望值的接近程度。两者越接近，即 $f_o - f_e$ 的绝对值越小，计算出的 χ^2 值就越小；反之，$f_o - f_e$ 的绝对值越大，计算出的 χ^2 值也越大。χ^2 检验正是通过对 χ^2 的计算结果与 χ^2 分布中的临界值进行比较，做出是否拒绝原假设的统计决策。

χ^2 分布与自由度的关系如图 9—1 所示。图 9—1 显示了自由度分别为 1，5 和 10 时，与之对应的 χ^2 分布。

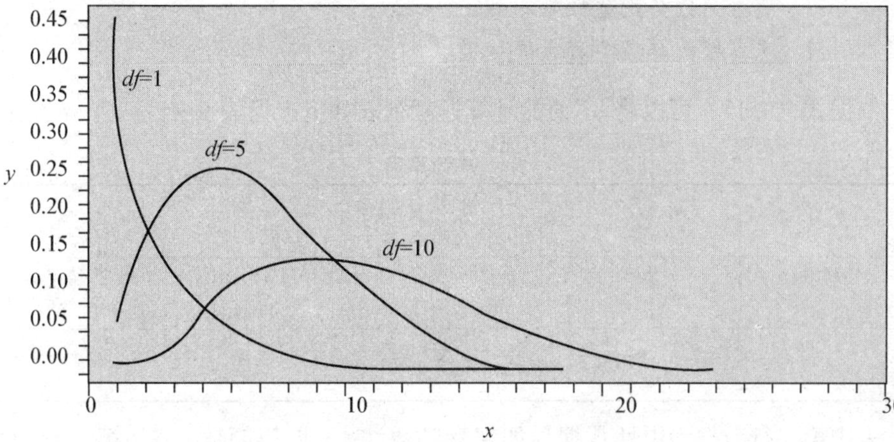

图 9—1　自由度分别为 1，5 和 10 时的 χ^2 分布

由图 9—1 看出，自由度越小，分布就越向左边倾斜，随着自由度的增加，χ^2 分布的偏斜程度趋于缓解，逐渐显露出对称性，随着自由度的继续增大，χ^2 分布将趋近于对称的正态分布。

利用 χ^2 统计量，可以对分类数据进行拟合优度检验和独立性检验。

9.2　拟合优度检验

拟合优度检验（goodness of fit test）是用 χ^2 统计量进行统计显著性检验的重要内容之一。它是依据总体分布状况，计算出分类变量中各类别的期望频数，与分布的观察频数进行对比，判断期望频数与观察频数是否有显著差异，从而达到对分类变量进行分析的目的。例如，在泰坦尼克号的例子中，我们关注在这次海难中，幸存者的性别是否有显著差异。当时船上共有 2 208 人，其中男性 1 738 人，女性 470 人。海难发生后，幸存者共 718 人，其中男性 374 人，女性 344 人。海难后存活比率为 718/2 208＝0.325。如果是否活下来与性别没有关系，那么按照这个比率，在 1 738 位男性中应该存活 1 738×0.325＝565 人，在 470 位女性中应该存活 470×0.325＝153 人。565 和 153 就是期望频数，而实际存活结果就是观察频数。通过期望频数和观察频数的比较，能够从统计角度做出存活与性别是否有关的判断。

下面我们把这个例子作为一个假设问题提出。

例 9.1

1912 年 4 月 15 日，豪华巨轮泰坦尼克号与冰山相撞沉没。当时船上共有 2 208 人，其中男性 1 738 人，女性 470 人。海难发生后，幸存者共 718 人，其中男性 374 人，女性 344 人，以 $\alpha=0.1$ 的显著性水平检验存活状况与性别是否有关。

解：在本例中需要判断观察频数与期望频数是否一致。

H_0：观察频数与期望频数一致

H_1：观察频数与期望频数不一致

依据式（9.1），可以将 χ^2 值的计算过程列表如下（见表 9—1）。

表 9—1 **χ^2 计算表**

f_o	f_e	步骤一 f_o-f_e	步骤二 $(f_o-f_e)^2$	步骤三 $(f_o-f_e)^2/f_e$
374	565	−191	36 481	64.6
344	153	191	36 481	238.4
步骤四 $\chi^2=\sum\frac{(f_o-f_e)^2}{f_e}=303$				

表中第一行数据为男性数据，如观察频数 374，期望频数 565，第二行为女性数据，如观察频数 344，期望频数 153。表 9—1 可以反映 χ^2 值的计算过程：

步骤一：计算 f_o-f_e；

步骤二：计算 $(f_o-f_e)^2$；

步骤三：计算 $(f_o-f_e)^2/f_e$；

步骤四：计算 $\chi^2=\sum\frac{(f_o-f_e)^2}{f_e}=303$。

自由度的计算公式为 $df=R-1$，R 为分类变量类型的个数。在本例中，分类变量是性别，有男女两个类别，故 $R=2$，于是自由度 $df=2-1=1$，经查 χ^2 分布表，$\chi^2_{0.1}(1)=2.706$，括号中的数字表示自由度。因为 χ^2 远大于 $\chi^2_{0.1}$，故拒绝 H_0，接受 H_1，说明存活状况与性别显著相关。

用 Excel 计算 P 值的操作步骤

第 1 步：将观察值输入一列，将期望值输入一列。

第 2 步：选择【插入】下拉菜单。

第 3 步：选择【函数】选项（更简便的方法是，由第 2 步从界面直接选“f_x”）。

第 4 步：在函数分类中选“统计”，在函数名称中选“CHITEST”，点击【确定】。

第 5 步：在对话框【Actual _ range】中输入观察数据。

在对话框【Expected _ range】中输入期望数据。

得到 P 值为 $7.292\,3\times10^{-68}$，近乎于零。由于 $P<\alpha$，所以拒绝原假设。

同样的方法还可以对泰坦尼克号这个例子中的年龄、舱位情况进行检验。结果表明，儿童存活率高于成人，一等舱、二等舱存活率高于船员舱。对这些结果的深层次分析，或许有助于我们认识当海难发生时，人们对待死亡的态度。

在第 8 章中，我们介绍了总体比例的检验（见 8.2.3），如果 $np>5$，$nq>5$，就可以把二项分布转化为正态分布，计算 z 统计量。z 统计量的计算公式为：

$$z=\frac{p-\pi_0}{\sqrt{\frac{\pi_0(1-\pi_0)}{n}}}$$

对总体比例的检验，也可以采用拟合优度的方法。下面对第 8 章的例 8.8，用拟合优度方法进行检验。

例 8.8 的原题为：一项统计结果声称，某市老年人口（年龄在 65 岁以上）所占的比例为 14.7%，该市老年人口研究会为了检验该项统计是否可靠，随机抽选了 400 名居民，发现其中有 57 人年龄在 65 岁以上。调查结果是否支持该市老年人口比例为 14.7%的看法（$\alpha=0.05$）?

本题是对如下假设进行检验：

$$H_0:\pi=14.7\%$$
$$H_1:\pi\neq14.7\%$$

若用 χ^2 拟合优度检验，需要先确定期望值。如果原假设成立，那么在调查的 400 人中，65 岁以上的老年人口数应该为 $400\times0.147=59$，65 岁以下的人口数为 $400-59=341$，59 和 341 就是期望值。将观察频数和期望频数列表如下（见表 9—2)。

表 9—2 χ^2 计算表

f_o	f_e	步骤一 f_o-f_e	步骤二 $(f_o-f_e)^2$	步骤三 $(f_o-f_e)^2/f_e$
57	59	−2	4	0.067 8
343	341	2	4	0.011 7
步骤四	$\chi^2=\sum\frac{(f_o-f_e)^2}{f_e}=0.0795$			

本例中 $\alpha=0.05$，因为是双侧检验，故取 $\alpha=0.025$，自由度为 1，检验的临界值为 $\chi^2_{0.025}(1)=5.024$。因为 $\chi^2<\chi^2_{0.025}$，故不能拒绝原假设。这与前面采用 z 检验的结论相同。

第 8 章中所讲的总体比例检验是针对二项分布问题，χ^2 统计量的特点是既可以分析二项分布，也可以分析多项分布，即对多个比例的假设进行检验。

9.3 列联分析：独立性检验

拟合优度检验是对一个分类变量的检验，有时我们会遇到两个分类变量的问题，看这两个分类变量是否存在联系。例如原料有不同的等级，原料又产自不同的地区。原料等级和原料生产地就是两个分类变量。我们关心这两者是否有关联，是不是某些地区生产的原料有更好的质量。对于两个分类变量的分析，称为独立性检验，分析过程可以通过列联表的方式呈现，故有人把这种分析称为列联分析。

9.3.1 列联表

列联表（contingency table）是由两个以上的变量进行交叉分类的频数分布表。例如欲分析原料的质量是否与生产地有关，将 500 件随机抽取的产品按质量和产地构造列联表如下（见表 9—3）。

表 9—3　　原料抽样的结果

	一级	二级	三级	合计
甲地区	52	64	24	140
乙地区	60	59	52	171
丙地区	50	65	74	189
合计	162	188	150	500

表中的行（row）是产地变量，这里划分为三类：甲、乙、丙三个地区。表中的列（column）是产品等级变量，这里也划分为三类：一级品、二级品、三级品。因此，表 9—3 是一个 3×3 列联表，表中的每个数据都反映了产地和产品等级两个方面的信息。由于列联表中的每个变量都可以有两个或两个以上的类别，列联表会有多种形式。不妨将横向变量（行）的划分类别视为 R，纵向变量（列）的划分类别视为 C，则可以把每一个具体的列联表称为 R×C 列联表，如我们把表 9—3 称为 3×3 列联表。

9.3.2 独立性检验

独立性检验就是分析列联表中行变量和列变量是否相互独立，在表 9—3 中，也就是检验各个地区和原料质量之间是否存在依赖关系。

例 9.2

一种原料来自三个不同的地区，原料质量被分成三个不同等级。从这批原料中随机抽取 500 件进行检验，结果如表 9—3 所示，要求检验各个地区和原料质量之间是否存在依赖关系（$\alpha=0.05$）?

解：H_0：地区和原料等级之间是独立的（不存在依赖关系）

H_1：地区和原料等级之间不独立（存在依赖关系）

这里分析的关键是获得期望值。

在第一行，甲地区的合计为 140，用 140/500 作为甲地区原料比例的估计值。在第一列，一级原料的合计为 162，用 162/500 作为一级原料比例的估计值。如果地区和原料等级之间是独立的，则可以用下面的公式估计第一个单元（甲地区，一级）中的期望比例。

令：A=样本单位来自甲地区的事件

B=样本单位属于一级原料的事件

根据独立性的概率乘法公式，有

$$\begin{aligned} P(\text{第一单元}) &= P(AB) \\ &= P(A)P(B) \qquad (9.2) \\ &= \left(\frac{140}{500}\right)\left(\frac{162}{500}\right) \\ &= 0.090\ 72 \end{aligned}$$

0.090 72 是第一个单元中的期望比例，其相应的频数期望值为：

$$0.090\ 72 \times 500 = 45.36$$

一般地，可以采用下式计算任何一个单元中频数的期望值：

$$f_e = \frac{RT}{n} \times \frac{CT}{n} \times n = \frac{RT \times CT}{n} \qquad (9.3)$$

式中，f_e 为给定单元中的频数期望值；RT 为给定单元所在行的合计；CT 为给定单元所在列的合计；n 为观察值的总个数，即样本量。

由表 9—3 和式（9.3），计算结果如表 9—4 所示。

表 9—4　　3×3 列联表期望值及 χ^2 计算结果

行	列	f_o	f_e	$f_o - f_e$	$(f_o - f_e)^2$	$(f_o - f_e)^2/f_e$
1	1	52	45.36	6.64	44.09	0.97
1	2	64	52.64	11.36	129.05	2.45
1	3	24	42.00	−18	324	7.71
2	1	60	55.40	4.60	21.16	0.38
2	2	59	64.30	−5.3	28.09	0.44
2	3	52	51.30	0.7	0.49	0.01
3	1	50	61.24	−11.24	126.34	2.06
3	2	65	71.06	−6.06	36.72	0.52
3	3	74	56.70	17.30	299.29	5.28
						19.82

$$\chi^2 = \sum \frac{(f_o - f_e)^2}{f_e} = 19.82$$

χ^2 的自由度 $=(R-1)(C-1)=4$

令 $\alpha=0.05$，查表知：$\chi^2_{0.05}(4)=9.488$

由于 $\chi^2 > \chi^2_{0.05}(4)$，故拒绝 H_0，接受 H_1，即地区和原料等级之间存在依赖关系，原料的质量受地区的影响。

用 SPSS 进行列联分析独立性检验的操作步骤

第 1 步：在 SPSS 数据编辑窗口中定义变量“生产地”、“质量”和“数量”，“质量”变量的取值有三个：1，2 和 3，其中，取值“1”表示一级，取值

"2"表示二级，取值"3"表示三级。

第 2 步：选择【Data】下拉菜单，并选择【Weight Cases】选项进入主对话框。在主对话框中选择【Weight cases by】，将变量"数量"选入【Frequency Variable】。

第 3 步：选择【Analyze】下拉菜单，再选择【Descriptive Statistics】下拉菜单，最后选择【Crosstabs】选项进入主对话框。在主对话框中将"生产地"选入【Row】，"质量"选入【Column】。

第 4 步：在【Statistics】下选择【Chi-square】。

点击【Cells】。

在【Counts】下选择【Observed】和【Expected】。

在【Percentages】下选择【Row】、【Column】和【Total】。

在【Residuals】下选择【Unstandardized】和【Standardized】。

点击【Continue】。

点击【Ok】。

输出结果如表 9—5 和表 9—6 所示。

表 9—5　　生产地 * 质量交叉表

			质量			Total
			1.00	2.00	3.00	
生产地	丙地区	Count	50	65	74	189
		Expected Count	61.2	71.1	56.7	189.0
		% within 生产地	26.5%	34.4%	39.2%	100.0%
		% within 质量	30.9%	34.6%	49.3%	37.8%
		% of Total	10.0%	13.0%	14.8%	37.8%
		Residual	-11.2	-6.1	17.3	
		Std. Residual	-1.4	-.7	2.3	
	甲地区	Count	52	64	24	140
		Expected Count	45.4	52.6	42.0	140.0
		% within 生产地	37.1%	45.7%	17.1%	100.0%
		% within 质量	32.1%	34.0%	16.0%	28.0%
		% of Total	10.4%	12.8%	4.8%	28.0%
		Residual	6.6	11.4	-18.0	
		Std. Residual	1.0	1.6	-2.8	
	乙地区	Count	60	59	52	171
		Expected Count	55.4	64.3	51.3	171.0
		% within 生产地	35.1%	34.5%	30.4%	100.0%
		% within 质量	37.0%	31.4%	34.7%	34.2%
		% of Total	12.0%	11.8%	10.4%	34.2%
		Residual	4.6	-5.3	.7	
		Std. Residual	.6	-.7	.1	
Total		Count	162	188	150	500
		Expected Count	162.0	188.0	150.0	500.0
		% within 生产地	32.4%	37.6%	30.0%	100.0%
		% within 质量	100.0%	100.0%	100.0%	100.0%
		% of Total	32.4%	37.6%	30.0%	100.0%

卡方检验结果如表 9—6 所示。

表 9—6　　卡方检验结果

	Value	df	Asymp. Sig. (2-sided)
Pearson Chi-Square	19.822[a]	4	.001
Likelihood Ratio	20.732	4	.000
N of Valid Cases	500		

a. 0 cells (0.0%) have expected count less than 5. The minimum expected count is 42.00.

从该表可以看出，卡方值为 19.822，相伴概率为 0.001，故应拒绝原假设，认为原料的质量受地区的影响。

最后剖析一下 χ^2 检验中自由度计算的原理。如前所述，自由度是可以自由取值的数据的个数，采用自由度=(行数−1)(列数−1)=$(R-1)(C-1)$ 公式计算。这样做的原因可以通过以下例子说明。

假如现在我们有一个 3×4 列联表，如表 9—7 所示。

表 9—7　　自由度计算说明表

	C1	C2	C3	C4	合计
R1	√	√	√	*	RT_1
R2	√	√	√	*	RT_2
R3	*	*	*	0	RT_3
合计	CT_1	CT_2	CT_3	CT_4	

注：√表示可以自由取值的数据。
*和 0 表示不能自由取值的数据。

由表 9—7 可知，RT_1，RT_2 和 RT_3 分别表示行的合计，CT_1，CT_2，CT_3 和 CT_4 分别表示列的合计。

首先考察列联表中的第一行，在行合计 RT_1 已经确定的情况下，这一行可以自由取值的数据只有 3 个（这里假定取前 3 个），用√表示，最后一个无法自由取值，用*表示；类似地，在第二行，在行合计 RT_2 已经确定的情况下，这一行可以自由取值的数据也只有 3 个，因此第 4 个不能自由取值的数据也用*表示。在第三行，第一个数据（$R3$，$C1$）不能自由取值，因为在列合计 CT_1 已经确定的情况下，第一列的前两个数据已经自由取值，同理，第三行中的第二和第三个数据也不能自由取值，因此这一行的前三个数据均用*表示。第三行的第四个数据也不能自由取值，用 0 表示，因为不论从行或列来看，它前面的数据均是无法自由取值的*（意味该值已经确定），在行、列合计确定的情况下，这个值也就无法自由选取。

表 9—7 是一个 3×4 列联表，自由度为 6，即

$$自由度=(R-1)(C-1)=(3-1)\times(4-1)=6$$

9.4 列联表中的相关测量

前面讨论了利用 χ^2 分布对两个分类变量之间的相关性进行统计检验。如果变量相互独立，说明它们之间没有联系；反之，则认为它们之间存在联系。接下来的问题是，如果变量之间存在联系，它们之间的相关程度有多大？这一节主要讨论这个问题。

对两个变量之间相关程度的测定，主要用相关系数表示。正如前面所言，列联表中的变量通常是类别变量，它们所表现的是研究对象的不同品质类别。所以，可以把这种分类数据之间的相关称为品质相关。经常用到的品质相关系数有以下几种。

9.4.1 φ 相关系数

φ 相关系数（φ correlation coefficient）是描述 2×2 列联表数据相关程度最常用的一种相关系数。它的计算公式为：

$$\varphi=\sqrt{\chi^2/n} \tag{9.4}$$

式中，χ^2 是按式（9.1）计算出的 χ^2 值；n 为列联表中的总频数，也即样本量。说 φ 系数适合 2×2 列联表，是因为对于 2×2 列联表中的数据，计算出的 φ 系数可以控制在 0～1 这个范围。表 9—8 是一个简化的 2×2 列联表。

表 9—8　　2×2 列联表

因素 Y	因素 X		合计
	x_1	x_2	
y_1	a	b	$a+b$
y_2	c	d	$c+d$
合计	$a+c$	$b+d$	

表 9—8 中，a，b，c，d 均为条件频数。由上节分析可知，当变量 X，Y 相互独立，不存在相关关系时，频数间应有下面的关系：

$$\frac{a}{a+c}=\frac{b}{b+d}$$

化简后有

$$ad=bc$$

因此，差值 $ad-bc$ 的大小可以反映变量之间相关程度的高低。差值越大，说明两个变量的相关程度越高。φ 系数就是以 $ad-bc$ 的差值为基础，对两个变量相关程度的测定。

由式（9.3）知，在 2×2 列联表中，每个单元中频数的期望值为：

$$e_{11}=\frac{(a+b)(a+c)}{n}$$

$$e_{21}=\frac{(a+c)(c+d)}{n}$$

$$e_{12}=\frac{(a+b)(b+d)}{n}$$

$$e_{22}=\frac{(b+d)(c+d)}{n}$$

由式（9.1），有

$$\chi^2=\frac{(a-e_{11})^2}{e_{11}}+\frac{(b-e_{12})^2}{e_{12}}+\frac{(c-e_{21})^2}{e_{21}}+\frac{(d-e_{22})^2}{e_{22}}$$

$$=\frac{n(ad-bc)^2}{(a+b)(c+d)(a+c)(b+d)}$$

将此结果代入式（9.4），得到

$$\varphi=\sqrt{\frac{\chi^2}{n}}=\frac{ad-bc}{\sqrt{(a+b)(c+d)(a+c)(b+d)}} \tag{9.5}$$

当 $ad=bc$ 时，表明变量 X，Y 之间相互独立，这时 $\varphi=0$。若 $b=0$，$c=0$，由式（9.5）计算的 $\varphi=1$，这是 X 与 Y 完全相关的一种情况。同样，若 $a=0$，$d=0$，由式（9.5）计算的 $\varphi=-1$，这也是 X 与 Y 完全相关的一种情况。由于在列联表中，变量的位置可以任意变换，因此 φ 的符号在这里没有什么实际意义，其绝对值 $|\varphi|=1$ 只是表明 X 与 Y 完全相关。由表 9—8 可知，当 $|\varphi|=1$ 时，必有某个方向对角线上的值全为零，如表 9—9、表 9—10 所示。

表 9—9　完全相关时的 2×2 列联表

Y	X	
	x_1	x_2
y_1	a	0
y_2	0	d

表 9—10　完全相关时的另一种 2×2 列联表

Y	X	
	x_1	x_2
y_1	0	b
y_2	c	0

表中所表示的含义也是清楚的。例如，一个变量表示性别（男，女），另一个变量表示态度（赞成，反对）。$|\varphi|=1$ 说明，或者男性全部赞成，女性全部反对；或者男性全部反对，女性全部赞成。现实中这种情况比较罕见，因此，实际上 φ 系数的取值范围在 0～1 之间，且 φ 的绝对值越大，说明变量 X 与 Y 的相关程度越高。

但是，当列联表 $R\times C$ 中的行数 R 或列数 C 大于 2 时，φ 系数将随着 R 或 C 的变大而增大，且 φ 值没有上限。这时用 φ 系数测定两个变量的相关程度就不够清晰，可以采用列联相关系数。

9.4.2 列联相关系数

列联相关系数又称**列联系数**（coefficient of contingency），简称 c 系数，主要用于大于 2×2 列联表的情况。c 系数的计算公式为：

$$c=\sqrt{\frac{\chi^2}{\chi^2+n}} \tag{9.6}$$

当列联表中的两个变量相互独立时，系数 $c=0$，但它不可能大于 1，这一点从式（9.6）中也可以反映出来。c 系数的特点是，其可能的最大值依赖于列联表的行数和列数，且随着 R 和 C 的增大而增大。例如，当两个变量完全相关时，对于 2×2 表，$c=0.7071$；对于 3×3 表，$c=0.8165$；而对于 4×4 表，$c=0.87$。因此，根据不同的行和列计算的列联系数不便于比较，除非两个列联表中行数和列数一致。这是列联系数的局限性。但由于其计算简便，且对总体的分布没有任何要求，所以列联系数仍不失为一种适应性较广的测度值。

9.4.3 V 相关系数

鉴于 φ 系数无上限，c 系数小于 1 的情况，克莱默（Gramer）提出了 V 相关系数。V 相关系数的计算公式为：

$$V=\sqrt{\frac{\chi^2}{n\times\min[(R-1),(C-1)]}} \tag{9.7}$$

它的计算也是以 χ^2 值为基础。式中的 $\min[(R-1),(C-1)]$ 表示取（$R-1$），（$C-1$）中较小的一个。当两个变量相互独立时，$V=0$；当两个变量完全相关时，$V=1$。所以 V 的取值在 0～1 之间。如果列联表中有一维为 2，即 $\min[(R-1),(C-1)]=1$，则 V 值就等于 φ 值。

9.4.4 数值分析

以前面例 9.2 的数据，分别计算 φ 系数、c 系数和 V 系数。

在例 9.2 中，我们对原料的等级和地区之间的关系进行了独立性检验，结果表明，原料的等级和地区之间存在相关关系。我们提出的下一个问题是，这种相关程度有多高，能否对此给出数量化描述？

由前已知，计算出 $\chi^2=19.82$，列联表的总频数 $n=500$。这是一个 3×3 列联表，$\min[(R-1),(C-1)]=3-1=2$。于是

$$\varphi=\sqrt{\frac{\chi^2}{n}}=\sqrt{\frac{19.82}{500}}=0.199$$

$$c=\sqrt{\frac{\chi^2}{\chi^2+n}}=\sqrt{\frac{19.82}{19.82+500}}=0.195$$

$$V=\sqrt{\frac{\chi^2}{n\times\min[(R-1),(C-1)]}}=\sqrt{\frac{19.82}{500\times 2}}=0.141$$

对于 φ 而言，当 $R>2$，$C>2$ 时，φ 值有可能突破 1，相比之下，$\varphi=0.199$ 不能认为很大。

对于 c 而言，其结果必然低于 φ 值，因为 c 值总是小于 1。本例中是 3×3 列联表，c 的最大可能值是 0.816 5。相比 0.816 5 而言，本例中的 $c=0.195$ 并不大。

对于 V 而言，$V=0.141$ 则更小。综合起来可以认为，虽然检验表明原料的等级和地区存在一定关系，但这种关系的密切程度却不太高。这意味着，除了地区之外，还有其他因素对原料的质量起着更重要的影响。

用 SPSS 计算列联相关系数的操作步骤

第 1 步：在 SPSS 数据编辑窗口中定义变量“生产地”、“质量”和“数量”，“质量”变量的取值有三个：1，2 和 3，其中，取值“1”表示一级，取值“2”表示二级，取值“3”表示三级。

第 2 步：选择【Data】下拉菜单，并选择【Weight Cases】选项进入主对话框。在主对话框中选择【Weight cases by】，将变量“数量”选入【Frequency Variable】。

第 3 步：选择【Analyze】下拉菜单，再选择【Descriptive Statistics】下拉菜单，最后选择【Crosstabs】选项进入主对话框。在主对话框中将“生产地”选入【Row】，“质量”选入【Column】。

第 4 步：点击【Statistics】。
在【Nominal】下选择【Contingency coefficient】和【Phi and Cramer's V】。
点击【Continue】。
点击【Ok】。

输出结果如表 9—11 所示。

表 9—11　　　　列联相关系数

		Value	Approx. Sig.
Nominal by Nominal	Phi	.199	.001
	Cramer's V	.141	.001
	Contingency Coefficient	.195	.001
N of Valid Cases		500	

a. Not assuming the null hypothesis.
b. Using the asymptotic standard error assuming the null hypothesis.
c. Correlation statistics are available for numeric data only.

Φ 系数、V 系数和 c 系数分别为 0.199，0.141 和 0.195。

Φ 系数、V 系数和 c 系数分别为 0.199，0.141 和 0.195。

上面的例子还说明，对于同一个数据，系数 φ，c，V 的结果不同。同样，对于不同的列联表，行数和列数的差异也会影响系数值。因此，在对不同列联表变量之间的相关程度进行比较时，不同列联表中行与行、列与列的个数要相同，并且采用同一种系数，这样的系数值才具有可比性。

9.5 列联分析中应注意的问题

9.5.1 条件百分表的方向

一般来说，在列联表中变量的位置是任意的。也就是说，既可以把变量 X 放在列的位置，也可以放在行的位置。如果变量 X 与 Y 存在因果关系，令 X 为自变量（原因），Y 为因变量（结果），那么一般的做法是把自变量 X 放在列的位置。条件百分表也多按自变量的方向计算，因为这样便于更好地表现原因对结果的影响。表 9—12 就是一个 2×2 列联表。

表 9—12 职业与价值取向

价值取向 Y	职业 X	
	制造业	服务业
物质报酬	105	45
%	72	56
人情关系	40	35
%	28	44
合计	145	80
%	100	100

表中数据显示，总共调查了 225 人，其中制造业 145 人，服务业 80 人。在制造业被调查者中，以物质报酬为价值取向的有 105 人，占该群体的 72%；以人情关系为价值取向的有 40 人，占该群体的 28%。而在服务业被调查者中，以物质报酬为价值取向的有 45 人，占该群体的 56%；以人情关系为价值取向的有 35 人，占该群体的 44%。数据表明，与制造业相比，服务业就业人员更注重人情关系。人们的职业背景不同，工作的价值观有可能不同。

但是，有时也有例外。如果因变量在样本内的分布不能代表其在总体内的分布，例如，为了满足分析的需要，抽样时扩大了因变量某项内容的样本量，这时仍以自变量的方向计算百分表就会歪曲实际情况。例如，社会学家欲研究家庭状况（自变量）对青少年犯罪（因变量）的影响。该地区有未犯罪青少年 10 000 名，犯罪青少年 150 名。如果从未犯罪青少年中抽取 1%，即 100 名进行研究，则用相同比例从犯罪青少年中抽取的样本量仅为 1.5 人。显然，这样少的数量无法满足对比研究的需要。因此，对犯罪青少年的抽样比要扩大，譬如扩大到1/2，即抽取75人。假定从两个样本调查所获得的数据如表9—13所示。

表9—13 家庭状况与青少年犯罪

青少年行为	家庭状况		合计
	完整家庭	离异家庭	
犯罪	38	37	75
未犯罪	92	8	100
合计	130	45	175

表9—13是调查结果的条件分布。由表9—13可以计算其条件百分表，如表9—14所示。

表9—14 家庭状况与青少年犯罪百分表（一）

青少年行为	家庭状况	
	完整家庭	离异家庭
犯罪（%）	29	82
未犯罪（%）	71	18
合计（人）	130	45

由表9—14得到的结果是，在完整家庭接受调查的130人中，犯罪青少年所占的比例是29%，这个比例高达近1/3，这是令人吃惊的。其实，这个比例是歪曲的，这是由于抽样时扩大了对犯罪青少年抽取的数量。如果把计算百分表的方向变换一下，改为按因变量方向计算，则得到表9—15。

表9—15 家庭状况与青少年犯罪百分表（二）

家庭状况	青少年行为	
	犯罪（%）	未犯罪（%）
完整家庭	51	92
离异家庭	49	8
合计（人）	75	100

从表9—15看出，在完整家庭中，未犯罪青少年的比例占92%，而在离异家庭中，这个比例仅为8%。完整家庭的青少年未犯罪率远远高于离异家庭的这个比例。家庭状况对青少年行为的影响得到了比较真实的反映。

9.5.2 χ^2 分布的期望值准则

前面谈到的用 χ^2 分布进行独立性检验，要求样本量必须足够大，特别是每个单元中的期望频数（理论频数）不能过小，否则应用 χ^2 检验可能会得出错误结论。关于小单元的频数通常有两条准则：一条准则是，如果只有两个单元，每个单元的期望频数必须是 5 或 5 以上，如表 9—16 所示。

表 9—16 **说明表（一）**

以往病史	f_o	f_e
未患过肝炎	532	531
患过肝炎	4	5

此时有两个单元，或分为两个类别：患过肝炎和未患过肝炎。样本量足够大，每个单元的期望频数 $f_e \geqslant 5$，因此可以使用 χ^2 检验。

另一条准则是，倘若有两个以上的单元，如果 20%的单元期望频数 f_e 小于 5，则不能应用 χ^2 检验。根据这个准则，表 9—17 中的数据可以计算 χ^2，因为 6 个单元中只有 1 个单元的期望频数小于 5。而表 9—18 中的数据不能应用 χ^2 检验，因为 7 个单元中有 3 个单元的期望频数小于 5。

表 9—17 **说明表（二）**

类别	f_o	f_e
A	28	26
B	49	47
C	18	23
D	6	4
E	92	88
F	20	25
合计	213	213

表 9—18 **说明表（三）**

类别	f_o	f_e
A	30	32
B	110	113
C	86	87
D	23	24
E	5	2
F	5	4
G	4	1
合计	263	263

可以用表 9—18 中的例子来说明第二条准则。仔细观察会发现，表 9—18 中的 f_o 与 f_e 非常接近，最大的差别只是 3，应当说期望值与观察值拟合得很好，它们之间并无显著差别。然而用 $\alpha=0.05$ 的 χ^2 进行检验，则会得到

$$\chi^2=14.01$$

$\chi^2_{0.05}(6)=12.592$

因为 $\chi^2>\chi^2_{0.05}(6)$，所以拒绝原假设 H_0，结论是期望值与观察值之间存在显著差别。看来这个结论并不符合逻辑。如果将这个例子中的某些类别合并，使得 $f_e\geqslant 5$，麻烦就会解除。例如，将表 9—18 中的类别 E，F，G 合并，合并后的 $f_o=5+5+4=14$，$f_e=2+4+1=7$，此时虽然 f_o 与 f_e 之间的差别扩大到 7，但通过计算会发现，合并以后有

$$\chi^2=7.26$$
$$\chi^2_{0.05}(4)=9.448$$

因为 $\chi^2<\chi^2_{0.05}(4)$，所以不能拒绝 H_0，结论是期望值与观察值之间不存在显著差别。自然，这是一个更合乎逻辑的结论。

由此可知，如果期望频数 f_e 过小，$(f_o-f_e)^2/f_e$ 将会不适当地增大，造成对 χ^2 的高估，从而导致不适当地拒绝 H_0 的结论。处理的方法是将较小的 f_e 合并，这样便可得到合理的结论。

□ 思考与练习

一、思考题

9.1　简述列联表的构造与列联表的分布。

9.2　用一张报纸、一份杂志或你周围的例子构造一个列联表，说明这个调查中两个分类变量的关系，并提出进行检验的问题。

9.3　说明计算 χ^2 统计量的步骤。

9.4　简述 φ 系数、c 系数、V 系数各自的特点。

9.5　构造下列维数的列联表，并给出 χ^2 检验的自由度。

a. 2 行 5 列　b. 4 行 6 列　c. 3 行 4 列

二、练习题

9.1　欲研究不同收入群体对某种特定商品是否有相同的购买习惯，市场研究人员调查了四个不同收入组的消费者共 527 人，购买习惯分为：经常购买，不购买，有时购买。调查结果如下表所示。

项目	低收入组	偏低收入组	偏高收入组	高收入组
经常购买	25	40	47	46
不购买	69	51	74	57
有时购买	36	26	19	37

要求：

(1) 提出假设。

(2) 计算 χ^2 值。

(3) 以 $\alpha=0.1$ 的显著性水平进行检验。

9.2 从总体中随机抽取了 $n=200$ 的样本，调查后按不同属性归类，得到如下结果：

$$n_1=28, n_2=56, n_3=48, n_4=36, n_5=32$$

依据经验数据，各类别在总体中的比例分别为：

$$\pi_1=0.1, \pi_2=0.2, \pi_3=0.3, \pi_4=0.2, \pi_5=0.2$$

以 $\alpha=0.1$ 的显著性水平进行检验，说明现在的情况与经验数据相比是否发生了变化（用 P 值）。

9.3 某报社关心其读者的阅读习惯是否与其文化程度有关，随机调查了 254 位读者，得到如下数据：

阅读习惯	大学以上	大学和大专	高中	高中以下
早上看	6	13	14	17
中午看	12	16	8	8
晚上看	38	40	11	6
有空看	21	22	9	13

以 0.05 的显著性水平检验读者的阅读习惯是否与文化程度有关。

9.4 教学改革后学生有了更多的选课自由，但学院领导在安排课程上也面临新的问题。例如，MBA 研究生班的学生选课学年之间的变化常常很大，去年的学生很多人选会计课，而今年的学生很多人选市场营销课。由于事先无法确定究竟有多少学生选各门课程，所以无法有效地进行教学资源的准备。有人提出学生所选课程与其本科所学专业有关。为此，学院领导对学生本科所学专业和 MBA 三门课程的选修情况做了统计，得到如下结果：

本科专业	MBA 所选课程		
	会计	统计	市场营销
专业一	31	13	16
专业二	8	16	7
专业三	12	10	17
其他专业	10	5	7

要求：

(1) 以 0.05 的显著性水平检验学生本科所学专业是否影响其读 MBA 期间所选的课程。

(2) 计算 P 值。

9.5 计算练习题 9.1 中的 φ 系数、c 系数和 V 系数。

第 10 章 Chapter 10 方差分析

新药的临床试验

新药在广泛用于临床之前，需要先在动物身上进行试验，证明它安全有效，然后在健康的志愿者中进行一个剂量或一个疗程的耐受试验，证明人体能够耐受并给出临床上将来能够使用的安全剂量，最后在患者身上进行临床试验。

我国的《新药审批办法》规定，新药的临床试验分为Ⅰ，Ⅱ，Ⅲ，Ⅳ期。Ⅰ期临床试验：初步的临床药理学及人体安全性评价试验。观察人体对于新药的耐受程度和药物代谢，为制定给药方案提供依据。Ⅱ期临床试验：随机盲法对照临床试验。对新药有效性及安全性作出初步评价，推荐临床给药剂量。Ⅲ期临床试验：扩大的多中心临床试验。应遵循随机对照原则，进一步评价药物的有效性、安全性。Ⅳ期临床试验：新药上市后监测，在广泛使用条件下考察药物的疗效和不良反应（注意罕见不良反应）。

试验设计是取得数据的有效方法，而试验设计数据的分析方法则主要是本章将要介绍的方差分析。

方差分析是在 20 世纪 20 年代发展起来的一种统计方法，它是由英国统计学家费希尔在进行试验设计时为解释试验数据而首先引入的。目前。方差分析方法广泛用于分析心理学、生物学、工程和医药的试验数据。从形式上看，方差分析是比较多个总体的均值是否相等，但本质上它所研究的是变量之间的关系，这与第 11 章和第 12 章中将要介绍的回归分析方法有许多相同之处，但又有本质区别。在研究一个（或多个）分类型自变量与一个数值型因变量之间的关系时，方差分析就是其中的主要方法之一。本章将要介绍的内容包括单因素方差分析、双因素方差分析以及试验设计的基本知识。

10.1 方差分析引论

与第 8 章介绍的假设检验方法相比，方差分析不仅可以提高检验的效率，同时由于它是将所有的样本信息结合在一起，也增加了分析的可靠性。例如，设 4 个总体的均值分别为 μ_1，μ_2，μ_3，μ_4，如果用一般假设检验方法，如 t 检验，一次只能研究两个样本，要检验 4 个总体的均值是否相等，需要作 6 次检验：检验 1：H_0：$\mu_1=\mu_2$；检验 2：H_0：$\mu_1=\mu_3$；检验 3：H_0：$\mu_1=\mu_4$；检验 4：H_0：$\mu_2=\mu_3$；检验 5：H_0：$\mu_2=\mu_4$；检验 6：H_0：$\mu_3=\mu_4$。

很显然，作这样的两两比较十分烦琐，而且，每次检验两个的做法共需进行 6 次。如果 $\alpha=0.05$，每次检验犯第Ⅰ类错误的概率都是 0.05，作多次检验会使犯第Ⅰ类错误的概率相应增加，检验完成时，犯第Ⅰ类错误的概率会大于 0.05，即连续作 6 次检验犯第Ⅰ类错误的概率为 $1-(1-\alpha)^6=0.265$，而置信水平则会降低到 0.735（即 0.95^6）。

一般来说，随着增加个体显著性检验的次数，偶然因素导致差别的可能性也会增加（并非均值真的存在差别）。方差分析方法则是同时考虑所有的样本，因此排除了错误累积的概率，从而避免拒绝一个真实的原假设。

10.1.1 方差分析及其有关术语

表面上看，方差分析是检验多个总体均值是否相等的统计方法，但本质上它所研究的是分类型自变量对数值型因变量的影响，例如，变量之间有没有关系，关系的强度如何等。**方差分析**（analysis of variance，ANOVA）就是通过检验各总体的均值是否相等来判断分类型自变量对数值型因变量是否有显著影响。

为更好地理解方差分析的含义，先通过一个例子来说明方差分析的有关概念以及方差分析所要解决的问题。

例 10.1

消费者与产品生产者、销售者或服务的提供者之间经常发生纠纷。发生纠纷后，消费者常常会向消费者协会投诉。为了对几个行业的服务质量进行评价，消费者协会在零售业、旅游业、航空公司、家电制造业分别抽取了不同的企业作为样本。其中零售业抽取 7 家，旅游业抽取 6 家，航空公司抽取 5 家，家电制造业抽取 5 家。每个行业中所抽取的这些企业，假定它们在服务对象、服务内容、企业规模等方面基本上是相同的。然后统计出最近一年中消费者对总共 23 家企业投诉的次数，结果如表 10—1 所示。

一般而言，受到投诉的次数越多，说明服务的质量越差。消费者协会想知道这几个行业之间的服务质量是否有显著差异。

表 10—1 四个行业被投诉次数

	B	C	D	E
1	行业			
2	零售业	旅游业	航空公司	家电制造业
3	57	68	31	44
4	66	39	49	51
5	49	29	21	65
6	40	45	34	77
7	34	56	40	58
8	53	51		
9	44			

要分析四个行业之间的服务质量是否有显著差异，实际上也就是要判断行业对被投诉次数是否有显著影响，作出这种判断最终被归结为检验这四个行业被投诉次数的均值是否相等。如果它们的均值相等，就意味着行业对被投诉次数是没有影响的，也就是它们之间的服务质量没有显著差异；如果均值不全相等，则意味着行业对被投诉次数是有影响的，它们之间的服务质量应该有显著差异。

在方差分析中，所要检验的对象称为**因素或因子**（factor）。因素的不同表现称为**水平或处理**（treatment）。每个因子水平下得到的样本数据称为观测值。例如，在例 10.1 中，要分析行业对被投诉次数是否有显著影响。这里的行业是要检验的对象，称为因素或因子；零售业、旅游业、航空公司、家电制造业是行业这一因素的具体表现，称为水平或处理；在每个行业下得到的样本数据（被投诉次数）称为观测值。由于这里只涉及行业一个因素，因此称为单因素 4 水平的试验。因素的每一个水平可以看做一个总体，如零售业、旅游业、航空公司、家电制造业可以看做 4 个总体，上面的数据可以看做从这 4 个总体中抽取的样本数据。再例如，要在不同的温度下进行一项试验，温度就是一个因素，在 20℃，25℃，30℃，35℃ 4 个温度值下做试验，每个温度值就是一个水平，共有 4 个水平，在每个温度下试验得到的数据就是观测值。

在只有一个因素的方差分析（称为单因素方差分析）中，涉及两个变量：一个是分类型自变量，一个是数值型因变量。例如，在上面的例子中，要研究行业对被投诉次数是否有影响，这里的行业就是自变量，它是一个分类型变量，零售业、旅游业、航空公司、家电制造业就是行业这个自变量的具体取值，称为行业这个因素的水平或处理。被投诉次数是因变量，它是一个数值型变量，不同的被投诉次数就是因变量的取值。方差分析要研究的就是行业对被投诉次数是否有显著影响。

10.1.2 方差分析的基本思想和原理

为了分析分类型自变量对数值型因变量的影响，需要从对数据误差来源的分析入手。

1. 图形描述

怎样判断行业对被投诉次数是否有显著影响？或者说，行业与被投诉次数之间是否有显著的关系？我们画出它们的散点图，例如，图 10—1 是 4 个行业被投诉次数的散点图，图中的那条折线是由被投诉次数的均值连接而成的。

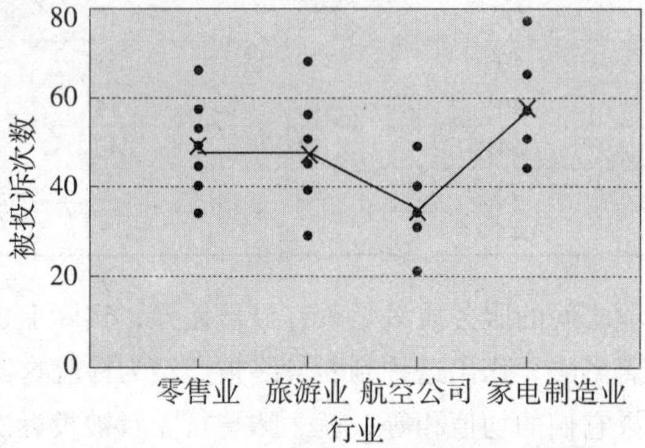

图 10—1 不同行业被投诉次数的散点图

从散点图可以看出，不同行业被投诉的次数是有明显差异的，而且，即使是在同一个行业，不同企业被投诉的次数也明显不同。从图中可以看出，家电制造业被投诉的次数较多，而航空公司被投诉的次数较少。这表明行业与被投诉次数之间有一定的关系。如果行业与被投诉次数之间没有关系，那么它们被投诉次数的均值应该差不多相同，在散点图上所呈现的模式就应该很接近。

2. 误差分解

仅仅从散点图上观察还不能提供充分的证据证明不同行业被投诉次数之间有显著差异，也许这种差异是由抽样的随机性造成的。因此，需要有更准确的方法来检验这种差异是否显著，也就是进行方差分析。之所以叫方差分析，是因为虽然感兴趣的是均值，但在判断均值之间是否有差异时需要借助于方差。这个名字也表示：它是通过对数据误差来源的分析来判断不同总体的均值是否相等，进而分析自变量对因变量是否有显著影响。因此，进行方差分析时，需要考察数据误差的来源。下面结合表 10—1 中的数据说明数据之间的误差来源及其分解过程。

首先，注意到在同一行业（同一个总体）中，样本的各观测值是不同的。例如，在零售业中，所抽取的 7 家企业之间被投诉的次数是不同的。由于企业是随机抽取的，因此它们之间的差异可以看成是随机因素的影响造成的，或者说是由抽样的随机性所造成的随机误差。这种来自水平内部的数据误差也称为组内误差。例如，零售业中所抽取的 7 家企业被投诉次数之间的误差就是组内误差，它反映了一个样本内部数据的离散程度。显然，组内误差只含有随机误差。

其次，不同行业（不同总体）之间的观测值也是不同的。来自不同水平之间的数据误差称为组间误差。这种差异可能是由抽样本身形成的随机误差，也可能是由行业本身的系统性因素造成的系统误差。因此，组间误差是随机误差和系统误差的总和。例如，四个行业被投诉次数之间的误差就是组间误差，它反映了不同样本之间数据的离散程度。

在方差分析中，数据的误差是用平方和来表示的。

反映全部数据误差大小的平方和称为总平方和，记为 SST。例如，所抽取的全部23家企业被投诉次数之间的误差平方和就是总平方和，它反映了全部观测值的离散状况。

反映组内误差大小的平方和称为组内平方和，也称为误差平方和或残差平方和，记为 SSE。例如，每个样本内部的数据平方和加在一起就是组内平方和，它反映了每个样本内各观测值的离散状况。

反映组间误差大小的平方和称为组间平方和，也称为因素平方和，记为 SSA。例如，四个行业被投诉次数之间的误差平方和就是组间平方和，它反映了样本均值之间的差异程度。

图10—2给出了数据误差的分解过程。有关各误差的计算方法将在10.2节介绍。

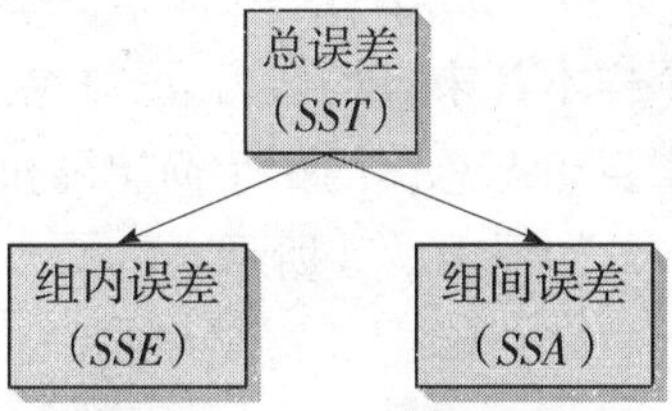

图10—2　误差分解图

3. 误差分析

如果不同行业对被投诉次数没有影响，那么在组间误差中只包含随机误差，而没有系统误差。这时，组间误差与组内误差经过平均后的数值（称为均方或方差）就应该很接近，它们的比值就会接近1。反之，如果不同行业对被投诉次数有影响，在组间误差中除了包含随机误差，还会包含系统误差，这时组间误差平均后的数值就会大于组内误差平均后的数值，它们之间的比值就会大于1。当这个比值大到某种程度时，就认为因素的不同水平之间存在着显著差异，也就是自变量对因变量有显著影响。因此，判断行业对被投诉次数是否有显著影响这一问题，实际上也就是检验被投诉次数的差异主要是由什么原因引起的。如果这种差异主要是系统误差，就认为不同行业对被投诉次数有显著影响。在方差分析的假定前提下（见下面的介绍），要检验行业（分类型自变量）对被投诉次数（数值型因变量）是否有显著影响，在形式上也就转化为检验四个行业被投诉次数的均值是否相等。

10.1.3　方差分析中的基本假定

方差分析中有三个基本假定：

(1) 每个总体都应服从正态分布。也就是说，对于因素的每一个水平，其观测值是来自正态分布总体的简单随机样本。例如，在例10.1中，要求每个行业被投诉的次数必须服从正态分布。

（2）各个总体的方差 σ^2 必须相同。也就是说，各组观察数据是从具有相同方差的正态总体中抽取的。例如，在例 10.1 中，要求每个行业被投诉次数的方差都相同。

（3）观测值是独立的。例如，在例 10.1 中，要求每个被抽中的企业被投诉的次数都与其他企业被投诉的次数独立。

在上述假定成立的前提下，要分析自变量对因变量是否有影响，形式上也就转化为检验自变量的各个水平（总体）的均值是否相等。例如，判断行业对被投诉次数是否有显著影响，实际上也就是检验具有相同方差的 4 个正态总体的均值（被投诉次数的均值）是否相等。

尽管不知道 4 个总体的均值，但可以用样本数据来检验它们是否相等。如果 4 个总体的均值相等，可以期望 4 个样本的均值也会很接近。事实上，4 个样本的均值越接近，推断 4 个总体均值相等的证据也就越充分；反之，样本均值越不同，推断总体均值不同的证据就越充分。换句话说，样本均值变动越小，越支持 H_0；样本均值变动越大，越支持 H_1。如果原假设 H_0：$\mu_1=\mu_2=\mu_3=\mu_4$（4 个行业被投诉次数的均值相同）为真，则意味着每个样本都来自均值为 μ、方差为 σ^2 的同一个正态总体。由样本均值的抽样分布可知，来自正态总体的一个简单随机样本的样本均值 $\bar{x}$ 服从均值为 μ、方差为 σ^2/n 的正态分布，如图 10—3 所示。

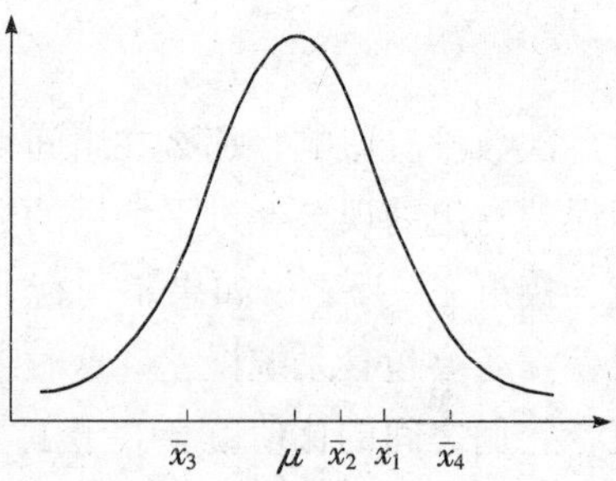

图 10—3　H_0 为真时 $\bar{x}$ 的抽样分布

如果 μ_1，μ_2，μ_3，μ_4 完全不同，则意味着 4 个样本分别来自均值不同的 4 个正态总体，因此有 4 个不同的抽样分布，如图 10—4 所示。在这种情况下，各样本均值也不像 H_0 为真时那样接近了。

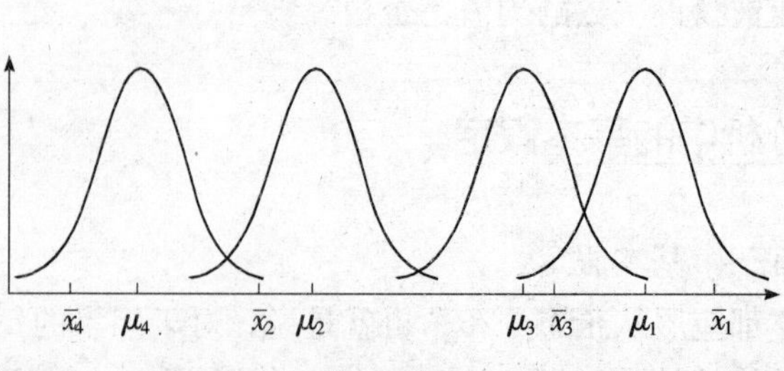

图 10—4　4 个行业被投诉次数的均值全不相同时 $\bar{x}$ 的抽样分布

10.1.4　问题的一般提法

设因素有 k 个水平，每个水平的均值分别用 μ_1，μ_2，…，μ_k 表示，要检验 k 个水平（总体）的均值是否相等，需要提出如下假设：

H_0：$\mu_1=\mu_2=\cdots=\mu_k$　　自变量对因变量没有显著影响

H_1：μ_1，μ_2，…，μ_k 不全相等　　自变量对因变量有显著影响

在例 10.1 中，设零售业被投诉次数的均值为 μ_1，旅游业被投诉次数的均值为 μ_2，航空公司被投诉次数的均值为 μ_3，家电制造业被投诉次数的均值为 μ_4。为检验行业对被投诉次数是否有影响，需要提出如下假设：

H_0：$\mu_1=\mu_2=\mu_3=\mu_4$　　行业对被投诉次数没有显著影响

H_1：μ_1，μ_2，μ_3，μ_4 不全相等　　行业对被投诉次数有显著影响

10.2　单因素方差分析

根据所分析的分类型自变量的多少，方差分析可分为单因素方差分析和双因素方差分析。当方差分析中只涉及一个分类型自变量时称为**单因素方差分析**（one-way analysis of variance）。

单因素方差分析研究的是一个分类型自变量对一个数值型因变量的影响。例如，要检验不同行业被投诉次数的均值是否相等，这里只涉及行业一个因素，因而属于单因素方差分析。

10.2.1　数据结构

进行单因素方差分析时，需要得到下面的数据结构，如表 10—2 所示。

表 10—2　　单因素方差分析的数据结构

	A	B	C	D	E
1	观测值	因素(i)			
2	(j)	A_1	A_2	…	A_k
3	1	x_{11}	x_{21}	…	x_{k1}
4	2	x_{12}	x_{22}	…	x_{k2}
5	⋮	⋮	⋮	⋮	⋮
6	n	x_{1n}	x_{2n}	…	x_{kn}

为叙述方便，在单因素方差分析中，用 A 表示因素，因素的 k 个水平（总体）分别用 A_1，A_2，…，A_k 表示，每个观测值用 x_{ij}（$i=1$，2，…，k；$j=1$，2，…，n）

表示，即 x_{ij} 表示第 i 个水平（总体）的第 j 个观测值。例如，x_{21} 表示第二个水平的第一个观测值。其中，从不同水平中所抽取的样本量可以相等，也可以不相等。

10.2.2 分析步骤

为检验自变量对因变量是否有显著影响，首先需要提出“两个变量在总体中没有关系”的原假设，然后构造一个用于检验的统计量来检验这一假设是否成立。具体来说，方差分析包括提出假设、构造检验的统计量、统计决策等步骤。

1. 提出假设

在方差分析中，原假设所描述的是在按照自变量的取值分成的类中，因变量的均值相等。因此，检验因素的 k 个水平（总体）的均值是否相等，需要提出如下形式的假设：

H_0：$\mu_1=\mu_2=\cdots=\mu_i=\cdots=\mu_k$ 自变量对因变量没有显著影响

H_1：$\mu_i(i=1, 2, \cdots, k)$不全相等 自变量对因变量有显著影响

式中，μ_i 为第 i 个总体的均值。

如果拒绝原假设 H_0，则意味着自变量对因变量有显著影响，也就是自变量与因变量之间有显著关系①；如果不拒绝原假设 H_0，则没有证据表明自变量对因变量有显著影响，也就是说，不能认为自变量与因变量之间有显著关系。

2. 构造检验的统计量

为检验 H_0 是否成立，需要确定检验的统计量。如何构造这一统计量呢？在此结合表 10—2 的数据结构说明其计算过程。

（1）计算各样本的均值。

假定从第 i 个总体中抽取一个容量为 n_i 的简单随机样本，令 $\bar{x}_i$ 为第 i 个总体的样本均值，则有

$$\bar{x}_i=\frac{\sum_{j=1}^{n_i} x_{ij}}{n_i}, \quad i=1,2,\cdots,k \tag{10.1}$$

式中，n_i 为第 i 个总体的样本量；x_{ij} 为第 i 个总体的第 j 个观测值。例如，根据表 10—1 中的数据，计算零售业的样本均值为：

$$\bar{x}_1=\frac{\sum_{j=1}^{7} x_{1j}}{n_1}=\frac{57+66+49+40+34+53+44}{7}=49$$

同样可以得到旅游业、航空公司、家电制造业的均值。结果见表 10—3。

① 需要注意的是，拒绝 H_0 时，只是表明至少有两个总体的均值不相等，并不意味着所有的均值都不相等。

表 10—3 四个行业被投诉次数及其均值

	B	C	D	E
1	行业			
2	零售业	旅游业	航空公司	家电制造业
3	57	68	31	44
4	66	39	49	51
5	49	29	21	65
6	40	45	34	77
7	34	56	40	58
8	53	51		
9	44			
10	$\bar{x}_1=49$	$\bar{x}_2=48$	$\bar{x}_3=35$	$\bar{x}_4=59$
11	7	6	5	5
12	$\bar{\bar{x}}=\frac{57+66+\cdots+77+58}{23}=47.869565$			

（2）计算全部观测值的总均值。

它是全部观测值的总和除以观测值的总个数的结果。令总均值为 $\bar{\bar{x}}$，则有

$$\bar{\bar{x}}=\frac{\sum_{i=1}^{k}\sum_{j=1}^{n_i}x_{ij}}{n}=\frac{\sum_{i=1}^{k}n_i\bar{x}_i}{n} \tag{10.2}$$

式中，$n=n_1+n_2+\cdots+n_k$。根据表 10—1 的数据，计算的总均值见表 10—3。

（3）计算各误差平方和。

为构造检验的统计量，在方差分析中，需要计算三个误差平方和，它们是总平方和、组间平方和（因素平方和）、组内平方和（误差平方和或残差平方和）。

1）**总平方和**（sum of squares for total），记为 SST。它是全部观测值 x_{ij} 与总均值 $\bar{\bar{x}}$ 的误差平方和，其计算公式为：

$$SST=\sum_{i=1}^{k}\sum_{j=1}^{n_i}(x_{ij}-\bar{\bar{x}})^2 \tag{10.3}$$

例如，在表 10—3 中已经计算出 $\bar{\bar{x}}=47.869\ 565$。计算总平方和为：

$$\begin{aligned}SST&=(57-47.869\ 565)^2+\cdots+(58-47.869\ 565)^2\\&=4\ 164.608\ 696\end{aligned}$$

它反映了全部 23 个观测值与这 23 个观测值平均数之间的差异。

2）**组间平方和**（sum of squares for factor A），记为 SSA，它是各组均值 $\bar{x}_i(i=1,2,\cdots,k)$ 与总均值 $\bar{\bar{x}}$ 的误差平方和，反映各样本均值之间的差异程度，因此又称为因素平方和。其计算公式为：

$$SSA=\sum_{i=1}^{k}n_i(\bar{x}_i-\bar{\bar{x}})^2 \tag{10.4}$$

例如，根据表 10—3 的有关结果，计算组间平方和为：

$$
\begin{aligned}
SSA &= \sum_{i=1}^{4} n_i (\bar{x}_i - \bar{\bar{x}})^2 \\
&= 7\times(49-47.869\,565)^2 + 6\times(48-47.869\,565)^2 \\
&\quad + 5\times(35-47.869\,565)^2 + 5\times(59-47.869\,565)^2 \\
&= 1\,456.608\,696
\end{aligned}
$$

3）**组内平方和**（sum of squares for error），记为 *SSE*。它是每个水平或组的各样本数据与其组均值的误差平方和，反映了每个样本各观测值的离散状况，因此称为组内平方和。该平方和反映了随机误差的大小，其计算公式为：

$$
SSE = \sum_{i=1}^{k} \sum_{j=1}^{n_i} (x_{ij} - \bar{x}_i)^2 \tag{10.5}
$$

在例 10.1 中，先求出每个行业被投诉的次数与其均值的误差平方和，然后将四个行业的误差平方和加总，即为 *SSE*。例如，根据表 10—3 的有关结果，计算误差平方和分别为：

零售业：

$$
\sum_{j=1}^{7} (x_{1j} - \bar{x}_1)^2 = (57-49)^2 + (66-49)^2 + \cdots + (44-49)^2 = 700
$$

旅游业：

$$
\sum_{j=1}^{6} (x_{2j} - \bar{x}_2)^2 = (68-48)^2 + (39-48)^2 + \cdots + (51-48)^2 = 924
$$

航空公司：

$$
\sum_{j=1}^{5} (x_{3j} - \bar{x}_3)^2 = (31-35)^2 + (49-35)^2 + \cdots + (40-35)^2 = 434
$$

家电制造业：

$$
\sum_{j=1}^{5} (x_{4j} - \bar{x}_4)^2 = (44-59)^2 + (51-59)^2 + \cdots + (58-59)^2 = 650
$$

然后将其加总可以得到：

$$
SSE = 700 + 924 + 434 + 650 = 2\,708
$$

上述三个平方和之间的关系为：

$$
\sum_{i=1}^{k} \sum_{j=1}^{n_i} (x_{ij} - \bar{\bar{x}})^2 = \sum_{i=1}^{k} n_i (\bar{x}_i - \bar{\bar{x}})^2 + \sum_{i=1}^{k} \sum_{j=1}^{n_i} (x_{ij} - \bar{x}_i)^2 \tag{10.6}
$$

即

总平方和(*SST*)＝组间平方和(*SSA*)＋组内平方和(*SSE*)

上面的计算结果也可以验证这一点：

$$4\ 164.608\ 696=1\ 456.608\ 696+2\ 708$$

从上述三个误差平方和可以看出，*SSA* 是对随机误差和系统误差大小的度量，它反映了自变量（行业）对因变量（被投诉次数）的影响，也称为自变量效应或因子效应；*SSE* 是对随机误差大小的度量，它反映了除自变量对因变量的影响之外，其他因素对因变量的总影响，因此 *SSE* 也被称为残差变量，它所引起的误差也称为残差效应；*SST* 是对全部数据总误差程度的度量，它反映了自变量和残差变量的共同影响，因此它等于自变量效应加残差效应。

(4) 计算统计量。

由于各误差平方和的大小与观测值的多少有关，为了消除观测值多少对误差平方和大小的影响，需要将其平均，也就是用各平方和除以它们所对应的自由度，这一结果称为**均方**（mean square），也称为方差。三个平方和所对应的自由度分别为：

SST 的自由度为 $n-1$，其中 n 为全部观测值的个数。

SSA 的自由度为 $k-1$，其中 k 为因素水平（总体）的个数。

SSE 的自由度为 $n-k$。

由于要比较的是组间均方和组内均方之间的差异，所以通常只计算 *SSA* 的均方和 *SSE* 的均方。*SSA* 的均方也称为组间均方或组间方差，记为 *MSA*，其计算公式为：

$$MSA=\frac{\text{组间平方和}}{\text{自由度}}=\frac{SSA}{k-1} \tag{10.7}$$

例如，根据例 10.1 计算的 *MSA* 为：

$$MSA=\frac{SSA}{k-1}=\frac{1\ 456.608\ 696}{4-1}=485.536\ 232$$

SSE 的均方也称为组内均方或组内方差，记为 *MSE*，其计算公式为：

$$MSE=\frac{\text{组内平方和}}{\text{自由度}}=\frac{SSE}{n-k} \tag{10.8}$$

例如，根据例 10.1 计算的 *MSE* 为：

$$MSE=\frac{SSE}{n-k}=\frac{2\ 708}{23-4}=142.526\ 316$$

将上述 *MSA* 和 *MSE* 进行对比，即得到所需要的检验统计量 F。当 H_0 为真时，二者的比值服从分子自由度为 $k-1$、分母自由度为 $n-k$ 的 F 分布，即

$$F=\frac{MSA}{MSE}\sim F(k-1,\ n-k) \tag{10.9}$$

例如，根据例 10.1 计算得

$$F=\frac{MSA}{MSE}=\frac{485.536\ 232}{142.526\ 316}=3.406\ 643$$

3. 统计决策

如果原假设 H_0：$\mu_1=\mu_2=\cdots=\mu_i=\cdots=\mu_k$ 成立，则表明没有系统误差，组间方差 MSA 与组内方差 MSE 的比值差异就不会太大；如果组间方差显著大于组内方差，说明各水平（总体）之间的差异显然不仅仅有随机误差，还有系统误差。用例 10.1 来说，如果行业对被投诉次数没有影响，那么四个行业被投诉次数的均值之间的差异与每个行业被投诉次数的内部差异相比，二者就不会相差很大；反之，则意味着行业对被投诉次数有影响。可见，判断因素的水平是否对其观测值有显著影响，实际上也就是比较组间方差与组内方差之间差异的大小。那么，它们之间的差异大到何种程度才表明有系统误差存在呢？这就需要用检验的统计量进行判断。将统计量的值 F 与给定的显著性水平 α 的临界值 F_α 进行比较，从而作出对原假设 H_0 的决策。

根据给定的显著性水平 α，在 F 分布表中查找与分子自由度 $df_1=k-1$、分母自由度 $df_2=n-k$ 相应的临界值 $F_\alpha(k-1,\ n-k)$。

若 $F>F_\alpha$，则拒绝原假设 H_0：$\mu_1=\mu_2=\cdots=\mu_k$，表明 $\mu_i(i=1,\ 2,\ \cdots,\ k)$ 之间的差异是显著的；也就是说，所检验的因素（行业）对观测值（被投诉次数）有显著影响。

若 $F<F_\alpha$，则不拒绝原假设 H_0，没有证据表明 $\mu_i(i=1,\ 2,\ \cdots,\ k)$ 之间有显著差异；也就是说，这时还不能认为所检验的因素（行业）对观测值（被投诉次数）有显著影响。①

例如，根据上面的计算结果，计算出的 $F=3.406\ 643$。若取显著性水平 $\alpha=0.05$，根据分子自由度 $df_1=k-1=4-1=3$ 和分母自由度 $df_2=n-k=23-4=19$，查 F 分布表得到临界值 $F_{0.05}(3,\ 19)=3.13$。由于 $F>F_\alpha$，因此拒绝原假设 $H_0:\mu_1=\mu_2=\mu_3=\mu_4$，表明 μ_1，μ_2，μ_3，μ_4 之间有显著差异，即行业对被投诉次数有显著影响。

4. 方差分析表

上面详细介绍了方差分析的计算步骤和过程。为使计算过程更加清晰，通常将上述过程的内容列在一张表内，这就是**方差分析表**（analysis of variance table）。其一般形式如表 10—4 所示。

表 10—4　　方差分析表的一般形式

	A	B	C	D	E	F	G
1 2	误差来源	平方和 SS	自由度 df	均方 MS	F值	P值	F临界值
3	組间（因素影响）	SSA	k-1	MSA	MSA/MSE		
4	組内（误差）	SSE	n-k	MSE			
5	总和	SST	n-1				

① 当检验的因素只有两个水平时，单因素方差分析与两个独立样本均值之差的 t 检验的结果完全相同，因为当因素的水平 $k=2$ 时，检验的 t 统计量与 F 统计量的关系为：$F=t^2$。

将例 10.1 的计算结果列成方差分析表，如表 10—5 所示。

表 10—5　　　　四个行业被投诉次数的方差分析表

	A	B	C	D	E	F	G
1	方差分析						
2	差异源	SS	df	MS	F	P-value	F crit
3	組间	1456.6087	3	485.5362	3.4066	0.0388	3.1274
4	組内	2708	19	142.5263			
5							
6	总计	4164.6087	22				

5. 用 Excel 进行方差分析

从上面介绍的分析过程可以看到，进行方差分析需要大量的计算工作，用手工计算是十分烦琐的。幸运的是这些计算工作可以由计算机来完成，目前的统计软件中都有现成的方差分析程序。只要理解了方差分析的基本原理，就可以对计算机输出的结果进行合理的解释和分析。在这里，利用熟悉的 Excel 软件，结合表 10—1 的数据，给出用 Excel 进行方差分析的步骤和结果。

用 Excel 进行方差分析的操作步骤

第 1 步：选择【工具】下拉菜单，并选择【数据分析】选项。

第 2 步：在分析工具中选择【单因素方差分析】，然后单击【确定】。

第 3 步：当对话框出现时：

在【输入区域】方框内输入数据单元格区域 A3:D9。

在【α】方框内输入 0.05（可根据需要确定）。

在【输出选项】中选择输出区域（这里选新工作表组）。

结果如图 10—5 所示。

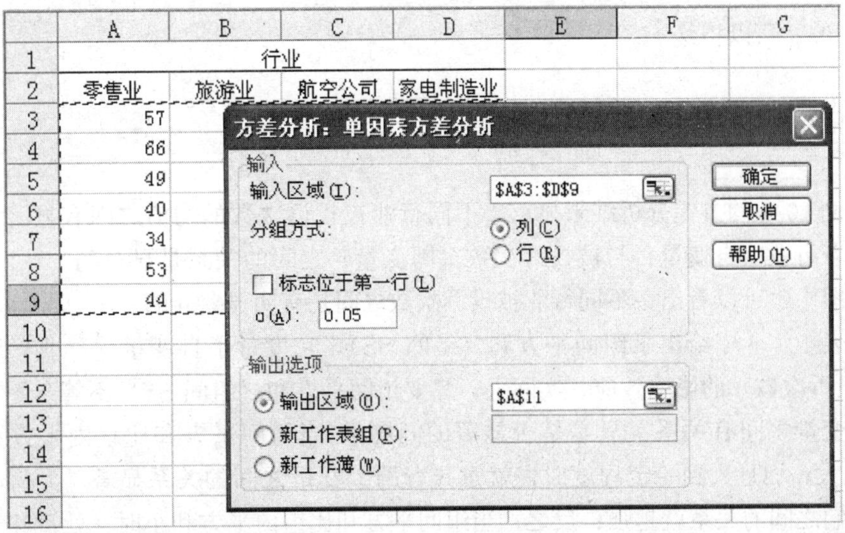

图 10—5　用 Excel 进行方差分析的步骤（一）

单击【确定】后，得到的输出结果如表 10—6 所示。

表 10—6　Excel 输出的方差分析结果

	A	B	C	D	E	F	G
1	SUMMARY						
2	组	计数	求和	平均	方差		
3	列 1	7	343	49	116.666667		
4	列 2	6	288	48	184.8		
5	列 3	5	175	35	108.5		
6	列 4	5	295	59	162.5		
7							
8							
9	方差分析						
10	差异源	SS	df	MS	F	P-value	F crit
11	组间	1456.608696	3	485.536232	3.406643	0.038765	3.127354
12	组内	2708	19	142.526316			
13							
14	总计	4164.608696	22				

表中的“SUMMARY”部分是有关各样本的一些描述统计量，它们可以作为方差分析的参考信息。“方差分析”部分即为方差分析表，其中，SS 表示平方和；df 为自由度；MS 表示均方；F 为检验的统计量；P-value 为用于检验的 P 值；F crit 为给定的 α 水平下的临界值。

从方差分析表可以看到，由于 $F=3.406\,643>F_{0.05}(3,19)=3.127\,354$，所以拒绝原假设 H_0，表明 μ_1，μ_2，μ_3，μ_4 之间的差异是显著的，即行业对被投诉次数的影响是显著的。

在进行决策时，可以直接利用方差分析表中的 P 值与显著性水平 α 的值进行比较。若 $P<\alpha$，则拒绝 H_0；若 $P>\alpha$，则不拒绝 H_0。在本例中，$P=0.038\,765<\alpha=0.05$，所以拒绝 H_0。

10.2.3　关系强度的测量

例 10.1 的方差分析结果显示，不同行业被投诉次数的均值之间有显著差异，这意味着行业（自变量）与被投诉次数（因变量）之间的关系是显著的。从图10—1的散点图中也可以看出，不同行业被投诉次数之间是有明显差异的。

表 10—6 中给出了组间平方和（组间 SS），它度量了自变量（行业）对因变量（被投诉次数）的影响效应。实际上，只要组间平方和（组间 SS）不等于零，就表明两个变量之间有关系（只是是否显著的问题）。当组间平方和比组内平方和（组内 SS）大，而且大到一定程度时，就意味着两个变量之间的关系显著，大得越多，表明它们之间的关系就越强；反之，当组间平方和比组内平方和小时，就意味着两个变量之间的关系不显著，小得越多，表明它们之间的关系就越弱。

那么，怎样度量它们之间的关系强度呢？可以用组间平方和（SSA）占总平方和

（SST）的比例大小来反映，这一比例记为 R^2，即

$$R^2=\frac{SSA(\text{组间 } SS)}{SST(\text{总 } SS)} \tag{10.10}$$

其平方根 R 就可以用来测量两个变量之间的关系强度。①

例如，根据表 10—6 中的结果计算得

$$R^2=\frac{SSA(\text{组间 } SS)}{SST(\text{总 } SS)}=\frac{1\,456.608\,696}{4\,164.608\,696}=0.349\,759=34.975\,9\%$$

这表明，行业（自变量）对被投诉次数（因变量）的影响效应占总效应的 34.975 9%，而残差效应则占 65.024 1%。也就是说，行业对被投诉次数差异解释的比例达到近 35%，而其他因素（残差变量）所解释的比例为 65%以上。尽管 R^2 并不高，但行业对被投诉次数的影响已经达到了统计上显著的程度。

R^2 的平方根（类似于第 11 章中介绍的相关系数 r）可以用来测量自变量与因变量之间的关系强度。例如，根据上面的结果可以计算出 $R=0.591\,404$，这表明行业与被投诉次数之间有中等以上的关系。

10.2.4　方差分析中的多重比较

通过对例 10.1 的分析得出的结论是：不同行业被投诉次数的均值不完全相同。但究竟哪些均值之间不相等？这种差异到底出现在哪些行业之间？也就是说，μ_1 与 μ_2、μ_1 与 μ_3、μ_1 与 μ_4、μ_2 与 μ_3、μ_2 与 μ_4、μ_3 与 μ_4 之间究竟是哪两个均值不同？这就需要做进一步的分析，所使用的方法就是**多重比较方法**（multiple comparison procedures），它是通过对总体均值之间的配对比较来进一步检验到底哪些均值之间存在差异。

多重比较方法有许多种，这里介绍由费希尔提出的最小显著差异方法（least significant difference），缩写为 LSD。使用该方法进行检验的具体步骤为：

第 1 步：提出假设：H_0：$\mu_i=\mu_j$；H_1：$\mu_i\neq\mu_j$。

第 2 步：计算检验统计量：$\bar{x}_i-\bar{x}_j$。

第 3 步：计算 LSD，其公式为：

$$LSD=t_{\alpha/2}\sqrt{MSE\left(\frac{1}{n_i}+\frac{1}{n_j}\right)} \tag{10.11}$$

式中，$t_{\alpha/2}$ 为 t 分布的临界值，通过查 t 分布表得到，其自由度为 $n-k$，这里的 k 是因素中水平的个数；MSE 为组内方差；n_i 和 n_j 分别是第 i 个样本和第 j 个样本的样本量。

第 4 步：根据显著性水平 α 作出决策。如果 $|\bar{x}_i-\bar{x}_j|>LSD$，则拒绝 H_0；如果 $|\bar{x}_i-\bar{x}_j|<LSD$，则不拒绝 H_0。

---

① 参见第 11 章，在那里，将 R^2 定义为判定系数，其平方根定义为相关系数。

例 10.2

根据表 10—6 中的输出结果，对四个行业的均值做多重比较($\alpha=0.05$)。

解：第 1 步：提出如下假设。

检验 1：$H_0: \mu_1=\mu_2$；$H_1: \mu_1\neq\mu_2$。

检验 2：$H_0: \mu_1=\mu_3$；$H_1: \mu_1\neq\mu_3$。

检验 3：$H_0: \mu_1=\mu_4$；$H_1: \mu_1\neq\mu_4$。

检验 4：$H_0: \mu_2=\mu_3$；$H_1: \mu_2\neq\mu_3$。

检验 5：$H_0: \mu_2=\mu_4$；$H_1: \mu_2\neq\mu_4$。

检验 6：$H_0: \mu_3=\mu_4$；$H_1: \mu_3\neq\mu_4$。

第 2 步：计算检验统计量。

$|\bar{x}_1-\bar{x}_2|=|49-48|=1$

$|\bar{x}_1-\bar{x}_3|=|49-35|=14$

$|\bar{x}_1-\bar{x}_4|=|49-59|=10$

$|\bar{x}_2-\bar{x}_3|=|48-35|=13$

$|\bar{x}_2-\bar{x}_4|=|48-59|=11$

$|\bar{x}_3-\bar{x}_4|=|35-59|=24$

第 3 步：计算 LSD。根据表 10—6 的结果，$MSE=142.526\ 316$。由于四个行业的样本量不同，需要分别计算 LSD。根据自由度$=n-k=23-4=19$，查 t 分布表得 $t_{\alpha/2}=t_{0.025}=2.093$。各检验的 LSD 如下：

检验 1：$LSD_1=2.093\times\sqrt{142.526\ 316\times\left(\frac{1}{7}+\frac{1}{6}\right)}=13.90$

检验 2：$LSD_2=2.093\times\sqrt{142.526\ 316\times\left(\frac{1}{7}+\frac{1}{5}\right)}=14.63$

检验 3：$LSD_3=LSD_2=14.63$

检验 4：$LSD_4=2.093\times\sqrt{142.526\ 316\times\left(\frac{1}{6}+\frac{1}{5}\right)}=15.13$

检验 5：$LSD_5=LSD_4=15.13$

检验 6：$LSD_6=2.093\times\sqrt{142.526\ 316\times\left(\frac{1}{5}+\frac{1}{5}\right)}=15.80$

第 4 步：作出决策。

$|\bar{x}_1-\bar{x}_2|=1<13.90$，不拒绝 H_0，不能认为零售业与旅游业被投诉次数之间有显著差异；

$|\bar{x}_1-\bar{x}_3|=14<14.63$，不拒绝 H_0，不能认为零售业与航空公司被投诉次数之间有显著差异；

$|\bar{x}_1-\bar{x}_4|=10<14.63$，不拒绝 H_0，不能认为零售业与家电制造业被投诉次数之间有显著差异；

$|\bar{x}_2-\bar{x}_3|=13<15.13$，不拒绝 H_0，不能认为旅游业与航空公司被投诉次数之间有显著差异；

$|\bar{x}_2-\bar{x}_4|=11<15.13$，不拒绝 H_0，不能认为旅游业与家电制造业被投诉次数之间有显著差异；

$|\bar{x}_3-\bar{x}_4|=24>15.80$，拒绝 H_0，航空公司与家电制造业被投诉次数之间有显著差异。

10.3 双因素方差分析

10.3.1 双因素方差分析及其类型

单因素方差分析只是考虑一个分类型自变量对数值型因变量的影响。在对实际问题的研究中，有时需要考虑几个因素对试验结果的影响。例如，分析影响彩电销售量的因素时，需要考虑品牌、销售地区、价格、质量等多个因素的影响。当方差分析中涉及两个分类型自变量时，称为**双因素方差分析**（two-way analysis of variance）。先看下面的例子。

例 10.3

有 4 个品牌的彩电在 5 个地区销售，为分析彩电的品牌（“品牌”因素）和销售地区（“地区”因素）对销售量的影响，取得以下每个品牌在各地区的销售量数据（单位：台），如表 10—7 所示。试分析品牌和地区对彩电的销售量是否有显著影响（$\alpha=0.05$）。

表 10—7　　4 个品牌的彩电在 5 个地区的销售量数据

	A	B	C	D	E	F	G
1			地区因素				
2			地区1	地区2	地区3	地区4	地区5
3	品牌因素	品牌1	365	350	343	340	323
4		品牌2	345	368	363	330	333
5		品牌3	358	323	353	343	308
6		品牌4	288	280	298	260	298

在上面的例子中，品牌和地区是两个分类型自变量，销售量是一个数值型因变量。同时分析品牌和地区对销售量的影响，分析究竟是一个因素在起作用，还是两个因素都起作用，还是两个因素都不起作用，这就是一个双因素方差分析问题。

在双因素方差分析中，由于有两个影响因素，例如，彩电的品牌因素和地区因素，如果品牌和地区对销售量的影响是相互独立的，分别判断品牌和地区对销售量的影响，这时的双因素方差分析称为无交互作用（interaction）的双因素方差分析，或称为**无重复双因素**（two-factor without replication）分析；如果除了品牌和地区对销售量的单独影响，两个因素的搭配还会对销售量产生一种新的影响，例如，某个地区对某种品牌的彩电有特殊偏好，这就是两个因素结合后产生的新效应，这时的双因素方差分析称为有交互作用的双因素方差分析，或称为**可重复双因素**（two-factor with replication）分析。

10.3.2 无交互作用的双因素方差分析

1. *数据结构*

在无交互作用的双因素方差分析中，由于有两个因素，因此在获取数据时，需要将一个因素安排在“行”（row）的位置，称为行因素；另一个因素安排在“列”（column）的位置，称为列因素。设行因素有 k 个水平：行 1，行 2，…，行 k；列因素有 r 个水平：列 1，列 2，…，列 r。行因素和列因素的每一个水平都可以搭配成一组，观察它们对试验数据的影响，共抽取 kr 个观察数据，其数据结构如表 10—8 所示。

表 10—8　　双因素方差分析的数据结构

	A	B	C	D	E	F	G
1			列因素（j）				平均值
2			列1	列2	…	列r	$\bar{x}_{i.}$
3	行因素（i）	行1	x_{11}	x_{12}	…	x_{1r}	$\bar{x}_{1.}$
4		行2	x_{21}	x_{22}	…	x_{2r}	$\bar{x}_{2.}$
5		⋮	⋮	⋮	⋮	⋮	⋮
6		行k	x_{k1}	x_{k2}	…	x_{kr}	$\bar{x}_{k.}$
7	平均值 $\bar{x}_{.j}$		$\bar{x}_{.1}$	$\bar{x}_{.2}$	…	$\bar{x}_{.r}$	$\bar{\bar{x}}$
8							

表 10—8 中，行因素共有 k 个水平，列因素共有 r 个水平。每一个观测值 x_{ij}（$i=1, 2, \cdots, k$；$j=1, 2, \cdots, r$）看做从由行因素的 k 个水平和列因素的 r 个水平所组合成的 $k\times r$ 个总体中抽取的样本量为 1 的独立随机样本。这 $k\times r$ 个总体中的每一个总体都服从正态分布，且有相同的方差。

表 10—8 中，$\bar{x}_{i.}$ 是行因素的第 i 个水平下各观测值的平均值，其计算公式为：

$$\bar{x}_{i.}=\frac{\sum_{j=1}^{r}x_{ij}}{r},\quad i=1,2,\cdots,k \tag{10.12}$$

$\bar{x}_{.j}$ 是列因素的第 j 个水平下各观测值的平均值，其计算公式为：

$$\bar{x}_{.j}=\frac{\sum_{i=1}^{k}x_{ij}}{k},\quad j=1,2,\cdots,r \tag{10.13}$$

$\bar{\bar{x}}$ 是全部 kr 个样本数据的总平均值，其计算公式为：

$$\overline{\overline{x}} = \frac{\sum_{i=1}^{k}\sum_{j=1}^{r} x_{ij}}{kr} \tag{10.14}$$

2. 分析步骤

与单因素方差分析类似，双因素方差分析也包括提出假设、构造检验的统计量、统计决策等步骤。

(1) 提出假设。

为了检验两个因素的影响，需要对两个因素分别提出如下假设。

对行因素提出的假设为：

$H_0: \mu_1=\mu_2=\cdots=\mu_i=\cdots=\mu_k$　　行因素(自变量)对因变量没有显著影响

$H_1: \mu_i(i=1,2,\cdots,k)$不全相等　　行因素(自变量)对因变量有显著影响

式中，μ_i 为行因素的第 i 个水平的均值。

对列因素提出的假设为：

$H_0: \mu_1=\mu_2=\cdots=\mu_j=\cdots=\mu_r$　　列因素(自变量)对因变量没有显著影响

$H_1: \mu_j(j=1,2,\cdots,r)$不全相等　　列因素(自变量)对因变量有显著影响

式中，μ_j 为列因素的第 j 个水平的均值。

(2) 构造检验的统计量。

为检验 H_0 是否成立，需要分别确定检验行因素和列因素的统计量。与单因素方差分析构造统计量的方法一样，也需要从总平方和的分解入手。总平方和是全部样本观察值 $x_{ij}(i=1, 2, \cdots, k; j=1, 2, \cdots, r)$ 与总的样本平均值 $\overline{\overline{x}}$ 的误差平方和，记为 SST，即

$$\begin{aligned} SST &= \sum_{i=1}^{k}\sum_{j=1}^{r}(x_{ij}-\overline{\overline{x}})^2 \\ &= \sum_{i=1}^{k}\sum_{j=1}^{r}(\overline{x}_{i\cdot}-\overline{\overline{x}})^2+\sum_{i=1}^{k}\sum_{j=1}^{r}(\overline{x}_{\cdot j}-\overline{\overline{x}})^2+\sum_{i=1}^{k}\sum_{j=1}^{r}(x_{ij}-\overline{x}_{i\cdot}-\overline{x}_{\cdot j}+\overline{\overline{x}})^2 \end{aligned} \tag{10.15}$$

其中，分解后的等式右边的第一项是行因素所产生的误差平方和，记为 SSR，即

$$SSR = \sum_{i=1}^{k}\sum_{j=1}^{r}(\overline{x}_{i\cdot}-\overline{\overline{x}})^2 \tag{10.16}$$

第二项是列因素所产生的误差平方和，记为 SSC，即

$$SSC = \sum_{i=1}^{k}\sum_{j=1}^{r}(\overline{x}_{\cdot j}-\overline{\overline{x}})^2 \tag{10.17}$$

第三项是除行因素和列因素之外的剩余因素所产生的误差平方和，称为随机误差平方和，记为 SSE，即

$$SSE=\sum_{i=1}^{k}\sum_{j=1}^{r}(x_{ij}-\bar{x}_{i\cdot}-\bar{x}_{\cdot j}+\bar{\bar{x}})^2 \tag{10.18}$$

上述各平方和的关系为：

$$SST=SSR+SSC+SSE \tag{10.19}$$

在上述误差平方和的基础上计算均方，也就是将各平方和除以相应的自由度。与各误差平方和相对应的自由度分别是：

总平方和 SST 的自由度为 $kr-1$；

行因素的误差平方和 SSR 的自由度为 $k-1$；

列因素的误差平方和 SSC 的自由度为 $r-1$；

随机误差平方和 SSE 的自由度为 $(k-1)(r-1)$。

为构造检验统计量，需要计算下列各均方：

行因素的均方，记为 MSR，即

$$MSR=\frac{SSR}{k-1} \tag{10.20}$$

列因素的均方，记为 MSC，即

$$MSC=\frac{SSC}{r-1} \tag{10.21}$$

随机误差项的均方，记为 MSE，即

$$MSE=\frac{SSE}{(k-1)(r-1)} \tag{10.22}$$

为检验行因素对因变量的影响是否显著，采用下面的统计量：

$$F_R=\frac{MSR}{MSE}\sim F(k-1,(k-1)(r-1)) \tag{10.23}$$

为检验列因素的影响是否显著，采用下面的统计量：

$$F_C=\frac{MSC}{MSE}\sim F(r-1,(k-1)(r-1)) \tag{10.24}$$

（3）统计决策。

计算出检验统计量后，根据给定的显著性水平 α 和两个自由度，查 F 分布表得到相应的临界值 F_α，然后将 F_R 和 F_C 与 F_α 进行比较。

若 $F_R>F_\alpha$，则拒绝原假设 H_0：$\mu_1=\mu_2=\cdots=\mu_i=\cdots=\mu_k$，表明 $\mu_i(i=1,2,\cdots,k)$ 之间的差异是显著的；也就是说，所检验的行因素对观测值有显著影响。

若 $F_C>F_\alpha$，则拒绝原假设 H_0：$\mu_1=\mu_2=\cdots=\mu_j=\cdots=\mu_r$，表明 $\mu_j(j=1,2,\cdots,r)$ 之间的差异是显著的；也就是说，所检验的列因素对观测值有显著影响。

为使计算过程更加清晰，通常将上述过程的内容列成方差分析表，其一般形式如表 10—9 所示。

表 10—9 双因素方差分析表

	A	B	C	D	E	F	G
1	误差来源	误差平方和 SS	自由度 df	均方 MS	F 值	P 值	F临界值
2	行因素	SSR	k-1	MSR	F_R		
3	列因素	SSC	r-1	MSC	F_C		
4	误差	SSE	(k-1)×(r-1)	MSE			
5	总和	SST	kr-1				

例 10.4

根据例 10.3 中的数据，分析品牌和地区对销售量是否有显著影响（$\alpha=0.05$）。

解：首先对两个因素分别提出如下假设。

行因素（品牌）：

H_0：$\mu_1=\mu_2=\mu_3=\mu_4$　　品牌对销售量没有显著影响

H_1：μ_1，μ_2，μ_3，μ_4 不全相等　　品牌对销售量有显著影响

列因素（地区）：

H_0：$\mu_1=\mu_2=\mu_3=\mu_4=\mu_5$　　地区对销售量没有显著影响

H_1：μ_1，μ_2，μ_3，μ_4，μ_5 不全相等　　地区对销售量有显著影响

双因素方差分析的计算较复杂，可直接利用 Excel 给出其计算结果，步骤与上面介绍的类似，只需要将第 2 步中的【单因素方差分析】改为【无重复双因素分析】即可。表 10—10 就是 Excel 输出的分析结果。

表 10—10 Excel 输出的方差分析结果

	A	B	C	D	E	F	G
1	方差分析：无重复双因素分析						
2							
3	SUMMARY	观测数	求和	平均	方差		
4	行 1	5	1721	344.2	233.7		
5	行 2	5	1739	347.8	295.7		
6	行 3	5	1685	337	442.5		
7	行 4	5	1424	284.8	249.2		
8							
9	列 1	4	1356	339	1224.666667		
10	列 2	4	1321	330.25	1464.25		
11	列 3	4	1357	339.25	822.9166667		
12	列 4	4	1273	318.25	1538.916667		
13	列 5	4	1262	315.5	241.6666667		
14							
15	方差分析						
16	差异源	SS	df	MS	F	P-value	F crit
17	行	13004.55	3	4334.85	18.10777318	9.45615E-05	3.490294821
18	列	2011.7	4	502.925	2.100845894	0.143664887	3.259166727
19	误差	2872.7	12	239.3916667			
20							
21	总计	17888.95	19				

表 10—10 中的“行”指行因素，即品牌因素；“列”指列因素，即地区因素。根据方差分析表的计算结果得出以下结论：

由于 $F_R=18.107\ 773>F_\alpha=3.490\ 3$，所以拒绝原假设 H_0，表明 μ_1，μ_2，μ_3，μ_4 之间的差异是显著的，这说明品牌对销售量有显著影响。

由于 $F_C=2.100\ 846<F_\alpha=3.259\ 2$，所以不拒绝原假设 H_0，表明 μ_1，μ_2，μ_3，μ_4，μ_5 之间的差异不显著，不能认为地区对销售量有显著影响。

直接用 P-value 进行分析，结论也是一样。用于检验行因素的 P-value $=9.456\ 15\text{E-}05<\alpha=0.05$，所以拒绝原假设 H_0；用于检验列因素的 P-value $=0.143\ 665>\alpha=0.05$，所以不拒绝原假设 H_0。

3. 关系强度的测量

例 10.4 的方差分析结果显示，不同品牌的销售量均值之间有显著差异，这意味着品牌（行自变量）与销售量（因变量）之间的关系是显著的。而不同地区的销售量的均值之间没有显著差异，表明地区（列自变量）与销售量（因变量）之间的关系是不显著的。那么，两个变量合起来与销售量之间的关系强度究竟如何呢？

表 10—10 中给出了行自变量（品牌）的平方和（行 SS）、列自变量（地区）的平方和（列 SS）、误差平方和（误差 SS）。其中，行平方和度量了品牌这个自变量对因变量（销售量）的影响效应；列平方和度量了地区这个自变量对因变量（销售量）的影响效应。这两个平方和加在一起则度量了两个自变量对因变量的联合效应，联合效应与总平方和的比值定义为 R^2，其平方根 R 则反映了这两个自变量合起来与因变量之间的关系强度。① 即

$$R^2=\frac{\text{联合效应}}{\text{总效应}}=\frac{SSR+SSC}{SST} \tag{10.25}$$

例如，根据表 10—10 的输出结果计算，得

$$R^2=\frac{SSR+SSC}{SST}=\frac{13\ 004.55+2\ 011.70}{17\ 888.95}=0.839\ 4=83.94\%$$

这表明，品牌因素和地区因素合起来总共解释了销售量差异的 83.94%，其他因素（残差变量）只解释了销售量差异的 16.06%。而 $R=0.916\ 2$，表明品牌和地区两个因素合起来与销售量之间有较强的关系。

当然，也可以分别考察品牌和地区与销售量之间的关系，这就需要分别作每个自变量与销售量的单因素方差分析，并分别计算每个 R^2。下面分别给出品牌和地区因素与销售量的单因素方差分析结果，见表 10—11 和表10—12，请读者自己进行分析。

通过表 10—11 和表 10—12 可以发现，单因素方差分析与双因素方差分析所得出的结论一致。但双因素方差分析中的误差平方和等于 2 872.7，比分别进行单因素方差分析时的任何一个平方和（4 884.4 和 15 877.25）都小，而且 P 值也变得更小了。这是因为在双因素方差分析中，误差平方和不包括两个自变量中的任何一个，因而减

① R^2 称为多重判定系数，R 称为多重相关系数，见第 12 章多元线性回归。

表 10—11 品牌与销售量的单因素方差分析结果

	A	B	C	D	E	F	G
1	方差分析						
2	差异源	SS	df	MS	F	P-value	F crit
3	组间	13004.55	3	4334.85	14.19981983	8.97271E-05	3.238866952
4	组内	4884.4	16	305.275			
5							
6	总计	17888.95	19				

表 10—12 地区与销售量的单因素方差分析结果

	A	B	C	D	E	F	G
1	方差分析						
2	差异源	SS	df	MS	F	P-value	F crit
3	组间	2011.7	4	502.925	0.475137382	0.753443326	3.055568243
4	组内	15877.25	15	1058.483333			
5							
6	总计	17888.95	19				

少了残差效应。而在分别作单因素方差分析时，将行因素（品牌）作自变量时，列因素（地区）被包括在残差中，同样，将列因素作自变量时，行因素被包括在残差中。因此，对于两个自变量而言，进行双因素方差分析要优于分别对两个因素进行单因素方差分析。①

10.3.3 有交互作用的双因素方差分析

在上面的分析中，假定两个因素对因变量的影响是独立的，但如果两个因素搭配在一起会对因变量产生一种新的效应，就需要考虑交互作用对因变量的影响，这就是有交互作用的双因素方差分析。

例 10.5

城市道路交通管理部门为研究不同的路段和不同的时间段对行车时间的影响，让一名交通警察分别在两个路段的高峰期与非高峰期亲自驾车进行试验，通过试验共获得 20 个行车时间（单位：分钟）的数据，如表 10—13 所示。试分析路段、时段以及路段和时段的交互作用对行车时间的影响（$\alpha=0.05$）。

设行变量有 k 个水平，例如，表 10—13 中的行变量（时段）有 2 个水平，即高峰期和非高峰期；列变量有 r 个水平，例如，表 10—13 中的列变量（路段）有 2 个水平，即路段 1 和路段 2；行变量中每个水平的行数（Excel 中称为每个样本的行数）为 m，例如，表 10—13 中的行变量的每个水平（即每个样本）的行数各有 5 行；观察数据的总数为 n，例如，表 10—13 中共有 $n=20$ 个数据。

① 类似于用两个自变量的多元回归代替分别作两个一元回归，见第 12 章多元线性回归。

表 10—13　　不同时段和不同路段的行车时间

	A	B	C	D
1			路段（列变量）	
2			路段1	路段2
3	时段（行变量）	高峰期	26	19
4			24	20
5			27	23
6			25	22
7			25	21
8		非高峰期	20	18
9			17	17
10			22	13
11			21	16
12			17	12

与无交互作用的方差分析方法类似，有交互作用的双因素方差分析也需要提出假设、构造检验的统计量、统计决策等步骤。提出假设时，需要对行变量、列变量和交互作用变量分别提出假设，方法与上述类似，这里不再赘述。有交互作用的双因素方差分析表的数据结构与表 10—13 类似，其方差分析表的一般形式如表 10—14 所示。

表 10—14　　有交互作用的双因素方差分析表的结构

	A	B	C	D	E	F	G
1	误差来源	平方和 SS	自由度 df	均方 MS	F 值	P 值	F 临界值
2	行因素	SSR	k-1	$MSR=\frac{SSR}{k-1}$	$F_R=\frac{MSR}{MSE}$		
3	列因素	SSC	r-1	$MSC=\frac{SSC}{r-1}$	$F_C=\frac{MSC}{MSE}$		
4	交互作用	SSRC	(k-1)(r-1)	$MSRC=\frac{SSRC}{(k-1)(r-1)}$	$F_{RC}=\frac{MSRC}{MSE}$		
5	误差	SSE	kr(m-1)	$MSE=\frac{SSE}{kr(m-1)}$			
6	总和	SST	n-1				

设：x_{ijl} 为对应于行因素的第 i 个水平和列因素的第 j 个水平的第 l 行的观测值；

$\bar{x}_{i\cdot}$ 为行因素的第 i 个水平的样本均值；

$\bar{x}_{\cdot j}$ 为列因素的第 j 个水平的样本均值；

$\bar{x}_{ij}$ 为对应于行因素的第 i 个水平和列因素的第 j 个水平组合的样本均值；

$\bar{\bar{x}}$ 为全部 n 个观测值的总均值。

各平方和的计算公式如下：

总平方和（SST）：

$$SST=\sum_{i=1}^{k}\sum_{j=1}^{r}\sum_{l=1}^{m}(x_{ijl}-\bar{\bar{x}})^2 \qquad (10.26)$$

行变量平方和（*SSR*）：

$$SSR = rm\sum_{i=1}^{k}(\bar{x}_{i.} - \bar{\bar{x}})^2 \tag{10.27}$$

列变量平方和（*SSC*）：

$$SSC = km\sum_{j=1}^{r}(\bar{x}_{.j} - \bar{\bar{x}})^2 \tag{10.28}$$

交互作用平方和（*SSRC*）：

$$SSRC = m\sum_{i=1}^{k}\sum_{j=1}^{r}(\bar{x}_{ij} - \bar{x}_{i.} - \bar{x}_{.j} + \bar{\bar{x}})^2 \tag{10.29}$$

误差平方和（*SSE*）：

$$SSE = SST - SSR - SSC - SSRC \tag{10.30}$$

下面针对例 10.5 中提出的问题，说明用 Excel 进行有交互作用的双因素方差分析的步骤，并对结果进行分析。首先，将数据按图 10—6 的形式输入到 Excel 工作表中，然后按下列步骤操作。

用 Excel 进行有交互作用的双因素方差分析的操作步骤

第 1 步：选择【工具】下拉菜单，并选择【数据分析】选项。

第 2 步：在分析工具中选择【方差分析：可重复双因素分析】，然后单击【确定】。

第 3 步：当对话框出现时：

在【输入区域】方框内输入 A1:C11。

在【α】方框内输入 0.05（可根据需要确定）。

在【每一样本的行数】方框内输入 5。

在【输出选项】中选择输出区域（这里选新工作表组）。

结果如图 10—6 所示。

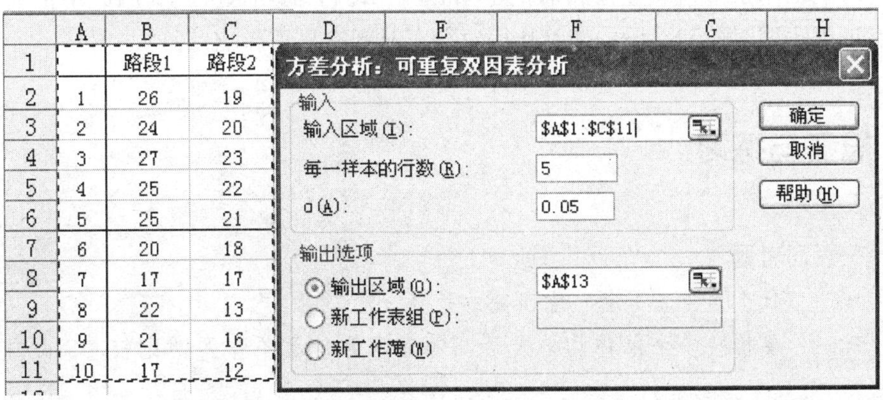

图 10—6　用 Excel 进行方差分析的步骤（二）

单击【确定】后得到下面的输出结果，如表 10—15 所示。

表 10—15　　Excel 输出的有交互作用的双因素方差分析结果

	A	B	C	D	E	F	G
1	方差分析：可重复双因素分析						
2							
3	SUMMARY	路段1	路段2	总计			
4	1						
5	计数	5	5	10			
6	求和	127	105	232			
7	平均	25.4	21	23.2			
8	方差	1.3	2.5	7.0667			
9							
10	6						
11	计数	5	5	10			
12	求和	97	76	173			
13	平均	19.4	15.2	17.3			
14	方差	5.3	6.7	10.2333			
15							
16	总计						
17	计数	10	10				
18	求和	224	181				
19	平均	22.4	18.1				
20	方差	12.9333	13.4333				
21							
22	方差分析						
23	差异源	SS	df	MS	F	P-value	F crit
24	样本	174.0500	1	174.0500	44.0633	0.0000	4.4940
25	列	92.4500	1	92.4500	23.4051	0.0002	4.4940
26	交互	0.0500	1	0.0500	0.0127	0.9118	4.4940
27	内部	63.2000	16	3.9500			
28							
29	总计	329.75	19				

由表 10—15 输出的结果可知，用于检验“时段”（行因素，输出表中为“样本”）的 P-value=0.000 0<α=0.05，拒绝原假设，表明不同时段的行车时间之间有显著差异，即时段对行车时间有显著影响；用于检验“路段”（列因素）的 P-value=0.000 2<α=0.05，同样拒绝原假设，表明不同路段的行车时间之间有显著差异，即路段对行车时间也有显著影响；交互作用反映的是时段因素和路段因素联合产生的对行车时间的附加效应，用于检验的 P-value=0.911 8>α=0.05，因此不拒绝原假设，没有证据表明时段和路段的交互作用对行车时间有显著影响。

□ 思考与练习

一、思考题

10.1　什么是方差分析？它研究的是什么？

10.2　要检验多个总体均值是否相等时，为什么不作两两比较，而用方差分析方法？

10.3　方差分析包括哪些类型？它们有何区别？

10.4　方差分析中有哪些基本假定？

10.5　简述方差分析的基本思想。

10.6　解释因子和处理的含义。

10.7　解释组内误差和组间误差的含义。

10.8　解释组内方差和组间方差的含义。

10.9　简述方差分析的基本步骤。

10.10　方差分析中多重比较的作用是什么？

10.11　什么是交互作用？

10.12　解释无交互作用和有交互作用的双因素方差分析。

10.13　解释 R^2 的含义和作用。

二、练习题

10.1　从 3 个总体中各抽取容量不同的样本数据，结果如下：

样本 1	样本 2	样本 3
158	153	169
148	142	158
161	156	180
154	149	
169		

检验 3 个总体的均值之间是否有显著差异（$\alpha=0.01$）。

10.2　下面是来自 5 个总体的样本数据：

样本 1	样本 2	样本 3	样本 4	样本 5
14	10	11	16	14
13	9	12	17	12
10	12	13	14	13
	9	12	16	13
	10		17	12
				14

取显著性水平 $\alpha=0.01$，检验 5 个总体的均值是否相等。

10.3　一家牛奶公司有 4 台机器装填牛奶，每桶的容量为 4L。下面是从 4 台机器中抽取的样本数据（单位：L）：

机器 1	机器 2	机器 3	机器 4
4.05	3.99	3.97	4.00
4.01	4.02	3.98	4.02
4.02	4.01	3.97	3.99
4.04	3.99	3.95	4.01
	4.00	4.00	
	4.00		

取显著性水平 $\alpha=0.01$，检验 4 台机器的装填量是否相同。

10.4　一家管理咨询公司为不同的客户举办人力资源管理讲座。每次讲座的内容基本上是一样的，但讲座的听课者有时是高级管理者，有时是中级管理者，有时是初级管理者。该咨询公司认为，不同层次的管理者对讲座的满意度是不同的。听完讲座后随机抽取的不同层次管理者的满意度评分如下（评分标准为1～10，10 代表非常满意）：

高级管理者	中级管理者	初级管理者
7	8	5
7	9	6
8	8	5
7	10	7
9	9	4
	10	8
	8	

取显著性水平 $\alpha=0.05$，检验管理者的层次不同是否会导致评分的显著差异。

10.5　某家电制造公司准备购进一批 5 号电池，现有 A，B，C 三个电池生产企业愿意供货，为比较它们生产的电池质量，从每个企业各随机抽取 5 只电池，经试验得其寿命（单位：h）数据如下：

试验号	电池生产企业		
	A	B	C
1	50	32	45
2	50	28	42
3	43	30	38
4	40	34	48
5	39	26	40

试分析三个企业生产的电池的平均寿命之间有无显著差异（$\alpha=0.05$）。如果有差异，用 LSD 方法检验哪些企业之间有差异。

10.6　一家产品制造公司的管理者想比较 A，B，C 三种培训方式对产品组装时间是否有显著影响，将 20 名新员工随机分配给每种培训方式。在培训结束后，参加培训的员工组装一件产品所花的时间如下（单位：min）：

培训方式		
A	B	C
8.8	8.2	8.6
9.3	6.7	8.5
8.7	7.4	9.1
9.0	8.0	8.2
8.6	8.2	8.3
8.3	7.8	7.9
9.5	8.8	9.9
9.4	8.4	9.4
9.2	7.9	

取显著性水平 $\alpha=0.05$，确定不同培训方式对产品组装的时间是否有显著影响。

10.7 某企业准备用三种方法组装一种新的产品，为确定哪种方法每小时生产的产品数量最多，随机抽取了 30 名工人，并指定每个人使用其中的一种方法。通过对每个工人生产的产品数进行方差分析得到下面的结果：

方差分析表

差异源	SS	df	MS	F	P-value	F crit
组间			210		0.245 946	3.354 131
组内	3 836			—	—	—
总计		29	—	—	—	—

要求：

(1) 完成上面的方差分析表。

(2) 若显著性水平 $\alpha=0.05$，检验三种方法组装的产品数量之间是否有显著差异。

10.8 一家汽车制造商准备购进一批轮胎。考虑的因素主要有供应商和磨损程度。为了对磨损程度进行测试，分别在低速（40km/h）、中速（80km/h）、高速（120km/h）下进行测试。下面是从 5 家供应商抽取的轮胎随机样本在行驶1 000km 后的磨损程度数据。

供应商	车速		
	低速	中速	高速
1	3.7	4.5	3.1
2	3.4	3.9	2.8
3	3.5	4.1	3.0
4	3.2	3.5	2.6
5	3.9	4.8	3.4

取显著性水平 $\alpha=0.01$，检验：

(1) 不同车速对磨损程度是否有显著影响。

(2) 不同供应商生产的轮胎的磨损程度是否有显著差异。

10.9 有 5 种不同品种的种子和 4 种不同的施肥方案，在 20 块同样面积的土地上，分别采用 5 种种子和 4 种施肥方案搭配进行试验，取得的收获量数据如下表：

品种	施肥方案			
	1	2	3	4
1	12.0	9.5	10.4	9.7
2	13.7	11.5	12.4	9.6
3	14.3	12.3	11.4	11.1
4	14.2	14.0	12.5	12.0
5	13.0	14.0	13.1	11.4

检验种子的不同品种对收获量的影响是否显著，不同的施肥方案对收获量的影响是否显著（$\alpha=0.05$）。

10.10 为研究食品的包装方法和销售地区对其销售量是否有影响，在三个不同地区用三种不同包装方法进行销售，获得的销售量数据如下：

销售地区（A）	包装方法（B）		
	B_1	B_2	B_3
A_1	45	75	30
A_2	50	50	40
A_3	35	65	50

检验不同的地区和不同的包装方法对该食品的销售量是否有显著影响（$\alpha=0.05$）。

10.11 一家超市连锁店进行一项研究，以确定超市所在的位置和竞争者的数量对销售额是否有显著影响。下面是获得的月销售额数据（单位：万元）：

超市位置	竞争者数量			
	0	1	2	3个及以上
位于市内居民小区	41	38	59	47
	30	31	48	40
	45	39	51	39
位于写字楼	25	29	44	43
	31	35	48	42
	22	30	50	53
位于郊区	18	22	29	24
	29	17	28	27
	33	25	26	32

取显著性水平 $\alpha=0.01$，检验：

(1) 竞争者的数量对销售额是否有显著影响。

(2) 超市的位置对销售额是否有显著影响。

(3) 竞争者的数量和超市的位置对销售额是否有交互影响。

10.12 为检验广告媒体和广告方案对产品销售量的影响，一家营销公司做了一项试验，考察三种广告方案和两种广告媒体，获得的销售量数据如下：

广告方案	广告媒体	
	报纸	电视
A	8	12
	12	8
B	22	26
	14	30
C	10	18
	18	14

检验广告方案、广告媒体或其交互作用对销售量的影响是否显著（$\alpha=0.05$）。

第 11 章 Chapter 11 一元线性回归

父代与子代的关系

高尔顿（Galton）被誉为现代回归和相关技术的创始人。1875 年，高尔顿利用豌豆实验来确定尺寸的遗传规律。他挑选了 7 组不同尺寸的豌豆，并说服他在英国不同地区的朋友每一组种植 10 粒种子，最后把原始的豌豆种子（父代）与新长的豌豆种子（子代）进行尺寸比较。

当结果被绘制出来之后，他发现并非每一个子代都与父代一样，不同的是，尺寸小的豌豆会得到更大的子代，而尺寸大的豌豆却得到较小的子代。高尔顿把这一现象叫做“返祖”（趋向于祖先的某种平均类型），后来又称之为“向平均回归”。一个总体中在某一时期具有某一极端特征（低于或高于总体均值）的个体在未来的某一时期将减弱它的极端性（或者是单个个体或者是整个子代），这一趋势现在被称做“回归效应”。人们发现它的应用很广，而不仅限于从上一代到下一代的豌豆大小问题。

正如高尔顿进一步发现的那样，平均来说，非常矮小的父辈倾向于有偏高的子代；而非常高大的父辈则倾向于有偏矮的子代。在第一次考试中成绩最差的那些学生在第二次考试中倾向于有更好的成绩（比较接近所有学生的平均成绩），而第一次考试中成绩最好的那些学生在第二次考试中则倾向于有较差的成绩（比较接近所有学生的平均成绩）。同样，平均来说，第一年利润最低的公司第二年不会最差，而第一年利润最高的公司第二年则不会是最好的。

在第 10 章中，介绍了分类型自变量与数值型因变量之间关系的分析方法。而本章则主要介绍数值型自变量和数值型因变量之间关系的分析方法，这就是相关与回归分析。相关与回归是处理变量之间关系的一种统计方法。从所处理的变量多少来看，如果研究的是两个变量之间的关系，称为简单相关与简单回归分析；如果研究的是两个以上变量之间的关系，称为多元相关与多元回归分析。从变量之间的关系形态上看，有线性相关与线性回归分析及非线性相关与非线性回归分析。本章主要讨论简单线性相关和简单线性回归的基本原理与方法。

11.1 变量间关系的度量

11.1.1 变量间的关系

在生产和经营活动中，经常要对变量之间的关系进行分析。例如，在企业生产中，要对影响生产成本的各种因素进行分析，以达到控制成本的目的；在农业生产中，需要研究农作物产量与施肥量之间的关系，以便分析施肥量对产量的影响，进而确定合理的施肥量；在商业活动中，需要分析广告费支出与销售量之间的关系，进而通过广告费支出来预测销售量，等等。统计分析的目的在于如何根据统计数据确定变量之间的关系形态及其关联的程度，并探索其内在的数量规律。人们在实践中发现，变量之间的关系可分为两种类型，即函数关系和相关关系。

函数关系是人们比较熟悉的。设有两个变量 x 和 y，变量 y 随变量 x 一起变化，并完全依赖于 x，当变量 x 取某个数值时，y 依确定的关系取相应的值，则称 y 是 x 的函数，记为 $y=f(x)$，其中 x 称为自变量，y 称为因变量。下面给出几个函数关系的例子。

例 11.1

某种产品的销售额与销售量之间的关系。设销售额为 y，销售量为 x，销售价格为 p，则 x 与 y 之间的关系可表示为 $y=px$。这就是说，在销售价格不变的情况下，对于该商品的某一销售量，总有一个销售额与之对应，即销售额完全由销售量所确定，二者之间为线性函数关系。

例 11.2

企业的原材料消耗额(y)与产量(x_1)、单位产品消耗(x_2)、原材料价格(x_3)之间的关系可表示为 $y=x_1x_2x_3$。这里的 y 与 x_1，x_2，x_3 之间是一种确定的函数关系，但不是线性函数关系。

函数关系是一一对应的确定关系。但在实际问题中，变量之间的关系往往不那么简单。例如，考察居民储蓄与居民家庭收入这两个变量，它们之间就不存在完全确定的关系。也就是说，收入水平相同的家庭，他们的储蓄额往往不同；反之，储蓄额相同的家庭，他们的收入水平也可能不同。可见家庭储蓄并不完全由家庭收入所确定，因为家庭收入尽管与家庭储蓄有密切的关系，但它并不是影响储蓄的唯一因素，还有银行利率、消费水平等其他因素的影响。正是由于影响一个变量的因素非常多，才造成了变量之间关系的不确定性。变量之间存在的不确定的数量关系，称为**相关关系**

(correlation)。

下面是相关关系的几个例子。

例 11.3

从遗传学角度看，子女的身高（y）与其父母身高（x）有很大关系。一般来说，父母身高较高时，其子女的身高通常也比较高，父母身高较低时，其子女的身高通常也较低。但实际情况并不完全是这样，因为它们之间并不是完全确定的关系。显然，子女的身高并不是完全由父母身高一个因素所决定的，还有其他许多因素的影响，因此二者之间属于相关关系。

例 11.4

考察一个人的收入水平（y）和其受教育程度（x）两个变量，它们之间就不存在确定的函数关系。也就是说，受教育程度相同的人，他们的收入水平往往不同，同样，收入水平相同的人，受教育程度也可能不同。因为受教育程度尽管与一个人的收入多少有些关系，但它并不是影响收入的唯一因素，还有其他因素（如职业、工作年限等）的影响。因此，收入水平与受教育程度之间是一种相关关系。

例 11.5

农作物的单位面积产量（y）与施肥量（x）有密切的关系。在一定条件下，施肥量越多，单位面积产量就越高。但产量并不是由施肥量一个因素决定的，还有其他许多因素的影响，如降雨量、温度、管理水平等。因此，农作物的单位面积产量与施肥量之间并不是函数关系，而是一种相关关系。

从上面的几个例子可看出相关关系的特点：一个变量的取值不能由另一个变量唯一确定，当变量 x 取某个值时，变量 y 的取值可能有几个。对这种关系不确定的变量显然不能用函数关系进行描述，但也不是无任何规律可循。通过对大量数据的观察与研究，就会发现许多变量之间确实存在着一定的客观规律。例如，平均来说，父亲身高较高时，其子女的身高一般也较高；收入水平高的家庭，其家庭储蓄一般也较多。相关与回归分析正是描述与探索这类变量之间关系及其规律的统计方法。

11.1.2 相关关系的描述与测度

相关分析就是对两个变量之间线性关系的描述与度量，它要解决的问题包括：

(1) 变量之间是否存在关系？

(2) 如果存在关系，它们之间是什么样的关系？

(3) 变量之间的关系强度如何？

(4) 样本所反映的变量之间的关系能否代表总体变量之间的关系？

为解决这些问题，在进行相关分析时，对总体主要有以下两个假定：

(1) 两个变量之间是线性关系。

(2) 两个变量都是随机变量。

在进行相关分析时，首先需要绘制散点图来判断变量之间的关系形态，如果是线性关系，则可以利用相关系数来测度两个变量之间的关系强度，然后对相关系数进行显著性检验，以判断样本所反映的关系能否代表两个变量总体上的关系。

1. 散点图

对于两个变量 x 和 y，通过观察或试验可以得到若干组数据，记为（x_i，y_i）（$i=1$，2，…，n）。用坐标的横轴代表变量 x，纵轴代表变量 y，每组数据（x_i，y_i）在坐标系中用一个点表示，n 组数据在坐标系中形成的 n 个点称为散点，由坐标及其散点形成的二维数据图称为**散点图**（scatter diagram）。

散点图是描述变量之间关系的一种直观方法，从中可以大体上看出变量之间的关系形态及关系强度。图 11—1 就是不同形态的散点图。

从下面的散点图可以看出，相关关系的表现形态大体上可分为线性相关、非线性相关、完全相关和不相关等几种。就两个变量而言，如果变量之间的关系近似地表现为一条直线，则称为线性相关，如图 11—1（a）和图 11—1（b）所示；如果变量之间的关系近似地表现为一条曲线，则称为非线性相关或曲线相关，如图 11—1（e）所示；如果一个变量的取值完全依赖于另一个变量，各观测点落在一条直线上，则称为完全相关，如图 11—1（c）和图 11—1（d）所示，这实际上就是函数关系；如果两个变量的观测点很分散，无任何规律，则表示变量之间没有相关关系，如图 11—1（f）所示。

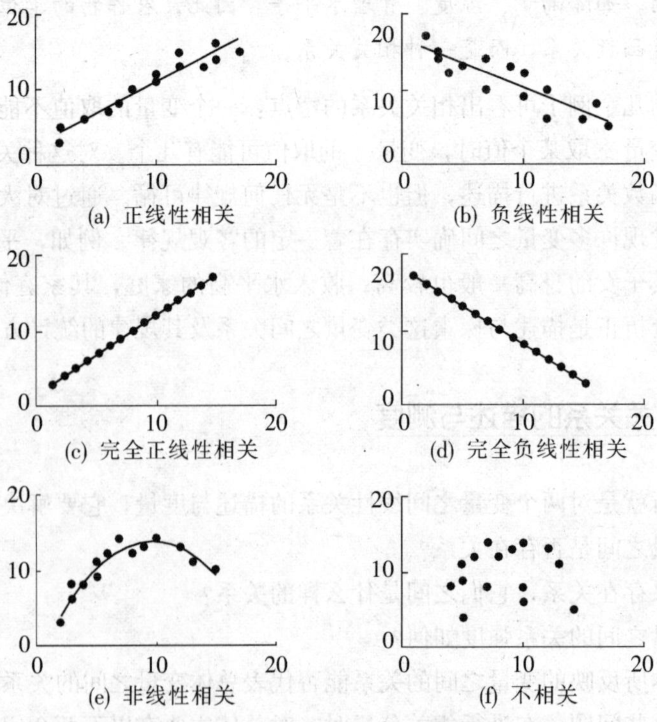

图 11—1　不同形态的散点图

在线性相关中，若两个变量的变动方向相同，一个变量的数值增加，另一个变量的数值也随之增加，或一个变量的数值减少，另一个变量的数值也随之减少，则称为正相关，如图 11—1（a）所示；若两个变量的变动方向相反，一个变量的数值增加，另一个变量的数值随之减少，或一个变量的数值减少，另一个变量的数值随之增加，则称为负相关，如图 11—1（b）所示。

例 11.6

一家大型商业银行在多个地区设有分行，其业务主要是进行基础设施建设、国家重点项目建设、固定资产投资等项目的贷款。近年来，该银行的贷款额平稳增长，但不良贷款额也有较大比例的提高，这给银行业务的发展带来较大压力。为弄清楚不良贷款形成的原因，管理者希望利用银行业务的有关数据做些定量分析，以便找出控制不良贷款的办法。表 11—1 就是该银行所属的 25 家分行的有关业务数据。

表 11—1　　某商业银行的主要业务数据

	A	B	C	D	E	F
1	分行编号	不良贷款（亿元）	各项贷款余额（亿元）	本年累计应收贷款（亿元）	贷款项目个数（个）	本年固定资产投资额（亿元）
2	1	0.9	67.3	6.8	5	51.9
3	2	1.1	111.3	19.8	16	90.9
4	3	4.8	173.0	7.7	17	73.7
5	4	3.2	80.8	7.2	10	14.5
6	5	7.8	199.7	16.5	19	63.2
7	6	2.7	16.2	2.2	1	2.2
8	7	1.6	107.4	10.7	17	20.2
9	8	12.5	185.4	27.1	18	43.8
10	9	1.0	96.1	1.7	10	55.9
11	10	2.6	72.8	9.1	14	64.3
12	11	0.3	64.2	2.1	11	42.7
13	12	4.0	132.2	11.2	23	76.7
14	13	0.8	58.6	6.0	14	22.8
15	14	3.5	174.6	12.7	26	117.1
16	15	10.2	263.5	15.6	34	146.7
17	16	3.0	79.3	8.9	15	29.9
18	17	0.2	14.8	0.6	2	42.1
19	18	0.4	73.5	5.9	11	25.3
20	19	1.0	24.7	5.0	4	13.4
21	20	6.8	139.4	7.2	28	64.3
22	21	11.6	368.2	16.8	32	163.9
23	22	1.6	95.7	3.8	10	44.5
24	23	1.2	109.6	10.3	14	67.9
25	24	7.2	196.2	15.8	16	39.7
26	25	3.2	102.2	12.0	10	97.1

管理者想知道，不良贷款是否与贷款余额、累计应收贷款、贷款项目的多少、固定资产投资额等因素有关？如果有关系，它们之间是一种什么样的关系？关系强度如何？试绘制散点图，并分析不良贷款与贷款余额、累计应收贷款、贷款项目个数、固定资产投资额之间的关系。

解：用 Excel 绘制的散点图如图 11—2 至图 11—5 所示。

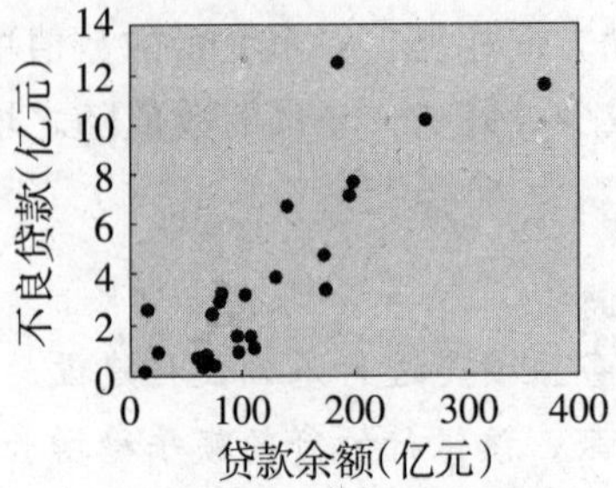

图 11—2　不良贷款与贷款余额的散点图

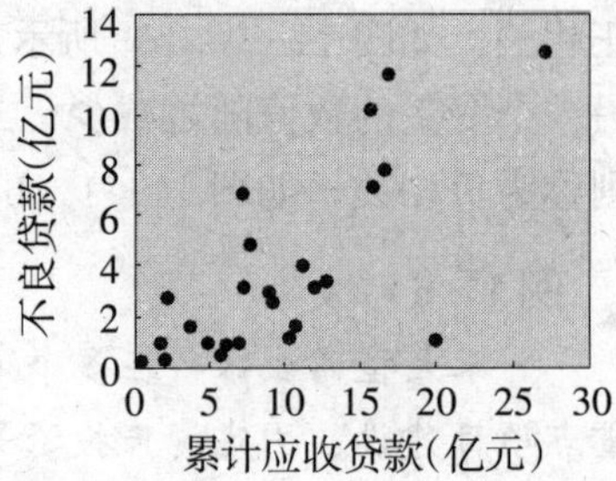

图 11—3　不良贷款与累计应收贷款的散点图

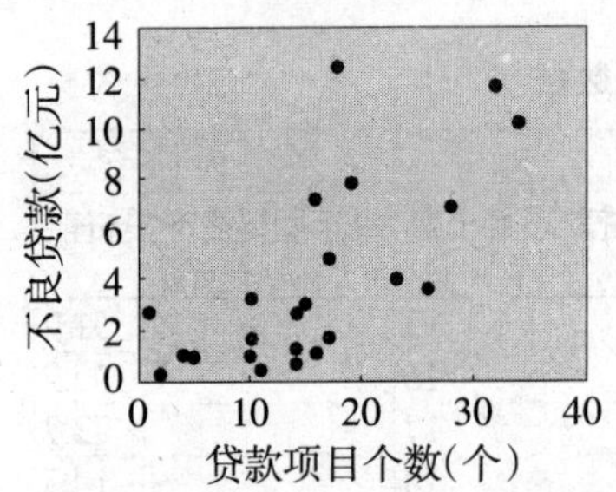

图 11—4　不良贷款与贷款项目个数的散点图

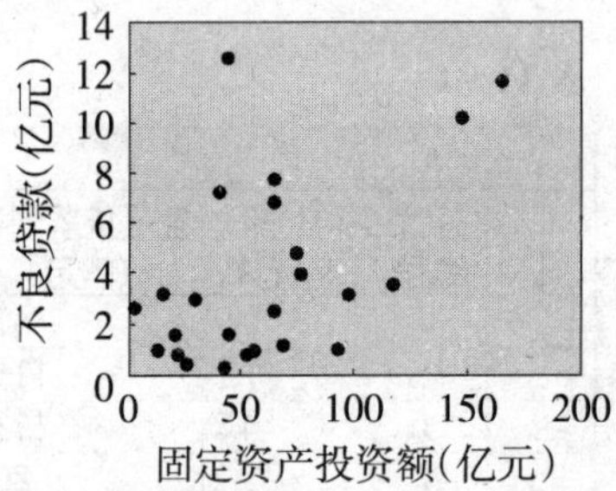

图 11—5　不良贷款与固定资产投资额的散点图

从各散点图可以看出，不良贷款与贷款余额、累计应收贷款、贷款项目个数、固定资产投资额之间都具有一定的线性关系。但从各散点的分布情况看，不良贷款与贷款余额的线性关系比较密切，而与固定资产投资额之间的关系最不密切。

2. 相关系数

通过散点图可以判断两个变量之间有无相关关系，并对变量间的关系形态作出大致的描述，但散点图不能准确反映变量之间的关系强度。因此，为准确度量两个变量之间的关系强度，需要计算相关系数。

相关系数（correlation coefficient）是根据样本数据计算的度量两个变量之间线性关系强度的统计量。若相关系数是根据总体全部数据计算的，称为总体相关系数，记为 ρ；若是根据样本数据计算的，则称为样本相关系数，记为 r。样本相关系数的计算公式为：

$$r=\frac{n\sum xy-\sum x\sum y}{\sqrt{n\sum x^2-\left(\sum x\right)^2}\cdot\sqrt{n\sum y^2-\left(\sum y\right)^2}} \tag{11.1}$$

按上述计算公式计算的相关系数也称为**线性相关系数**（linear correlation coefficient），或称为 **Pearson 相关系数**（Pearson's correlation coefficient）。

例 11.7

根据表 11—1 中的数据，计算不良贷款、贷款余额、累计应收贷款、贷款项目个数、固定资产投资额之间的相关系数。

Excel 中的统计函数

使用 Excel 中的 CORREL 或 PEARSON 函数都可以计算两组数据的相关系数。其语法为 CORREL（Array1，Array2）。Array1 和 Array2 是两个变量的数据区域。

解：用 Excel【数据分析】中的【相关系数】工具计算的相关矩阵如表 11—2 所示。

表 11—2 不良贷款、贷款余额、累计应收贷款、贷款项目个数、固定资产投资额之间的相关矩阵

	A	B	C	D	E	F
1		不良贷款	各项贷款余额	累计应收贷款	贷款项目个数	固定资产投资额
2	不良贷款	1				
3	各项贷款余额	0.843571	1			
4	累计应收贷款	0.731505	0.678772	1		
5	贷款项目个数	0.700281	0.848416	0.585831	1	
6	固定资产投资额	0.518518	0.779702	0.472431	0.746646	1

从相关矩阵可以看出，在不良贷款与其他几个变量的关系中，与贷款余额的相关系数最大，而与固定资产投资额的相关系数最小。

为解释相关系数各数值的含义，首先需要对相关系数的性质有所了解。相关系数的性质可总结如下。

(1) r 的取值范围是 $[-1, 1]$，即 $-1\leqslant r\leqslant 1$。若 $0<r\leqslant 1$，表明 x 与 y 之间存在正线性相关关系；若 $-1\leqslant r<0$，表明 x 与 y 之间存在负线性相关关系；若 $r=+1$，表明 x 与 y 之间为完全正线性相关关系；若 $r=-1$，表明 x 与 y 之间为完全负线性相关关系。可见当 $|r|=1$ 时，y 的取值完全依赖于 x，二者之间即为函数关系；当 $r=0$ 时，说明 y 的取值与 x 无关，即二者之间不存在线性相关关系。

(2) r 具有对称性。x 与 y 之间的相关系数 r_{xy} 和 y 与 x 之间的相关系数 r_{yx} 相等，即 $r_{xy}=r_{yx}$。

(3) r 的数值大小与 x 和 y 的原点及尺度无关。改变 x 和 y 的数据原点及计量尺度，并不改变 r 的数值大小。

(4) r 仅仅是 x 与 y 之间线性关系的一个度量，它不能用于描述非线性关系。这意味着，$r=0$ 只表示两个变量之间不存在线性相关关系，并不说明变量之间没有任何关系，它们之间可能存在非线性相关关系。变量之间的非线性相关程度较大时，就可能会导致 $r=0$。因此，当 $r=0$ 或很小时，不能轻易得出两个变量之间不存在相关关系的结论，而应结合散点图作出合理的解释。

(5) r 虽然是两个变量之间线性关系的一个度量，却不意味着 x 与 y 一定有因果关系。

了解相关系数的性质有助于对其实际意义作出解释。但根据实际数据计算出的 r，其取值一般在 $-1\sim1$ 之间，$|r|\to1$ 说明两个变量之间的线性关系越强；$|r|\to0$ 说

明两个变量之间的线性关系越弱。对于一个具体的 r 的取值，根据经验可将相关程度分为以下几种情况：当 $|r|\geqslant 0.8$ 时，可视为高度相关；$0.5\leqslant|r|<0.8$时，可视为中度相关；$0.3\leqslant|r|<0.5$ 时，视为低度相关；当 $|r|<0.3$ 时，说明两个变量之间的相关程度极弱，可视为不相关。但这种解释必须建立在对相关系数的显著性进行检验的基础之上。

11.1.3 相关关系的显著性检验

一般情况下，总体相关系数 ρ 是未知的，通常是将样本相关系数 r 作为 ρ 的近似估计值。但由于 r 是根据样本数据计算出来的，因此会受到抽样波动的影响。由于抽取的样本不同，r 的取值也就不同，因此 r 是一个随机变量。能否根据样本相关系数说明总体的相关程度呢？这就需要考察样本相关系数的可靠性，也就是进行显著性检验。

1. r 的抽样分布

为了对样本相关系数 r 的显著性进行检验，需要考察 r 的抽样分布。r 的抽样分布随总体相关系数 ρ 和样本量 n 的大小而变化。当样本数据来自正态总体时，随着 n 的增大，r 的抽样分布趋于正态分布，尤其是在总体相关系数 ρ 很小或接近 0 时，趋于正态分布的趋势非常明显。而当 ρ 远离 0 时，除非 n 非常大，否则 r 的抽样分布呈现一定的偏态。因为 r 是在 ρ 的周围分布的，当 ρ 的数值接近 $+1$ 或 -1 时，比如 $\rho=0.96$，r 的值可能以 0.96 为中心向两个方向变化，又由于 r 的取值范围在 $-1\sim+1$ 之间，所以一方的变化以 $+1$ 为限，全距是 0.04，而另一方的变化以 -1 为限，全距是 1.96，两个方向变化的全距不等，因此 r 的抽样分布也不可能对称。但当 ρ 等于 0 或接近 0 时，两个方向变化的全距接近相等，所以 r 的抽样分布也就接近对称。

总之，当 ρ 为较大的正值时，r 呈现左偏分布；当 ρ 为较大的负值时，r 呈现右偏分布。只有当 ρ 接近 0，而样本量 n 很大时，才能认为 r 是接近正态分布的随机变量。然而，以样本 r 来估计总体 ρ 时，总是假设 r 为正态分布，但这一假设常常会带来一些严重后果。

2. r 的显著性检验

如果对 r 服从正态分布的假设成立，则可以应用正态分布来检验。但从上面对 r 抽样分布的讨论可知，对 r 的正态性假设具有很大的风险，因此通常情况下不采用正态检验，而采用费希尔提出的 t 检验，该检验可以用于小样本，也可以用于大样本。检验的具体步骤如下。

第 1 步：提出假设。

$$H_0:\rho=0;\ H_1:\rho\neq 0$$

第 2 步：计算检验的统计量。

$$t=|r|\sqrt{\frac{n-2}{1-r^2}}\sim t(n-2) \tag{11.2}$$

第 3 步：进行决策。根据给定的显著性水平 α 和自由度 $df=n-2$ 查 t 分布表，得出 $t_{\alpha/2}(n-2)$ 的临界值。若 $|t|>t_{\alpha/2}$，则拒绝原假设 H_0，表明总体的两个变量之间存在显著的线性关系。①

例 11.8

根据表 11—2 计算的相关系数，检验不良贷款与贷款余额之间的相关系数是否显著（$\alpha=0.05$）。

解：第 1 步：提出假设。

$H_0:\rho=0$；$H_1:\rho\neq 0$

第 2 步：计算检验的统计量。

$$t=|r|\sqrt{\frac{n-2}{1-r^2}}=|0.843\,6|\times\sqrt{\frac{25-2}{1-0.843\,6^2}}=7.534\,4$$

第 3 步：进行决策。根据显著性水平 $\alpha=0.05$ 和自由度 $n-2=25-2=23$ 查 t 分布表得：$t_{\alpha/2}(n-2)=2.068\,7$。由于 $t=7.534\,4>t_{\alpha/2}=2.068\,7$，所以拒绝原假设 H_0，说明不良贷款与贷款余额之间存在着显著的正线性相关关系。

为了对其他相关系数进行检验，表 11—3 给出了各相关系数检验的统计量，请读者自行检验并进行分析。

表 11—3　　各相关系数检验的统计量

	A	B	C	D	E
1		不良贷款	各项贷款余额	累计应收贷款	贷款项目个数
2	各项贷款余额	7.5335			
3	累计应收贷款	5.1452	4.4329		
4	贷款项目个数	4.7046	7.6868	3.4667	
5	固定资产投资额	2.9082	5.9719	2.5707	5.3828

注：本表统计量直接利用 Excel 计算得出，没有计算误差。

11.2　一元线性回归

相关分析的目的在于测度变量之间的关系强度，它所使用的测度工具就是相关系数。而回归分析则侧重于考察变量之间的数量关系，并通过一定的数学表达式将这种

① 需要注意的是，即使统计检验表明相关系数在统计上是显著的，也并不一定意味着两个变量之间就存在重要的相关性。因为在大样本情况下，几乎总是导致相关系数显著。比如，$r=0.1$，在大样本情况下，也可能使得 r 通过检验，但实际上，一个变量取值的差异能由另一个变量的取值来解释的比例只有 10%，这实际上很难说明两个变量之间有实际意义上的显著关系。对这一问题的进一步理解，请参见本章 11.2 节中有关判定系数 R^2 的讨论。

关系描述出来，进而确定一个或几个变量（自变量）的变化对另一个特定变量（因变量）的影响程度。具体来说，回归分析主要解决以下几个方面的问题：

（1）从一组样本数据出发，确定变量之间的数学关系式。

（2）对这些关系式的可信程度进行各种统计检验，并从影响某一特定变量的诸多变量中找出哪些变量的影响是显著的，哪些是不显著的。

（3）利用所求的关系式，根据一个或几个变量的取值来估计或预测另一个特定变量的取值，并给出这种估计或预测的可靠程度。

11.2.1 一元线性回归模型

1. 回归模型

进行回归分析时，首先需要确定哪个变量是因变量，哪个变量是自变量。在回归分析中，被预测或被解释的变量称为**因变量**（dependent variable），用 y 表示。用来预测或解释因变量的一个或多个变量称为**自变量**（independent variable），用 x 表示。例如，在分析贷款余额对不良贷款的影响时，目的是要预测一定的贷款余额条件下的不良贷款是多少。因此，不良贷款是被预测的变量，称为因变量，而用来预测不良贷款的贷款余额就是自变量。

当回归中只涉及一个自变量时称为一元回归，若因变量 y 与自变量 x 之间为线性关系则称为一元线性回归。在回归分析中，假定自变量 x 是可控制的，而因变量 y 是随机的，但很多情况下并非如此。本章所讨论的回归方法对于自变量是预先固定的和自变量是随机的情况都适用，但固定自变量的情况比较容易描述，因此下面主要讲述固定自变量的回归问题。

对于具有线性关系的两个变量，可以用一个线性方程来表示它们之间的关系。描述因变量 y 如何依赖于自变量 x 和误差项 ε 的方程称为**回归模型**（regression model）。只涉及一个自变量的一元线性回归模型可表示为：

$$y=\beta_0+\beta_1x+\varepsilon \tag{11.3}$$

在一元线性回归模型中，y 是 x 的线性函数（$\beta_0+\beta_1x$ 部分）加上误差项 ε。$\beta_0+\beta_1x$ 反映了由于 x 的变化而引起的 y 的线性变化；ε 是被称为误差项的随机变量，反映了除 x 和 y 之间的线性关系之外的随机因素对 y 的影响，是不能由 x 和 y 之间的线性关系所解释的变异性。式中的 β_0 和 β_1 称为模型的参数。

式（11.3）称为理论回归模型，对这一模型，有以下几个主要假定：

（1）因变量 y 与自变量 x 之间具有线性关系。

（2）在重复抽样中，自变量 x 的取值是固定的，即假定 x 是非随机的。

在上述两个假定下，对于任何一个给定的 x 值，y 的取值都对应着一个分布，因此，$E(y)=\beta_0+\beta_1x$ 代表一条直线。但由于单个的数据点是从 y 的分布中抽出来的，可能不在这条直线上，因此，必须包含一个误差项 ε 来描述模型的数据点。

（3）误差项 ε 是一个期望值为 0 的随机变量，即 $E(\varepsilon)=0$。这意味着在式（11.3）

中，由于 β_0 和 β_1 都是常数，所以有 $E(\beta_0)=\beta_0$，$E(\beta_1)=\beta_1$。因此对于一个给定的 x 值，y 的期望值为 $E(y)=\beta_0+\beta_1 x$。这实际上等于假定模型的形式为一条直线。

(4) 对于所有的 x 值，ε 的方差 σ^2 都相同。这意味着对于一个特定的 x 值，y 的方差也都等于 σ^2。

(5) 误差项 ε 是一个服从正态分布的随机变量，且独立，即 $\varepsilon \sim N(0, \sigma^2)$。独立性意味着对于一个特定的 x 值，它所对应的 ε 与其他 x 值所对应的 ε 不相关。因此，对于一个特定的 x 值，它所对应的 y 值与其他 x 所对应的 y 值也不相关。这表明，在 x 取某个确定值的情况下，y 的变化由误差项 ε 的方差 σ^2 来决定。当 σ^2 较小时，y 的观测值非常靠近直线；当 σ^2 较大时，y 的观测值将偏离直线。由于 σ^2 是常数，所以 y 的取值不受 x 取值的影响。由于自变量 x 在数据收集前假设是固定的，因此，对于任何一个给定的 x 值，y 都服从期望值为 $\beta_0+\beta_1 x$、方差为 σ^2 的正态分布，且对于不同的 x 具有相同的方差。关于回归模型的假定，如图 11—6 所示。

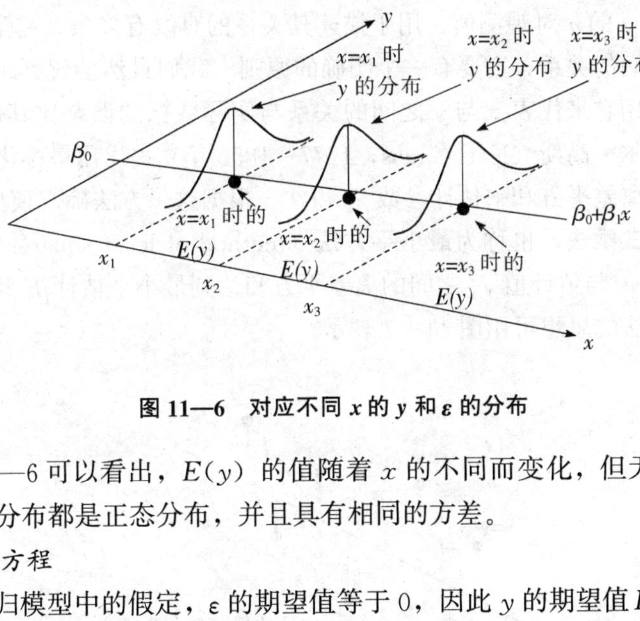

图 11—6　对应不同 x 的 y 和 ε 的分布

从图 11—6 可以看出，$E(y)$ 的值随着 x 的不同而变化，但无论 x 怎样变化，ε 和 y 的概率分布都是正态分布，并且具有相同的方差。

2. 回归方程

根据回归模型中的假定，ε 的期望值等于 0，因此 y 的期望值 $E(y)=\beta_0+\beta_1 x$，也就是说，y 的期望值是 x 的线性函数。描述因变量 y 的期望值如何依赖于自变量 x 的方程称为**回归方程**（regression equation)。一元线性回归方程的形式为：

$$E(y)=\beta_0+\beta_1 x \tag{11.4}$$

一元线性回归方程的图示是一条直线，因此也称为直线回归方程。其中 β_0 是回归直线在 y 轴上的截距，是当 $x=0$ 时 y 的期望值；β_1 是直线的斜率，它表示 x 每变动一个单位时，y 的平均变动值。

3. 估计的回归方程

如果回归方程中的参数 β_0 和 β_1 已知，对于一个给定的 x 的值，利用式 (11.4) 就能计算出 y 的期望值。但总体回归参数 β_0 和 β_1 是未知的，必须利用样本数据去估计它们。用样本统计量 $\hat{\beta}_0$ 和 $\hat{\beta}_1$ 代替回归方程中的未知参数 β_0 和 β_1，这时就得到了

估计的回归方程（estimated regression equation）。它是根据样本数据求出的回归方程的估计。

对于一元线性回归，估计的回归方程形式为：

$$\hat{y}=\hat{\beta}_0+\hat{\beta}_1 x \tag{11.5}$$

式中，$\hat{\beta}_0$ 是估计的回归直线在 y 轴上的截距；$\hat{\beta}_1$ 是直线的斜率，表示 x 每变动一个单位时，y 的平均变动值。

11.2.2 参数的最小二乘估计

对于第 i 个 x 值，估计的回归方程可表示为：

$$\hat{y}_i=\hat{\beta}_0+\hat{\beta}_1 x_i \tag{11.6}$$

对于 x 和 y 的 n 对观测值，用于描述其关系的直线有多条，究竟用哪条直线来代表两个变量之间的关系，需要有一个明确的原则。我们自然会想到距离各观测点最近的一条直线，用它来代表 x 与 y 之间的关系与实际数据的误差比其他任何直线都小。德国科学家卡尔·高斯（Karl Gauss，1777—1855 年）提出用最小化图（见图 11—7）中垂直方向的离差平方和来估计参数 β_0 和 β_1，根据这一方法确定模型参数 β_0 和 β_1 的方法称为**最小二乘法**，也称为**最小平方法**（method of least squares），它是通过使因变量的观测值 y_i 与估计值 $\hat{y}_i$ 之间的离差平方和达到最小来估计 β_0 和 β_1 的方法。

最小二乘法的思想可用图 11—7 表示。

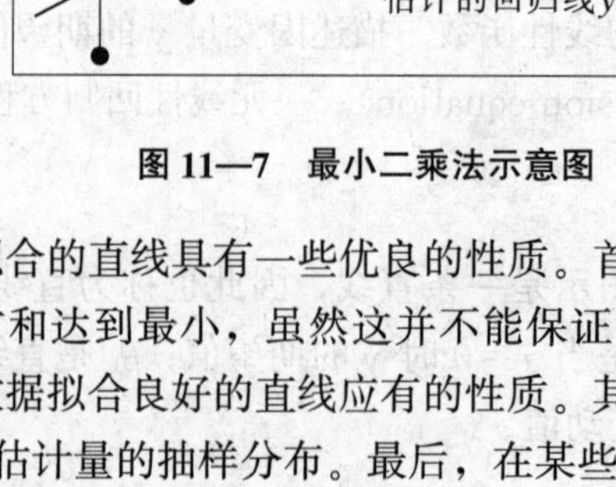

图 11—7 最小二乘法示意图

用最小二乘法拟合的直线具有一些优良的性质。首先，根据最小二乘法得到的回归直线能使离差平方和达到最小，虽然这并不能保证它就是拟合数据的最佳直线①，但这毕竟是一条与数据拟合良好的直线应有的性质。其次，由最小二乘法求得的回归直线可知 β_0 和 β_1 的估计量的抽样分布。最后，在某些条件下，β_0 和 β_1 的最小二乘估计量同其他估计量相比，其抽样分布具有较小的标准差。正是基于上述性质，最小二

① 许多其他拟合直线也具有这种性质。

乘法广泛用于回归模型参数的估计。

根据最小二乘法，使

$$\sum(y_i-\hat{y}_i)^2=\sum(y_i-\hat{\beta}_0-\hat{\beta}_1x_i)^2 \tag{11.7}$$

最小。令 $Q=\sum(y_i-\hat{y}_i)^2$，在给定样本数据后，Q 是 $\hat{\beta}_0$ 和 $\hat{\beta}_1$ 的函数，且最小值总是存在。根据微积分的极值定理，对 Q 求相应于 $\hat{\beta}_0$ 和 $\hat{\beta}_1$ 的偏导数，并令其等于 0，便可求出 $\hat{\beta}_0$ 和 $\hat{\beta}_1$，即

$$\begin{cases}\dfrac{\partial Q}{\partial \beta_0}\Big|_{\beta_0=\hat{\beta}_0}=-2\sum\limits_{i=1}^{n}(y_i-\hat{\beta}_0-\hat{\beta}_1x_i)^2=0\\ \dfrac{\partial Q}{\partial \beta_1}\Big|_{\beta_1=\hat{\beta}_1}=-2\sum\limits_{i=1}^{n}x_i(y_i-\hat{\beta}_0-\hat{\beta}_1x_i)^2=0\end{cases} \tag{11.8}$$

解上述方程组得

$$\begin{cases}\hat{\beta}_1=\dfrac{n\sum\limits_{i=1}^{n}x_iy_i-\sum\limits_{i=1}^{n}x_i\sum\limits_{i=1}^{n}y_i}{n\sum\limits_{i=1}^{n}x_i^2-\left(\sum\limits_{i=1}^{n}x_i\right)^2}\\ \hat{\beta}_0=\bar{y}-\hat{\beta}_1\bar{x}\end{cases} \tag{11.9}$$

由式（11.9）可知，当 $x=\bar{x}$ 时，$\hat{y}=\bar{y}$，即回归直线 $\hat{y}_i=\hat{\beta}_0+\hat{\beta}_1x_i$ 通过点 $(\bar{x},\bar{y})$，这是回归直线的重要特征之一。

例 11.9

根据例 11.6 的数据，求不良贷款对贷款余额的估计方程。

解： 根据式（11.9）得

$$\begin{cases}\hat{\beta}_1=\dfrac{25\times 17\,080.14-3\,006.7\times 93.2}{25\times 516\,543.37-3\,006.7^2}=0.037\,895\\ \hat{\beta}_0=3.728-0.037\,895\times 120.268=-0.829\,5\end{cases}$$

即不良贷款对贷款余额的估计方程为 $\hat{y}=-0.829\,5+0.037\,895x$。回归系数 $\hat{\beta}_1=0.037\,895$ 表示贷款余额每增加 1 亿元，不良贷款平均增加 0.037 895 亿元。在回归分析中，对截距 $\hat{\beta}_0$ 常常不能赋予任何真实意义，例如，在不良贷款与贷款余额的回归中，$\hat{\beta}_0=-0.829\,5$，如果要解释，它是指当贷款余额为 0 时，不良贷款的平均值为 $-0.829\,5$ 亿元。但是，当贷款余额为 0（没有贷款）时，自然也就不会有不良贷款，而在这里，它的值为一个负数，这就很难解释得通。因此，在回归分析中，对截距 $\hat{\beta}_0$ 通常不作实际意义上的解释。

将 x_i 的各个取值代入上述估计方程，可以得到不良贷款的各个估计值 $\hat{y}_i$。由图 11—8 可以看出散点图与回归直线的关系。

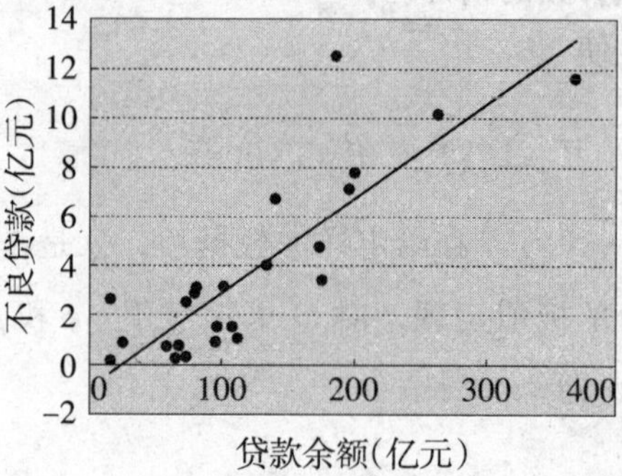

图 11—8　不良贷款对贷款余额的回归直线

回归分析中的计算量较大，特别是多元回归，用手工计算几乎是不可能的。因此，在实际分析中，回归的计算完全依赖于计算机。除专门的统计软件外，为大多数人所熟悉的 Excel 也有回归分析功能。下面将结合例 11.9，说明用 Excel 进行回归的具体步骤。

首先，将不良贷款与贷款余额的数据输入到 Excel 工作表中的 A2:B26 单元格。然后按下列步骤进行操作。

用 Excel 进行回归分析的操作步骤

第 1 步：选择【工具】下拉菜单，并选择【数据分析】选项。

第 2 步：在分析工具中选择【回归】，然后单击【确定】。

第 3 步：当对话框出现时：

在【Y 值输入区域】方框内输入数据区域 A2:A26。

在【X 值输入区域】方框内输入数据区域 B2:B26。

在【置信度】选项中给出所需的数值（这里我们使用隐含值 95%）。

在【输出选项】中选择输出区域（这里我们选新工作表组）。

在【残差】中选择所需的选项（这里我们暂时未选）。

结果如图 11—9 所示。

单击【确定】后得到下面的结果，如表 11—4 所示。

Excel 输出的回归结果包括以下几个部分：

第一部分是“回归统计”，这部分给出了回归分析中的一些常用统计量，包括相关系数（Multiple R）、判定系数（R Square）、调整的判定系数（Adjusted R Square）、标准误差、观测值的个数等。

第二部分是“方差分析”，这部分给出的是回归分析的方差分析表，包括回归和残差的自由度（df）、总平方和（SS）、均方（MS）、检验统计量（F）、F 检验的显著性水平（Significance F）。这部分的主要作用是对回归方程的线性关系进行显著性检验。下面将作详细介绍。

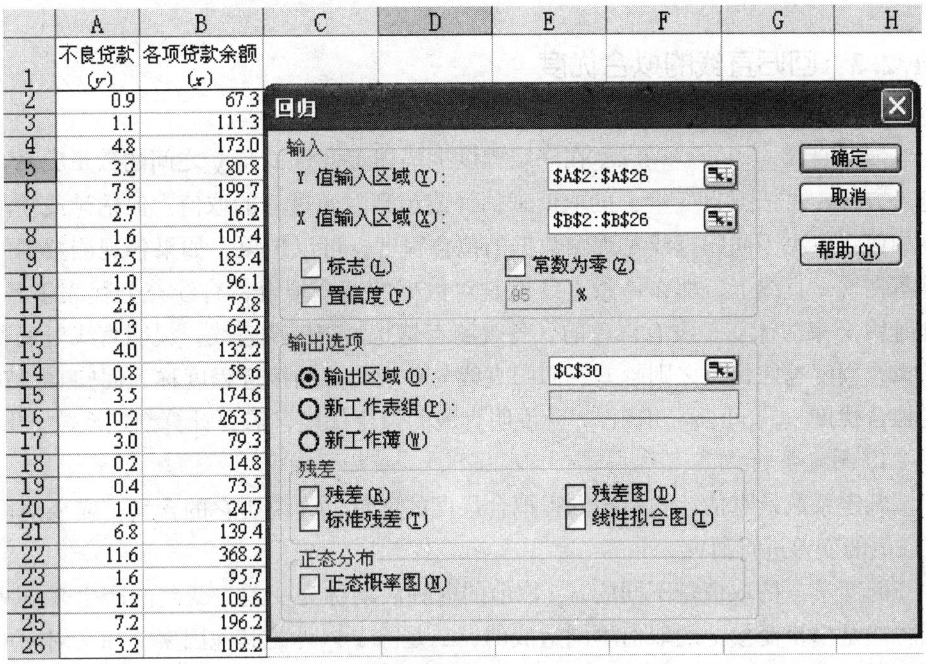

图 11—9　用 Excel 进行回归的步骤

表 11—4　Excel 输出的回归分析结果

	A	B	C	D	E	F	G
1	SUMMARY OUTPUT						
2							
3	回归统计						
4	Multiple R	0.843571					
5	R Square	0.711613					
6	Adjusted R Square	0.699074					
7	标准误差	1.979948					
8	观测值	25					
9							
10	方差分析						
11		df	SS	MS	F	Significance F	
12	回归	1	222.48598	222.485979	56.753844	1.18349E-07	
13	残差	23	90.164421	3.920192			
14	总计	24	312.6504				
15							
16		Coefficients	标准误差	t Stat	P-value	Lower 95%	Upper 95%
17	Intercept	-0.829521	0.723043	-1.147263	0.263068	-2.325248	0.666206
18	X Variable 1	0.037895	0.005030	7.533515	0.000000	0.027489	0.048300

第三部分是回归参数估计的有关内容。包括回归方程的截距（Intercept）和斜率（X Variable 1）的系数（Coefficients）、标准误差、用于检验回归系数的 t 统计量（t Stat）和 P 值（P-value），以及截距和斜率的置信区间（Lower 95%和 Upper 95%）等。

此外，还有“残差分析”部分，这里暂时未给出其输出结果。对于本章内容所涉及的一些结果，将在后面陆续介绍。

11.2.3 回归直线的拟合优度

回归直线 $\hat{y}_i=\hat{\beta}_0+\hat{\beta}_1x_i$ 在一定程度上描述了变量 x 与 y 之间的数量关系，根据这一方程，可依据自变量 x 的取值来估计或预测因变量 y 的取值。但估计或预测的精度如何将取决于回归直线对观测数据的拟合程度。可以想象，如果各观测数据的散点都落在这一直线上，那么这条直线就是对数据的完全拟合，直线充分代表了各个点，此时用 x 来估计 y 是没有误差的。各观测点越是紧密围绕直线，说明直线对观测数据的拟合程度越好，反之则越差。回归直线与各观测点的接近程度称为回归直线对数据的**拟合优度**（goodness of fit）。为说明直线的拟合优度，需要计算判定系数。

1. 判定系数

判定系数是对估计的回归方程拟合优度的度量。为说明它的含义，需要对因变量 y 取值的变差进行研究。

因变量 y 的取值是不同的，y 取值的这种波动称为变差。变差的产生来自两个方面：一是由自变量 x 的取值不同造成的；二是除 x 以外的其他因素（如 x 对 y 的非线性影响、测量误差等）的影响。对一个具体的观测值来说，变差的大小可以用实际观测值 y 与其均值 $\bar{y}$ 之差（$y-\bar{y}$）来表示。而 n 次观测值的总变差可由这些离差的平方和来表示，称为总平方和，记为 SST，即

$$SST=\sum(y_i-\bar{y})^2 \tag{11.10}$$

从图 11—10 可以看出，每个观测点的离差都可以分解为：

$$y-\bar{y}=(y-\hat{y})+(\hat{y}-\bar{y}) \tag{11.11}$$

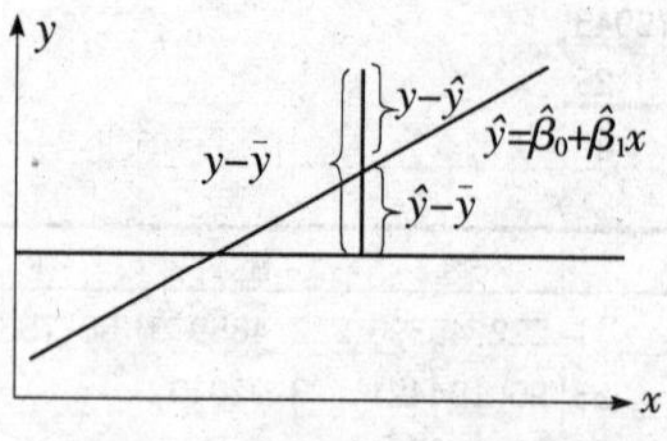

图 11—10 变差分解图

将式（11.11）两边平方，并对所有 n 个点求和，有

$$\sum(y_i-\bar{y})^2=\sum(y_i-\hat{y}_i)^2+\sum(\hat{y}_i-\bar{y})^2+2\sum(y_i-\hat{y}_i)(\hat{y}_i-\bar{y}) \tag{11.12}$$

可以证明，$\sum(y_i-\hat{y}_i)(\hat{y}_i-\bar{y})=0$，因此

$$\sum(y_i-\bar{y})^2=\sum(y_i-\hat{y}_i)^2+\sum(\hat{y}_i-\bar{y})^2 \tag{11.13}$$

式（11.13）的左边称为总平方和 SST，它可分解为两部分：其中 $\sum(\hat{y}_i-\bar{y})^2$ 是回归值 $\hat{y}_i$ 与均值 $\bar{y}$ 的离差平方和，根据估计的回归方程，估计值 $\hat{y}_i=\hat{\beta}_0+\hat{\beta}_1x_i$，因此可以把（$\hat{y}_i-\bar{y}$）看做由于自变量 x 的变化引起的 y 的变化，而其平方和 $\sum(\hat{y}_i-\bar{y})^2$ 则反映了 y 的总变差中由于 x 与 y 之间的线性关系引起的 y 的变化部分，它是可以由回归直线来解释的 y_i 的变差部分，称为回归平方和，记为 SSR。另一部分 $\sum(y_i-\hat{y}_i)^2$ 是各实际观测点与回归值的残差（$y_i-\hat{y}_i$）平方和，它是除了 x 对 y 的线性影响之外的其他因素引起的 y 的变化部分，是不能由回归直线来解释的 y_i 的变差部分，称为残差平方和或误差平方和，记为 SSE。三个平方和的关系为：

$$\text{总平方和}(SST)=\text{回归平方和}(SSR)+\text{残差平方和}(SSE) \tag{11.14}$$

从图 11—10 可以直观地看出，回归直线拟合的好坏取决于 SSR 及 SSE 的大小，或者说取决于回归平方和 SSR 占总平方和 SST 的比例（SSR/SST）的大小。各观测点越是靠近直线，SSR/SST 则越大，直线拟合得越好。回归平方和占总平方和的比例称为**判定系数**（coefficient of determination），记为 R^2，其计算公式为：

$$R^2=\frac{SSR}{SST}=\frac{\sum(\hat{y}_i-\bar{y})^2}{\sum(y_i-\bar{y})^2}=1-\frac{\sum(y_i-\hat{y}_i)^2}{\sum(y_i-\bar{y})^2} \tag{11.15}$$

判定系数 R^2 测度了回归直线对观测数据的拟合程度。若所有观测点都落在直线上，残差平方和 $SSE=0$，则 $R^2=1$，拟合是完全的；如果 y 的变化与 x 无关，x 完全无助于解释 y 的变差，此时 $\hat{y}=\bar{y}$，则 $R^2=0$。可见 R^2 的取值范围是[0，1]。R^2 越接近 1，表明回归平方和占总平方和的比例越大，回归直线与各观测点越接近，用 x 的变化来解释 y 值变差的部分就越多，回归直线的拟合程度就越好；反之，R^2 越接近 0，回归直线的拟合程度就越差。

在一元线性回归中，相关系数 r 实际上是判定系数的平方根。根据这一结论，不仅可以由相关系数直接计算判定系数 R^2，也可以进一步理解相关系数的意义。相关系数 r 与回归系数 $\hat{\beta}_1$ 的正负号是相同的，实际上，相关系数 r 也从另一个角度说明了回归直线的拟合优度。$|r|$ 越接近 1，表明回归直线对观测数据的拟合程度越好。但用 r 说明回归直线的拟合优度要慎重，因为 r 的值总是大于 R^2 的值（除非 $r=0$ 或 $|r|=1$）。比如，当 $r=0.5$ 时，表面上看相关程度似乎接近一半，但 $R^2=0.25$，实际上这只能解释总变差的 25%。$r=0.7$ 才能解释近一半的变差，$r<0.3$ 意味着只有很少一部分变差可由回归直线来解释。

例 11.10

根据例 11.6 的数据，计算不良贷款对贷款余额回归的判定系数，并解释其意义。

解：利用表 11—4 Excel 输出的回归分析结果可知，总平方和 $SST=312.6504$；回归平方和 $SSR=222.4860$；残差平方和 $SSE=90.1644$。根据式（11.15）得

$$R^2=\frac{SSR}{SST}=\frac{222.486\ 0}{312.650\ 4}=0.711\ 6=71.16\%$$

实际上，表 11—4 中直接给出了判定系数（R Square）=0.711 613。

判定系数的实际意义是：在不良贷款取值的变差中，有 71.16%可以由不良贷款与贷款余额之间的线性关系来解释，或者说，在不良贷款取值的变动中，有 71.16%是由贷款余额所决定的。不良贷款取值的差异有 2/3 以上是由贷款余额决定的，可见二者之间有较强的线性关系。

2. 估计标准误差

判定系数可用于度量回归直线的拟合程度，相关系数也可以起到类似的作用。而残差平方和则可以说明实际观测值 y_i 与回归估计值 $\hat{y}_i$ 之间的差异程度。**估计标准误差**（standard error of estimate）就是度量各实际观测点在直线周围的散布状况的一个统计量，它是均方残差（MSE）的平方根，用 s_e 来表示，其计算公式为：

$$s_e=\sqrt{\frac{\sum(y_i-\hat{y}_i)^2}{n-2}}=\sqrt{\frac{SSE}{n-2}}=\sqrt{MSE} \tag{11.16}$$

估计标准误差是对误差项 ε 的标准差 σ 的估计，它可以看做在排除了 x 对 y 的线性影响后，y 随机波动大小的一个估计量。从估计标准误差的实际意义看，它反映了用估计的回归方程预测因变量 y 时预测误差的大小。各观测点越靠近直线，s_e 越小，回归直线对各观测点的代表性就越好，根据估计的回归方程进行预测也就越准确。若各观测点全部落在直线上，则 $s_e=0$，此时用自变量来预测因变量是没有误差的。可见 s_e 从另一个角度说明了回归直线的拟合优度。

从式（11.16）容易看出，回归直线是对 n 个观测点拟合的所有直线中，估计标准误差最小的一条直线，因为回归直线是使 $\sum(y_i-\hat{y}_i)^2$ 为最小时确定的。

例 11.11

根据例 11.9 的有关结果，计算不良贷款对贷款余额回归的估计标准误差，并解释其意义。

解：利用表 11—4 Excel 输出的回归分析结果可知，$SSE=90.164\ 4$。根据式（11.16）得

$$s_e=\sqrt{\frac{SSE}{n-2}}=\sqrt{\frac{90.164\ 4}{25-2}}=1.979\ 9\ (\text{亿元})$$

实际上，表 11—4 中直接给出了该值，即标准误差=1.979 948。这就是说，根据贷款余额来估计不良贷款时，平均的估计误差为 1.979 9 亿元。

11.2.4 显著性检验

回归分析的主要目的是根据所建立的估计方程用自变量 x 来估计或预测因变量 y

的取值。建立了估计方程后，还不能马上进行估计或预测，因为该估计方程是根据样本数据得出的，它是否真实地反映了变量 x 和 y 之间的关系，则需要通过检验才能证实。

根据样本数据拟合回归方程时，实际上已经假定变量 x 与 y 之间存在着线性关系，即 $y=\beta_0+\beta_1x+\varepsilon$，并假定误差项 ε 是一个服从正态分布的随机变量，且对不同的 x 具有相同的方差。但这些假设是否成立，需要通过检验才能证实。

回归分析中的显著性检验主要包括两方面内容：一是线性关系检验；二是回归系数检验。

1. 线性关系的检验

线性关系检验是检验自变量 x 和因变量 y 之间的线性关系是否显著，或者说，它们之间能否用一个线性模型 $y=\beta_0+\beta_1x+\varepsilon$ 来表示。为检验两个变量之间的线性关系是否显著，需要构造用于检验的统计量。该统计量的构造是以回归平方和（SSR）和残差平方和（SSE）为基础的。将 SSR 除以其相应的自由度（SSR 的自由度是自变量的个数 k，一元线性回归中自由度为 1）后的结果称为均方回归，记为 MSR；将 SSE 除以其相应的自由度（SSE 的自由度为 $n-k-1$，一元线性回归中自由度为 $n-2$）后的结果称为均方残差，记为 MSE。如果原假设成立（$H_0:\beta_1=0$，两个变量之间的线性关系不显著），则比值 MSR/MSE 的抽样分布服从分子自由度为 1、分母自由度为 $n-2$ 的 F 分布，即

$$F=\frac{SSR/1}{SSE/(n-2)}=\frac{MSR}{MSE}\sim F(1,\ n-2) \tag{11.17}$$

所以当原假设 H_0：$\beta_1=0$ 成立时，MSR/MSE 的值应接近 1，但如果原假设 H_0：$\beta_1=0$ 不成立，MSR/MSE 的值将变得无穷大。因此，较大的 MSR/MSE 值将导致拒绝原假设 H_0，此时就可以断定变量 x 与 y 之间存在着显著的线性关系。线性关系检验的具体步骤如下。

第 1 步：提出假设。

H_0：$\beta_1=0$　　两个变量之间的线性关系不显著

第 2 步：计算检验统计量 F。

$$F=\frac{SSR/1}{SSE/(n-2)}=\frac{MSR}{MSE}$$

第 3 步：作出决策。确定显著性水平 α，并根据分子自由度 $df_1=1$ 和分母自由度 $df_2=n-2$ 查 F 分布表，找到相应的临界值 F_α。若 $F>F_\alpha$，拒绝 H_0，表明两个变量之间的线性关系是显著的；若 $F<F_\alpha$，不拒绝 H_0，没有证据表明两个变量之间的线性关系显著。

例 11.12

根据例 11.9 的有关结果，检验不良贷款与贷款余额之间线性关系的显著性（$\alpha=0.05$）。

解：第1步：提出假设。

H_0：$\beta_1=0$　　两个变量之间的线性关系不显著

第2步：计算检验统计量 F。

$$F=\frac{SSR/1}{SSE/(n-2)}=\frac{222.485\,98/1}{90.164\,421/(25-2)}=\frac{222.485\,98}{3.920\,192}=56.753\,84$$

第3步：作出决策。根据显著性水平 $\alpha=0.05$，分子自由度 $df_1=1$ 和分母自由度 $df_2=25-2=23$ 查 F 分布表，找到相应的临界值 $F_\alpha=4.28$。由于 $F>F_\alpha$，拒绝 H_0，表明不良贷款与贷款余额之间的线性关系是显著的。

实际上，在 Excel 输出的回归结果中，方差分析部分给出了线性关系显著性检验的全部结果（见表 11—4）。方差分析部分除给出了检验统计的 F 值外，还给出了用于检验的显著性 F，即 Significance F，它就是用于检验的 P 值。将“Significance F”的值与给定的显著性水平 α 的值进行比较，如果 Significance F$<\alpha$，则拒绝原假设 H_0，表明因变量 y 与自变量 x 之间有显著的线性关系；如果 Significance F$>\alpha$，则不拒绝原假设 H_0，没有证据表明因变量 y 与自变量 x 之间有显著的线性关系。在表 11—4 的输出结果中，Significance F$=1.183\,49$E-07$<\alpha=0.05$，这说明不良贷款与贷款余额之间存在显著的线性关系。所得结论与统计量检验的结果相同。

2. 回归系数的检验

回归系数的显著性检验是要检验自变量对因变量的影响是否显著。在一元线性回归模型 $y=\beta_0+\beta_1x+\varepsilon$ 中，如果回归系数 $\beta_1=0$，则回归线是一条水平线，表明因变量 y 的取值不依赖于自变量 x，即两个变量之间没有线性关系。如果回归系数 $\beta_1\neq0$，也不能得出两个变量之间存在线性关系的结论，要看这种关系是否具有统计意义上的显著性。回归系数的显著性检验就是检验回归系数 β_1 是否等于 0。为检验原假设 H_0：$\beta_1=0$ 是否成立，需要构造用于检验的统计量。为此，需要研究回归系数 β_1 的抽样分布。

估计的回归方程 $\hat{y}_i=\hat{\beta}_0+\hat{\beta}_1x_i$ 是根据样本数据计算的。当抽取不同的样本时，就会得出不同的估计方程。实际上，$\hat{\beta}_0$ 和 $\hat{\beta}_1$ 是根据最小二乘法得到的用于估计参数 β_0 和 β_1 的统计量，它们都是随机变量，也都有自己的分布。根据检验的需要，这里只讨论 $\hat{\beta}_1$ 的分布。统计证明，$\hat{\beta}_1$ 服从正态分布，其数学期望为$E(\hat{\beta}_1)=\beta_1$，标准差为：

$$\sigma_{\hat{\beta}_1}=\frac{\sigma}{\sqrt{\sum x_i^2-\frac{1}{n}\left(\sum x_i\right)^2}}\tag{11.18}$$

式中，σ 是误差项 ε 的标准差。

由于 σ 未知，用 σ 的估计量 s_e 代入式（11.18），得到 $\sigma_{\hat{\beta}_1}$ 的估计量，即 $\hat{\beta}_1$ 的估计的标准差为：

$$s_{\hat{\beta}_1}=\frac{s_e}{\sqrt{\sum x_i^2-\frac{1}{n}\left(\sum x_i\right)^2}}\tag{11.19}$$

这样，就可以构造出用于检验回归系数 β_1 的统计量 t 为：

$$t=\frac{\hat{\beta}_1-\beta_1}{s_{\hat{\beta}_1}} \tag{11.20}$$

该统计量服从自由度为 $n-2$ 的 t 分布。如果原假设成立，则 $\beta_1=0$，检验的统计量为：

$$t=\frac{\hat{\beta}_1}{s_{\hat{\beta}_1}} \tag{11.21}$$

回归系数显著性检验的具体步骤如下：

第 1 步：提出检验。

$$H_0: \beta_1=0; \quad H_1: \beta_1\neq 0$$

第 2 步：计算检验统计量 t。

$$t=\frac{\hat{\beta}_1}{s_{\hat{\beta}_1}}$$

第 3 步：作出决策。确定显著性水平 α，并根据自由度 $df=n-2$ 查 t 分布表，找到相应的临界值 $t_{\alpha/2}$。若 $|t|>t_{\alpha/2}$，则拒绝 H_0，回归系数等于 0 的可能性小于 α，表明自变量 x 对因变量 y 的影响是显著的，换言之，两个变量之间存在着显著的线性关系；若 $|t|<t_{\alpha/2}$，则不拒绝 H_0，没有证据表明 x 对 y 的影响显著，或者说，二者之间尚不存在显著的线性关系。

例 11.13

根据例 11.9 的有关结果，检验回归系数的显著性（$\alpha=0.05$）。

第 1 步：提出假设。

$$H_0: \beta_1=0; \quad H_1: \beta_1\neq 0$$

第 2 步：计算检验统计量 t。

$$t=\frac{\hat{\beta}_1}{s_{\hat{\beta}_1}}=\frac{0.037\,895}{0.005\,030}=7.533\,797$$

第 3 步：作出决策。根据给定显著性水平 $\alpha=0.05$，自由度 $=n-2=25-2=23$ 查 t 分布表，得 $t_{\alpha/2}=t_{0.025}=2.068\,7$。由于 $t=7.533\,797>t_{0.025}=2.068\,7$，拒绝原假设 H_0，这意味着贷款余额是影响不良贷款的一个显著性因素。

在实际应用中，可以直接利用 Excel 输出的参数估计表部分进行检验。表中除了给出检验的统计量，还给出了用于检验的 P 值（P-value）。检验时可直接将 P-value 与给定的显著性水平 α 进行比较。若 P-value$<\alpha$，则拒绝假设 H_0；若P-value$>\alpha$，则不拒绝假设 H_0。在本例中，P-value$=0.000\,000<\alpha=0.05$，所以拒绝 H_0。

在一元线性回归中，自变量只有一个，上面介绍的 F 检验和 t 检验是等价的；也就是说，如果 H_0：$\beta_1=0$ 被 t 检验拒绝，它也将被 F 检验拒绝。但在多元回归分析中，这两种检验的意义是不同的。F 检验只是用来检验总体回归关系的显著性，而 t 检验则是检验各个回归系数的显著性。

表 11—4 中给出的 Excel 输出的回归分析结果，有些已在上述内容中做了介绍，有些则没有。为使读者能够完全理解 Excel 输出的结果，这里给出上面未涉及的一些结果的计算公式（见表 11—5）。对这些内容的解释可进一步参考相关的图书。

表 11—5　　Excel 输出的部分结果的计算公式

名称	计算公式	注释
Adjusted R Square（调整的 R^2）	$R_a^2=1-(1-R^2)\left(\frac{n-1}{n-k-1}\right)$	k 为自变量的个数
Intercept(截距)的抽样标准误差	$s_{\hat{\beta}_0}=s_e\sqrt{\frac{1}{n}+\frac{\bar{x}}{\sum_{i=1}^{n}(x_i-\bar{x})^2}}$	s_e 为估计标准误差
Intercept 的置信区间（Lower 95%和 Upper 95%）	$\hat{\beta}_0\pm t_{\alpha/2}(n-2)s_e\sqrt{\frac{1}{n}+\frac{\bar{x}}{\sum_{i=1}^{n}(x_i-\bar{x})^2}}$	
斜率的置信区间（Lower 95%和 Upper 95%）	$\hat{\beta}_1\pm t_{\alpha/2}(n-2)\frac{s_e}{\sqrt{\sum_{i=1}^{n}(x_i-\bar{x})^2}}$	

11.2.5　回归分析结果的评价

前面讨论了建立一元线性回归模型的方法。现在的问题是：已经建立的模型是否合适？或者说，这个拟合的模型有多好？要回答这些问题，可从以下几个方面入手。

（1）所估计的回归系数 $\hat{\beta}_1$ 的符号是否与理论或事先预期相一致。例如，在不良贷款与贷款余额的回归中，贷款余额越多，不良贷款也可能越多；也就是说，回归系数 $\hat{\beta}_1$ 的值应该是正的，在上面建立的回归方程中，得到的回归系数 $\hat{\beta}_1=0.037\ 895$，为正值。

（2）如果理论上认为 y 与 x 之间的关系不仅是正的，而且是统计上显著的，那么所建立的回归方程也应该如此。例如，在不良贷款与贷款余额的回归中，二者之间为正的线性关系，而且对回归系数 $\hat{\beta}_1$ 的 t 检验结果表明，二者之间的线性关系是统计上显著的。

（3）回归模型在多大程度上解释了因变量 y 取值的差异？可以用判定系数 R^2 来回答这一问题。例如，在不良贷款与贷款余额的回归中，得到的 $R^2=71.16\%$，解释了不良贷款变差的 2/3 以上，说明拟合的效果还算不错。

（4）考察关于误差项 ε 的正态性假定是否成立。在对线性关系进行 F 检验和对回归系数进行 t 检验时，都要求误差项 ε 服从正态分布，否则，所用的检验程序将是无效的。检验 ε 正态性的简单方法是画出残差的直方图或正态概率图。

11.3 利用回归方程进行预测

回归模型经过各种检验并表明符合预定的要求后，就可以利用它来预测因变量了。所谓**预测**（predict）是指通过自变量 x 的取值来预测因变量 y 的取值，例如，根据前面建立的不良贷款与贷款余额的估计方程，给出一个贷款余额的数值，就可以得到不良贷款的一个预测值。

11.3.1 点估计

利用估计的回归方程，对于 x 的一个特定值 x_0，求出 y 的一个估计值就是点估计。点估计可分为两种：一是平均值的点估计；二是个别值的点估计。①

平均值的点估计是利用估计的回归方程，对于 x 的一个特定值 x_0，求出 y 的平均值的一个估计值 $E(y_0)$。例如，在例 11.6 中，得到的估计的回归方程为 $\hat{y}=-0.8295+0.037895x$，如果估计贷款余额为 100 亿元，所有分行不良贷款的平均值就是平均值的点估计。根据估计的回归方程，得

$$E(y_0)=-0.8295+0.037895\times100=2.96\text{（亿元）}$$

个别值的点估计是利用估计的回归方程，对于 x 的一个特定值 x_0，求出 y 的一个个别值的估计值 $\hat{y}_0$。例如，如果只想知道贷款余额为 72.8 亿元的那个分行（这里是编号为 10 的那个分行）的不良贷款是多少，则属于个别值的点估计。根据估计的回归方程，得

$$\hat{y}=-0.8295+0.037895\times72.8=1.93\text{（亿元）}$$

这就是说，贷款余额为 72.8 亿元的那个分行的不良贷款估计值为 1.93 亿元。

在点估计条件下，对于同一个 x_0，平均值的点估计和个别值的点估计的结果是一样的，但在区间估计中则有所不同。

11.3.2 区间估计

利用估计的回归方程，对于 x 的一个特定值 x_0，求出 y 的一个估计值的区间就是区间估计。区间估计也有两种类型：一是置信区间估计，它是对 x 的一个给定值 x_0，求出 y 的平均值的估计区间，这一区间称为**置信区间**（confidence interval）；二是预测区间估计，它是对 x 的一个给定值 x_0，求出 y 的一个个别值的估计区间，这一区间称为**预测区间**（prediction interval）。

---

① 平均值的点估计实际上是对总体参数的估计，而个别值的点估计则是对因变量的某个具体取值的估计。

1. y 的平均值的置信区间估计

置信区间估计（confidence interval estimate）是对 x 的一个给定值 x_0，求出 y 的平均值的区间估计。

设 x_0 为自变量 x 的一个特定值或给定值；$E(y_0)$ 为给定 x_0 时因变量 y 的平均值或期望值。当 $x=x_0$ 时，$\hat{y}_0=\hat{\beta}_0+\hat{\beta}_1x_0$ 为 $E(y_0)$ 的估计值。

一般来说，不能期望估计值 $\hat{y}_0$ 精确地等于 $E(y_0)$。因此，要想用 $\hat{y}_0$ 推断 $E(y_0)$，必须考虑根据估计的回归方程得到的 $\hat{y}_0$ 的方差。对于给定的 x_0，统计学家给出了估计 $\hat{y}_0$ 的标准差的公式，用 $s_{\hat{y}_0}$ 表示 $\hat{y}_0$ 的标准差的估计量，其计算公式为：

$$s_{\hat{y}_0}=s_e\sqrt{\frac{1}{n}+\frac{(x_0-\bar{x})^2}{\sum_{i=1}^{n}(x_i-\bar{x})^2}} \tag{11.22}$$

有了 $\hat{y}_0$ 的标准差之后，对于给定的 x_0，$E(y_0)$ 在 $1-\alpha$ 置信水平下的置信区间可表示为：

$$\hat{y}_0\pm t_{\alpha/2}s_e\sqrt{\frac{1}{n}+\frac{(x_0-\bar{x})^2}{\sum_{i=1}^{n}(x_i-\bar{x})^2}} \tag{11.23}$$

例 11.14

根据例 11.9 所求得的估计方程，取 $x_0=100$，建立不良贷款的 95%的置信区间。

解：根据前面的计算结果，已知 $n=25$，$s_e=1.979\ 9$，查表得 $t_{\alpha/2}(n-2)=t_{0.025}(25-2)=2.068\ 7$。

当贷款余额为 100 亿元时，不良贷款的点估计值为：

$$E(y_0)=-0.829\ 5+0.037\ 895\times 100=2.96(\text{亿元})$$

根据式（11.23）得 $E(y_0)$ 的置信区间为：

$$2.96\pm 2.068\ 7\times 1.979\ 9\times\sqrt{\frac{1}{25}+\frac{(100-120.268)^2}{154\ 933.574\ 4}}=2.96\pm 0.845\ 9$$

即 $2.114\ 1\leqslant E(y_0)\leqslant 3.805\ 9$。这就是说，当贷款余额为 100 亿元时，不良贷款的平均值在 2.114 1 亿元～3.805 9 亿元之间。

当 $x_0=\bar{x}$ 时，$\hat{y}_0$ 的标准差的估计量最小，此时有 $s_{\hat{y}_0}=s_e\sqrt{1/n}$。这就是说，当 $x_0=\bar{x}$ 时，估计是最准确的。x_0 偏离 $\bar{x}$ 越远，y 的平均值的置信区间就变得越宽，估计的效果就越不好。

2. y 的个别值的预测区间估计

预测区间估计（prediction interval estimate）是对 x 的一个给定值 x_0，求出 y 的一个个别值的区间估计。

假如不是估计贷款余额为 100 亿元时所有分行的平均不良贷款，而只希望估计贷款余额为 72.8 亿元的那个分行的不良贷款的区间是多少，这个区间则称为预测区间。

为求出预测区间，首先必须知道用于估计的标准差。统计学家已给出了 y 的一个个别值 y_0 的标准差的估计量，用 s_{ind} 表示，其计算公式为：

$$s_{ind}=s_e\sqrt{1+\frac{1}{n}+\frac{(x_0-\bar{x})^2}{\sum_{i=1}^{n}(x_i-\bar{x})^2}} \tag{11.24}$$

因此，对于给定的 x_0，y 的一个个别值 y_0 在 $1-\alpha$ 置信水平下的预测区间可表示为：

$$\hat{y}_0\pm t_{\alpha/2}s_e\sqrt{1+\frac{1}{n}+\frac{(x_0-\bar{x})^2}{\sum_{i=1}^{n}(x_i-\bar{x})^2}} \tag{11.25}$$

与式（11.23）相比，式（11.25）的根号内多了一个 1。因此，即使是对同一个 x_0，这两个区间的宽度也是不一样的，预测区间要比置信区间宽一些。

例 11.15

根据例 11.9 所求得的估计方程，建立贷款余额为 72.8 亿元的那个分行不良贷款的 95%的预测区间。

解：根据前面的计算结果，已知 $n=25$，$s_e=1.9799$，查表得 $t_{\alpha/2}(n-2)=t_{0.025}(25-2)=2.0687$。

当贷款余额为 72.8 亿元时，不良贷款的点估计值为：

$$\hat{y}=-0.8295+0.037895\times72.8=1.93\text{（亿元）}$$

不良贷款的 95%的预测区间为：

$$1.93\pm2.0687\times1.9799\times\sqrt{1+\frac{1}{25}+\frac{(72.8-120.268)^2}{154933.5744}}=1.93\pm4.2066$$

即 $-2.2766\leqslant\hat{y}_0\leqslant6.1366$。这就是说，贷款余额为 72.8 亿元的那个分行，其不良贷款的 95%的预测区间在−2.276 6 亿元～6.136 6 亿元之间。

表 11—6 给出了 25 家分行不良贷款的置信区间和预测区间。

从表 11—6 可以看出，两个区间的宽度不太一样，y 的个别值的预测区间要宽一些。二者的差别表明，估计 y 的平均值比预测 y 的一个特定值或个别值更精确。（请读者想一想为什么？）同样，当 $x_0=\bar{x}$ 时，预测区间也是最精确的。图 11—11 给出了置信区间和预测区间的示意图。

最后需要注意的是：在利用回归方程进行估计或预测时，不要用样本数据之外的 x 值去预测相对应的 y 值。因为在一元线性回归分析中，总是假定因变量 y 与自变量 x 之间的关系用线性模型表达是正确的。但实际应用中，它们之间的关系可能是某种曲线。如果 x 的取值范围在 $x_L\sim x_U$ 之间，那么，可以利用回归方程根据处于 $x_L\sim x_U$ 之间的 x 值来估计 $E(y)$ 和预测 y。但用 $x_L\sim x_U$ 之外的 x 值得出的估计值和预测值就会很不理想。

表 11—6　　25 家分行不良贷款的置信区间和预测区间

	A	B	C	D	E	F	G	H
1	分行编号	不良贷款(y)	贷款余额(x)	预测Y	置信区间		预测区间	
2					置信下限	置信上限	预测下限	预测上限
3	1	0.9	67.3	1.7208	0.7333	2.7083	-2.4964	5.9380
4	2	1.1	111.3	3.3882	2.5636	4.2128	-0.7939	7.5702
5	3	4.8	173	5.7263	4.7401	6.7124	1.5094	9.9431
6	4	3.2	80.8	2.2324	1.3159	3.1489	-1.9687	6.4335
7	5	7.8	199.7	6.7381	5.5742	7.9019	2.4761	11.0000
8	6	2.7	16.2	-0.2156	-1.5737	1.1424	-4.5346	4.1034
9	7	1.6	107.4	3.2404	2.4102	4.0705	-0.9428	7.4235
10	8	12.5	185.4	6.1962	5.1328	7.2595	1.9606	10.4317
11	9	1.0	96.1	2.8122	1.9551	3.6692	-1.3764	7.0007
12	10	2.6	72.8	1.9292	0.9725	2.8859	-2.2809	6.1393
13	11	0.3	64.2	1.6033	0.5975	2.6092	-2.6182	5.8248
14	12	4.0	132.2	4.1802	3.3515	5.0088	-0.0027	8.3630
15	13	0.8	58.6	1.3911	0.3504	2.4319	-2.8388	5.6211
16	14	3.5	174.6	5.7869	4.7914	6.7824	1.5678	10.0059
17	15	10.2	263.5	9.1557	7.4547	10.8567	4.7170	13.5945
18	16	3.0	79.3	2.1755	1.2519	3.0991	-2.0271	6.3782
19	17	0.2	14.8	-0.2687	-1.6384	1.1010	-4.5913	4.0540
20	18	0.4	73.5	1.9557	1.0028	2.9087	-2.2535	6.1650
21	19	1.0	24.7	0.1065	-1.1821	1.3951	-4.1912	4.4041
22	20	6.8	139.4	4.4530	3.6099	5.2962	0.2673	8.6387
23	21	11.6	368.2	13.1233	10.4160	15.8306	8.2102	18.0364
24	22	1.6	95.7	2.7970	1.9387	3.6553	-1.3918	6.9858
25	23	1.2	109.6	3.3237	2.4969	4.1505	-0.8587	7.5062
26	24	7.2	196.2	6.6054	5.4671	7.7437	2.3504	10.8604
27	25	3.2	102.2	3.0433	2.2027	3.8839	-1.1419	7.2285

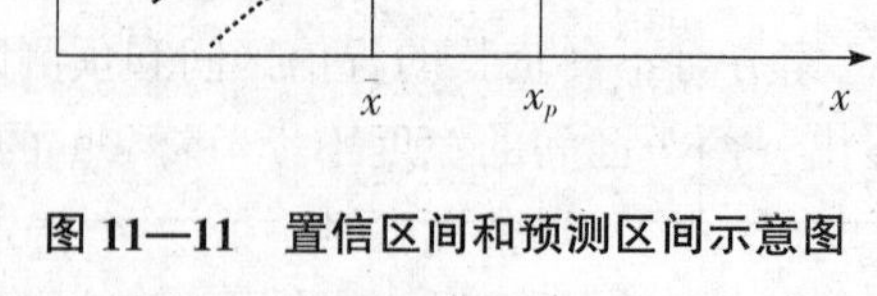

图 11—11　置信区间和预测区间示意图

11.4 残差分析

在回归模型 $y=\beta_0+\beta_1x+\varepsilon$ 中，假定 ε 是期望值为 0、方差相等且服从正态分布的一个随机变量。但是，如果关于 ε 的假定不成立，那么，此时所做的检验以及估计和预测也许站不住脚。确定有关 ε 的假定是否成立的方法之一就是进行**残差分析**（residual analysis）。

11.4.1　残差与残差图

残差（residual）是因变量的观测值 y_i 与根据估计的回归方程求出的预测值 $\hat{y}_i$ 之差，用 e 表示。它反映了用估计的回归方程去预测 y_i 而引起的误差。第 i 个观察值的残差可以写为：

$$e_i = y_i - \hat{y}_i \tag{11.26}$$

根据例 11.9 所求得的估计方程，由 Excel 输出的预测值及残差如表 11—7 所示。

表 11—7　　Excel 输出的预测值、残差和标准化残差①

	A	B	C	D	E	F	G
1	分行编号	不良贷款 y	贷款余额 x	预测 $\hat{y}_i$	残差 e_i	标准化残差 Z_{e_i}	杠杆率 h_i
2	1	0.9	67.3	1.7208	-0.8208	-0.4146	0.0581
3	2	1.1	111.3	3.3882	-2.2882	-1.1557	0.0405
4	3	4.8	173.0	5.7263	-0.9263	-0.4678	0.0579
5	4	3.2	80.8	2.2324	0.9676	0.4887	0.0501
6	5	7.8	199.7	6.7381	1.0619	0.5364	0.0807
7	6	2.7	16.2	-0.2156	2.9156	1.4726	0.1099
8	7	1.6	107.4	3.2404	-1.6404	-0.8285	0.0411
9	8	12.5	185.4	6.1962	6.3038	3.1838	0.0674
10	9	1.0	96.1	2.8122	-1.8122	-0.9153	0.0438
11	10	2.6	72.8	1.9292	0.6708	0.3388	0.0545
12	11	0.3	64.2	1.6033	-1.3033	-0.6583	0.0603
13	12	4.0	132.2	4.1802	-0.1802	-0.0910	0.0409
14	13	0.8	58.6	1.3911	-0.5911	-0.2985	0.0645
15	14	3.5	174.6	5.7869	-2.2869	-1.1550	0.0591
16	15	10.2	263.5	9.1557	1.0443	0.5274	0.1724
17	16	3.0	79.3	2.1755	0.8245	0.4164	0.0508
18	17	0.2	14.8	-0.2687	0.4687	0.2367	0.1118
19	18	0.4	73.5	1.9557	-1.5557	-0.7857	0.0541
20	19	1.0	24.7	0.1065	0.8935	0.4513	0.0989
21	20	6.8	139.4	4.4530	2.3470	1.1854	0.0424
22	21	11.6	368.2	13.1233	-1.5233	-0.7694	0.4368
23	22	1.6	95.7	2.7970	-1.1970	-0.6046	0.0439
24	23	1.2	109.6	3.3237	-2.1237	-1.0726	0.0407
25	24	7.2	196.2	6.6054	0.5946	0.3003	0.0772
26	25	3.2	102.2	3.0433	0.1567	0.0791	0.0421

可以通过对残差图的分析来判断对误差项 ε 的假定是否成立。常用的残差图有关于 x 的残差图、关于 $\hat{y}$ 的残差图、标准化残差图等。关于 x 的残差图是用横轴表示自变量 x 的值，用纵轴表示对应的残差 $e=y-\hat{y}$，每个 x 的值与对应的残差用图上的一

---

① 本表给出的标准化残差是按式（11.27）计算的。而 Excel 给出的标准化残差的计算公式为：

$$z_{e_i} = \frac{y_i - \hat{y}_i}{s_e\sqrt{1-\left(\dfrac{1}{n}+\dfrac{(x_i-\bar{x})^2}{\sum (x_i-\bar{x})^2}\right)}}$$

这实际上是学生化删除残差（studentized deleted residuals）。对这一问题的进一步了解请参阅有关的统计书籍。

个点来表示。图 11—12 就是根据表 11—7 中的有关结果绘制的不良贷款与贷款余额回归的残差图。

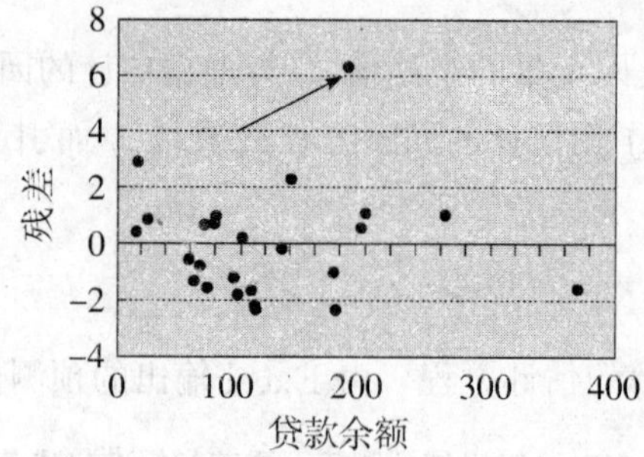

图 11—12 不良贷款与贷款余额回归的残差图

为分析残差图，首先考察一下残差图的形态及其所反映的信息。图 11—13 给出了几种不同形态的残差图。

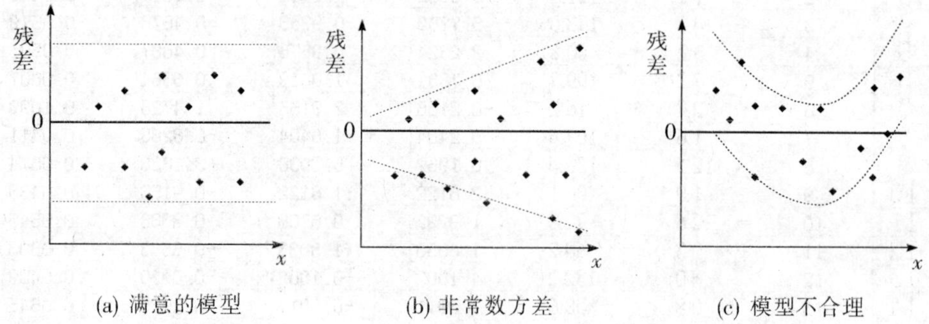

图 11—13 不同形态的残差图

若对所有的 x 值，ε 的方差都相同，而且假定描述变量 x 和 y 之间关系的回归模型是合理的，那么残差图中的所有点都应落在一条水平带中间，如图 11—13（a）所示。但如果对所有的值，ε 的方差是不同的，例如，对于较大的 x 值，相应的残差也较大，如图 11—13（b）所示，这就意味着违背了 ε 方差相等的假设。如果残差图如图 11—13（c）所示的那样，则表明所选择的回归模型不合理，这时应考虑曲线回归或多元回归模型。

考察图 11—12 不良贷款与贷款余额回归的残差图，可以看出，各残差（有一个点除外）基本上位于一条水平带中间，这表明关于不良贷款与贷款余额回归的线性假定以及对误差项 ε 的假定是成立的。

11.4.2 标准化残差

对 ε 正态性假定的检验，也可以通过对标准化残差的分析来完成。**标准化残差**（standardized residual）是残差除以它的标准差后得到的数值，也称为 Pearson 残差或半学生化残差（semi-studentized residuals），用 z_e 表示。第 i 个观察值的标准化残差可以表示为：

$$z_{e_i}=\frac{e_i}{s_e}=\frac{y_i-\hat{y}_i}{s_e} \tag{11.27}$$

式中，s_e 是残差的标准差的估计。

如果误差项 ε 服从正态分布这一假定成立，那么标准化残差的分布也应服从正态分布。因此，在标准化残差图中，大约有 95%的标准化残差在 −2～+2 之间。在表 11—7 中给出了根据式（11.27）计算的标准化残差，将其绘制成图形如图 11—14 所示。

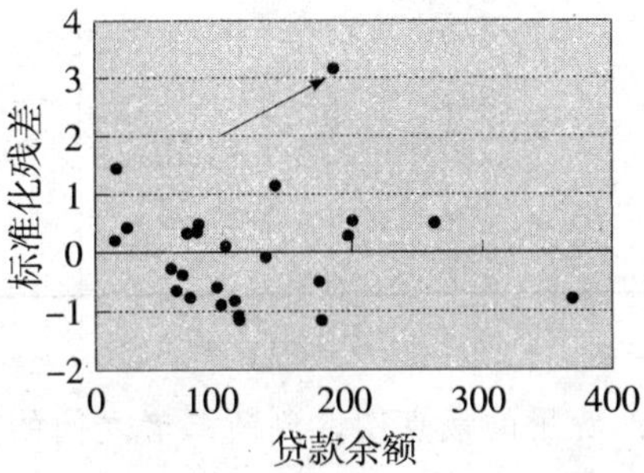

图 11—14　不良贷款与贷款余额回归的标准化残差图

从图 11—14 可以看出，除了用箭头所标识的那个点外，所有的标准化残差都在 −2～+2 之间，这表明误差项 ε 服从正态分布的假定成立。

□ 思考与练习

一、思考题

11.1　解释相关关系的含义，说明相关关系的特点。

11.2　相关分析主要解决哪些问题？

11.3　相关分析中有哪些基本假定？

11.4　简述相关系数的性质。

11.5　为什么要对相关系数进行显著性检验？

11.6　简述相关系数显著性检验的步骤。

11.7　解释回归模型、回归方程、估计的回归方程的含义。

11.8　一元线性回归模型中有哪些基本假定？

11.9　简述参数最小二乘估计的基本原理。

11.10　解释总平方和、回归平方和、残差平方和的含义，并说明它们之间的关系。

11.11　简述判定系数的含义和作用。

11.12 在回归分析中，F 检验和 t 检验各有什么作用？

11.13 简述线性关系检验和回归系数检验的具体步骤。

11.14 怎样评价回归分析的结果？

11.15 什么是置信区间估计和预测区间估计？二者有何区别？

11.16 简要说明残差分析在回归分析中的作用。

二、练习题

11.1 从某一行业中随机抽取 12 家企业，所得产量与生产费用的数据如下：

企业编号	产量（台）	生产费用（万元）	企业编号	产量（台）	生产费用（万元）
1	40	130	7	84	165
2	42	150	8	100	170
3	50	155	9	116	167
4	55	140	10	125	180
5	65	150	11	130	175
6	78	154	12	140	185

要求：

(1) 绘制产量与生产费用的散点图，判断二者之间的关系形态。

(2) 计算产量与生产费用之间的线性相关系数。

(3) 对相关系数的显著性进行检验（$\alpha=0.05$），并说明二者之间的关系强度。

11.2 学生在期末考试之前用于复习的时间（单位：小时）和考试分数（单位：分）之间是否有关系？为研究这一问题，一位研究者抽取了由 8 名学生构成的一个随机样本，得到的数据如下：

复习时间 x	20	16	34	23	27	32	18	22
考试分数 y	64	61	84	70	88	92	72	77

要求：

(1) 绘制复习时间和考试分数的散点图，判断二者之间的关系形态。

(2) 计算相关系数，说明两个变量之间的关系强度。

11.3 根据一组数据建立的线性回归方程为 $\hat{y}=10-0.5x$。

要求：

(1) 解释截距 $\hat{\beta}_0$ 的意义。

(2) 解释斜率 $\hat{\beta}_1$ 的意义。

(3) 计算当 $x=6$ 时的 $E(y)$。

11.4 设 $SSR=36$，$SSE=4$，$n=18$。

要求：

(1) 计算判定系数 R^2 并解释其意义。

(2) 计算估计标准误差 s_e 并解释其意义。

11.5 一家物流公司的管理人员想研究货物的运送距离和运送时间的关系，为此，他抽出公司最近 10 辆卡车的运货记录作为随机样本，得到运送距离（单位：公里）和运送时间（单位：天）的数据如下：

运送距离 x	825	215	1 070	550	480	920	1 350	325	670	1 215
运送时间 y	3.5	1.0	4.0	2.0	1.0	3.0	4.5	1.5	3.0	5.0

要求：

(1) 绘制运送距离和运送时间的散点图，判断二者之间的关系形态。

(2) 计算线性相关系数，说明两个变量之间的关系强度。

(3) 利用最小二乘法求出估计的回归方程，并解释回归系数的实际意义。

11.6 下面是 7 个地区 2000 年的人均国内生产总值（GDP）和人均消费水平的统计数据：

地区	人均 GDP（元）	人均消费水平（元）
北京	22 460	7 326
辽宁	11 226	4 490
上海	34 547	11 546
江西	4 851	2 396
河南	5 444	2 208
贵州	2 662	1 608
陕西	4 549	2 035

要求：

(1) 用人均 GDP 作自变量，人均消费水平作因变量，绘制散点图，并说明二者之间的关系形态。

(2) 计算两个变量之间的线性相关系数，说明两个变量之间的关系强度。

(3) 利用最小二乘法求出估计的回归方程，并解释回归系数的实际意义。

(4) 计算判定系数，并解释其意义。

(5) 检验回归方程线性关系的显著性（$\alpha=0.05$）。

(6) 如果某地区的人均 GDP 为 5 000 元，预测其人均消费水平。

(7) 求人均 GDP 为 5 000 元时，人均消费水平的 95%的置信区间和预测区间。

11.7 随机抽取 10 家航空公司，对其最近一年的航班正点率和顾客投诉次数进行了调查，所得数据如下：

航空公司编号	航班正点率（%）	顾客投诉次数
1	81.8	21
2	76.6	58
3	76.6	85
4	75.7	68
5	73.8	74
6	72.2	93
7	71.2	72
8	70.8	122
9	91.4	18
10	68.5	125

要求：

(1) 绘制散点图，说明二者之间的关系形态。

(2) 用航班正点率作自变量，顾客投诉次数作因变量，建立估计的回归方程，并解释回归系数的意义。

(3) 检验回归系数的显著性（$\alpha=0.05$）。

(4) 如果航班正点率为80%，估计顾客投诉次数。

(5) 求航班正点率为80%时，顾客投诉次数的95%的置信区间和预测区间。

11.8 下面是20个城市写字楼出租率和每平方米月租金的数据。

地区编号	出租率（%）	每平方米月租金（元）
1	70.6	99
2	69.8	74
3	73.4	83
4	67.1	70
5	70.1	84
6	68.7	65
7	63.4	67
8	73.5	105
9	71.4	95
10	80.7	107
11	71.2	86
12	62.0	66
13	78.7	106
14	69.5	70
15	68.7	81
16	69.5	75
17	67.7	82
18	68.4	94
19	72.0	92
20	67.9	76

设月租金为自变量，出租率为因变量，用Excel进行回归，并对结果进行解释和分析。

11.9 某汽车生产商欲了解广告费用（x）对销售量（y）的影响，收集了过去12年的有关数据。通过计算得到下面的有关结果：

方差分析表

变差来源	df	SS	MS	F	Significance F
回归					2.17E-09
残差		40 158.07		—	—
总计	11	1 642 866.67	—	—	—

参数估计表

	Coefficients	标准误差	t Stat	P-value
Intercept	363.689 1	62.455 29	5.823 191	0.000 168
X Variable 1	1.420 211	0.071 091	19.977 49	2.17E-09

要求：

(1) 完成上面的方差分析表。

(2) 汽车销售量的变差中有多少是由广告费用的变动引起的？

(3) 销售量与广告费用之间的相关系数是多少？

(4) 写出估计的回归方程并解释回归系数的实际意义。

(5) 检验线性关系的显著性 ($\alpha=0.05$)。

11.10 根据下面的数据建立回归方程，计算残差、判定系数 R^2、估计标准误差 s_e，并分析回归方程的拟合程度。

x	15	8	19	12	5
y	47	36	56	44	21

11.11 从 $n=20$ 的样本中得到的有关回归结果是：$SSR=60$，$SSE=40$。要检验 x 与 y 之间的线性关系是否显著，即检验假设：H_0：$\beta_1=0$。

(1) 线性关系检验的统计量 F 值是多少？

(2) 给定显著性水平 $\alpha=0.05$，F_α 是多少？

(3) 是拒绝原假设还是不拒绝原假设？

(4) 假定 x 与 y 之间是负相关，计算相关系数 r。

(5) 检验 x 与 y 之间的线性关系是否显著？

11.12 从 $n=20$ 的样本中得到的有关回归结果是：$\hat{y}=5+3x$，$s_e=1.0$，$\bar{x}=2$，$\sum_{i=1}^{n}(x_i-\bar{x})^2=20$。

要求：

(1) 当 $x=4$ 时，构建 y 的平均值的 95%的置信区间。

(2) 当 $x=4$ 时，构建 y 的个别值的 95%的预测区间。

11.13 一家公司拥有多家子公司，公司的管理者想通过广告支出来估计销售收入，为此抽取了 8 家子公司，得到广告支出和销售收入的数据如下（单位：万元）：

广告支出 x	12.5	3.7	21.6	60.0	37.6	6.1	16.8	41.2
销售收入 y	148	55	338	994	541	89	126	379

建立线性回归模型，当 $x=40$ 万元时，构建销售收入的95%的置信区间。

11.14 从两个回归分析中得到的残差如下：

回归1		回归2	
x	残差	x	残差
1	0.70	1	0.70
2	−0.78	2	1.58
3	1.03	3	1.03
4	0.33	4	0.33
5	2.39	5	−0.39
6	−0.67	6	−0.67
7	0.16	7	−0.56
8	1.65	8	−0.65
9	−1.19	9	−1.19
10	0.84	10	−0.84
11	0.29	11	−0.29
12	−1.28	12	−1.28
13	1.21	13	−0.21
14	−0.37	14	−0.37
15	1.02	15	0.22
16	−0.16	16	−0.16
17	1.42	17	0.82
18	−0.71		
19	−0.63		
20	0.67		

绘制残差图，你会得出什么结论？

11.15 随机抽取7家超市，得到其广告费支出和销售额数据如下：

超市	广告费支出（万元）	销售额（万元）
A	1	19
B	2	32
C	4	44
D	6	40
E	10	52
F	14	53
G	20	54

要求：

(1) 用广告费支出作自变量 x，销售额作因变量 y，建立估计的回归方程。

(2) 检验广告费支出与销售额之间的线性关系是否显著（$\alpha=0.05$）。

(3) 绘制关于 x 的残差图，你觉得关于误差项 ε 的假定被满足了吗？

(4) 你是选用这个模型，还是另找一个更好的模型？

第 12 章 Chapter 12 多元线性回归

中国人帕金森患病率与国际无差异①

由北京协和医院流行病学教研室主任、神经内科张振馨教授等组成的研究小组，日前对沿用 20 多年的中国人帕金森患病率作出重大修正。新报告数据显示，65 岁以上的中国人帕金森患病率男性为 1.7%，女性为 1.6%，以美国 2000 年人口标准换算进行国际比较，这一患病率达 2.1%，新数据为既往数据的 13 倍。

该研究由张振馨教授牵头，北京、上海、西安三地神经内科专家参与，历时 6 年，对上述三大城市的 137 个城乡居民区经抽样获取的 55 岁以上29 454 人进行入户调查和定期随访，使用国际最新的分层多级别整群抽样误差的加权调整，最大限度地避免了抽样误差。

研究者分析了帕金森发病的危险因素，发现年龄是最重要的因素，此外，帕金森的发病与职业高度相关，丧偶、高文化程度、强脑力劳动等导致的精神、情绪紧张都会增加该病的发生，而饮绿茶和咖啡可预防帕金森。研究未发现其与基因、遗传有必然关系。专家同时指出，沿用 20 余年的中国人帕金森低患病率不是种族差异，而是由流行病学调查方法和统计学方法造成的。

本章将讨论涉及两个及两个以上自变量的回归问题，即多元回归，而且主要介绍多元线性回归。讨论的重点主要放在多元回归的计算机输出结果及其应用上。

① 中华医学会网站，www.cma.org.cn。

12.1 多元线性回归模型

在许多实际问题中，影响因变量的因素往往有多个，这种一个因变量同多个自变量的回归问题就是多元回归，当因变量与各自变量之间为线性关系时，称为多元线性回归。多元线性回归分析的原理同一元线性回归基本相同，但计算上要复杂得多，需借助计算机来完成。

12.1.1 多元回归模型与回归方程

设因变量为 y，k 个自变量分别为 x_1，x_2，…，x_k，描述因变量 y 如何依赖于自变量 x_1，x_2，…，x_k 和误差项 ε 的方程称为**多元回归模型**（multiple regression model）。其一般形式可表示为：

$$y = \beta_0 + \beta_1 x_1 + \beta_2 x_2 + \cdots + \beta_k x_k + \varepsilon \tag{12.1}$$

式中，β_0，β_1，β_2，…，β_k 是模型的参数；ε 为误差项。

式（12.1）表明：y 是 x_1，x_2，…，x_k 的线性函数（$\beta_0+\beta_1x_1+\beta_2x_2+\cdots+\beta_kx_k$ 部分）加上误差项 ε。误差项反映了除 x_1，x_2，…，x_k 与 y 的线性关系之外的随机因素对 y 的影响，是不能由 x_1，x_2，…，x_k 与 y 之间的线性关系所解释的变异性。

与一元线性回归类似，在多元线性回归模型中，对误差项 ε 同样有三个基本假定：

（1）误差项 ε 是一个期望值为 0 的随机变量，即 $E(\varepsilon)=0$。这意味着对于给定 x_1，x_2，…，x_k 的值，y 的期望值为 $E(y)=\beta_0+\beta_1x_1+\beta_2x_2+\cdots+\beta_kx_k$。

（2）对于自变量 x_1，x_2，…，x_k 的所有值，ε 的方差 σ^2 都相同。

（3）误差项 ε 是一个服从正态分布的随机变量，且相互独立，即 $\varepsilon \sim N(0, \sigma^2)$。独立性意味着自变量 x_1，x_2，…，x_k 的一组特定值所对应的 ε 与 x_1，x_2，…，x_k 任意一组其他值所对应的 ε 不相关。正态性意味着对于给定的 x_1，x_2，…，x_k 的值，因变量 y 是一个服从正态分布的随机变量。

根据回归模型的假定，有

$$E(y) = \beta_0 + \beta_1 x_1 + \beta_2 x_2 + \cdots + \beta_k x_k \tag{12.2}$$

式（12.2）称为**多元回归方程**（multiple regression equation），它描述了因变量 y 的期望值与自变量 x_1，x_2，…，x_k 之间的关系。

一元回归方程在二维空间中是一条直线，可在直角坐标中将其画出来。但多元回归就很难做到这一点。为了对式（12.2）的回归方程有更全面的了解，可考虑含有两个自变量的多元回归方程，其形式为：

$$E(y) = \beta_0 + \beta_1 x_1 + \beta_2 x_2$$

在三维空间中可以将这个方程画出来，二元回归方程在三维空间中是一个平面，如图 12—1 所示。

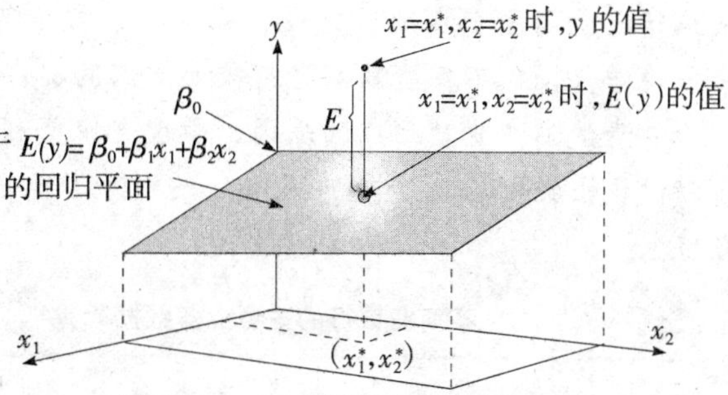

图 12—1　二元回归方程的图示

12.1.2　估计的多元回归方程

回归方程中的参数 β_0，β_1，β_2，…，β_k 是未知的，需要利用样本数据去估计它们。当用样本统计量 $\hat{\beta}_0$，$\hat{\beta}_1$，$\hat{\beta}_2$，…，$\hat{\beta}_k$ 去估计回归方程中的未知参数 β_0，β_1，β_2，…，β_k 时，就得到了**估计的多元回归方程**（estimated multiple regression equation），其一般形式为：

$$\hat{y} = \hat{\beta}_0 + \hat{\beta}_1 x_1 + \hat{\beta}_2 x_2 + \cdots + \hat{\beta}_k x_k \tag{12.3}$$

式中，$\hat{\beta}_0$，$\hat{\beta}_1$，$\hat{\beta}_2$，…，$\hat{\beta}_k$ 是参数 β_0，β_1，β_2，…，β_k 的估计值；$\hat{y}$ 是因变量 y 的估计值。其中的 $\hat{\beta}_1$，$\hat{\beta}_2$，…，$\hat{\beta}_k$ 称为偏回归系数。$\hat{\beta}_1$ 表示当 x_2，x_3，…，x_k 不变时，x_1 每变动一个单位因变量 y 的平均变动量；$\hat{\beta}_2$ 表示当 x_1，x_3，…，x_k 不变时，x_2 每变动一个单位因变量 y 的平均变动量；其余偏回归系数的含义类似。

12.1.3　参数的最小二乘估计

回归方程中的 $\hat{\beta}_0$，$\hat{\beta}_1$，$\hat{\beta}_2$，…，$\hat{\beta}_k$ 仍然是根据最小二乘法求得，也就是使残差平方和

$$Q = \sum (y_i - \hat{y}_i)^2 = \sum (y_i - \hat{\beta}_0 - \hat{\beta}_1 x_1 - \cdots - \hat{\beta}_k x_k)^2 \tag{12.4}$$

最小。由此可以得到求解 $\hat{\beta}_0$，$\hat{\beta}_1$，$\hat{\beta}_2$，…，$\hat{\beta}_k$ 的标准方程组为：

$$\begin{cases} \left.\dfrac{\partial Q}{\partial \beta_0}\right|_{\beta_0 = \hat{\beta}_0} = 0 \\ \left.\dfrac{\partial Q}{\partial \beta_i}\right|_{\beta_i = \hat{\beta}_i} = 0, \qquad i = 1,2,\cdots,k \end{cases} \tag{12.5}$$

求解上述方程组需要借助计算机，可直接由 Excel 给出回归结果。

例 12.1

继续沿用第 11 章中例 11.6。一家大型商业银行在多个地区设有分行，其业务主要是进行基础设施建设、国家重点项目建设、固定资产投资等项目的贷款。近年来，该银行的贷款额平稳增长，但不良贷款额也有较大比例的提高，这给银行业务的发展带来较大压力。为弄清楚不良贷款形成的原因，管理者希望利用银行业务的有关数据做些定量分析，以便找出控制不良贷款的办法。表 12—1 就是该银行所属的 25 家分行的有关业务数据。

表 12—1　　某商业银行的主要业务数据

	A	B	C	D	E	F
1	分行编号	不良贷款（亿元）	各项贷款余额（亿元）	本年累计应收贷款（亿元）	贷款项目个数（个）	本年固定资产投资额（亿元）
2	1	0.9	67.3	6.8	5	51.9
3	2	1.1	111.3	19.8	16	90.9
4	3	4.8	173.0	7.7	17	73.7
5	4	3.2	80.8	7.2	10	14.5
6	5	7.8	199.7	16.5	19	63.2
7	6	2.7	16.2	2.2	1	2.2
8	7	1.6	107.4	10.7	17	20.2
9	8	12.5	185.4	27.1	18	43.8
10	9	1.0	96.1	1.7	10	55.9
11	10	2.6	72.8	9.1	14	64.3
12	11	0.3	64.2	2.1	11	42.7
13	12	4.0	132.2	11.2	23	76.7
14	13	0.8	58.6	6.0	14	22.8
15	14	3.5	174.6	12.7	26	117.1
16	15	10.2	263.5	15.6	34	146.7
17	16	3.0	79.3	8.9	15	29.9
18	17	0.2	14.8	0.6	2	42.1
19	18	0.4	73.5	5.9	11	25.3
20	19	1.0	24.7	5.0	4	13.4
21	20	6.8	139.4	7.2	28	64.3
22	21	11.6	368.2	16.8	32	163.9
23	22	1.6	95.7	3.8	10	44.5
24	23	1.2	109.6	10.3	14	67.9
25	24	7.2	196.2	15.8	16	39.7
26	25	3.2	102.2	12.0	10	97.1

试建立不良贷款（y）与贷款余额（x_1）、累计应收贷款（x_2）、贷款项目个数（x_3）和固定资产投资额（x_4）的线性回归方程，并解释各回归系数的含义。

解：由 Excel 输出的多元回归结果如表 12—2 所示。

根据表 12—2 的结果，得到不良贷款与贷款余额、累计应收贷款、贷款项目个数和固定资产投资额的多元线性回归方程为：

$$\hat{y}=-1.021\,640+0.040\,039x_1+0.148\,034x_2+0.014\,529x_3-0.029\,193x_4$$

各回归系数的实际意义为：

$\hat{\beta}_1=0.040\,039$，表示在累计应收贷款、贷款项目个数和固定资产投资额不变的条件下，贷款余额每增加 1 亿元，不良贷款平均增加 0.040 039 亿元。

表 12—2　　Excel 输出的多元回归分析结果

	A	B	C	D	E	F	G
1	SUMMARY OUTPUT						
2							
3	回归统计						
4	Multiple R	0.893087					
5	R Square	0.797604					
6	Adjusted R Squa	0.757125					
7	标准误差	1.778752					
8	观测值	25					
9							
10	方差分析						
11		df	SS	MS	F	Significance F	
12	回归分析	4	249.3712	62.3428	19.7040	1.03539E-06	
13	残差	20	63.2792	3.163960			
14	总计	24	312.6504				
15							
16		Coefficients	标准误差	t Stat	P-value	Lower 95%	Upper 95%
17	Intercept	-1.021640	0.782372	-1.305823	0.206434	-2.653639	0.610360
18	X Variable 1	0.040039	0.010434	3.837495	0.001028	0.018275	0.061804
19	X Variable 2	0.148034	0.078794	1.878738	0.074935	-0.016328	0.312396
20	X Variable 3	0.014529	0.083033	0.174983	0.862853	-0.158675	0.187733
21	X Variable 4	-0.029193	0.015073	-1.936769	0.067030	-0.060635	0.002249

$\hat{\beta}_2=0.148\,034$，表示在贷款余额、贷款项目个数和固定资产投资额不变的条件下，累计应收贷款每增加 1 亿元，不良贷款平均增加 0.148 034 亿元。

$\hat{\beta}_3=0.014\,529$，表示在贷款余额、累计应收贷款和固定资产投资额不变的条件下，贷款项目个数每增加 1 个，不良贷款平均增加 0.014 529 亿元。

$\hat{\beta}_4=-0.029\,193$，表示在贷款余额、累计应收贷款和贷款项目个数不变的条件下，固定资产投资额每增加 1 亿元，不良贷款平均减少 0.029 193 亿元。

12.2　回归方程的拟合优度

12.2.1　多重判定系数

与一元回归类似，对多元线性回归方程，需要用多重判定系数来评价其拟合程度。

在一元回归中，曾介绍因变量离差平方和的分解方法，对多元回归中因变量离差平方和的分解也一样，同样有

$$SST = SSR + SSE \tag{12.6}$$

式中，$SST=\sum(y_i-\bar{y})^2$ 为总平方和；

$SSR=\sum(\hat{y}_i-\bar{y})^2$ 为回归平方和；

$SSE=\sum(y_i-\hat{y}_i)^2$ 为残差平方和。

由于这三个平方和的计算非常麻烦，所以可直接利用 Excel 的输出结果。由表 12—2 给出的方差分析部分可知 $SST=312.650\ 400$；$SSR=249.371\ 206$；$SSE=63.279\ 194$。

有了这些平方和，可以将多重判定系数定义如下：

$$R^2=\frac{SSR}{SST}=1-\frac{SSE}{SST} \tag{12.7}$$

多重判定系数（multiple coefficient of determination）是多元回归中的回归平方和占总平方和的比例，它是度量多元回归方程拟合程度的一个统计量，反映了在因变量 y 的变差中被估计的回归方程所解释的比例。

对于多重判定系数还有一点需要注意：自变量个数的增加将影响到因变量中被估计的回归方程所解释的变差数量。当增加自变量时，会使预测误差变得较小，从而减少残差平方和 SSE。由于回归平方和 $SSR=SST-SSE$，当 SSE 变小时，SSR 就会变大，从而使 R^2 变大。如果模型中增加一个自变量，即使这个自变量在统计上并不显著，R^2 也会变大。因此，为避免增加自变量而高估 R^2，统计学家提出用样本量 n 和自变量的个数 k 去调整 R^2，计算出**调整的多重判定系数**（adjusted multiple coefficient of determination），记为 R_a^2，其计算公式为：

$$R_a^2=1-(1-R^2)\left(\frac{n-1}{n-k-1}\right) \tag{12.8}$$

R_a^2 的解释与 R^2 类似，不同的是：R_a^2 同时考虑了样本量（n）和模型中自变量的个数（k）的影响，这就使得 R_a^2 的值永远小于 R^2，而且 R_a^2 的值不会由于模型中自变量个数的增加而越来越接近 1。因此，在多元回归分析中，通常用调整的多重判定系数。

R^2 的平方根称为多重相关系数，也称为复相关系数，它度量了因变量同 k 个自变量的相关程度。

根据表 12—2 的输出结果得知：多重判定系数（R Square）$R^2=0.797\ 604=79.760\ 4\%$。其实际意义是：在不良贷款取值的变差中，能被不良贷款与贷款余额、累计应收贷款、贷款项目个数和固定资产投资额的多元回归方程所解释的比例为 79.760 4%。

调整的多重判定系数（Adjusted R Square）$R_a^2=0.757\ 125=75.712\ 5\%$，其意义与 R^2 类似。它表示：在用样本量和模型中自变量的个数进行调整后，在不良贷款取值的变差中，能被不良贷款与贷款余额、累计应收贷款、贷款项目个数和固定资产投资额的多元回归方程所解释的比例为 75.712 5%。

12.2.2 估计标准误差

同一元线性回归一样，多元回归中的估计标准误差也是误差项 ε 的方差 σ^2 的一个估计值，它在衡量多元回归方程的拟合优度方面起着重要作用。计算公式为：

$$s_e=\sqrt{\frac{\sum(y_i-\hat{y}_i)^2}{n-k-1}}=\sqrt{\frac{SSE}{n-k-1}}=\sqrt{MSE} \tag{12.9}$$

式中，k 为自变量的个数。

多元回归中对 s_e 的解释与一元回归类似。由于 s_e 所估计的是预测误差的标准差，其含义是根据自变量 x_1，x_2，…，x_k 来预测因变量 y 时的平均预测误差。

在 Excel 输出的回归结果中也直接给出了 s_e 的值。根据表 12—2 的输出结果，$s_e=1.778\,752$（根据公式计算结果也是一样）。其含义是：根据所建立的多元回归方程，用贷款余额、累计应收贷款、贷款项目个数和固定资产投资额来预测不良贷款时，平均预测误差为 1.778 752 亿元。

12.3 显著性检验

在一元线性回归中，线性关系的检验（F 检验）与回归系数的检验（t 检验）是等价的，这一点很容易理解。比如，F 检验表明不良贷款与贷款余额之间有显著的线性关系，必然也意味着回归系数不会等于 0，因为只有一个自变量。但在多元回归中，这两种检验不再等价。线性关系检验主要是检验因变量同多个自变量的线性关系是否显著，在 k 个自变量中，只要有一个自变量与因变量的线性关系显著，F 检验就能通过，但这不一定意味着每个自变量与因变量的关系都显著。回归系数检验则是对每个回归系数分别进行单独的检验，它主要用于检验每个自变量对因变量的影响是否都显著。如果某个自变量没有通过检验，就意味着这个自变量对因变量的影响不显著，也许就没有必要将这个自变量放进回归模型中了。

12.3.1 线性关系检验

线性关系检验是检验因变量 y 与 k 个自变量之间的关系是否显著，也称为总体显著性检验。检验的具体步骤如下。

第 1 步：提出假设。

$H_0:\beta_1=\beta_2=\cdots=\beta_k=0$

$H_1:\beta_1$，β_2，…，β_k 至少有一个不等于 0

第 2 步：计算检验的统计量 F。

$$F=\frac{SSR/k}{SSE/(n-k-1)}\sim F(k,n-k-1) \tag{12.10}$$

第 3 步：作出统计决策。给定显著性水平 α，根据分子自由度$=k$，分母自由度$=n-k-1$ 查 F 分布表得 F_α。若 $F>F_\alpha$，则拒绝原假设；若 $F<F_\alpha$，则不拒绝原假设。

根据计算机输出的结果，可直接利用 P 值作出决策：若 $P<\alpha$，则拒绝原假设；若 $P>\alpha$，则不拒绝原假设。

例 12.2

对例 12.1 建立的回归方程线性关系的显著性进行检验($\alpha=0.05$)。

解：第 1 步：提出假设。

$$H_0:\beta_1=\beta_2=\beta_3=\beta_4=0$$

$$H_1:\beta_1,\ \beta_2,\ \beta_3,\ \beta_4 \text{ 至少有一个不等于 } 0$$

第 2 步：计算检验的统计量 F（可直接用表 12—2 Excel 输出的方差分析部分中的有关结果）。

$$F=\frac{SSR/k}{SSE/(n-k-1)}=19.704\ 044$$

第 3 步：作出统计决策。给定显著性水平 $\alpha=0.05$，根据分子自由度$=4$，分母自由度$=25-4-1=20$ 查 F 分布表得 $F_{\alpha=0.05}(4,\ 20)=2.87$。由于 $F=19.704\ 044>F_{0.05}(4,\ 20)=2.87$，拒绝原假设 H_0。这意味着不良贷款与贷款余额、累计应收贷款、贷款项目个数和固定资产投资额之间的线性关系是显著的。

也可直接将 Excel 输出的方差分析部分中的 Significance F 值（即 P 值）与给定的显著性水平 $\alpha=0.05$ 进行比较，由于 Significance-F$=1.035\ 39\text{E-}06<\alpha=0.05$，拒绝原假设 H_0。

F 检验表明：不良贷款与贷款余额、累计应收贷款、贷款项目个数和固定资产投资额之间的线性关系显著，但这并不意味着不良贷款与每个变量之间的关系都显著，因为 F 检验说明的是总体的显著性。要判断每个自变量对不良贷款的影响是否显著，需要对各回归系数分别进行 t 检验。

12.3.2 回归系数检验和推断

在回归方程通过线性关系检验后，就可以对各个回归系数 β_i 有选择地进行一次或多次检验。但究竟要对哪几个回归系数进行检验，通常需要在建立模型之前作出决定，此外，还应对回归系数检验的个数进行限制，以避免犯过多的第Ⅰ类错误。

回归系数检验的具体步骤如下：

第 1 步：提出假设。对于任意参数 $\beta_i(i=1,\ 2,\ \cdots,\ k)$，有

$$H_0:\beta_i=0$$

$$H_1:\beta_i\neq 0$$

第 2 步：计算检验的统计量 t。

$$t_i = \frac{\hat{\beta}_i}{s_{\hat{\beta}_i}} \sim t(n-k-1) \tag{12.11}$$

式中，$s_{\hat{\beta}_i}$ 是回归系数 $\hat{\beta}_i$ 的抽样分布的标准差，即

$$s_{\hat{\beta}_i} = \frac{s_e}{\sqrt{\sum x_i^2 - \frac{1}{n}(\sum x_i)^2}} \tag{12.12}$$

第 3 步：作出统计决策。给定显著性水平 α，根据自由度 $=n-k-1$ 查 t 分布表，得 $t_{\alpha/2}$ 的值。若 $|t|>t_{\alpha/2}$，则拒绝原假设；若 $|t|<t_{\alpha/2}$，则不拒绝原假设。

例 12.3

对例 12.1 建立的回归方程中各回归系数的显著性进行检验（$\alpha=0.05$）。

解：第 1 步：提出假设。对于任意参数 β_i（$i=1, 2, 3, 4$），有

$$H_0: \beta_i = 0$$
$$H_1: \beta_i \neq 0$$

第 2 步：计算检验的统计量 t。

$$t_i = \frac{\hat{\beta}_i}{s_{\hat{\beta}_i}} \tag{12.13}$$

根据表 12—2 的结果可知，$t_1=3.837\,495$，$t_2=1.878\,738$，$t_3=0.174\,983$，$t_4=-1.936\,769$。

第 3 步：作出统计决策。给定显著性水平 $\alpha=0.05$，根据自由度 $=n-k-1=25-4-1=20$ 查 t 分布表，得 $t_{\alpha/2}=t_{0.025}=2.086\,0$。这里，只有 β_1 通过了检验，其他 3 个自变量都没有通过检验。直接用 P 值进行比较也是一样：β_1 所对应的 P 值小于 0.05，通过检验；其余 3 个系数所对应的 P 值均大于 0.05，未通过检验。

这说明在影响不良贷款的 4 个自变量中，只有贷款余额的影响是显著的，而其他 3 个自变量均不显著。这意味着其他 3 个自变量对预测不良贷款的作用已经不大。假定只选一个自变量来预测不良贷款，应该选贷款余额。

当然，得出上述分析结论还需要有其他证据，因为累计应收贷款、贷款项目个数和固定资产投资额这 3 个变量没有通过检验，也可能是由其他原因造成的。比如，当贷款余额、累计应收贷款、贷款项目个数和固定资产投资额这 4 个自变量之间高度相关时，就有可能造成某一个或几个回归系数无法通过检验，但这并不一定意味着没通过检验的那些自变量对因变量的影响就不显著。自变量之间的相关所造成的这种问题在统计上称为多重共线性，有关这一问题将在 12.4 节中再作介绍。

除了对回归系数进行检验，还可以求出各回归系数的置信区间。回归系数 β_i 在 $1-\alpha$ 置信水平下的置信区间为：

$$\hat{\beta}_i \pm t_{\alpha/2}(n-k-1)s_{\hat{\beta}_i} \tag{12.14}$$

在 Excel 输出的回归结果中，给出了各回归系数的置信区间。比如，在表 12—2 中给出的 β_1 的 95%的置信区间为(0.018 275，0.061 804)。这一置信区间的含义是：在累计应收贷款 x_2、贷款项目个数 x_3 和固定资产投资额 x_4 不变的条件下，贷款余额每增加 1 亿元，不良贷款平均增加额在 0.018 275 亿元～0.061 804 亿元之间。其他几个回归系数的置信区间的含义类似。

12.4 多重共线性

当回归模型中使用两个或两个以上的自变量时，这些自变量往往会提供多余的信息；也就是说，这些自变量之间彼此相关。比如，在例 12.1 所建立的回归方程中，使用了 4 个自变量，即贷款余额（x_1）、累计应收贷款（x_2）、贷款项目个数（x_3）和固定资产投资额（x_4）。虽然这 4 个自变量对于预测不良贷款都有作用，但由于这 4 个自变量之间本身存在相关关系，在预测中所提供的信息就是重复的。从直观上看，贷款余额（x_1）与累计应收贷款（x_2）之间就有较高的相关关系，这两个变量所提供的预测信息就是重复的，或许只用其中的一个自变量就可以了。其他几个变量之间也有类似的相关情况。

12.4.1 多重共线性及其所产生的问题

当回归模型中两个或两个以上的自变量彼此相关时，则称回归模型中存在**多重共线性**（multicollinearity)。在实际问题中，所使用的自变量之间存在相关是一件很平常的事，但是在回归分析中存在多重共线性时将会产生某些问题。

首先，变量之间高度相关时，可能会使回归的结果混乱，甚至会把分析引入歧途。

比如，在例 12.1 的回归中，根据表 12—2 输出的结果可知，Significance F＝1.035 39E-06＜α＝0.05，这表明不良贷款 y 与贷款余额（x_1）、累计应收贷款（x_2）、贷款项目个数（x_3）和固定资产投资额（x_4）之间的线性回归方程是显著的。但 4 个回归系数中，只有 β_1 通过了检验（P-value＝0.001 028＜α＝0.05)，而其他 3 个回归系数均未通过检验（P-value 分别为 0.074 935，0.862 853，0.067 030，均大于 0.05)。

这种检验结果看起来矛盾，但实际上并不矛盾。因为线性关系检验（F 检验）表明回归方程显著时，这只是说，因变量（不良贷款）至少同 4 个自变量中的一个自变量的线性关系是显著的，并非意味着同每个自变量之间的关系都显著。事实上，4 个自变量在预测不良贷款时可能都有贡献（读者可就 4 个自变量分别进行一元回归加以验证)，只不过是一些自变量的贡献与另一些自变量的贡献相互重叠了。

其次，多重共线性可能对参数估计值的正负号产生影响，特别是 β_i 的正负号有可能同预期的正负号相反。比如，从表 12—2 的输出结果可以看出，在 4 个回归系数中，$\hat{\beta}_4=-0.029\ 193$，这意味着固定资产投资额增加时，不良贷款是减少的。但实际情况是否如此呢？不一定。如果仅就不良贷款与固定资产投资额作一元回归，得到的估计方程为：$\hat{y}=0.979\ 961+0.046\ 586x$，这表明固定资产投资额每增加 1 亿元，不良贷款平均增加 0.046 586 亿元。这种情况就是由自变量之间的相关造成的，因为 4 个自变量放在一起产生了多余的信息。因此，当存在多重共线性时，对回归系数的解释将是危险的。

12.4.2　多重共线性的判别

检测多重共线性的方法有多种，其中最简单的一种办法是计算模型中各对自变量之间的相关系数，并对各相关系数进行显著性检验。如果有一个或多个相关系数是显著的，就表示模型中所使用的自变量之间相关，因而存在多重共线性问题。

具体来说，如果出现下列情况，暗示存在多重共线性：

(1) 模型中各对自变量之间显著相关。

(2) 当模型的线性关系检验（F 检验）显著时，几乎所有回归系数 β_i 的 t 检验却不显著。

(3) 回归系数的正负号与预期的相反。

(4) 容忍度（tolerance）与方差扩大因子（variance inflation factor，VIF）。某个自变量的容忍度等于 1 减去该自变量为因变量而其他 $k-1$ 个自变量为预测变量时所得到的线性回归模型的判定系数，即 $1-R_i^2$。容忍度越小，多重共线性越严重。通常认为容忍度小于 0.1 时，存在严重的多重共线性。方差扩大因子等于容忍度的倒数，即 $\text{VIF}=\frac{1}{1-R_i^2}$。显然，VIF 越大，多重共线性越严重。一般认为 VIF 大于 10 时，存在严重的多重共线性。

下面仍利用例 12.1 的数据说明上述判别方法的使用。

例 12.4

利用例 12.1 的数据，按上述方法判别所建立的回归方程是否存在多重共线性。

解：首先，计算出 4 个自变量之间的相关系数矩阵，由 Excel 输出的结果如表 12—3 所示。

表 12—3　贷款余额、累计应收贷款、贷款项目个数、固定资产投资额之间的相关矩阵

	A	B	C	D	E
1		各项贷款余额	本年累计应收贷款	贷款项目个数	本年固定资产投资额
2	各项贷款余额	1			
3	本年累计应收贷款	0.678772	1		
4	贷款项目个数	0.848416	0.585831	1	
5	本年固定资产投资额	0.779702	0.472431	0.746646	1

将各相关系数检验的统计量列入，如表 12—4 所示。

查表得 $t_{\alpha/2}(25-2)=2.068\ 7$，由于所有的统计量均大于 $t_{\alpha/2}(25-2)=2.068\ 7$，

所以均拒绝原假设 H_0，说明这 4 个自变量两两之间都有显著的相关关系，这意味着在回归模型中引入 4 个自变量存在多重共线性问题。

表 12—4　　各相关系数检验的统计量

	A	B	C	D
1		各项贷款余额	本年累计应收贷款	贷款项目个数
2	各项贷款余额	1		
3	本年累计应收贷款	4.432870	1	
4	贷款项目个数	7.686824	3.466726	1
5	固定资产投资额	5.971918	2.570663	5.382848

其次，由表 12—2 输出的结果可知，回归模型的线性关系是显著的（Significance $F=1.035\ 39E\text{-}06<\alpha=0.05$），而回归系数检验时却有 3 个没有通过 t 检验，这也暗示了模型中存在多重共线性。

最后，固定资产投资额的回归系数为负号（$-0.029\ 193$），这与预期的不一致。从不良贷款与固定资产投资额的一元回归中得知，固定资产投资额的增加也会使不良贷款增加。

总之，上述三点都表明回归模型中存在多重共线性。

12.4.3　多重共线性问题的处理

一旦发现模型中存在多重共线性问题，就应采取某种解决措施。至于采取什么样的方法来解决，要看多重共线性的严重程度。下面给出多重共线性问题的一些解决办法。①

（1）将一个或多个相关的自变量从模型中剔除，使保留的自变量尽可能不相关。

（2）如果要在模型中保留所有的自变量，那就应该：

- 避免根据 t 统计量对单个参数 β 进行检验。
- 对因变量 y 值的推断（估计或预测）限定在自变量样本值的范围内。

例 12.5

利用例 12.1 所建立的回归方程，对多重共线性问题进行处理。

解：首先，考虑将一些相关的自变量从模型中剔除。从表 12—3 的相关矩阵可以看出，贷款余额与贷款项目个数的相关系数最高，从定性角度看，贷款余额与累计应收贷款之间也有很强的相关关系。因此将贷款项目个数和累计应收贷款这两个自变量剔除，建立不良贷款（y）与贷款余额（x_1）和固定资产投资额（x_2）的线性模型。由 Excel 输出的结果如表 12—5 所示。

从表 12—5 的输出结果可以看出，线性关系和各回归系数在 0.05 的显著性水平下是显著的，多重共线性问题不存在了。

① 处理多重共线性问题有更好的办法，感兴趣的读者可参考有关回归方面的书籍。

表 12—5　　Excel 输出的回归分析结果

	A	B	C	D	E	F	G
1	SUMMARY OUTPUT						
2							
3	回归统计						
4	Multiple R	0.872380					
5	R Square	0.761046					
6	Adjusted R Squar	0.739323					
7	标准误差	1.842787					
8	观测值	25					
9							
10	方差分析						
11		df	SS	MS	F	Significance F	
12	回归分析	2	237.941432	118.970716	35.034023	1.45028E-07	
13	残差	22	74.708968	3.395862			
14	总计	24	312.6504				
15							
16		Coefficients	标准误差	t Stat	P-value	Lower 95%	Upper 95%
17	Intercept	-0.443424	0.696865	-0.636312	0.531138	-1.888634	1.001787
18	X Variable 1	0.050332	0.007477	6.731607	0.000001	0.034826	0.065838
19	X Variable 2	-0.031903	0.014954	-2.133368	0.044294	-0.062916	-0.000890

多重共线性问题带来的主要麻烦是对单个回归系数的解释和检验。在求因变量的置信区间和预测区间时一般不会受其影响，但必须保证用于估计或预测的自变量的值是在样本数据的范围之内。因此，如果仅仅是为了估计或预测，可以将所有自变量都保留在模型中。

最后需要提醒的是：在建立多元线性回归模型时，不要试图引入更多的自变量，除非确实有必要。特别是在社会科学的研究中，由于所使用的大多数数据都是非试验性质的，因此，在某些情况下，得到的结果往往并不令人满意，但这不一定是因为选择的模型不合适，而是数据的质量不好，或者是引入的自变量不合适。

12.5　利用回归方程进行预测

在一元线性回归中，曾介绍利用自变量来估计因变量的方法。对于多元线性回归，同样可以利用给定的 k 个自变量，求出因变量 y 的平均值的置信区间和个别值的预测区间。

置信区间和预测区间的计算公式复杂，超出了本书的范围，这里不再介绍。多元回归问题的求解完全依赖于计算机，已有的统计软件，如 SAS，SPSS，MINITAB，STATISTICA 等都有现成的回归分析程序，可以直接给出因变量的置信区间和预测区间。

例 12.6

沿用例 12.1 的数据。根据贷款余额 x_1、累计应收贷款 x_2、贷款项目个数 x_3 和固定资产投资额 x_4 建立不良贷款 y 的 95%的置信区间和预测区间。

解：由 SPSS 软件建立不良贷款的置信区间和预测区间的具体步骤如下。

用 SPSS 进行回归分析的操作步骤

第 1 步：选择【分析】下拉菜单，并选择【回归-线性】选项进入主对话框。

第 2 步：在主对话框中将因变量（本例为不良贷款）选入【因变量】，将所有自变量（本例为贷款余额、累计应收贷款、贷款项目个数、固定资产投资额）选入【自变量】，并在【方法】下选择【进入】。

第 3 步：点击【保存】。

在【预测值】下选择【非标准化】（输出点预测值）。

在【预测区间】下选择【均值】和【单值】（输出置信区间和预测区间）。

在【置信区间】中选择所要求的置信水平（隐含值为 95%，一般不用改变）。

点击【继续】。

点击【确定】。

输出结果如表 12—6 所示。

表 12—6　　不良贷款的置信区间和预测区间

	不良贷款	贷款余额	累计应收贷款	贷款项目个数	固定资产投资额	PRE_1	LMCI_1	UMCI_1	LICI_1	UICI_1
1	0.9	67.3	6.8	5	51.9	1.23718	-0.18541	2.65976	-2.73660	5.21095
2	1.1	111.3	19.8	16	90.9	3.94465	1.66643	6.22287	-0.40937	8.29867
3	4.8	173.0	7.7	17	73.7	5.14051	3.85596	6.42507	1.21403	9.06699
4	3.2	80.8	7.2	10	14.5	3.00138	1.78174	4.22102	-0.90434	6.90711
5	7.8	199.7	16.5	19	63.2	7.84785	6.43467	9.26102	3.87743	11.81827
6	2.7	16.2	2.2	1	2.2	-0.09702	-1.62200	1.42796	-4.10860	3.91455
7	1.6	107.4	10.7	17	20.2	4.51985	3.01816	6.02155	0.51707	8.52263
8	12.5	185.4	27.1	18	43.8	9.39626	6.74006	12.05245	4.83309	13.95943
9	1.0	96.1	1.7	10	55.9	1.59121	0.16342	3.01901	-2.38443	5.56686
10	2.6	72.8	9.1	14	64.3	1.56664	0.32302	2.81027	-2.34664	5.47992
11	0.3	64.2	2.1	11	42.7	0.77305	-0.42179	1.96788	-3.12500	4.67109
12	4.0	132.2	11.2	23	76.7	4.02462	2.64760	5.40165	0.06693	7.98232
13	0.8	58.6	6.0	14	22.8	1.75068	0.40366	3.09771	-2.19667	5.69804
14	3.5	174.6	12.7	26	117.1	4.80854	3.19196	6.42512	0.76126	8.85582
15	10.2	263.5	15.6	34	146.7	8.04946	6.06303	10.03590	3.84077	12.25815
16	3.0	79.3	8.9	15	29.9	2.81606	1.62898	4.00313	-1.07962	6.71173
17	0.2	14.8	0.6	2	42.1	-1.54020	-3.24509	0.16470	-5.62356	2.54316
18	0.4	73.5	5.9	11	25.3	2.21590	1.18479	3.24701	-1.63512	6.06691
19	1.0	24.7	5.0	4	13.4	0.37443	-0.87232	1.62119	-3.53984	4.28871
20	6.8	139.4	7.2	28	64.3	4.15541	1.94297	6.36785	-0.16455	8.47537
21	11.6	368.2	16.8	32	163.9	11.88805	9.06656	14.70954	7.22672	16.54938
22	1.6	95.7	3.8	10	44.5	2.21887	1.03994	3.39779	-1.67434	6.11207
23	1.2	109.6	10.3	14	67.9	3.11264	2.22239	4.00289	-0.70308	6.92836
24	7.2	196.2	15.8	16	39.7	8.24653	6.33060	10.16246	4.07065	12.42240
25	3.2	102.2	12.0	10	97.1	2.15746	0.17604	4.13887	-2.04887	6.36378

表 12—6 中的 PRE _ 1 是点估计（预测）值，LMCI _ 1 和 UMCI _ 1 是平均值的置信区间（SPSS 称为均值的预测区间）的下限和上限，LICI _ 1 和UICI _ 1是个别值的预测区间的下限和上限。

12.6　变量选择与逐步回归

根据多个自变量建立回归模型时，若试图将所有的自变量都引进回归模型，带来的问题往往让人无所适从，或者是对所建立的模型不能进行有效的解释。比如，在例 12.1 中，建立不良贷款与 4 个自变量的回归模型时，得到的结果就很难解释。如果在建立模型之前能对所收集到的自变量进行一定的筛选，去掉那些不必要的自变量，这样，不仅使建立模型变得容易，而且使模型更具有可操作性，也更容易解释。

12.6.1　变量选择过程

在建立回归模型时，总希望尽可能用最少的变量来建立模型。但究竟哪些自变量应该引入模型，哪些自变量不应该引入模型，这就要对自变量进行一定的筛选。如果在进行回归时，每次只增加一个变量，并且将新变量与模型中的变量进行比较，若新变量引入模型后以前的某个变量的 t 统计量不显著，这个变量就会被从模型中剔除，在这种情况下，回归分析就很难存在多重共线性的影响，这就是回归中的搜寻过程。逐步回归就是一种搜寻过程，也是避免多重共线性的方法之一。①

选择自变量的原则通常是对统计量进行显著性检验，检验的根据是：将一个或一个以上的自变量引入回归模型中时，是否使残差平方和（SSE）显著减少。如果增加一个自变量使残差平方和（SSE）显著减少，则说明有必要将这个自变量引入回归模型，否则，就没有必要将这个自变量引入回归模型。确定在模型中引入自变量 x_i 是否使残差平方和（SSE）显著减少的方法，就是使用 F 统计量的值作为一个标准，以此来确定是在模型中增加一个自变量，还是从模型中剔除一个自变量。

变量选择的方法主要有：向前选择（forward selection）、向后剔除（backward elimination）、逐步回归（stepwise regression）、最优子集（best subset）等。

12.6.2　向前选择

向前选择法是从模型中没有自变量开始，然后按下面的步骤选择自变量来拟合模型。

① 除了逐步回归外，岭回归（ridge regression）是一种专门用于多重共线性数据分析的回归方法。它实际上是一种改良的最小二乘法，通过放弃最小二乘法的无偏性，以损失部分信息、降低精度为代价来寻求效果稍差但回归系数更符合实际的回归方程。当然，由于多重共线性，有些重要的解释变量也可能无法进入分析中。

第 1 步：对 k 个自变量（x_1，x_2，…，x_k）分别拟合与因变量 y 的一元线性回归模型，共有 k 个，然后找出 F 统计量的值最大的模型及其自变量 x_i，并将其首先引入模型。（如果所有模型均无统计上的显著性，则运算过程终止，没有模型被拟合。）

第 2 步：在已经引入模型的 x_i 的基础上，再分别拟合引入模型外的 $k-1$ 个自变量（x_1，…，x_{i-1}，x_{i+1}，…，x_k）的线性回归模型，即变量组合为 x_i+x_1，…，x_i+x_{i-1}，x_i+x_{i+1}，…，x_i+x_k 的 $k-1$ 个线性回归模型。然后分别考察这 $k-1$ 个线性模型，挑选出 F 统计量的值最大的含有两个自变量的模型，并将 F 统计量的值最大的那个自变量 x_j 引入模型。如果除 x_i 之外的 $k-1$ 个自变量中没有一个是统计上显著的，则运算过程终止。如此反复进行，直至模型外的自变量均无统计显著性为止。

向前选择变量的方法是不停地向模型中增加自变量，直至增加自变量不能导致 SSE 显著增加（这个过程通过 F 检验来完成）为止。由此可见，只要将某个自变量增加到模型中，这个变量就一定会保留在模型中。

12.6.3 向后剔除

与向前选择法相反，其基本过程如下：

第 1 步：先对因变量拟合包括所有 k 个自变量的线性回归模型。然后考察 $p(p<k)$ 个去掉一个自变量的模型（这些模型中的每一个都有 $k-1$ 个自变量），使模型的 SSE 值减小最少的自变量被挑选出来并从模型中剔除。

第 2 步：考察 $p-1$ 个再去掉一个自变量的模型（这些模型中的每一个都有 $k-2$ 个自变量），使模型的 SSE 值减小最少的自变量被挑选出来并从模型中剔除。如此反复进行，一直将自变量从模型中剔除，直至剔除一个自变量不会使 SSE 显著减小为止。这时，模型中所剩的自变量都是显著的。上述过程可以通过 F 检验的 P 值来判断。

12.6.4 逐步回归

逐步回归是将上述两种方法结合起来筛选自变量的方法。前两步与向前选择法相同。不过在增加了一个自变量后，它会对模型中所有的变量进行考察，看看有没有可能剔除某个自变量。如果在增加了一个自变量后，前面增加的某个自变量对模型的贡献变得不显著，这个变量就会被剔除。因此，逐步回归是向前选择和向后剔除的结合。逐步回归过程就是按此方法不停地增加变量并考虑剔除以前增加的变量的可能性，直至增加变量不能导致 SSE 显著减少，这个过程可通过 F 统计量来检验。逐步回归法中，在前面步骤中增加的自变量在后面的步骤中有可能被剔除，而在前面步骤中被剔除的自变量在后面的步骤中也可能重新进入模型。

例 12.7

根据例 12.1 不良贷款 y 与贷款余额 x_1、累计应收贷款 x_2、贷款项目个数 x_3 和固定资产投资额 x_4 的数据，采用逐步回归方法建立回归模型。

解： 由于 Excel 没有此项功能，使用 SPSS 进行逐步回归的操作步骤如下。

用 SPSS 进行逐步回归的操作步骤

第 1 步：选择【分析】→【回归-线性】，进入主对话框。

第 2 步：在对话框中将因变量选入【因变量】，将所有自变量选入【自变量】，并在【方法】下选择【逐步】。

第 3 步：点击【选项】，并在【步进方法标准】下选中【使用 F 的概率】，并在【进入】框中输入增加变量所要求的显著性水平（隐含值为 0.05，一般不用改变）；在【删除】框中输入剔除变量所要求的显著性水平（隐含值为 0.10，一般不用改变）。点击【继续】回到主对话框。点击【确定】。

（注：需要预测时，点击【保存】，在【预测值】下选中【未标准化】（输出点预测值）；在【预测区间】下选中【均值】和【单值】（输出置信区间和预测区间）；在【置信区间】中选择所要求的置信水平（隐含值为 95%，一般不用改变）。需要进行残差分析时，在【残差】下选中所需的残差。需要输出标准化残差的直方图和正态概率图时，点击【绘制】，在【标准化残差图】下选中【直方图】和【正态概率图】。）

按上述步骤得到的部分输出结果如下。

表 12—7 最先引入的自变量是贷款余额（Model 1），其次是固定资产投资额（Model 2），其他两个自变量累计应收贷款和贷款项目个数均被剔除模型。

表 12—7 变量的进入和移出标准

输入／移去的变量[a]

模型	输入的变量	移去的变量	方法
1	各项贷款余额	.	步进（准则：F-to-enter 的概率 <= .050，F-to-remove 的概率 >= .100）。
2	本年固定资产投资额	.	步进（准则：F-to-enter 的概率 <= .050，F-to-remove 的概率 >= .100）。

a. 因变量：不良贷款。

表 12—8 给出了两个回归模型的一些主要统计量，包括复相关系数 R、判定系数 R^2、调整的判定系数 R_a^2 以及估计标准误差 s_e 等。

表 12—8 两个模型的主要统计量

模型汇总

模型	R	R 方	调整 R 方	标准 估计的误差
1	.844[a]	.712	.699	1.9799
2	.872[b]	.761	.739	1.8428

a. 预测变量：(常量)，各项贷款余额。
b. 预测变量：(常量)，各项贷款余额，本年固定资产投资额。

表 12—9 给出了回归分析中的方差分析表。

表 12—9　　两个模型的方差分析表

Anova[c]

模型		平方和	df	均方	F	Sig.
1	回归	222.486	1	222.486	56.754	.000[a]
	残差	90.164	23	3.920		
	总计	312.650	24			
2	回归	237.941	2	118.971	35.034	.000[b]
	残差	74.709	22	3.396		
	总计	312.650	24			

a. 预测变量：(常量), 各项贷款余额。
b. 预测变量：(常量), 各项贷款余额, 本年固定资产投资额。
c. 因变量：不良贷款。

表 12—10 给出了参数的估计值和用于检验的 t 统计量和 P 值。

表 12—10　　模型参数的估计和检验

系数[a]

模型		非标准化系数		标准系数	t	Sig.
		B	标准 误差	试用版		
1	(常量)	-.830	.723		-1.147	.263
	各项贷款余额	.038	.005	.844	7.534	.000
2	(常量)	-.443	.697		-.636	.531
	各项贷款余额	.050	.007	1.120	6.732	.000
	本年固定资产投资额	-.032	.015	-.355	-2.133	.044

a. 因变量：不良贷款。

由逐步回归的结果可知，最后得到的模型为：

$$\hat{y}=-0.443+0.050x_1-0.032x_4$$

读者可能注意到，采用逐步回归方法得到的表 12—10 中的结果与表 12—5 中的结果是一致的。

□ 思考与练习

一、思考题

12.1　解释多元回归模型、多元回归方程、估计的多元回归方程的含义。

12.2　多元线性回归模型中有哪些基本假定？

12.3　解释多重判定系数和调整的多重判定系数的含义和作用。

12.4　解释多重共线性的含义。

12.5　多重共线性对回归分析有哪些影响？

12.6　多重共线性的判别方法主要有哪些？

12.7　多重共线性的处理方法有哪些？

12.8　在多元线性回归中，选择自变量的方法有哪些？

二、练习题

12.1　根据下面的数据用 Excel 进行回归，并对回归结果进行讨论，计算 $x_1=$

200，$x_2=7$ 时 y 的预测值。

y	x_1	x_2
12	174	3
18	281	9
31	189	4
28	202	8
52	149	9
47	188	12
38	215	5
22	150	11
36	167	8
17	135	5

12.2　根据下面 Excel 输出的回归结果，说明模型中涉及多少个自变量、多少个观测值。写出回归方程，并根据 F，s_e，R^2 及调整的 R_a^2 的值对模型进行讨论。

SUMMARY OUTPUT

回归统计	
Multiple R	0.842 407
R Square	0.709 650
Adjusted R Square	0.630 463
标准误差	109.429 596
观测值	15

方差分析

	df	SS	MS	F	Significance F
回归	3	321 946.801 8	107 315.600 6	8.961 759	0.002 724
残差	11	131 723.198 2	11 974.84		
总计	14	453 670			

	Coefficients	标准误差	t Stat	P-value
Intercept	657.053 4	167.459 539	3.923 655	0.002 378
X Variable 1	5.710 311	1.791 836	3.186 849	0.008 655
X Variable 2	−0.416 917	0.322 193	−1.293 998	0.222 174
X Variable 3	−3.471 481	1.442 935	−2.405 847	0.034 870

12.3　根据两个自变量得到的多元回归方程为 $\hat{y}=-18.4+2.01x_1+4.74x_2$，并且已知 $n=10$，$SST=6\ 724.125$，$SSR=6\ 216.375$，$s_{\hat{\beta}_1}=0.081\ 3$，$s_{\hat{\beta}_2}=0.056\ 7$。

要求：

(1) 在 $\alpha=0.05$ 的显著性水平下，x_1，x_2 与 y 的线性关系是否显著？

(2) 在 $\alpha=0.05$ 的显著性水平下，β_1 是否显著？

(3) 在 $\alpha=0.05$ 的显著性水平下，β_2 是否显著？

12.4　一家电器销售公司的管理人员认为，月销售收入是广告费用的函数，并想通过广告费用对月销售收入作出估计。下面是近 8 个月的月销售收入与广告费用数据：

月销售收入 y（万元）	电视广告费用 x_1（万元）	报纸广告费用 x_2（万元）
96	5.0	1.5
90	2.0	2.0
95	4.0	1.5
92	2.5	2.5
95	3.0	3.3
94	3.5	2.3
94	2.5	4.2
94	3.0	2.5

要求：

(1) 用电视广告费用作自变量，月销售收入作因变量，建立估计的回归方程。

(2) 用电视广告费用和报纸广告费用作自变量，月销售收入作因变量，建立估计的回归方程。

(3) 上述 (1) 和 (2) 所建立的估计的回归方程，电视广告费用的系数是否相同？对其回归系数分别进行解释。

(4) 根据问题 (2) 所建立的估计的回归方程，在月销售收入的总变差中，被估计的回归方程所解释的比例是多少？

(5) 根据问题 (2) 所建立的估计的回归方程，检验回归系数是否显著 ($\alpha=0.05$)。

12.5 某农场通过试验取得早稻收获量与春季降雨量和春季温度的数据如下：

收获量 y(kg/hm^2)	降雨量 x_1(mm)	温度 x_2(℃)
2 250	25	6
3 450	33	8
4 500	45	10
6 750	105	13
7 200	110	14
7 500	115	16
8 250	120	17

要求：

(1) 试确定早稻收获量对春季降雨量和春季温度的二元线性回归方程。

(2) 解释回归系数的实际意义。

(3) 根据你的判断，模型中是否存在多重共线性？

12.6 一家房地产评估公司想对某城市的房地产销售价格 (y) 与地产估价 (x_1)、房产估价 (x_2) 和使用面积 (x_3) 建立一个模型，以便对销售价格作出合理预测。为此，收集了 20 栋住宅的房地产评估数据。

房地产编号	销售价格 y（元/平方米）	地产估价 x_1（万元）	房产估价 x_2（万元）	使用面积 x_3（平方米）
1	6 890	596	4 497	18 730
2	4 850	900	2 780	9 280
3	5 550	950	3 144	11 260
4	6 200	1 000	3 959	12 650
5	11 650	1 800	7 283	22 140
6	4 500	850	2 732	9 120
7	3 800	800	2 986	8 990
8	8 300	2 300	4 775	18 030
9	5 900	810	3 912	12 040
10	4 750	900	2 935	17 250
11	4 050	730	4 012	10 800
12	4 000	800	3 168	15 290
13	9 700	2 000	5 851	24 550
14	4 550	800	2 345	11 510
15	4 090	800	2 089	11 730
16	8 000	1 050	5 625	19 600
17	5 600	400	2 086	13 440
18	3 700	450	2 261	9 880
19	5 000	340	3 595	10 760
20	2 240	150	578	9 620

用 Excel 进行回归，回答下面的问题：

(1) 写出估计的多元回归方程。

(2) 在销售价格的总变差中，被估计的回归方程所解释的比例是多少？

(3) 检验回归方程的线性关系是否显著（$\alpha=0.05$）。

(4) 检验各回归系数是否显著（$\alpha=0.05$）。

12.7　根据 12.4 题中的数据，回答下面的问题：

(1) 在 $\alpha=0.01$ 的水平下，检验二元回归模型线性关系的显著性。

(2) 在 $\alpha=0.05$ 的水平下，检验回归系数 β_1 的显著性，你认为 x_1 应该从模型中剔除吗？

(3) 在 $\alpha=0.05$ 的水平下，检验回归系数 β_2 的显著性，你认为 x_2 应该从模型中剔除吗？

12.8　根据以下数据回答下面的问题。

y	x_1	x_2
123.7	22.3	96.6
126.6	25.7	89.4
120.0	38.7	44.0
119.3	31.0	66.4
110.6	33.9	49.1
130.3	28.3	85.2

续前表

y	x_1	x_2
131.3	30.2	80.4
114.4	21.4	90.5
128.6	30.4	77.1
108.4	32.6	51.1
112.0	33.9	50.5
115.6	23.5	85.1
108.3	27.6	65.9
126.3	39.0	49.0
124.6	31.6	69.6

要求：

(1) 计算 y 与 x_1 之间的相关系数，有无证据表明二者之间存在线性关系（$\alpha=0.05$）？

(2) 计算 y 与 x_2 之间的相关系数，有无证据表明二者之间存在线性关系（$\alpha=0.05$）？

(3) 根据上面的结论，$E(y)=\beta_0+\beta_1x_1+\beta_2x_2$ 对预测 y 是否有用？

(4) 用 Excel 进行回归，并对模型进行检验，所得的结论与 (3) 是否相同（$\alpha=0.05$）？

(5) 计算 x_1 与 x_2 之间的相关系数，所得结果意味着什么？

12.9 下面是随机抽取的 15 家大型商场销售的同类产品的有关数据（单位：元）：

企业编号	销售价格 y	购进价格 x_1	销售费用 x_2
1	1 238	966	223
2	1 266	894	257
3	1 200	440	387
4	1 193	664	310
5	1 106	791	339
6	1 303	852	283
7	1 313	804	302
8	1 144	905	214
9	1 286	771	304
10	1 084	511	326
11	1 120	505	339
12	1 156	851	235
13	1 083	659	276
14	1 263	490	390
15	1 246	696	316

要求：

(1) 计算 y 与 x_1、y 与 x_2 之间的相关系数，是否有证据表明销售价格与购进价格、销售价格与销售费用之间存在线性关系？

(2) 根据上述结果，你认为用购进价格和销售费用来预测销售价格是否有用？

(3) 用 Excel 进行回归，并检验模型的线性关系是否显著（$\alpha=0.05$）。

(4) 解释判定系数 R^2，所得的结论与 (2) 是否一致？

(5) 计算 x_1 与 x_2 之间的相关系数，所得结果意味着什么？

(6) 模型中是否存在多重共线性？你对模型有何建议？

第 13 章

时间序列分析和预测

Chapter 13

统计应用：预测粮食产量

在生活和工作中经常需要作出预测。比如，预测一只股票价格的走势，预测下一年度的销售额，等等。研究时间序列的主要目的之一就是进行预测，这种预测主要是根据已有的时间序列数据预测未来的变化。时间序列预测的关键是确定已有时间序列的变化模式，并假定这种模式会延续到未来。下面是我国 1990—2010 年的粮食产量数据（单位：万吨）及其变化趋势图。

年份	粮食产量	年份	粮食产量
1990	44 624.3	2001	45 263.7
1991	43 529.3	2002	45 705.8
1992	44 265.8	2003	43 069.5
1993	45 648.8	2004	46 964.9
1994	44 510.1	2005	48 402.2
1995	46 661.8	2006	49 804.2
1996	50 453.5	2007	50 160.3
1997	49 417.1	2008	52 870.9
1998	51 229.5	2009	53 082.1
1999	50 838.6	2010	54 641.0
2000	46 217.8		

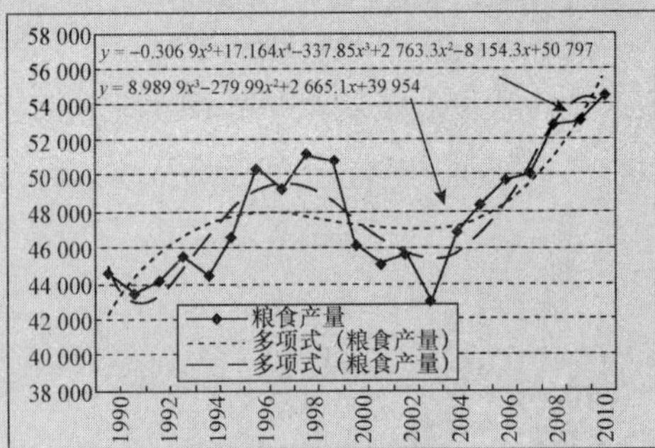

根据粮食产量的走势预测以后年度的产量，有几种模型可供选择，比如，三阶曲线（有两个拐点）、四阶曲线（有三个拐点）、五阶曲线（有四个拐点）。图中分别给出了三阶曲线和五阶曲线的预测方程。究竟选择哪个预测方程？如何评价预测模型的好坏？本章的内容将回答这些问题。

时间序列数据用于描述现象随时间发展变化的特征。时间序列分析就其发展的历史阶段和所使用的统计分析方法来看，有传统的时间序列分析和现代的时间序列分析。本章主要介绍传统的时间序列分析方法，内容包括时间序列数据的统计描述和预测方法。

13.1　时间序列及其分解

时间序列（times series）是同一现象在不同时间上的相继观察值排列而成的序列。经济数据大多数以时间序列的形式给出。根据观察时间的不同，时间序列中的时间可以是年份、季度、月份或其他任何时间形式。为便于表述，本书中用 t 表示所观察的时间，Y 表示观察值，则 Y_i（$i=1, 2, \cdots, n$）为时间 t_i 上的观察值。

时间序列可以分为平稳序列和非平稳序列两大类。**平稳序列**（stationary series）是基本上不存在趋势的序列。这类序列中的各观察值基本上在某个固定的水平上波动，虽然在不同的时间段波动的程度不同，但并不存在某种规律，其波动可以看成是随机的，如图 13—1 所示。**非平稳序列**（non-stationary series）是包含趋势、季节性或周期性的序列，它可能只含有其中一种成分，也可能是几种成分的组合。因此，非平稳序列又可以分为有趋势的序列、有趋势和季节性的序列、几种成分混合而成的复合型序列。

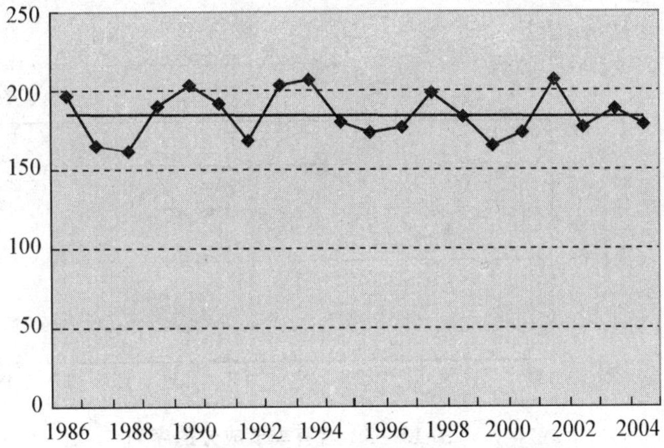

图 13—1　平稳序列

趋势（trend）是时间序列在长时期内呈现出来的某种持续上升或持续下降的变动，也称长期趋势。时间序列中的趋势可以是线性的，也可以是非线性的。图 13—2 是一种线性趋势的时间序列。

季节性（seasonality）也称**季节变动**（seasonal fluctuation），它是时间序列在一年内重复出现的周期性波动。比如，在商业活动中，常常听到“销售旺季”或“销售淡季”这类术语；在旅游业中，也常常使用“旅游旺季”或“旅游淡季”这类术语，等等。这些术语表明，这些活动因季节的不同而发生变化。当然，季节性中的“季节”一词是广义的，它不仅仅是指一年中的四季，其实是指任何一种周期性的变化。在现实生活中，季节变动是一种极为普遍的现象，是诸如气候条件、生产条件、节假日或人们的风俗习惯等各种因素作用的结果。比如，农业生产、交通运输、建筑业、

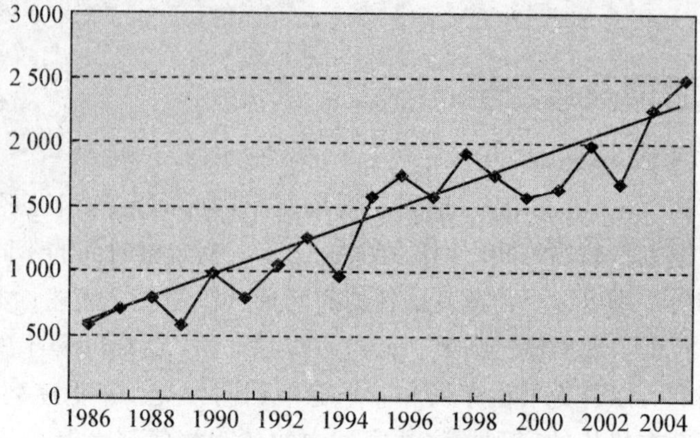

图 13—2　有趋势的序列

旅游业、商品销售以及工业生产中都有明显的季节性。

含有季节成分的序列可能含有趋势，也可能不含有趋势。图 13—3 是一种只含季节成分的时间序列。图 13—4 是一种既含有季节成分，也含有趋势的时间序列。

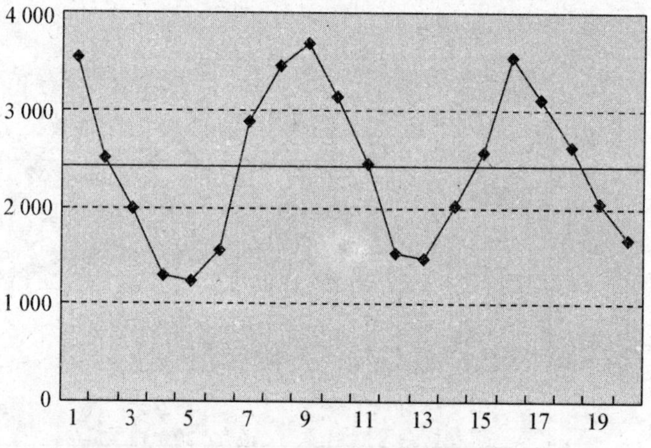

图 13—3　含有季节成分的序列

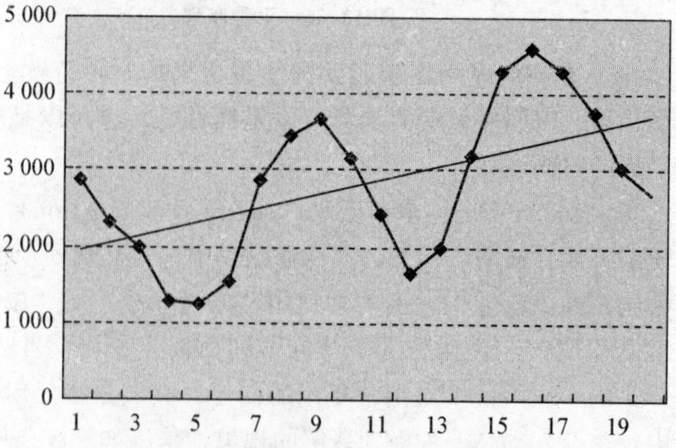

图 13—4　含有季节成分和趋势和序列

周期性（cyclicity）也称**循环波动**（cyclical fluctuation），是时间序列中呈现出来的围绕长期趋势的一种波浪形或振荡式变动。周期性通常是由商业和经济活动引起的，它不同于趋势变动，不是朝着单一方向的持续运动，而是涨落相间的交替波动；它也不同于季节变动，季节变动有比较固定的规律，且变动周期大多为一年，循环波动则无固定规律，变动周期多在一年以上，且周期长短不一。周期性通常是由经济环境的变化引起的。

除此以外，还有些偶然性因素对时间序列产生影响，致使时间序列呈现出某种随机波动。时间序列中除去趋势、周期性和季节性之后的偶然性波动，称为**随机性**（random），也称**不规则波动**（irregular variations）。图 13—1 和图 13—2 中都含有明显的随机波动。

这样，时间序列的成分可以分为 4 种，即趋势（T）、季节性或季节变动（S）、周期性或循环波动（C）、随机性或不规则波动（I）。传统时间序列分析的一项主要内容就是把这些成分从时间序列中分离出来，并将它们之间的关系用一定的数学关系式予以表达，而后分别进行分析。按 4 种成分对时间序列的影响方式不同，时间序列可分解为多种模型，如加法模型（additive model）、乘法模型（multiplicative model）等。其中较常用的是乘法模型，其表现形式为：

$$Y_t = T_t \times S_t \times C_t \times I_t \tag{13.1}$$

本章所介绍的时间序列分解方法都是以乘法模型为基础的。

13.2　时间序列的描述性分析

13.2.1　图形描述

在对时间序列进行分析时，最好是先作一个图形，然后通过图形观察数据随时间变化的模式及趋势。作图是观察时间序列形态的一种有效方法，它对于进一步分析和预测会有很大帮助。下面我们给出几个时间序列，并通过图形进行观察和分析。

例 13.1

表 13—1 给出了 2000—2013 年我国啤酒产量、人均 GDP、煤炭占能源消费总量的比重和居民消费价格指数（CPI）的时间序列。

为判断这几个序列的变化形态以及随时间变化的趋势，下面给出了 4 个序列的图形（见图 13—5）。

表 13—1　　　　　　啤酒产量等时间序列

	A	B	C	D	E
1	年份	啤酒产量（万千升）	人均GDP（元）	煤炭占能源消费总量的比重(%)	居民消费价格指数（上年=100）
2	2000	2231.3	7857.7	69.2	100.4
3	2001	2288.9	8621.7	68.3	100.7
4	2002	2402.7	9398.1	68.0	99.2
5	2003	2540.5	10542.0	69.8	101.2
6	2004	2948.6	12335.6	69.5	103.9
7	2005	3126.1	14185.4	70.8	101.8
8	2006	3543.6	16499.7	71.1	101.5
9	2007	3954.1	20169.5	71.1	104.8
10	2008	4156.9	23707.7	70.3	105.9
11	2009	4162.2	25607.5	70.4	99.3
12	2010	4490.2	30015.0	68.0	103.3
13	2011	4834.5	35197.8	68.4	105.4
14	2012	4778.6	38459.5	66.6	102.6
15	2013	5061.5	41907.6	66.0	102.6

注：人均 GDP 数据按当年价格计算。

资料来源：国家统计局网站，www. stats. gov. cn。

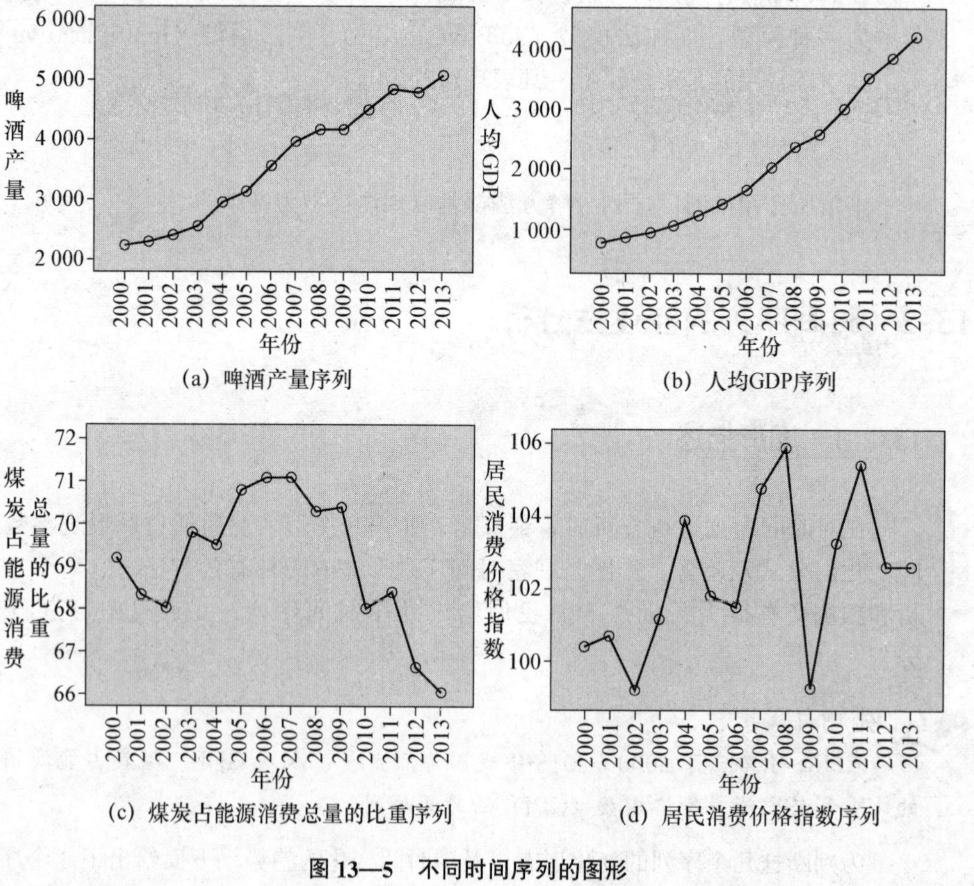

图 13—5　不同时间序列的图形

从图 13—5 可以看出，啤酒产量序列呈现一定的线性趋势（图 13—5（a））；人均 GDP 序列呈现一定的指数变化趋势（图 13—5（b））；煤炭占能源消费总量的比重序列呈现一种多阶曲线形态（图 13—5（c））；居民消费价格指数序列则没有任何趋势，呈现出一定的随机波动（图 13—5（d））。通过对图形的观察和分析有助于作进一步的描述，并为选择预测模型提供基本依据。

13.2.2　增长率分析

在一些经济报道中常使用“增长率”一词。增长率是对现象在不同时间的变化状况所做的描述。由于对比的基期不同，增长率有不同的计算方法。这里主要介绍增长率和平均增长率的计算方法。

1. 增长率

增长率（growth rate）也称增长速度，它是时间序列中报告期观察值与基期观察值之比减 1 后的结果，用%表示。由于对比的基期不同，增长率可以分为环比增长率和定基增长率。环比增长率是报告期观察值与前一时期观察值之比减 1，说明现象逐期增长变化的程度；定基增长率是报告期观察值与某一固定时期观察值之比减 1，说明现象在整个观察期内总的增长变化程度。设增长率为 G，则环比增长率和定基增长率可表示为：

$$\text{环比增长率：}G_i=\frac{Y_i-Y_{i-1}}{Y_{i-1}}=\frac{Y_i}{Y_{i-1}}-1,\quad i=1,2,\cdots,n \tag{13.2}$$

$$\text{定基增长率：}G_i=\frac{Y_i-Y_0}{Y_0}=\frac{Y_i}{Y_0}-1,\quad i=1,2,\cdots,n \tag{13.3}$$

式中，Y_0 表示用于对比的固定基期的观察值。

2. 平均增长率

平均增长率（average rate of increase）也称平均增长速度，它是时间序列中逐期环比值（也称环比发展速度）的几何平均数减 1 后的结果，计算公式为：

$$\bar{G}=\sqrt[n]{\left(\frac{Y_1}{Y_0}\right)\left(\frac{Y_2}{Y_1}\right)\cdots\left(\frac{Y_n}{Y_{n-1}}\right)}-1=\sqrt[n]{\frac{Y_n}{Y_0}}-1 \tag{13.4}$$

式中，$\bar{G}$ 表示平均增长率；n 表示环比值的个数。

例 13.2

根据表 13—1 中的人均啤酒产量数据，计算 2000—2013 年的平均增长率，并根据平均增长率预测 2014 年和 2015 年的啤酒产量。

解：根据式（13.4）得

$$\bar{G}=\sqrt[n]{\frac{Y_n}{Y_0}}-1=\sqrt[13]{\frac{5\,061.5}{2\,231.3}}-1=106.5\%-1=6.5\%$$

2014 年和 2015 年的啤酒产量预测值分别为：

$$\begin{aligned}\hat{Y}_{2014}&=2013\text{ 年数值}\times(1+\text{年平均增长率})\\&=5\,061.5\times(1+6.5\%)=5\,390.67\text{（万千升）}\end{aligned}$$

$$\hat{Y}_{2015}=2013\text{年数值}\times(1+\text{年平均增长率})^2$$
$$=5\,061.5\times(1+6.5\%)^2=5\,741.24(\text{万千升})$$

3. 增长率分析中应注意的问题

对于大多数时间序列，特别是有关社会经济现象的时间序列，经常利用增长率来描述其增长状况。尽管增长的计算与分析都比较简单，但实际应用中，有时也会出现误用乃至滥用的情况。因此，在应用增长率分析实际问题时，应注意以下几点：

首先，当时间序列中的观察值出现 0 或负数时，不宜计算增长率。例如，假定某企业连续 5 年的利润额（单位：万元）分别为 5，2，0，－3，2，对这一序列计算增长率，要么不符合数学公理，要么无法解释其实际意义。在这种情况下，适宜直接用绝对数进行分析。

其次，在有些情况下，不能单纯就增长率论增长率，要注意将增长率与绝对水平结合起来分析。先看一个例子。

例 13.3

假定两个企业各年的利润额及增长率数据如表 13—2 所示。

表 13—2　　甲、乙两个企业的有关数据

	A	B	C	D	E
1	年份	甲企业		乙企业	
2		利润额（万元）	增长率（%）	利润额（万元）	增长率（%）
3	上年	500	—	60	—
4	本年	600	20	84	40

如果不看利润额的绝对值，仅就增长率对甲、乙两个企业进行分析评价，可以看出乙企业的利润增长率比甲企业高出一倍。如果就此得出乙企业的生产经营业绩比甲企业要好得多这样的结论就是不切实际的。因为增长率是一个相对值，它与对比的基期值的大小有很大关系。大的增长率背后，其隐含的绝对值可能很小，小的增长率背后，其隐含的绝对值可能很大。这就是说，由于对比的基点不同，可能会造成增长率数值上的较大差异。上述例子表明，由于两个企业的生产起点不同，基期的利润额不同，造成了二者增长率的较大差异。从利润的绝对额来看，两个企业的增长率每增长一个百分点所增加的利润绝对额是不同的。在这种情况下，则需要将增长率与绝对水平结合起来进行分析，通常要计算增长 1%的绝对值来克服增长率分析的局限性。

增长 1%的绝对值表示增长率每增长一个百分点而增加的绝对数量，其计算公式为：

$$\text{增长 }1\%\text{的绝对值}=\frac{\text{前期水平}}{100} \tag{13.5}$$

根据表 13—2 的数据计算，甲企业利润增长一个百分点增加的利润额为 5 万元，而乙企业则为 0.6 万元，甲企业远高于乙企业。这说明甲企业的生产经营业绩并不比乙企业差，而是更好。

13.3 时间序列预测的程序

时间序列分析的一个主要目的就是根据已有的历史数据对未来进行预测。由 13.1 节可知，时间序列含有不同的成分，如趋势、季节性、周期性和随机性等。对于一个具体的时间序列，它可能只含有一种成分，也可能同时含有几种成分。含有不同成分的时间序列所用的预测方法是不同的。因此，在对时间序列进行预测时，通常包括以下几个步骤：

第 1 步：确定时间序列所包含的成分，也就是确定时间序列的类型。

第 2 步：找出适合此类时间序列的预测方法。

第 3 步：对可能的预测方法进行评估，以确定最佳预测方案。

第 4 步：利用最佳预测方案进行预测。

13.3.1 确定时间序列的成分

1. 确定趋势成分

确定趋势成分是否存在，可以从绘制时间序列的线图入手。观察图 13—5，就可以看出时间序列中是否存在趋势，以及所存在的趋势是线性的还是非线性的。

判断趋势成分是否存在的另一种方法是利用回归分析拟合一条趋势线，然后对回归系数进行显著性检验。如果回归系数显著，就可以得出线性趋势显著的结论。

例 13.4

某只股票连续 16 周的收盘价如表 13—3 所示。试确定其趋势及类型。

表 13—3　某只股票连续 16 周的收盘价格

	A	B	C	D
1	日期（周）	收盘价格（元）	日期（周）	收盘价格（元）
2	1	15.03	9	9.12
3	2	11.69	10	8.51
4	3	9.63	11	4.45
5	4	10.58	12	4.02
6	5	8.48	13	5.29
7	6	6.98	14	6.51
8	7	6.82	15	6.02
9	8	7.69	16	6.07

解：设自变量为时间 t，因变量为股票收盘价格 Y，根据表 13—3 中的数据，在 $\alpha=0.05$ 的显著性水平下得到的回归方程为 $\hat{Y}=12.0233-0.4815t$，回归系数检验的 $P=0.000179$，判定系数 $R^2=0.6450$，这表明线性关系显著，说明该股票的收盘价格存在线性趋势。该股票的收盘价格及其趋势如图 13—6 所示。

尽管回归结果表明该股票的收盘价格存在线性趋势，但从图 13—6 可以看出，时

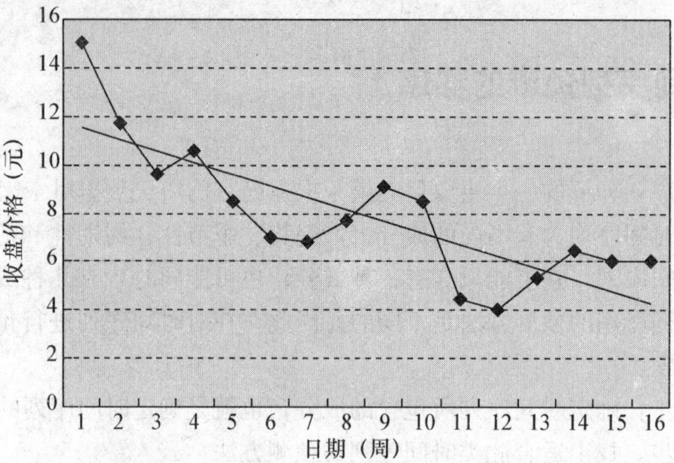

图 13—6 某只股票的收盘价格及其线性趋势

间序列两端有高于趋势线的数值，这表明可能存在非线性趋势。如果拟合二阶曲线 $\hat{Y}=a+bt+ct^2$，得到的趋势方程为 $\hat{Y}=14.8051-1.4088t+0.0546t^2$，用于检验的 $P=0.012556$，结果仍然显著。但二阶曲线的 $R^2=0.7841$ 大于直线的 $R^2=0.6450$，这说明二阶曲线的拟合效果要比直线好。二阶曲线的拟合图形如图 13—7 所示。

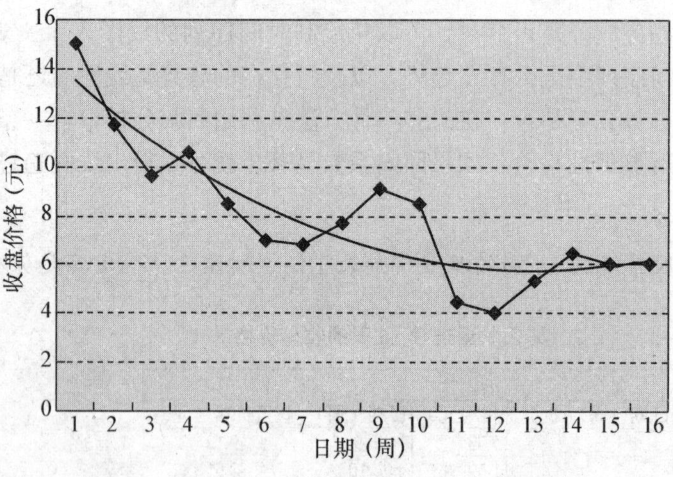

图 13—7 某只股票的收盘价格及其二阶曲线趋势

2. 确定季节成分

确定季节成分是否存在，至少需要两年的数据，而且数据需要按季度、月份、周或天等来记录。确定季节成分也可以从绘制时间序列的线图入手①，但这里需要一种特殊的时间序列图，即年度折叠时间序列图（folded annual time series plot）。绘制该图时，需要将每年的数据分开画在图上，也就是横轴只有一年的长度，每年的数据分别对应纵轴。如果时间序列只存在季节成分，年度折叠时间序列图中的折线将会有交

① 除利用图形判断时间序列中是否存在季节成分，还可利用自相关分析。自相关是指时间序列中一个时期的数值与其前一时期的数值存在相关。有关这一问题的进一步讨论，可参考有关的统计图书。

叉；如果时间序列既含有季节成分又含有趋势，那么年度折叠时间序列图中的折线将不会有交叉，而且如果趋势是上升的，后面年度的折线将会高于前面年度的折线，如果趋势是下降的，则后面年度的折线将低于前面年度的折线。

下面通过一个例子说明年度折叠时间序列图的绘制方法，以及如何根据这一图形来判断时间序列中是否存在季节性。

例 13.5

表 13—4 是一家啤酒生产企业 2010—2015 年各季度的啤酒销售量数据。试绘制年度折叠时间序列图，并判断啤酒销售量是否存在季节性。

表 13—4　　某啤酒生产企业各季度的销售量数据　　单位：万吨

	A	B	C	D	E
1	年份	季度			
2		1	2	3	4
3	2010	25	32	37	26
4	2011	30	38	42	30
5	2012	29	39	50	35
6	2013	30	39	51	37
7	2014	29	42	55	38
8	2015	31	43	54	41

解：年度折叠时间序列图如图 13—8 所示。

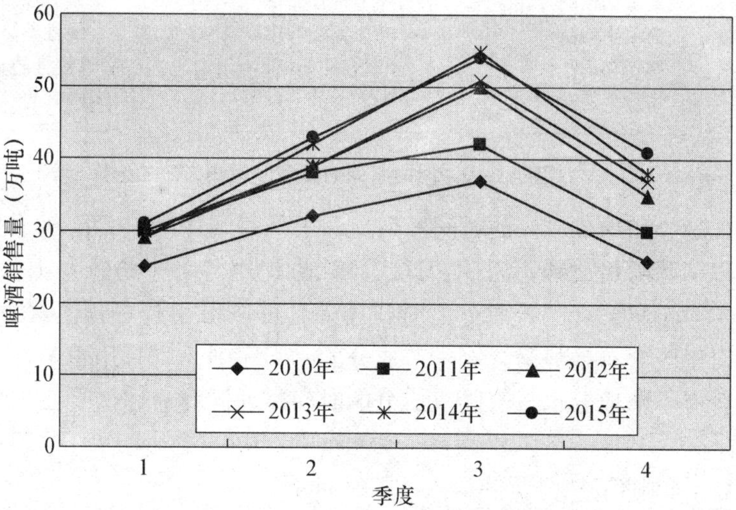

图 13—8　啤酒销售量的年度折叠时间序列图

从图 13—8 可以看出，后面年度的折线高于前面年度的折线，而且交叉不明显，这说明啤酒销售量数据中既含有季节成分，也含有上升趋势。

13.3.2　选择预测方法

在确定了时间序列的类型后，预测程序的第 2 步就是选择适当的预测方法。利用时间序列数据进行预测时，通常假定过去的变化趋势会延续到未来，这样就可以根据过去已有的形态或模式进行预测。时间序列的预测方法既有传统方法，如简单平均法、移动平均法、指数平滑法等，也有较为精准的现代方法，如 Box-Jenkins 的自回归模型（ARMA）。

一般来说，任何时间序列中都会有不规则成分存在，而商务与管理数据中通常不考虑周期性，所以只剩下趋势成分和季节成分。本章所介绍的预测方法主要是针对平稳序列以及含有趋势或季节成分的时间序列。图 13—9 给出了时间序列的类型和可供选择的预测方法。

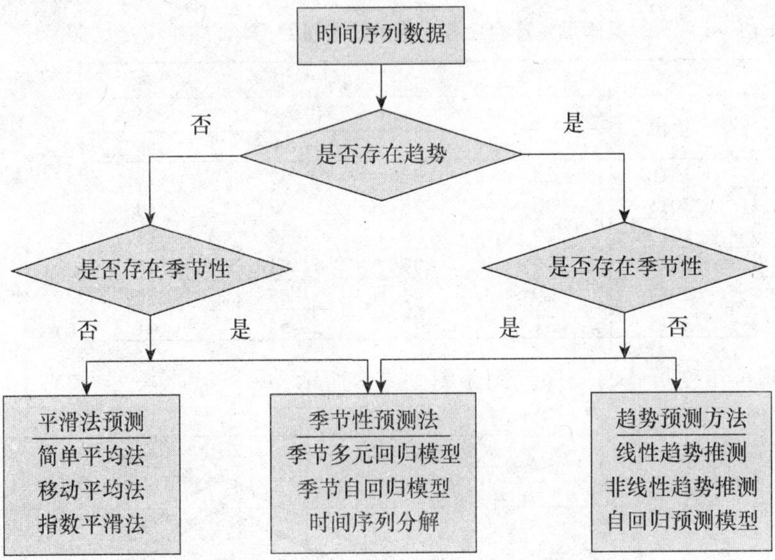

图 13—9　时间序列的类型和预测方法的选择

不含趋势和季节成分的时间序列，即平稳时间序列只含随机成分，只要通过平滑就可以消除随机波动，因此，这类预测方法也称为平滑预测方法，将在 13.4 节中讨论。对于只含有趋势成分的时间序列，可以采用趋势预测法，将在 13.5 节中讨论。对于既含有趋势又含有季节成分的时间序列，则采用季节性预测法，该方法对于既含有季节成分也含有随机成分的时间序列同样适用，将在 13.6 节中介绍。

13.3.3　预测方法的评估

在选择某种特定的方法进行预测时，需要评价该方法的预测效果或准确性。评价的方法就是找出预测值与实际值的差距，这个差值就是预测误差。最优的预测方法也就是预测误差达到最小的方法。预测误差的计算方法有几种，包括平均误差、平均绝对误差、均方误差、平均百分比误差和平均绝对百分比误差等。选择哪种方法取决于预测者的目标、对方法的熟悉程度等。

1. 平均误差

设时间序列的第 i 个观测值为 Y_i，预测值为 F_i，则所有预测误差（Y_i-F_i）的平均数就是**平均误差**（mean error），用 ME 表示，其计算公式为：

$$ME = \frac{\sum_{i=1}^{n}(Y_i - F_i)}{n} \tag{13.6}$$

式中，n 为预测值的个数。

由于预测误差的数值可能有正有负，求和的结果就会相互抵消，在这种情况下，平均误差可能会低估误差。

2. 平均绝对误差

平均绝对误差（mean absolute deviation）是将预测误差取绝对值后计算的平均误差，用 MAD 表示，其计算公式为：

$$MAD = \frac{\sum_{i=1}^{n}|Y_i - F_i|}{n} \tag{13.7}$$

平均绝对误差可以避免误差相互抵消的问题，因而可以准确反映实际预测误差的大小。

3. 均方误差

均方误差（mean square error）是通过平方消去误差的正负号后计算的平均误差，用 MSE 表示，其计算公式为：

$$MSE = \frac{\sum_{i=1}^{n}(Y_i - F_i)^2}{n} \tag{13.8}$$

4. 平均百分比误差和平均绝对百分比误差

ME，MAD 和 MSE 的大小受时间序列数据的水平和计量单位的影响，有时并不能真正反映预测模型的好坏，它们只有在比较不同模型对同一数据的预测时才有意义。而**平均百分比误差**（mean percentage error）和**平均绝对百分比误差**（mean absolute percentage error）则不同，它们消除了时间序列数据的水平和计量单位的影响，是反映误差大小的相对值。平均绝对误差用 MPE 表示，其计算公式为：

$$MPE = \frac{\sum_{i=1}^{n}\left(\frac{Y_i - F_i}{Y_i} \times 100\right)}{n} \tag{13.9}$$

平均绝对百分比误差用 $MAPE$ 表示，其计算公式为：

$$MAPE = \frac{\sum_{i=1}^{n}\left(\frac{|Y_i - F_i|}{Y_i} \times 100\right)}{n} \tag{13.10}$$

上面介绍的预测误差的计算方法中哪种最优，还没有一致的看法。本章采用均方误差（MSE）来评价预测方法的优劣。

13.4 平稳序列的预测

平稳时间序列通常只含有随机成分，其预测方法主要有简单平均法、移动平均法和指数平滑法等，这些方法主要是通过对时间序列进行平滑以消除其随机波动，因而也称为平滑法。平滑法既可用于对平稳时间序列进行短期预测，也可用于对时间序列进行平滑以描述序列的趋势（包括线性趋势和非线性趋势）。

13.4.1 简单平均法

简单平均法是根据已有的 t 期观察值通过简单平均来预测下一期的数值。设时间序列已有的 t 期观察值为 Y_1，Y_2，…，Y_t，则 $t+1$ 期的预测值 F_{t+1} 为：

$$F_{t+1}=\frac{1}{t}(Y_1+Y_2+\cdots+Y_t)=\frac{1}{t}\sum_{i=1}^{t}Y_i \tag{13.11}$$

到了 $t+1$ 期后，有了 $t+1$ 的实际值，便可计算出 $t+1$ 期的预测误差 e_{t+1} 为：

$$e_{t+1}=Y_{t+1}-F_{t+1} \tag{13.12}$$

于是，$t+2$ 期的预测值为：

$$F_{t+2}=\frac{1}{t+1}(Y_1+Y_2+\cdots+Y_t+Y_{t+1})=\frac{1}{t+1}\sum_{i=1}^{t+1}Y_i \tag{13.13}$$

依此类推。

例 13.6

根据表 13—1 中的居民消费价格指数数据，采用简单平均法预测 2014 年的居民消费价格指数。

解：根据式（13.11）得

$$F_{2014}=\frac{1}{14}\sum_{i=1}^{14}Y_i=\frac{1}{14}(100.4\%+100.7\%+\cdots+102.6\%)=102.33\%$$

简单平均法适合对较为平稳的时间序列进行预测，即当时间序列没有趋势时，用该方法比较好。但如果时间序列有趋势或季节成分，该方法的预测则不够准确。此外，简单平均法将远期的数值和近期的数值看作对未来同等重要。但从预测角度看，近期的数值比远期的数值对未来有更大的作用，因此简单平均法预测的结果不够准确。

13.4.2　移动平均法

移动平均法（moving average）是通过对时间序列逐期递移求得平均数作为预测值的一种预测方法，其方法有**简单移动平均法**（simple moving average）和**加权移动平均法**（weighted moving average）两种。这里主要介绍简单移动平均法。

简单移动平均是将最近的 k 期数据加以平均，作为下一期的预测值。设移动间隔为 k（$1<k<t$），则 t 期的移动平均值为：

$$\bar{Y}_t=\frac{Y_{t-k+1}+Y_{t-k+2}+\cdots+Y_{t-1}+Y_t}{k} \tag{13.14}$$

式（13.14）是对时间序列的平滑结果，通过这些平滑值就可以描述出时间序列的变化形态或趋势。当然，也可以用它来进行预测。

$t+1$ 期的简单移动平均预测值为：

$$F_{t+1}=\bar{Y}_t=\frac{Y_{t-k+1}+Y_{t-k+2}+\cdots+Y_{t-1}+Y_t}{k} \tag{13.15}$$

同样，$t+2$ 期的预测值为：

$$F_{t+2}=\bar{Y}_{t+1}=\frac{Y_{t-k+2}+Y_{t-k+3}+\cdots+Y_t+Y_{t+1}}{k} \tag{13.16}$$

依此类推。

移动平均法只使用最近 k 期的数据，在每次计算移动平均值时，移动的间隔都为 k。该方法也适合对较为平稳的时间序列进行预测。应用时，关键是确定合理的移动间隔 k。对于同一个时间序列，采用不同的移动间隔，预测的准确性是不同的。可通过试验的办法，选择一个使均方误差达到最小的移动间隔。

例 13.7

根据表 13—1 中的居民消费价格指数数据，分别取移动间隔 $k=3$ 和 $k=5$，预测历史各年份和 2014 年的居民消费价格指数，计算出预测误差，并将原序列和预测后的序列绘制成图形进行比较。

解：采用 Excel 进行移动平均预测时，在【数据分析】选项中选择【移动平均】，并在对话框中输入数据区域和移动间隔即可。输出的结果如表 13—5 所示。

以 3 期移动平均为例，表 13—5 中的 103.5 就是 2011 年、2012 年和 2013 年 3 年的平均值，用它作为 2014 年的预测值。

各年居民消费价格指数的走势及其预测值如图 13—10 所示。

从预测结果看，3 期移动平均的均方误差为 5.56(61.14÷11)，而 5 期移动平均的均方误差为 5.38(48.40÷9)。因此，就本序列而言，采用 3 期移动平均和 5 期移动平均预测的效果相差不大。

表 13—5 居民消费价格指数的移动平均预测①

	A	B	C	D	E	F	G	H
1	年份	CPI（%）	移动平均预测 k=3	预测误差	预测误差平方	移动平均预测 k=5	预测误差	预测误差平方
2	2000	100.4						
3	2001	100.7						
4	2002	99.2						
5	2003	101.2	100.10	1.10	1.21			
6	2004	103.9	100.37	3.53	12.48			
7	2005	101.8	101.43	0.37	0.13	101.08	0.72	0.52
8	2006	101.5	102.30	-0.80	0.64	101.36	0.14	0.02
9	2007	104.8	102.40	2.40	5.76	101.52	3.28	10.76
10	2008	105.9	102.70	3.20	10.24	102.64	3.26	10.63
11	2009	99.3	104.07	-4.77	22.72	103.58	-4.28	18.32
12	2010	103.3	103.33	-0.03	0.00	102.66	0.64	0.41
13	2011	105.4	102.83	2.57	6.59	102.96	2.44	5.95
14	2012	102.6	102.67	-0.07	0.00	103.74	-1.14	1.30
15	2013	102.6	103.77	-1.17	1.36	103.30	-0.70	0.49
16	**2014**	—	**103.5**	—	—	**102.6**	—	—
17	合计	—	—	—	**61.14**	—	—	**48.40**

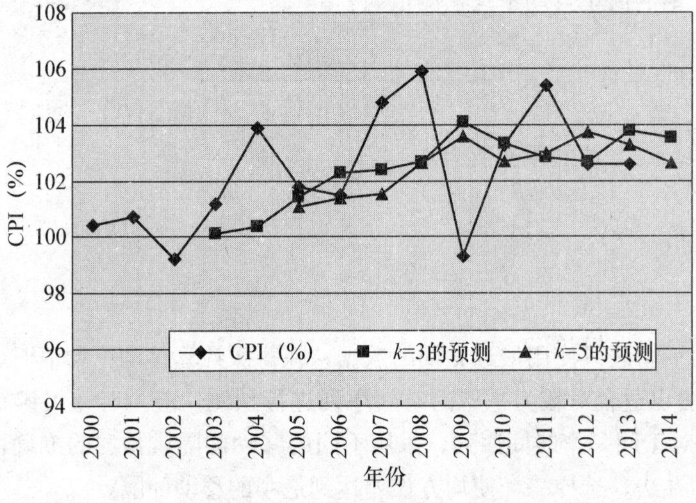

图 13—10 居民消费价格指数的移动平均预测

13.4.3 指数平滑法

指数平滑法（exponential smoothing）是通过对过去的观察值加权平均进行预测的一种方法，该方法使 $t+1$ 期的预测值等于 t 期的实际观察值与 t 期的预测值的加权平均值。指数平滑法是加权平均的一种特殊形式，观察值时间越远，其权数也跟着呈现指数下降，因而称为指数平滑。指数平滑法有一次指数平滑法、二次指数平滑法、三次指数平滑法等，本节主要介绍一次指数平滑法。

一次指数平滑法也称**单一指数平滑法**（single exponential smoothing），它只有一

① 使用 Excel 进行移动平均预测时，为了使预测值与相应的实际值相对应，在选择输出区域时，应将输出区域的第一个单元格设置在第一个数值的下一行。

个平滑系数，而且观察值离预测时期越久远，权数变得越小。一次指数平滑是将一段时期的预测值与观察值的线性组合作为 $t+1$ 期的预测值，其预测模型为：

$$F_{t+1}=\alpha Y_t+(1-\alpha)F_t \tag{13.17}$$

式中，Y_t 为 t 期的实际观察值；F_t 为 t 期的预测值；α 为平滑系数（$0<\alpha<1$）。

由式（13.17）可以看出，$t+1$ 期的预测值是 t 期的实际观察值与 t 期的预测值的加权平均。由于在开始计算时，还没有 1 期的预测值 F_1，通常可以设 F_1 等于 1 期的实际观察值，即 $F_1=Y_1$。因此 2 期的预测值为：

$$F_2=\alpha Y_1+(1-\alpha)F_1=\alpha Y_1+(1-\alpha)Y_1=Y_1$$

3 期的预测值为：

$$F_3=\alpha Y_2+(1-\alpha)F_2=\alpha Y_2+(1-\alpha)Y_1$$

4 期的预测值为：

$$F_4=\alpha Y_3+(1-\alpha)F_3=\alpha Y_3+\alpha(1-\alpha)Y_2+(1-\alpha)^2Y_1$$

依此类推。可见任何预测值 F_{t+1} 都是以前所有的实际观察值的加权平均。尽管如此，并非所有过去的观察值都需要保留，以计算下一时期的预测值。实际上，一旦选定平滑系数 α，只需要两项信息就可以计算预测值。式（13.17）表明，只要知道 t 期的实际观察值 Y_t 与 t 期的预测值 F_t，就可以计算 $t+1$ 期的预测值。

对指数平滑法的预测精度，同样用均方误差来衡量。为此，将式（13.17）写成下面的形式：

$$\begin{aligned}F_{t+1}&=\alpha Y_t+(1-\alpha)F_t\\&=\alpha Y_t+F_t-\alpha F_t\\&=F_t+\alpha(Y_t-F_t)\end{aligned} \tag{13.18}$$

可见，F_{t+1} 是 t 期的预测值 F_t 加上用 α 调整的 t 期的预测误差（Y_t-F_t）。

使用指数平滑法时，关键的问题是确定一个合适的平滑系数 α，因为不同的 α 会对预测结果产生不同的影响。例如，当 $\alpha=0$ 时，预测值仅仅是重复上一期的预测结果；当 $\alpha=1$ 时，预测值就是上一期实际值。α 越接近 1，模型对时间序列变化的反应就越及时，因为它给当前的实际值赋予了比预测值更大的权数。同样，α 越接近 0，意味着给当前的预测值赋予了更大的权数，因此模型对时间序列变化的反应就越慢。一般而言，当时间序列有较大的随机波动时，宜选较大的 α，以便能很快跟上近期的变化；当时间序列比较平稳时，宜选较小的 α。但实际应用时，还应考虑预测误差，这里仍用均方误差来衡量预测误差的大小。确定 α 时，可选择几个 α 进行预测，然后找出预测误差最小的作为最后的 α 值。

此外，与移动平均法一样，一次指数平滑法也可以用于对时间序列进行修匀，以消除随机波动，找出序列的变化趋势。

例 13.8

根据表 13—1 中的居民消费价格指数数据，选择平滑系数 $\alpha=0.3$ 和 $\alpha=0.5$，用指数平滑法预测历史各年份和 2014 年的居民消费价格指数，计算出预测误差，并将原序列和预测后的序列绘制成图形进行比较。

解：用 Excel 进行指数平滑预测的步骤如下。

用 Excel 进行指数平滑预测的操作步骤

第 1 步：选择【工具】下拉菜单。

第 2 步：选择【数据分析】选项，并选择【指数平滑】，然后确定。

第 3 步：当对话框出现时：

在【输入区域】中输入数据区域。

在【阻尼系数】中输入 $1-\alpha$ 的值（注：阻尼系数 $=1-\alpha$）。

在【输出区域】中选择预测结果的输出位置（通常选择与第 1 期数值对应的单元格）。

单击【确定】。

表 13—6 是用 $\alpha=0.3$，$\alpha=0.5$ 对各期消费价格指数进行平滑预测的结果，并给出了预测误差以及 2014 年的预测值。

表 13—6　居民消费价格指数的指数平滑预测

	A	B	C	D	E	F	G	H
1	年份	CPI（%）	指数平滑预测 α=0.3	预测误差	预测误差平方	指数平滑预测 α=0.5	预测误差	预测误差平方
2	2000	100.4						
3	2001	100.7	100.40	0.30	0.09	100.40	0.30	0.09
4	2002	99.2	100.49	-1.29	1.66	100.55	-1.35	1.82
5	2003	101.2	100.10	1.10	1.20	99.88	1.33	1.76
6	2004	103.9	100.43	3.47	12.03	100.54	3.36	11.31
7	2005	101.8	101.47	0.33	0.11	102.22	-0.42	0.18
8	2006	101.5	101.57	-0.07	0.01	102.01	-0.51	0.26
9	2007	104.8	101.55	3.25	10.57	101.75	3.05	9.27
10	2008	105.9	102.52	3.38	11.39	103.28	2.62	6.88
11	2009	99.3	103.54	-4.24	17.95	104.59	-5.29	27.97
12	2010	103.3	102.27	1.03	1.07	101.94	1.36	1.84
13	2011	105.4	102.58	2.82	7.97	102.62	2.78	7.72
14	2012	102.6	103.42	-0.82	0.68	104.01	-1.41	1.99
15	2013	102.6	103.18	-0.58	0.33	103.31	-0.71	0.50
16	2014		103.00	—	—	102.95	—	—
17	合计	—	—	—	65.06	—	—	71.57

比较各误差平方可知，$\alpha=0.3$ 时预测的效果较好。但用一次指数平滑进行预测时，一般 α 取值不大于 0.5。若 α 大于 0.5 才能接近实际值，通常说明序列有某种趋势或波动过大，一般不适合用指数平滑法进行预测。不同 α 下的预测值和实际观察值的图形如图 13—11 所示。

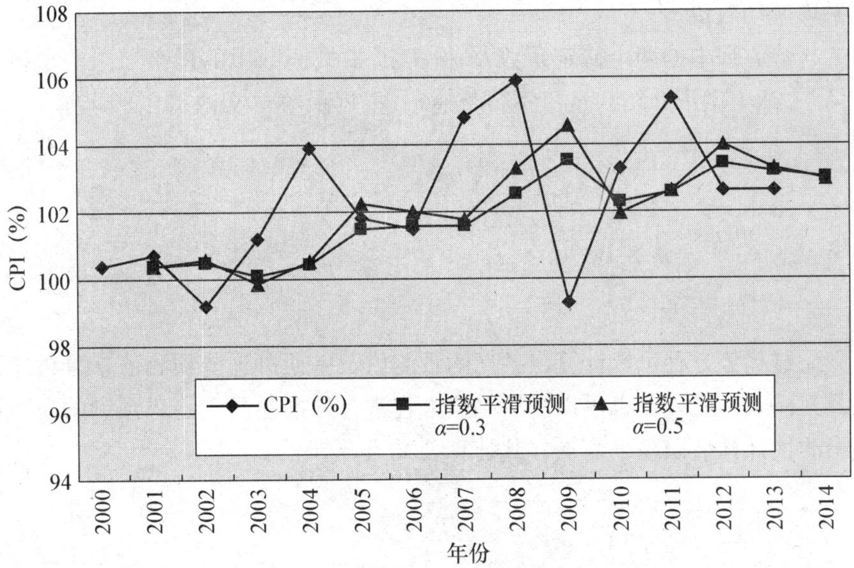

图 13—11　居民消费价格指数的指数平滑预测

13.5　趋势型序列的预测

上面介绍的平滑法都可以用于描述时间序列的趋势，包括线性趋势和非线性趋势。当用这些方法进行预测时，要注意它们一般只适合平稳时间序列，当序列存在明显的趋势或季节成分时，这些方法就不再适用。本节将介绍含有趋势成分的时间序列的预测方法。

时间序列的趋势可以分为线性趋势和非线性趋势两大类，如果这种趋势能够延续到未来，就可以利用趋势进行外推预测。有趋势序列的预测方法主要有线性趋势预测、非线性趋势预测和自回归模型预测等。本节主要介绍线性趋势和非线性趋势的预测方法。

13.5.1　线性趋势预测

线性趋势（linear trend）是指现象随着时间的推移而呈现出稳定增长或下降的线性变化规律。例如，观察图 13—5 中的啤酒产量序列（图 13—5（a）），就有明显的线性趋势。如果这种趋势能延续到未来，就可以利用这种趋势预测未来的啤酒产量。

当现象的发展按线性趋势变化时，可以用下列线性趋势方程来描述：

$$\hat{Y}_t = b_0 + b_1 t \tag{13.19}$$

式中，$\hat{Y}_t$ 代表时间序列 Y_t 的预测值；t 代表时间标号；b_0 代表趋势线在 Y 轴上的截距，是当 $t=0$ 时 $\hat{Y}_t$ 的数值；b_1 是趋势线的斜率，表示时间 t 变动一个单位，观察值的平均变动数量。

趋势方程中的两个待定系数 b_0 和 b_1 通常按回归中的最小二乘法求得（该方法已在第 11 章中做了介绍，这里不再赘述）。根据最小二乘法得到的求解 b_0 和 b_1 的公式如下：

$$\begin{cases} b_1 = \dfrac{n\sum tY - \sum t \sum Y}{n\sum t^2 - (\sum t)^2} \\ b_0 = \bar{Y} - b_1 \bar{t} \end{cases} \tag{13.20}$$

通过趋势方程可以计算出各期的预测值，并通过这些预测值来分析序列的变化趋势及其模式。此外，也可以利用趋势方程进行外推预测。趋势预测的误差可用线性回归中的估计标准误差来衡量，其计算公式为：

$$s_e = \sqrt{\frac{\sum_{i=1}^{n}(Y_i - \hat{Y}_i)^2}{n-m}} \tag{13.21}$$

式中，m 为趋势方程中待确定的未知数的个数，对于直线趋势方程，$m=2$。

例 13.9

利用表 13—1 中的啤酒产量数据，根据最小二乘法确定直线趋势方程，计算出各期的预测值和预测误差，预测 2014 年的啤酒产量，并将原序列和各期的预测值序列绘制成图形进行比较。

解：根据最小二乘法求得的线性趋势方程为：

$$\hat{Y}_t = 1\,807.16 + 240.185t$$

$b_1 = 240.185$，表示时间每增加一年，啤酒产量平均增加 240.185 千万升。将 $t=1, 2, \cdots, 14$ 代入趋势方程得到各期的预测值（见表 13—7）。预测的估计标准误差为 $s_e = 149.535\,7$。

表 13—7　　啤酒产量的线性趋势预测

	年份	时间代码	啤酒产量	预测值	残差
1	2000	1	2231.3	2047.35	183.95
2	2001	2	2288.9	2287.53	1.37
3	2002	3	2402.7	2527.72	-125.02
4	2003	4	2540.5	2767.90	-227.40
5	2004	5	2948.6	3008.09	-59.49
6	2005	6	3126.1	3248.27	-122.17
7	2006	7	3543.6	3488.46	55.14
8	2007	8	3954.1	3728.64	225.46
9	2008	9	4156.9	3968.83	188.07
10	2009	10	4162.2	4209.01	-46.81
11	2010	11	4490.2	4449.20	41.00
12	2011	12	4834.5	4689.38	145.12
13	2012	13	4778.6	4929.57	-150.97
14	2013	14	5061.5	5169.75	-108.25
15	2014	15	.	5409.94	.

将 $t=15$ 代入趋势方程即可得到 2014 年啤酒产量的预测值，即

$$\hat{Y}_{2014}=1\,807.16+240.185\times15=5\,409.94(\text{千万升})$$

将各年的预测值与原序列绘制成图 13—12，可以看出啤酒产量的变化趋势。

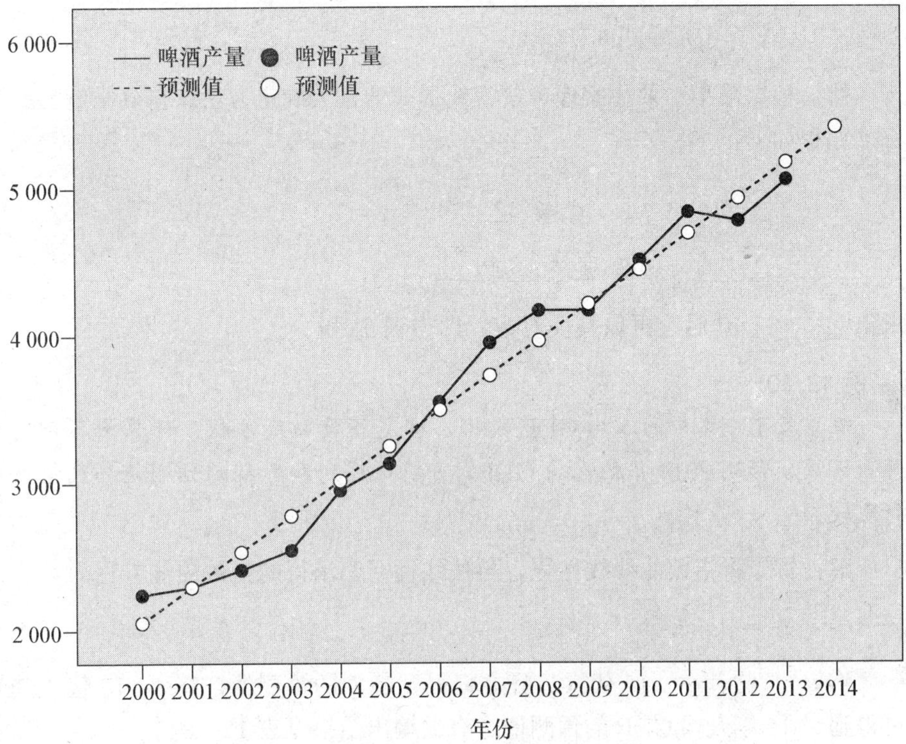

图 13—12　啤酒产量的线性趋势预测图

13.5.2　非线性趋势预测

序列中的趋势通常可以认为是由于某种固定的因素作用同一方向所形成的。若这些因素随着时间的推移按线性变化，则可以对时间序列拟合趋势直线；若呈现出某种**非线性趋势**（non-linear trend），则需要拟合适当的趋势曲线。例如，图 13—5（b）和图 13—5（c）就有明显的非线性趋势。下面介绍几种常用的趋势曲线。

1. 指数曲线

指数曲线（exponential curve）用于描述以几何级数递增或递减的现象，即时间序列的观察值 Y_t 按指数规律变化，或者说时间序列的逐期观察值按一定的增长率增长或衰减。图 13—5（b）中的人均 GDP 趋势就呈现出某种指数形态。一般的自然增长及大多数经济序列都有指数变化趋势。指数曲线的趋势方程为：

$$\hat{Y}_t=b_0b_1^t \tag{13.22}$$

式中，b_0，b_1 为待定系数。

若 $b_1>1$，则增长率随着时间 t 的增加而增加；若 $b_1<1$，则增长率随着时间 t 的增加而降低；若 $b_0>0$，$b_1<1$，则预测值 $\hat{Y}_t$ 逐渐降低到以 0 为极限。

为确定指数曲线中的常数 b_0 和 b_1，可采取线性化手段将其化为对数直线形式，即两端取对数得

$$\lg \hat{Y}_t = \lg b_0 + t \lg b_1 \tag{13.23}$$

然后根据最小二乘法原理，按直线形式的常数确定方法，得到求解 $\lg b_0$ 和 $\lg b_1$ 的标准方程如下：

$$\begin{cases} \sum \lg Y = n \lg b_0 + \lg b_1 \sum t \\ \sum t \lg Y = \lg b_0 \sum t + \lg b_1 \sum t^2 \end{cases} \tag{13.24}$$

求出 $\lg b_0$ 和 $\lg b_1$ 后，再取其反对数，即得到 b_0 和 b_1。

例 13.10

根据表 13—1 中的人均 GDP 数据，确定指数曲线方程，计算出各期的预测值和预测误差，预测 2014 年的人均 GDP，并将原序列和各期的预测值序列绘制成图形进行比较。

解：首先将指数曲线线性化，再按线性回归求得的指数曲线方程为：

$$\hat{Y}_t = 6\,426.097 \times 1.148^t$$

将 $t=1, 2, \cdots, 14$ 代入趋势方程得到各期的预测值，将 $t=15$ 代入趋势方程即可得到 2014 年人均 GDP 的预测值。有关输出结果见表 13—8。

表 13—8　人均 GDP 的指数趋势预测

	年份	时间代码	人均GDP	预测值	残差
1	2000	1	7857.7	7377.37	480.33
2	2001	2	8621.7	8469.45	152.25
3	2002	3	9398.1	9723.20	-325.10
4	2003	4	10542.0	11162.55	-620.55
5	2004	5	12335.6	12814.96	-479.36
6	2005	6	14185.4	14711.98	-526.58
7	2006	7	16499.7	16889.83	-390.13
8	2007	8	20169.5	19390.06	779.44
9	2008	9	23707.7	22260.41	1447.29
10	2009	10	25607.5	25555.67	51.83
11	2010	11	30015.0	29338.72	676.28
12	2011	12	35197.8	33681.79	1516.01
13	2012	13	38459.5	38667.78	-208.28
14	2013	14	41907.6	44391.85	-2484.25
15	2014	15	.	50963.26	.

将各期预测值及原序列绘成图 13—13，可以看出人均 GDP 的趋势形态。

指数曲线在描述序列的趋势形态时，比一般的趋势直线有着更广泛的应用。因为它可以反映出现象的相对发展变化程度。可以对不同序列的指数曲线进行比较，以分析各自的相对增长程度。在例 13.10 拟合的人均 GDP 指数曲线方程中，若将其改为

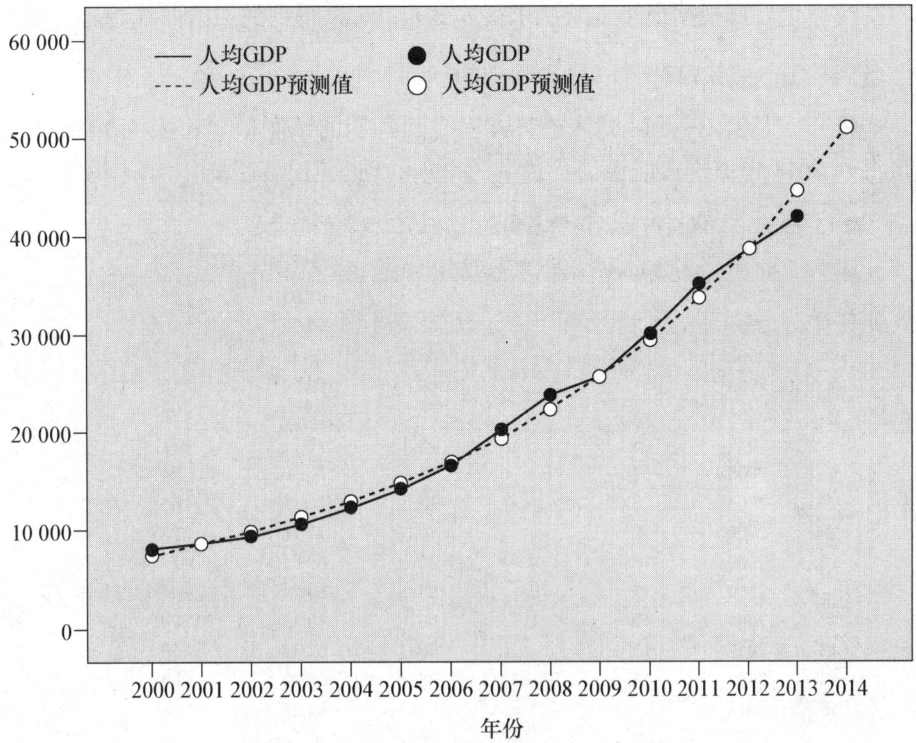

图 13—13 人均 GDP 的指数趋势预测图

$\hat{Y}_t = 6\ 426.097 \times (1+0.148)^t$，可以清楚地看出，人均 GDP 的年平均增长率为 14.8%。

2. 多阶曲线

有些现象的变化形态比较复杂，它们不是按照某种固定的形态变化，而是有升有降，在变化过程中可能有几个拐点。这时就需要拟合多项式函数。当只有一个拐点时，可以拟合二阶曲线，即抛物线；当有两个拐点时，需要拟合三阶曲线；当有 $k-1$ 个拐点时，需要拟合 k 阶曲线。k 阶曲线函数的一般形式为：

$$\hat{Y}_t = b_0 + b_1 t + b_2 t^2 + \cdots + b_k t^k \tag{13.25}$$

函数中的系数 b_0，b_1，b_2，…，b_k 仍然可以根据最小二乘法求得，只需要将式 (13.25) 线性化，即可按多元回归分析中的最小二乘法求得。

例 13.11

根据表 13—1 中的煤炭占能源消费总量的比重数据，拟合适当的趋势曲线，计算出各期的预测值和预测误差，预测 2014 年的煤炭占能源消费总量的比重，并将原序列和各期的预测值序列绘制成图形进行比较。

解：从图 13—5（c）可以看出，煤炭占能源消费总量的比重的变化有 1 个明显的拐点，因此可拟合二阶曲线（即抛物线）函数（读者也可考虑拟合三阶或四阶曲线函数进行预测），其形式为：

$$\hat{Y}_t = b_0 + b_1 t + b_2 t^2$$

将其线性化后可根据最小二乘法求得 b_0，b_1，b_2，得到的二阶曲线趋势方程为：

$$\hat{Y}_t=66.747+1.149t-0.086t^2$$

将 $t=1$，2，…，14 代入趋势方程得到各期的预测值，将 $t=15$ 代入趋势方程即可得到 2014 年煤炭占能源消费总量的比重的预测值。有关输出结果见表 13—9。

表 13—9　煤炭占能源消费总量的比重的二阶曲线趋势预测

	年份	时间代码	煤炭占能源消费总量的比重	预测值	残差
1	2000	1	69.2	67.81	1.39
2	2001	2	68.3	68.70	-.40
3	2002	3	68.0	69.42	-1.42
4	2003	4	69.8	69.96	-.16
5	2004	5	69.5	70.33	-.83
6	2005	6	70.8	70.53	.27
7	2006	7	71.1	70.56	.54
8	2007	8	71.1	70.42	.68
9	2008	9	70.3	70.10	.20
10	2009	10	70.4	69.61	.79
11	2010	11	68.0	68.94	-.94
12	2011	12	68.4	68.11	.29
13	2012	13	66.6	67.10	-.50
14	2013	14	66.0	65.92	.08
15	2014	15	.	64.56	.

将各期预测值及原序列绘成图 13—14，可以看出煤炭占能源消费总量的比重的趋势形态。

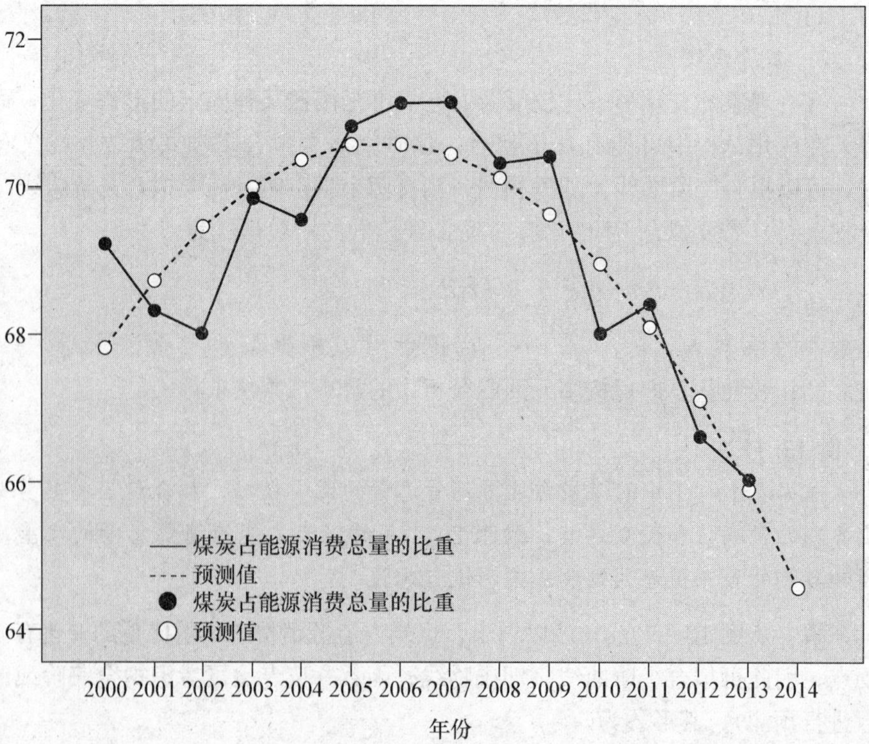

图 13—14　煤炭占能源消费总量的比重的二阶曲线趋势预测图

13.6　复合型序列的分解预测

复合型序列是指含有趋势、季节、周期和随机成分的序列。对这类序列的预测方法通常是将时间序列的各个因素依次分解出来，然后进行预测。由于周期成分的分析需要有多年的数据，实际中很难得到多年的数据，因此采用的分解模型为：$Y_t=T_t\times S_t\times I_t$。这一模型表示该时间序列中含有趋势成分、季节成分和随机成分。对这类序列的预测方法主要有季节性多元回归模型、季节自回归模型和时间序列分解法预测等。季节性多元回归模型已在前面作了介绍，本节主要介绍时间序列分解法预测。分解法预测通常按下面的步骤进行：

第 1 步：确定并分离季节成分。计算季节指数，以确定时间序列中的季节成分。然后将季节成分从时间序列中分离出去，即用每一个时间序列观察值除以相应的季节指数，以消除季节性。

第 2 步：建立预测模型并进行预测。对消除了季节成分的时间序列建立适当的预测模型，并根据这一模型进行预测。

第 3 步：计算最后的预测值。用预测值乘以相应的季节指数，得到最终的预测值。

13.6.1　确定并分离季节成分

季节性因素分析是通过季节指数来表示各年的季节成分，以此描述各年的季节变动模式。下面先通过一个例子来说明时间序列中所包含的成分。

例 13.12

根据例 13.5 某啤酒生产企业 2010—2015 年各季度的销售量数据绘制时间序列图，观察啤酒销售量的构成要素。

解：啤酒销售量的时间序列图如图 13—15 所示。

从图 13—15 可以看出，啤酒销售量具有明显的季节成分，而且后面年份的销售量比前面的年份高，因此其中还含有趋势成分，但其周期性难以判断。可以认定啤酒销售量序列是一个含有季节成分和趋势成分的时间序列。

为预测啤酒销售量，首先确定季节成分，并从序列中将季节成分剔除，然后根据剔除季节成分的序列选择适当的预测模型并进行预测。

1. 计算季节指数

季节指数（seasonal index）刻画了序列在一个年度内各月或各季度的典型季节特征。在乘法模型中，季节指数是以其平均数等于 100%为条件而构成的，它反映了某一月份或季度的数值占全年平均数值的大小。如果现象的发展没有季节变动，则各期

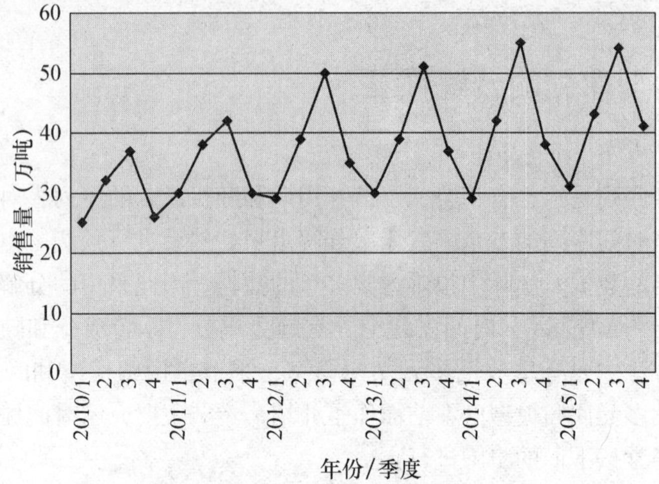

图 13—15 啤酒销售量的时间序列图

的季节指数应等于 100%；如果某一月份或季度有明显的季节变化，则各期的季节指数应大于或小于 100%。因此，季节变动的程度是根据各季节指数与其平均数（100%）的偏差程度来测定的。

季节指数的计算方法有多种，这里只介绍移动平均趋势剔除法。该方法的基本步骤是：

第 1 步：计算移动平均值（如果是季度数据，则采用 4 项移动平均，月份数据则采用 12 项移动平均），并对其结果进行中心化处理，也就是将移动平均的结果再进行一次二项移动平均，即得出中心化移动平均值（*CMA*）。

第 2 步：计算移动平均的比值，也称为季节比率，即将序列的各观察值除以相应的中心化移动平均值，然后计算出各比值的季度（或月份）平均值。

第 3 步：季节指数调整。由于各季节指数的平均数应等于 1 或 100%，若根据第 2 步计算的季节比率的平均值不等于 1，则需要进行调整。具体方法是：将第 2 步计算的每个季节比率的平均值除以它们的总平均值。

下面通过实际例子说明季节指数的计算过程。

例 13.13

根据例 13.5 某啤酒生产企业 2010—2015 年各季度的销售量数据，计算各季的季节指数。

解：有关计算过程见表 13—10。

为计算各比值的平均值和季节指数，需要将上表中的比值再按季度重新排列，结果如表 13—11 所示。

为反映啤酒销售量的季节变动，可以将季节指数绘制成图形，如图 13—16 所示。

表 13—10 啤酒销售量数据的中心化移动平均值及其比值

	A	B	C	D	E
1	年/季度	时间标号 t	销售量（Y）	中心化移动平均值（CMA）	比值（Y/CMA）
2	2010/1	1	25	—	—
3	2	2	32	—	—
4	3	3	37	30.625	1.2082
5	4	4	26	32.000	0.8125
6	2011/1	5	30	33.375	0.8989
7	2	6	38	34.500	1.1014
8	3	7	42	34.875	1.2043
9	4	8	30	34.875	0.8602
10	2012/1	9	29	36.000	0.8056
11	2	10	39	37.625	1.0365
12	3	11	50	38.375	1.3029
13	4	12	35	38.500	0.9091
14	2013/1	13	30	38.625	0.7767
15	2	14	39	39.000	1.0000
16	3	15	51	39.125	1.3035
17	4	16	37	39.375	0.9397
18	2014/1	17	29	40.250	0.7205
19	2	18	42	40.875	1.0275
20	3	19	55	41.250	1.3333
21	4	20	38	41.625	0.9129
22	2015/1	21	31	41.625	0.7447
23	2	22	43	41.875	1.0269
24	3	23	54	—	—
25	4	24	41	—	—

表 13—11 各季节指数计算表

	A	B	C	D	E
1	年份	季度			
2		1	2	3	4
3	2010	—	—	1.2082	0.8125
4	2011	0.8989	1.1014	1.2043	0.8602
5	2012	0.8056	1.0365	1.3029	0.9091
6	2013	0.7767	1.0000	1.3035	0.9397
7	2014	0.7205	1.0275	1.3333	0.9129
8	2015	0.7447	1.0269	—	—
9	合计	3.9464	5.1924	6.3522	4.4344
10	平均	0.7893	1.0385	1.2704	0.8869
11	**季节指数**	**0.7922**	**1.0424**	**1.2752**	**0.8902**

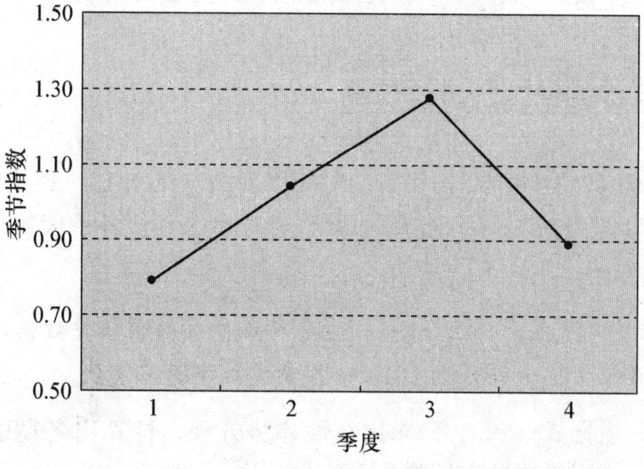

图 13—16 啤酒销售量的季节变动图

从图 13—16 可以看出，啤酒销售量的旺季是 3 季度，淡季是 1 季度。

2. 分离季节成分

计算出季节指数后，就可将各实际观察值分别除以相应的季节指数，将季节成分从时间序列中分离出去。用公式表示即为

$$\frac{Y}{S}=\frac{T\times S\times I}{S}=T\times I \tag{13.26}$$

结果即为季节成分分离后的序列（见表 13—12 中的 E 列）。它反映了在没有季节因素影响的情况下时间序列的变化形态。原序列与季节成分分离后的序列如图 13—17 所示。

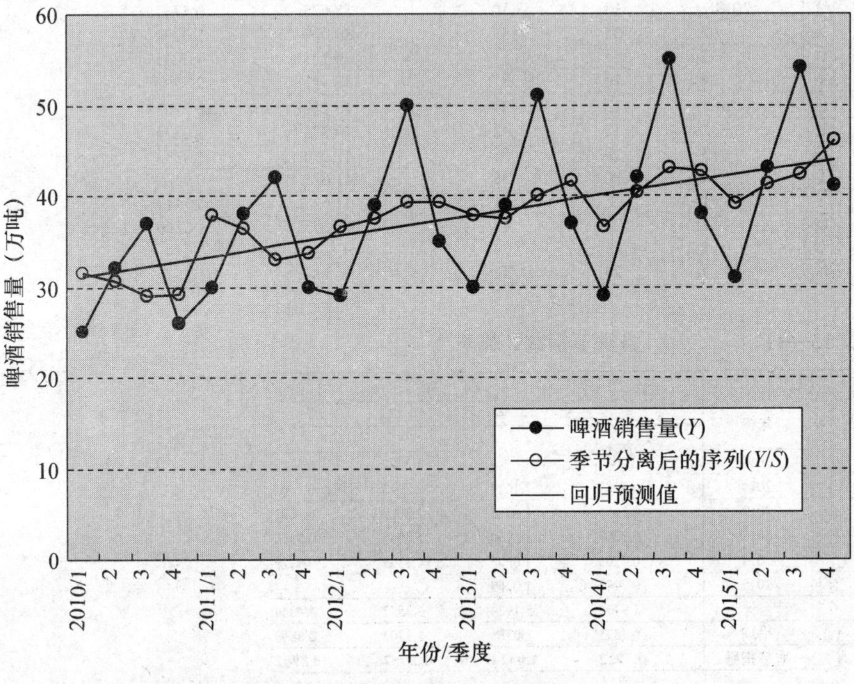

图 13—17 季节成分分离后的啤酒销售量及其趋势

13.6.2 建立预测模型并进行预测

从剔除季节成分后的啤酒销售量的时间序列图（见图 13—17）可以看出，啤酒销售量具有明显的线性趋势。因此，用一元线性模型来预测各季度的啤酒销售量。

例 13.14

根据例 13.5 啤酒生产企业 2010—2015 年各季度的销售量数据，预测 2010—2015 年各季度的啤酒销售量，并预测 2016 年各季度的啤酒销售量。

解：首先，根据式（13.19）求出线性趋势方程，计算出各期的预测值。根据分离季节性因素的序列确定的线性趋势方程为：

$$\hat{Y}_t=30.6067+0.5592t$$

根据上述趋势方程计算的各期预测值见表 13—12 中的 F 列。

表 13—12　　啤酒销售量的预测值

	A	B	C	D	E	F	G	H
1	年/季	时间编号	啤酒销售量(Y)	季节指数(S)	季节分离后的序列(Y/S)	回归预测值	最终预测值	预测误差
2	(1)	(2)	(3)	(4)	(5)=(3)/(4)	(6)	(7)=(6)×(4)	(8)=(3)-(7)
3	2010/1	1	25	0.7922	31.56	31.17	24.69	0.31
4	2	2	32	1.0424	30.70	31.73	33.07	-1.07
5	3	3	37	1.2752	29.01	32.28	41.17	-4.17
6	4	4	26	0.8902	29.21	32.84	29.24	-3.24
7	2011/1	5	30	0.7922	37.87	33.40	26.46	3.54
8	2	6	38	1.0424	36.46	33.96	35.40	2.60
9	3	7	42	1.2752	32.94	34.52	44.02	-2.02
10	4	8	30	0.8902	33.70	35.08	31.23	-1.23
11	2012/1	9	29	0.7922	36.61	35.64	28.23	0.77
12	2	10	39	1.0424	37.41	36.20	37.73	1.27
13	3	11	50	1.2752	39.21	36.76	46.87	3.13
14	4	12	35	0.8902	39.32	37.32	33.22	1.78
15	2013/1	13	30	0.7922	37.87	37.88	30.01	-0.01
16	2	14	39	1.0424	37.41	38.44	40.06	-1.06
17	3	15	51	1.2752	39.99	38.99	49.73	1.27
18	4	16	37	0.8902	41.56	39.55	35.21	1.79
19	2014/1	17	29	0.7922	36.61	40.11	31.78	-2.78
20	2	18	42	1.0424	40.29	40.67	42.40	-0.40
21	3	19	55	1.2752	43.13	41.23	52.58	2.42
22	4	20	38	0.8902	42.69	41.79	37.20	0.80
23	2015/1	21	31	0.7922	39.13	42.35	33.55	-2.55
24	2	22	43	1.0424	41.25	42.91	44.73	-1.73
25	3	23	54	1.2752	42.35	43.47	55.43	-1.43
26	4	24	41	0.8902	46.06	44.03	39.19	1.81

其次，根据分离季节性因素的序列确定的线性趋势方程 $\hat{Y}_t=30.6067+0.5592t$，可以得到 2010—2015 年各季度的预测值（见表 13—12）。将回归预测值乘以相应的季节指数，就得到最后的预测值。

预测 2016 年第 1 季度的销售量，将 $t=25$ 代入趋势方程，得

$$\hat{Y}_t=30.6067+0.5592\times25=44.59(\text{万吨})$$

这个预测值是不含季节性因素的，也就是说，如果没有季节性因素的影响，啤酒销售量的预测值为 44.59 万吨。如果要求出含有季节性因素的销售量的最终预测值，则需要将上面的预测值乘以第 1 季度的季节指数。结果为 $44.59\times0.7922=35.32$（万吨）。2016 年各季度啤酒销售量的预测值如表 13—13 所示。

表 13—13　　2016 年啤酒销售量的预测值

	A	B	C	D	E
1	年/季	时间编号	季节指数(S)	回归预测值	最终预测值
2	2016/1	25	0.79	44.59	35.32
3	2	26	1.04	45.15	47.06
4	3	27	1.28	45.71	58.28
5	4	28	0.89	46.26	41.18

图 13—18 给出了啤酒销售量的实际值和预测值，可以看出，预测效果非常好。

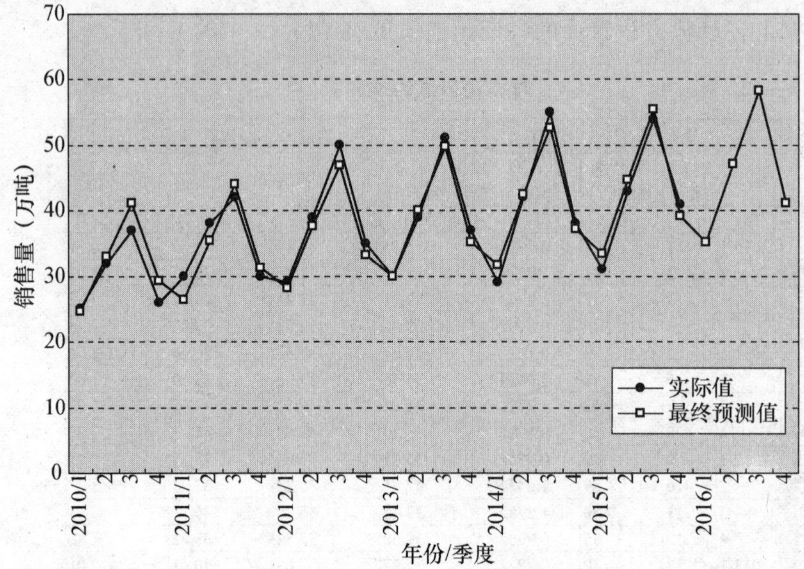

图 13—18　啤酒销售量的预测

□ 思考与练习

一、思考题

13.1　简述时间序列的构成要素。

13.2　利用增长率分析时间序列时应注意哪些问题?

13.3　简述平稳序列和非平稳序列的含义。

13.4　简述时间序列的预测程序。

13.5　简述指数平滑法的基本含义。

13.6　简述复合型时间序列的预测步骤。

13.7　简述季节指数的计算步骤。

二、练习题

13.1　下表是 1991—2008 年我国小麦产量数据。

年份	小麦产量（万吨）	年份	小麦产量（万吨）
1991	9 595.3	2000	9 963.6
1992	10 158.7	2001	9 387.3
1993	10 639.0	2002	9 029.0
1994	9 929.7	2003	8 648.8
1995	10 220.7	2004	9 195.2
1996	11 056.9	2005	9 744.5
1997	12 328.9	2006	10 846.6
1998	10 972.6	2007	10 929.8
1999	11 388.0	2008	11 246.4

要求：

(1) 分别采用3期移动平均法和指数平滑法（$\alpha=0.3$）预测2009年的小麦产量，并将实际值和预测值绘图进行比较。

(2) 分析预测误差，说明用哪种方法预测更合适。

13.2　下表是1991—2008年我国财政收入数据。采用指数曲线预测2009年的财政收入，并将实际值和预测值绘图进行比较。

年份	财政收入（亿元）	年份	财政收入（亿元）
1991	3 149.48	2000	13 395.23
1992	3 483.37	2001	16 386.04
1993	4 348.95	2002	18 903.64
1994	5 218.10	2003	21 715.25
1995	6 242.20	2004	26 396.47
1996	7 407.99	2005	31 649.29
1997	8 651.14	2006	38 760.20
1998	9 875.95	2007	51 321.78
1999	11 444.08	2008	61 330.35

13.3　下面是一家旅馆过去18个月的营业额数据。

月份	营业额（万元）	月份	营业额（万元）
1	295	10	473
2	283	11	470
3	322	12	481
4	355	13	449
5	286	14	544
6	379	15	601
7	381	16	587
8	431	17	644
9	424	18	660

要求：

(1) 用3期移动平均法预测第19个月的营业额。

(2) 采用指数平滑法，分别用平滑系数$\alpha=0.3$，$\alpha=0.4$和$\alpha=0.5$预测各月的营业额，分析预测误差，说明用哪一个平滑系数预测更合适。

(3) 建立一个趋势方程预测各月的营业额，计算出估计标准误差。

13.4　下表是1981—2000年我国财政用于文教、科技、卫生事业的支出数据。

年份	支出（万元）	年份	支出（万元）
1981	171.36	1986	379.93
1982	196.96	1987	402.75
1983	223.54	1988	486.10
1984	263.17	1989	553.33
1985	316.70	1990	617.29

续前表

年份	支出（万元）	年份	支出（万元）
1991	708.00	1996	1 704.25
1992	792.96	1997	1 903.59
1993	957.77	1998	2 154.38
1994	1 278.18	1999	2 408.06
1995	1 467.06	2000	2 736.88

要求：

(1) 绘制时间序列图描述其趋势。

(2) 计算 1981—2000 年财政用于文教、科技、卫生事业的支出的年平均增长率。

(3) 选择一条适合的趋势线拟合数据，并根据趋势线预测 2001 年的支出额。

13.5 我国 1964—1999 年的纱产量数据如下（单位：万吨）。

年份	纱产量	年份	纱产量	年份	纱产量
1964	97.0	1976	196.0	1988	465.7
1965	130.0	1977	223.0	1989	476.7
1966	156.5	1978	238.2	1990	462.6
1967	135.2	1979	263.5	1991	460.8
1968	137.7	1980	292.6	1992	501.8
1969	180.5	1981	317.0	1993	501.5
1970	205.2	1982	335.4	1994	489.5
1971	190.0	1983	327.0	1995	542.3
1972	188.6	1984	321.9	1996	512.2
1973	196.7	1985	353.5	1997	559.8
1974	180.3	1986	397.8	1998	542.0
1975	210.8	1987	436.8	1999	567.0

要求：

(1) 绘制时间序列图描述其趋势。

(2) 选择一条适合的趋势线拟合数据，并根据趋势线预测 2000 年的产量。

13.6 对下面的数据分别拟合线性趋势线 $\hat{Y}_t=b_0+b_1t$，二阶曲线 $\hat{Y}_t=b_0+b_1t+b_2t^2$ 和三阶曲线 $\hat{Y}_t=b_0+b_1t+b_2t^2+b_3t^3$，并对结果进行比较。

时间 t	观测值 Y	时间 t	观测值 Y
1	372	9	373
2	370	10	372
3	374	11	369
4	375	12	367
5	377	13	367
6	377	14	365
7	374	15	363
8	372	16	359

续前表

时间 t	观测值 Y	时间 t	观测值 Y
17	358	27	356
18	359	28	359
19	360	29	360
20	357	30	357
21	356	31	357
22	352	32	355
23	348	33	356
24	353	34	363
25	356	35	365
26	356		

13.7 下表是 1981—2000 年我国的原煤产量数据。

年份	原煤产量（亿吨）	年份	原煤产量（亿吨）
1981	6.22	1991	10.87
1982	6.66	1992	11.16
1983	7.15	1993	11.50
1984	7.89	1994	12.40
1985	8.72	1995	13.61
1986	8.94	1996	13.97
1987	9.28	1997	13.73
1988	9.80	1998	12.50
1989	10.54	1999	10.45
1990	10.80	2000	9.98

要求：

(1) 绘制时间序列图描述其趋势。

(2) 选择一条适合的趋势线拟合数据，并根据趋势线预测 2001 年的产量。

13.8 一家贸易公司主要经营产品的外销业务，为了合理地组织货源，需要了解外销订单的变化状况。下表是 2011—2015 年各月份的外销订单金额（单位：万元）。

月份	2011 年	2012 年	2013 年	2014 年	2015 年
1	54.3	49.1	56.7	64.4	61.1
2	46.6	50.4	52.0	54.5	69.4
3	62.6	59.3	61.7	68.0	76.5
4	58.2	58.5	61.4	71.9	71.6
5	57.4	60.0	62.4	69.4	74.6
6	56.6	55.6	63.6	67.7	69.9
7	56.1	58.0	63.2	68.0	71.4
8	52.9	55.8	63.9	66.3	72.7
9	54.6	55.8	63.2	67.8	69.9
10	51.3	59.8	63.4	71.5	74.2
11	54.8	59.4	64.4	70.5	72.7
12	52.1	55.5	63.8	69.4	72.5

要求：

(1) 根据各年的月份数据绘制趋势图，说明该时间序列的特点。

(2) 要计算各月份的预测值，你认为应该采取什么方法？

(3) 选择你认为合适的方法预测 2016 年 1 月份的外销订单金额。

13.9　下表是 2002—2007 年各月份我国社会消费品零售总额数据（单位：亿元）。

月份	2002 年	2003 年	2004 年	2005 年	2006 年	2007 年
1	3 596.1	3 907.4	4 569.4	5 300.9	6 641.6	7 488.3
2	3 324.4	3 706.4	4 211.4	5 012.2	6 001.9	7 013.7
3	3 114.8	3 494.8	4 049.8	4 799.1	5 796.7	6 685.8
4	3 052.2	3 406.9	4 001.8	4 663.3	5 774.6	6 672.5
5	3 202.1	3 463.3	4 166.1	4 899.2	6 175.6	7 157.5
6	3 158.8	3 576.9	4 250.7	4 935.0	6 057.8	7 026.0
7	3 096.6	3 562.1	4 209.2	4 934.9	6 012.2	6 998.2
8	3 143.7	3 609.6	4 262.7	5 040.8	6 077.4	7 116.6
9	3 422.4	3 971.8	4 717.7	5 495.2	6 553.6	7 668.4
10	3 661.9	4 204.4	4 983.2	5 846.6	6 997.7	8 263.0
11	3 733.1	4 202.7	4 965.6	5 909.0	6 821.7	8 104.7
12	4 404.4	4 735.7	5 562.5	6 850.4	7 499.2	9 015.3

要求：

(1) 绘制时间序列图，说明该序列的特点。

(2) 利用分解预测法预测 2008 年各月份的社会消费品零售总额。

13.10　下表是一家大型百货公司最近几年各季度的销售额数据（单位：万元）。对这一时间序列的构成要素进行分解，计算季节指数，剔除季节变动，计算剔除季节变动后的趋势方程。

年份＼季度	1	2	3	4
2006	993.1	971.2	2 264.1	1 943.3
2007	1 673.6	1 931.5	3 927.8	3 079.6
2008	2 342.4	2 552.6	3 747.5	4 472.8
2009	3 254.4	4 245.2	5 951.1	6 373.1
2010	3 904.2	5 105.9	7 252.6	8 630.5
2011	5 483.2	5 997.3	8 776.1	8 720.6
2012	5 123.6	6 051.0	9 592.2	8 341.2
2013	4 942.4	6 825.5	8 900.1	8 723.1
2014	5 009.9	6 257.9	8 016.8	7 865.6
2015	6 059.3	5 819.7	7 758.8	8 128.2

13.11　下表是一家水产品加工公司最近几年的加工量数据（单位：吨）。对该序列进行分解，计算季节指数，剔除季节变动，计算剔除季节变动后的趋势方程。

月份	2011 年	2012 年	2013 年	2014 年	2015 年
1	78.8	91.9	90.4	66.8	99.5
2	78.1	92.1	100.1	73.3	80.0
3	84.0	80.9	114.1	85.3	108.4
4	94.3	94.5	108.2	94.6	118.3
5	97.6	101.4	125.7	74.1	126.8
6	102.8	111.7	118.3	100.8	123.3
7	92.7	92.9	89.1	106.7	117.2
8	41.6	43.6	46.1	44.0	42.0
9	109.8	117.5	132.1	132.1	150.6
10	127.3	153.1	173.9	162.5	176.6
11	210.3	229.4	273.3	249.0	249.2
12	242.8	286.7	352.1	330.8	320.6

第14章 指　数

Chapter 14

人类发展指数：社会综合发展的指示器

在联合国开发计划署（UNDP）于1990年首次发布的《人类发展报告（1990）》中，第一次使用人类发展指数（Human Development Index，HDI）来综合测量世界各国的人文发展状况。该指数由三个类指数共5个指标复合组成，三个类指数分别是：平均寿命指数（也称健康指数）、教育水平指数（也称文化指数）和人均GDP指数（也称生活水平指数）。该指数采用标准化方法处理数据，指数取值在0～1之间，取值越高，表明人文发展水平越高。此后，联合国开发计划署每年发布一次全世界的《人类发展报告》，并将评估结果分为三级：HDI取值在0.800及以上的国家和地区属于人文发展高度水平，HDI取值在0.500～0.799之间的国家和地区属于人文发展中度水平，HDI取值在0.500及以下的国家和地区属于人文发展低度水平。目前，联合国开发计划署编制的人文发展指数及其每年发布的《人类发展报告》已经得到世界的普遍认可，成为评价世界各国人文发展综合水平的重要依据。

仅采用5个指标勾画社会发展也是无奈之举，联合国必须考虑数据的国际可比性和可获取性。人类发展指数低的大多数国家，往往缺乏精确的统计数据。因此在选用指标编制指数时，联合国的此项测评受到很多限制，只能选取大多数国家都可能有的统计数据，这使得在利用HDI指数综合测量社会经济发展水平时，存在结构性缺失与测评上的缺陷。

为此，中国人民大学中国调查与数据中心在深入研究的基础上，根据中国国情，对联合国的人类发展指数进行拓展，建立了中国人民大学中国发展指数（RCDI）。该指数包括四个类指数共15个指标，综合反映了全体国民的健康（健康指数）、受教育程度（教育指数）、经济发展和生活水平（生活水平指数）

以及社会环境（社会环境指数）的变化情况，从2006年开始，每年发布。该指数的建立和发布在社会上引起很大反响，受到政府有关部门的高度重视，并得到中央领导人的批示。这是用指数方法反映社会综合发展的成功案例。

在日常工作生活中，我们经常遇到或者需要使用各种指数，例如，居民消费价格指数（CPI）、股票价格指数、房地产价格指数等，这些指数同我们的社会经济生活关系非常密切。了解指数是如何编制的，有助于我们更好地认识指数的功能与作用。

14.1 基本问题

14.1.1 指数概念

指数，或称统计指数，是分析社会经济现象数量变化的一种重要统计方法。它产生于18世纪后半叶，当时美洲新大陆开采的金银源源不断地流入欧洲，使欧洲物价骤然上涨，引起了社会的普遍关注。经济学家为了测定物价的变动，开始尝试编制物价指数。此后200多年，指数的理论和应用不断发展，逐步扩展到工业生产、进出口贸易、铁路运输、工资、成本、生活费用、股票证券等各个方面。其中，有些指数，如零售商品物价指数、生活费用价格指数等，同人们的生活休戚相关；有些指数，如生产资料价格指数、股票价格指数等，则直接影响到人们的投资活动，成为社会经济的晴雨表。目前，指数已成为分析社会经济和预测景气度的重要工具。

指数是测定多项内容数量综合变动的相对数。这个概念中包含两个要点：第一个要点是指数的实质是测定多项内容，例如，零售价格指数反映的是零售市场几百万种商品价格变化的整体状况。单一商品价格指数也是有的，例如国家提高烟酒税后，茅台酒价格上升了20%。单一项目的指数计算简单，不是指数方法论中的核心内容，指数方法论研究如何将多项内容合在一起，从整体上进行反映。指数概念的第二个要点是其表现形式为动态相对数，既然是动态相对数，就涉及指标的基期对比，不同要素基期的选择就成为指数方法需要讨论的问题。编制指数的方法就是围绕上述两个问题展开的。

14.1.2 指数分类

从不同的角度出发，统计指数可以划分为以下几种主要类型。

1. 按照考察对象的范围不同，可分为个体指数和总指数

个体指数是考察总体中个别现象或个别项目数量变动的相对数，如某种产品的产量指数、某种商品的价格指数等。个体指数是计算总指数的基础。

总指数是综合反映多种项目数量变动的相对数，如多种产品的产量指数、多种商品的价格指数等。由于多种事物的使用价值不同，其数量不具有直接综合的性质，所以总指数的计算不能使用个体指数直接对比的方法，而需要使用专门的方法。总指数和个体指数的区别不仅在于考察范围不同，也在于计算方法不同。

2. 按照所反映指标的性质不同，可分为数量指标指数和质量指标指数

数量指标指数是反映数量指标变动程度的相对数，如商品销售量指数、工业产品产量指数等，数量指标通常采用实物计量单位。质量指标指数是反映品质指标变动程度的相对数，如产品价格指数、产品单位成本指数等，质量指标通常采用货币计量单位。

世界上没有绝对的东西，数量指标和质量指标的划分也具有相对性。如单位产品原材料消耗量指标，相对于产品产量指标，它是质量指标；但相对于单位原材料价格指标，它又是数量指标。把指标区分为数量指标和质量指标，更多的是为了讨论问题的方便，而不是真要把指标分成不同类型。

3. 按照计算形式不同，可分为简单指数和加权指数

简单指数把计入指数的各个项目的重要性视为相同；加权指数则对计入指数的各个项目依据重要程度赋予不同的权数，再进行计算。实际应用中，有时由于缺少必要的权数资料，或者由于指数的编制频率或时效性要求较高，也采用适当的简单指数。加权指数可分为两种，即综合形式和平均形式。由综合形式编制的加权指数可称为加权综合指数；由平均形式编制的加权指数可称为加权平均指数。

上述各种分类是从不同的角度对统计指数所作的一般分类，也可以交叉进行复合分类，如在个体指数和总指数中再区分数量指标指数和质量指标指数等。

14.1.3 指数编制中的问题

指数编制过程中，需要解决的问题包括选择项目、确定权数以及指数计算方法等。

1. 选择项目

理论上讲，指数是反映总体数量变动的相对数，而实际中将总体全部项目都计算在内往往不可能，也不必要。例如，编制消费者价格指数时不可能将消费者所消费的所有商品和服务价格全部纳入价格指数，而需要进行项目选择。在计算价格指数时，这些被选中的项目称为“代表规格品”，我们使用代表规格品的价格变化来反映所有商品价格的变化。代表规格品需要具有良好的价格变动趋势代表性，代表规格品的数量要有保证，不能品种过少，并注意不断更新。代表规格品的更新过程中，价格也在不断变化，这里面既有商品本身价格的变化，也包含由商品质量引起的价格变化。如何进行质价分解，是当代指数理论不断研究的课题，国外学者尝试用不同模型进行分析，取得了突破性成果。

2. 确定权数

指数是对代表项目进行加权得到的结果，如何确定权数是在编制指数时必须面对的问题。确定权数的途径大体有两种：一种是利用已有的信息构造权数。例如，计算

零售价格指数，每个代表规格品用其代表的商品零售额在全部零售额中的比重做权数。是否具有构造权数的数据，以及这些数据的质量如何是关键问题。另一种是主观权数，常见于社会现象的指数编制，例如编制幸福感指数，是将反映幸福感不同侧面的类指数综合，最后得到总指数。每个类指数的权重是多少，一般由指数编制人员主观决定（尽管可能经过多次研讨，广泛征求意见），因为没有公认的确定权数的标准。对于第一种确定权数的途径，指数理论要回答选择什么样的数据做权数，以及用什么时期的数据构造权数；对于后一种确定权数的途径，实际上是将指数方法拓展到多指标的综合评价，从而形成一系列的综合评价方法。

3. 计算方法

总指数的计算方法可以有许多种，因为利用指数测定的研究对象不同，编制指数的数据来源不同，由此产生不同的计算方法，本章后面部分将介绍一些总指数的不同计算方法。每种方法都有自己的特点，适用于不同场合。指数计算方法一直备受争议，众多经济学家和统计学家试图从不同角度、用不同方式对这些指数进行改造和完善。学习指数，并不在于掌握某种指数的具体计算方法，重要的是体会方法背后蕴藏的统计思想，以便针对具体的研究对象，依据编制指数的主要目的，选择甚至创造最恰当的计算指数的方法。

14.2　总指数编制方法

总指数是对个体指数的综合，将个体指数综合有两个途径：一是对个体指数的简单汇总，不考虑权数，我们把这类指数称为简单指数；二是编制总指数时考虑权数的作用，我们把这类指数称为加权指数。在加权指数中，根据计算方式不同，又可以分为加权综合指数和加权平均指数。

14.2.1　简单指数

简单指数就是不加权的指数，主要有两种计算方法：简单综合指数和简单平均指数。

1. 简单综合指数

这是将报告期的指标总和与基期的指标总和相对比的指数，该方法的特点是先综合，后对比，计算公式为：

$$I_p=\frac{\sum p_1}{\sum p_0} \tag{14.1}$$

$$I_q=\frac{\sum q_1}{\sum q_0} \tag{14.2}$$

式中，p 代表质量指标；q 代表数量指标；I_p 代表质量指标指数；I_q 代表数量指标指数；下标 1 表示报告期；下标 0 表示基期。

例 14.1

如图 14—1 所示，菜篮里有面包、牛奶等食品的报告期和基期价格数据（单位：元），采用简单汇总的方法计算价格指数。

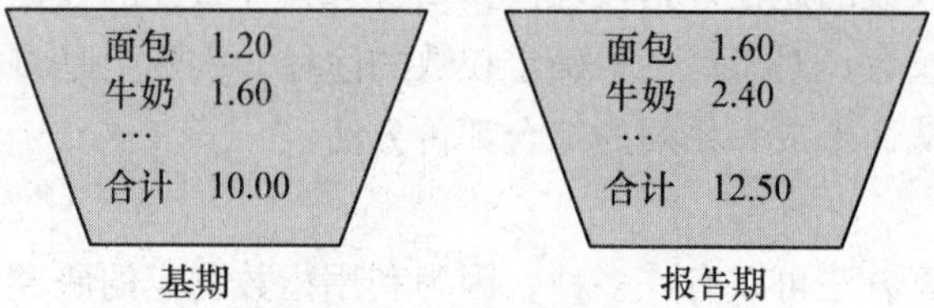

图 14—1 食品价格数据

解：$I_p=\dfrac{\sum p_1}{\sum p_0}=\dfrac{12.50}{10.00}=125\%$

计算结果表明，菜篮内商品的报告期价格比基期价格上涨了 25%。

简单综合指数的优点在于操作简单，对数据要求少。但它的一个显著缺点是，以价格指数为例，在参与计算的商品价格水平有较大差异时，价格低的商品的价格波动会被价格高的商品掩盖而显示不出来。

例 14.2

现有彩电和蔬菜两种商品，基期和报告期的价格如表 14—1 所示，采用简单汇总的方法计算价格指数。

表 14—1 彩电和蔬菜价格数据 单位：元

商品	计量单位	p_0	p_1
彩电	台	8 000	4 000
蔬菜	公斤	1	2

解：$I_p=\dfrac{\sum p_1}{\sum p_0}=\dfrac{4\,002}{8\,001}\approx 0.5=50\%$

结果表示，报告期与基期相比，价格下降了 50%。由于蔬菜与彩电价格相差太大，综合指数反映不出蔬菜价格的变动。

由此看出，简单综合指数只能用于指标值相差不大的商品，在商品价格差异大，且变动幅度差异大的情况下，这种方法不能反映实际变动水平。

2. 简单平均指数

这是将个体指数进行简单平均得到的总指数。该方法的计算过程是先对比，后综合，计算公式为：

$$I_p=\frac{\sum \frac{p_1}{p_0}}{n} \tag{14.3}$$

$$I_q=\frac{\sum \frac{q_1}{q_0}}{n} \tag{14.4}$$

例 14.3

同样根据表 14—1 的数据，采用简单平均的方法计算价格指数。

解：$I_p=\dfrac{\sum \frac{p_1}{p_0}}{n}=\dfrac{\frac{4\,000}{8\,000}+\frac{2}{1}}{2}=1.25=125\%$

计算结果表明，报告期价格比基期价格提高了 25%。显然，这个计算结果比前面的结果更合理。

在本例中，简单平均指数消除了不同商品价格水平的影响，可以反映各种商品的价格变动情况。但该指数也有欠缺，因为不同商品对市场价格总水平的影响是不同的，而简单平均指数法平等看待各种商品。

总的来说，简单综合指数和简单平均指数都存在方法上的缺陷，没有考虑到权数的影响，计算结果难以反映实际情况。另外，将使用价值不同的产品个体指数或价格（指标值）相加，既缺乏实际意义，又缺少理论依据。编制指数需要考虑权数的作用。

14.2.2 加权指数

加权指数因所采用的权数不同分为加权综合指数和加权平均指数。编制加权指数首先要确定合理的权数，然后根据实际需要确定适当的计算公式。

1. 加权综合指数

我们用一个例子说明加权综合指数的编制原理和方法。

例 14.4

表 14—2 是某商场甲、乙、丙三种商品 2007 年和 2008 年的资料，其中，下标 0 表示 2007 年，下标 1 表示 2008 年，p 表示价格，q 表示销售量。

表 14—2　某商场各种商品的销售量及销售价格资料

商品名称	计量单位	销售量		价格（元）		销售额（万元）			
		q_0	q_1	p_0	p_1	p_0q_0	p_1q_1	假定	
								p_0q_1	p_1q_0
甲	件	200	300	60	60	1.2	1.8	1.8	1.2
乙	双	400	500	20	30	0.8	1.5	1.0	1.2
丙	米	500	600	70	80	3.5	4.8	4.2	4.0
合计	—	—	—	—	—	5.5	8.1	7.0	6.4

要求计算三种商品的销售量总指数，以综合反映市场商品销售数量的变化。

在具体求解前需要做些分析。

若编制甲、乙、丙三种商品的销售量总指数，需要把各种商品报告期和基期的销售量分别加总，再将两个时期的销售量进行对比。然而，这三种商品的使用价值不同，计量单位也不一样，如果销售量直接加总，没有实际意义。同样，若编制这三种商品的价格总指数，把各商品的价格加总也是没有意义的。

该如何处理呢？这需要掌握两个要点：第一个要点，引进媒介因素。在本例中，不同商品的销售量和价格都不能直接加总，因为它们都是不同度量的因素。然而每种商品的销售量和价格的乘积即销售额是可以加总的。而且从分析的角度看，销售额的变化又恰好反映了销售量增减和价格涨跌两个因素的影响。因此在编制销售量总指数时，可以通过价格这个媒介因素，将销售量转化为可以加总的销售额；而在编制价格总指数时，则可以通过销售量这个媒介因素，将价格转化为可以加总的销售额。第二个要点，要将媒介因素固定起来，以单纯反映被研究指标的变动情况。

将上述两个要点结合，得到加权综合指数的基本公式：

$$\text{销售量指数：}I_q=\frac{\sum q_1 p}{\sum q_0 p} \tag{14.5}$$

$$\text{价格指数：}I_p=\frac{\sum q p_1}{\sum q p_0} \tag{14.6}$$

显然，在销售量指数中，价格 p 是权数；在价格指数中，销售量 q 是权数。由此我们得到第一个结论，在加权综合指数中，媒介因素（也称同度量因素）同时起着权数的作用。

接下来的问题是权数固定在什么时期，由此产生著名的拉氏指数和帕氏指数。

(1) 拉氏指数。

拉氏指数是德国统计学家拉斯贝尔斯（Laspeyres）于 1684 年提出的一种指数计算方法，它在计算综合指数时将作为权数的同度量因素固定在基期。相应的计算公式为：

$$\text{拉氏数量指标指数：}I_q=\frac{\sum q_1 p_0}{\sum q_0 p_0} \tag{14.7}$$

$$\text{拉氏质量指标指数：}I_p=\frac{\sum q_0 p_1}{\sum q_0 p_0} \tag{14.8}$$

式中，I_q 表示数量指标指数；I_p 表示质量指标指数；p_0 和 p_1 分别表示基期和报告期的质量指标值；q_0 和 q_1 分别表示基期和报告期的数量指标值。

(2) 帕氏指数。

帕氏指数是由德国的另一位统计学家帕舍（H. Paasche）于 1874 年提出的一种指

数计算方法。它在计算综合指数时将作为权数的同度量因素固定在报告期。相应的计算公式为：

$$\text{帕氏数量指标指数：} I_q = \frac{\sum q_1 p_1}{\sum q_0 p_1} \tag{14.9}$$

$$\text{帕氏质量指标指数：} I_p = \frac{\sum q_1 p_1}{\sum q_1 p_0} \tag{14.10}$$

现在回到前面的例 14.4，若采用拉氏指数，得到如下计算结果：

由式（14.7），有

$$I_q = \frac{\sum q_1 p_0}{\sum q_0 p_0} = \frac{7.0}{5.5} = 127.27\%$$

由式（14.8），有

$$I_p = \frac{\sum q_0 p_1}{\sum q_0 p_0} = \frac{6.4}{5.5} = 116.36\%$$

若采用帕氏指数，计算结果为：

由式（14.9），有

$$I_q = \frac{\sum q_1 p_1}{\sum q_0 p_1} = \frac{8.1}{6.4} = 126.56\%$$

由式（14.10），有

$$I_p = \frac{\sum q_1 p_1}{\sum q_1 p_0} = \frac{8.1}{7.0} = 115.71\%$$

可以看出，权数确定在不同的时期，计算结果不同。由此提出权数应该定在什么时期这个问题，指数理论的许多研究围绕这个问题展开。

大多数的看法是，计算数量指数（如生产量指数）时，权数（价格）应该定在基期，这样才能剔除价格变动的影响，准确反映生产量的变化，按不变价计算的产量指数就是源于此原因。计算质量指数（如价格指数），不同时期的权数含义不同：若权数定在基期，反映的是在基期商品（产品）结构下价格的整体变动，更能揭示价格变动的内容；若权数定在报告期，反映的是在现实商品（产品）结构下价格的整体变动，商品（产品）结构变化的影响会融合到价格指数里，更能揭示价格变动后的实际影响。编制指数的目的不同，权数的确定时期就可以不同。

由此我们得到第二个结论，权数时期的选择主要取决于编制指数的目的，取决于用指数要说明的问题。

2. 加权平均指数

这是以个体指数为基础，通过对个体指数进行加权平均来编制的指数。具体为，先计算所研究现象各个项目的个体指数，然后根据所给的价值量指标（产值或销售额）作为权数对个体指数进行加权平均。公式为：

$$A_p=\frac{\sum \frac{p_1}{p_0}qp}{\sum qp} \qquad A_q=\frac{\sum \frac{q_1}{q_0}qp}{\sum qp} \tag{14.11}$$

和

$$H_p=\frac{\sum qp}{\sum \frac{p_0}{p_1}qp} \qquad H_q=\frac{\sum qp}{\sum \frac{q_0}{q_1}qp} \tag{14.12}$$

一些教材将式（14.11）称为加权算术平均指数，将式（14.12）称为加权调和平均指数。式（14.11）和式（14.12）没有本质区别，在特定资料条件下在形式上可以互相转换。

式中的 A_p，A_q，H_p，H_q 也只是表示指数计算方法不同，以便区分。这里的核心是权数 qp，由于权数可以取不同时期，可以用做权数的就有 q_0p_0 和 q_1p_1。用基期权数 q_0p_0 类似于前面的拉氏指数，例如

$$A_q=\frac{\sum \frac{q_1}{q_0}q_0p_0}{\sum q_0p_0}=\frac{\sum q_1p_0}{\sum q_0p_0}$$

与式（14.7）相同。

$$A_p=\frac{\sum \frac{p_1}{p_0}q_0p_0}{\sum q_0p_0}=\frac{\sum q_0p_1}{\sum q_0p_0}$$

与式（14.8）相同。

用报告期权数 q_1p_1 类似于前面的帕氏指数，例如

$$H_q=\frac{\sum q_1p_1}{\sum \frac{q_0}{q_1}q_1p_1}=\frac{\sum q_1p_1}{\sum q_0p_1}$$

与式（14.9）相同。

$$H_p=\frac{\sum q_1p_1}{\sum \frac{p_0}{p_1}q_1p_1}=\frac{\sum q_1p_1}{\sum q_1p_0}$$

与式（14.10）相同。

需要指出，加权综合指数和加权平均指数上述的相同只是形式上的，本质上还是有区别，主要表现在是全面资料还是样本资料。如果是全面资料，可以采用加权综合指数，计算生产量指数一般属于这种情况，因为生产量指数要包含所有产品的生产情

况；而计算价格指数时，是无法得到全面资料的，因为市场商品的项目成千上万，全面统计做不到，就只能采取选样方法，挑选代表规格品，在这种背景下，若采用加权综合指数，其结果就是仅仅计算了代表规格品的价格变化。价格指数要反映市场所有商品价格的变化，代表规格品是样本，其中的每一项都代表了一类商品，每一项代表规格品也就要有自己的权数。在加权平均指数中，权数的本质是：

$$\text{基期加权}\ \frac{q_0p_0}{\sum q_0p_0} \qquad \text{报告期加权}\ \frac{q_1p_1}{\sum q_1p_1}$$

其实就是用代表规格品所代表的那一类商品的销售额在全部销售额中的比重作为权数。在这样的背景下计算指数，就只能采取加权平均指数方法。所以，加权平均指数方法主要用于价格指数的计算。

加权平均指数方法给我们进一步启示，如果权数 $\frac{qp}{\sum qp}$ 相对稳定，在计算指数时就不必去搜集 $\frac{q_0p_0}{\sum q_0p_0}$ 或 $\frac{q_1p_1}{\sum q_1p_1}$，而采用固定权数的方法。固定权数多采用比重方法，计算公式为：

$$I=\frac{\sum iW}{\sum W} \tag{14.13}$$

式中，i 为个体指数或类指数；W 为权数。

目前，消费价格指数和零售价格指数都是采用这种方法编制的。

例 14.5

试计算某市居民消费价格总指数，计算结果见表 14—3。

表 14—3　　某市某年居民消费价格统计资料

商品类别	类指数 i（%）	固定权数 W（%）	iW（%）
一、食品类	104.15	42	43.743
二、衣着类	95.46	15	14.319
三、家庭设备用品及服务类	102.70	11	11.297
四、医疗保健和个人用品类	110.43	3	3.313
五、交通和通信工具类	98.53	4	3.941
六、娱乐教育用品及服务类	101.26	5	5.063
七、烟酒及用品类	103.50	14	14.490
八、居住类	108.74	6	6.524
合　计	—	100	102.69

居民消费价格总指数采用固定加权平均指数公式，即

$$I=\frac{\sum iW}{\sum W}=\frac{102.69}{100}=102.69\%$$

计算结果表明，该市居民消费价格总指数报告期比基期平均上涨了 2.69%。

14.3 指数体系

前面我们介绍了加权指数编制的一般方法。在实际应用中，不仅可以利用指数反映社会经济现象数量的变动程度，而且还能借助由几个指数组成的指数体系，对社会经济现象之间的相互联系作更深入的分析。分析方法的基点是进行因素分解，因素分解的对象可以是总量指数，也可以是平均数指数。

14.3.1 总量指数体系分析

这里的指数体系是指，一个总量往往可以分解为若干个构成因素，其数量关系可以用指标体系的形式表现出来。例如：

销售额＝销售量×销售价格

总产值＝产量×产品价格

总成本＝产量×单位产品成本

销售利润＝销售量×销售价格×销售利润率

这种指标体系反映了总量指标与因素指标之间的相互关系。它们之间的这种联系同样可以表现为各指标指数之间的联系，即

销售额指数＝销售量指数×销售价格指数

总产值指数＝产量指数×产品价格指数

总成本指数＝产量指数×单位产品成本指数

销售利润指数＝销售量指数×销售价格指数×销售利润率指数

我们把这种由总量指数及其若干个因素指数构成的数量关系式称为指数体系。上面列举了两因素指数和三因素指数的体系框架，当然还可以进一步分解更多的因素。这些指数体系是在一定的经济联系基础上所结成的较为严密的数量关系式，因而具有实际的经济意义。作为方法的说明，这里只介绍总量指标的两因素分析。

在加权综合指数体系中（加权平均指数相同），为使总量指数等于各因素指数的乘积，两个因素指数中通常一个为数量指数，另一个为质量指数，而且各因素指数中权数必须是不同时期的，比如数量指数用基期权数加权，质量指数则必须用报告期权数加权，反之亦然。

加权综合指数由于所用权数所属时期不同，可以形成不同的指数体系。但实际分析中比较常用的是基期权数加权的数量指数（拉氏指数）和报告期权数加权的质量指数（帕氏指数）形成的指数体系。该指数体系可表示为：

$$\frac{\sum q_1 p_1}{\sum q_0 p_0}=\frac{\sum q_1 p_0}{\sum q_0 p_0}\times\frac{\sum q_1 p_1}{\sum q_1 p_0} \qquad (14.14)$$

因素影响差额之间的关系为：

$$\sum q_1 p_1 - \sum q_0 p_0 = (\sum q_1 p_0 - \sum q_0 p_0) + (\sum q_1 p_1 - \sum q_1 p_0) \tag{14.15}$$

式中，$\sum q_1 p_1$ 为报告期总量指标；$\sum q_0 p_0$ 为基期总量指标；q，p 为因素指标，其中 q 为数量指标，p 为质量指标。

例 14.6

表 14—2 是某商场甲、乙、丙三种商品 2007 年和 2008 年的资料，采用指数体系对该数据进行因素分析。

解：三种商品销售额的变动：

$$\text{销售额指数 } I_{pq} = \frac{\sum q_1 p_1}{\sum q_0 p_0} = \frac{8.1}{5.5} = 147.27\%$$

2008 年与 2007 年相比，三种商品销售额增长了 47.27%，增加的绝对值为：

$$\sum q_1 p_1 - \sum q_0 p_0 = 8.1 - 5.5 = 2.6(\text{万元})$$

其中：

(1) 销售量变动的影响：

$$\text{销售量指数 } I_q = \frac{\sum q_1 p_0}{\sum q_0 p_0} = \frac{7.0}{5.5} = 127.27\%$$

计算结果表明，2008 年与 2007 年相比，该商场三种商品销售量平均增长了 27.27%，销售量的上升使销售额增加的绝对值为：

$$\sum q_1 p_0 - \sum q_0 p_0 = 7.0 - 5.5 = 1.5(\text{万元})$$

(2) 销售价格变动的影响：

$$\text{销售价格指数 } I_p = \frac{\sum q_1 p_1}{\sum q_1 p_0} = \frac{8.1}{7.0} = 115.71\%$$

计算结果表明，2008 年与 2007 年相比，三种商品销售价格平均上升了 15.71%，销售价格的上升使销售额增加的绝对值为：

$$\sum q_1 p_1 - \sum q_1 p_0 = 8.1 - 7.0 = 1.1(\text{万元})$$

由此可见，销售额增长了 47.27%，是销售量平均增长 27.27%和销售价格平均增长 15.71%共同影响的结果，即

$$147.27\% = 127.27\% \times 115.71\%$$

而销售额增加了2.6万元，是销售量增长使其增加1.5万元和销售价格上升使其增加1.1万元共同影响的结果，即

2.6万元=1.5万元+1.1万元

14.3.2 平均数变动因素分解

因素分解的思想同样可以用到平均数变动分析中。

在分组数据情况下，加权算术平均数的计算公式为：

$$\bar{x}=\frac{\sum xf}{\sum f}=\sum\left(x\frac{f}{\sum f}\right)$$

由此看出，平均数的变动受两个因素的影响：一个是各组的变量水平（x）；另一个是各组的结构$\left(\frac{f}{\sum f}\right)$。指数体系在这里仍然存在。

（1）总平均水平指数。

$$I_{xf}=\frac{\bar{x}_1}{\bar{x}_0}=\frac{\sum x_1f_1/\sum f_1}{\sum x_0f_0/\sum f_0} \tag{14.16}$$

（2）组水平变动指数。

$$I_x=\frac{\bar{x}_1}{\bar{x}_n}=\frac{\sum x_1f_1/\sum f_1}{\sum x_0f_1/\sum f_1} \tag{14.17}$$

（3）结构变动指数。

$$I_f=\frac{\bar{x}_n}{\bar{x}_0}=\frac{\sum x_0f_1/\sum f_1}{\sum x_0f_0/\sum f_0} \tag{14.18}$$

此时，指数体系的具体表现为：

总平均水平指数=组水平变动指数×结构变动指数，即

$$\frac{\sum x_1f_1/\sum f_1}{\sum x_0f_0/\sum f_0}=\frac{\sum x_1f_1/\sum f_1}{\sum x_0f_1/\sum f_1}\times\frac{\sum x_0f_1/\sum f_1}{\sum x_0f_0/\sum f_0} \tag{14.19}$$

简写为：$I_{xf}=I_x\times I_f$

总平均水平变动额=各组水平变动影响额+结构变动影响额，即

$$\begin{aligned}&\left(\sum x_1f_1/\sum f_1-\sum x_0f_0/\sum f_0\right)\\&=\left(\sum x_1f_1/\sum f_1-\sum x_0f_1/\sum f_1\right)\\&\quad+\left(\sum x_0f_1/\sum f_1-\sum x_0f_0/\sum f_0\right)\end{aligned} \tag{14.20}$$

简写为：$\bar{x}_1-\bar{x}_0=(\bar{x}_n-\bar{x}_0)+(\bar{x}_1-\bar{x}_n)$

仿照加权综合指数体系中的解释，我们可以把总体平均数的变动分解为组水平的影响和结构变动的影响。进行分析时，将总体结构看成数量指标，将各组变量值看成质量指标。在研究结构的变动对平均数的影响时，将各组变量值固定在基期；在研究各组变量值的变动对平均数的影响时，将结构固定在报告期。

例 14.7

某机械厂所属两个分厂的某机器产品成本资料如表 14—4 所示，试分析该厂某产品总平均单位成本的变动受各分厂成本水平变动以及产量结构变动的影响情况。

表 14—4　某机械厂某机器产品成本资料

分厂	单位成本（元）		产量（台）		总成本（元）		
	x_0	x_1	f_0	f_1	$x_0 f_0$	$x_1 f_1$	$x_0 f_1$
一分厂	1 200.0	1 220.0	70	70	84 000	85 400	84 000
二分厂	1 000.0	900.0	30	130	30 000	117 000	130 000
全厂	—	—	100	200	114 000	202 400	214 000

$$基期平均单位成本\ \bar{x}_0=\frac{\sum x_0 f_0}{\sum f_0}=\frac{114\ 000}{100}=1\ 140(元/台)$$

$$报告期平均单位成本\ \bar{x}_1=\frac{\sum x_1 f_1}{\sum f_1}=\frac{202\ 400}{200}=1\ 012(元/台)$$

$$假定平均单位成本\ \bar{x}_n=\frac{\sum x_0 f_1}{\sum f_1}=\frac{214\ 000}{200}=1\ 070(元/台)$$

该机械厂平均单位成本变动分析：

$$总平均水平指数\ I_{xf}=\frac{\bar{x}_1}{\bar{x}_0}=\frac{1\ 012}{1\ 140}=88.8\%$$

总平均水平变动额$=\bar{x}_1-\bar{x}_0=1\ 012-1\ 140=-128$（元/台）

其中：

（1）各分厂单位成本变动对全厂平均单位成本变动的影响：

$$组水平变动指数\ I_x=\frac{\bar{x}_1}{\bar{x}_n}=\frac{1\ 012}{1\ 070}=94.6\%$$

各分厂单位成本变动使全厂单位成本变化为：

$\bar{x}_1-\bar{x}_n=1\ 012-1\ 070=-58$（元/台）

（2）各分厂产量结构变动对全厂平均单位成本变动的影响：

$$结构变动指数\ I_f=\frac{\bar{x}_n}{\bar{x}_0}=\frac{1\ 070}{1\ 140}=93.9\%$$

各分厂产量结构变动使全厂单位成本变化为：

$$\bar{x}_n-\bar{x}_0=1\,070-1\,140=-70\text{（元/台）}$$

计算结果表明，全厂平均单位成本下降 11.2%，各分厂单位成本下降使全厂单位成本下降 5.4%，产量结构变动使全厂单位成本下降 6.1%，两者共同影响的结果，即

$$88.8\%=94.6\%\times 93.9\%$$

从绝对数上看，全厂平均单位成本降低了 128 元，各分厂单位成本下降使全厂单位成本降低 58 元，产量结构变动使全厂单位成本降低 70 元，即

$$-128\text{ 元/台}=-58\text{ 元/台}+(-70)\text{ 元/台}$$

14.4 几种典型的指数

作为一种重要的测评和分析方法，指数在实践中获得了广泛的应用。指数最初是反映物价变化，随后应用的领域不断扩展，从经济领域拓展到社会领域，用指数描述社会发展状况，用指数测定人们的感受。这里选择几个典型领域的指数：物价指数领域（以居民消费价格指数为例），金融指数领域（以股票价格指数为例），社会心理领域（以消费者满意度指数为例），旨在说明指数的应用领域，介绍指数应用的不断发展。

14.4.1 居民消费价格指数

居民消费价格指数（consumer price index，CPI）是度量居民消费品和服务项目价格水平随时间变动的相对数，反映居民家庭购买的消费品和服务价格水平的变动情况。该指数是分析经济形势、检测物价水平、进行国民经济核算的重要指标，也常用于测定通货膨胀，在国民经济生活中有着十分重要的作用。

我国居民消费价格指数的编制于 1926 年开始，当时在北京（北平）、上海、天津编制工人生活费用指数，编制者是南开大学社会经济研究委员会，指数的分类有食物、衣着、房租、燃料、杂项共 5 类，包括 37 种代表品，采用加权平均指数方法。这是我国物价指数编制的起源。

新中国成立后，特别是改革开放后，我国居民消费价格指数的编制不断完善，表现在：分类更细，代表品的数量不断增加，权数确定更贴近实际。目前，居民消费价格指数按城乡分别编制，分为 8 大类别，每个大类中又分为中类和小类，指数中共有 251 个小类近千种代表品，权数的确定分别依据城市样本的约 40 000 个家庭和农村样本的约 60 000 个家庭的实际消费构成。指数编制的过程有以下步骤。

1. 选择代表规格品

代表规格品的选择是在商品分类基础上进行的，选择的原则是：(1) 销售数量(金额) 大；(2) 价格变动趋势和变动程度有代表性，即中选规格品的价格变动与未中选商品的价格变动存在高度相关；(3) 所选的代表规格品之间性质相隔要远，价格变动特征的相关性低；(4) 选中的工业消费品必须是合格品，有注册商标、产地、规格等级等标识。

代表规格品每年可适当更换，但更换数量的比例有限制，以保证代表规格品的稳定性。

2. 选择调查市县和调查点

选择的方法是划类选点。地区的选择既要考虑其代表性，也要注意类型上的多样性以及地区分布上的合理性和稳定性。例如，1992 年全国共选取 146 个市 80 个县作为取得数据的基层填报单位，在此基础上选定经营规模大、商品种类多的商场（包括集市）作为调查点。调查市县和调查点都是采用按有关标志排队、等距抽取的方法确定的。

3. 价格的调查与计算

对代表规格品的采价原则是：(1) 同一规格品的价格必须同质可比；(2) 如挂牌价与成交价不同，按成交价计；(3) 与居民生活密切相关，且价格变动频繁的商品，至少每 5 天调查一次，一般商品，每月调查 2～3 次。

代表规格品的平均价采用简单算术平均法计算。

4. 权数的确定

居民消费价格指数的权数由全国样本的 10 万多个城乡居民家庭消费支出构成确定。其中省（自治区、直辖市）城市和农村权数分别根据全省（自治区、直辖市）城镇居民家庭生活消费支出和农村居民家庭生活消费支出的现金支出资料整理计算。全国权数根据各省（自治区、直辖市）的权数按各地人均消费支出金额和人口数加权平均计算。大类、中类和小类的权数依次分层计算。

5. 指数计算

总指数计算采用加权平均方法，计算公式为：

$$I_p = \frac{\sum iW}{\sum W} \tag{14.21}$$

式中，i 为代表规格品个体指数或各层的类指数；W 为相对应的消费支出比重。

具体计算过程是，先分别计算出各代表规格品基期和报告期的全社会综合平均价，并计算出相应的价格指数，然后分层逐级计算小类、中类、大类和总指数。

例 14.8

现以部分资料（见表 14—5）说明消费品部分价格总指数的编制和计算过程。

表 14—5 零售价格总指数计算表

商品类别及名称	代表规格品	计量单位	平均价格（元）		权数 W（%）	指数 i（%）	iW（%）
			p_0	p_1			
总指数					100	111.6	11 159.8
一、食品类					38	116.2	4 415.6
1. 粮食					35	105.3	3 685.5
细粮					65	105.6	6 864.0
面粉	标准	kg	2.40	2.52	40	105.0	4 200.0
大米	粳米标一	kg	3.50	3.71	60	106.0	6 360.0
粗粮					35	104.8	3 668.0
2. 副食品					45	125.4	5 643.0
3. 其他食品					20	114.8	2 296.0
二、饮料、烟酒					5	126.0	630.0
三、服装、鞋帽					10	115.2	1 152.0
四、纺织品					3	99.3	297.9
五、家用电器及音像器材					8	94.2	753.6
六、文化办公用品					2	110.4	220.8
七、日用品					11	109.5	1 204.5
八、体育娱乐用品					2	98.1	196.2
九、交通、通信用品					1	91.1	91.1
十、家具					2	97.8	195.6
十一、化妆品					1	98.9	98.9
十二、金银珠宝					3	108.6	325.8
十三、中西药品及医疗保健用品					7	116.4	814.8
十四、书报杂志及电子出版物					2	108.6	217.2
十五、燃料					3	105.6	316.8
十六、建筑材料及五金电料					2	114.5	229.0

解：（1）计算出各代表规格品的价格指数。如面粉价格指数为：

$$i=\frac{p_1}{p_0}=\frac{2.52}{2.40}=105.0\%$$

（2）根据各代表规格品的价格指数及给出的相应权数，加权算术平均计算小类指数。如细粮类价格指数为：

$$i_p=\frac{\sum iW}{\sum W}=\frac{105\times 40+106\times 60}{100}=105.6\%$$

（3）根据各小类指数及相应的权数，加权算术平均计算中类指数。如粮食类价格指数为：

$$i_p=\frac{\sum iW}{\sum W}=\frac{105.6\times 65+104.8\times 35}{100}=105.3\%$$

（4）根据各中类指数及相应的权数，加权算术平均计算大类指数。如食品类价格指数为：

$$i_p=\frac{\sum iW}{\sum W}=\frac{105.3\times35+125.4\times45+114.8\times20}{100}=116.2\%$$

（5）根据各大类指数及相应的权数，加权算术平均计算总指数。即

$$\begin{aligned}I_p&=\frac{\sum iW}{\sum W}\\&=\frac{(116.2\times38+126\times5+115.2\times10+99.3\times3+\cdots+114.5\times2)}{100}\\&=\frac{11\,159.8}{100}=111.598\%\end{aligned}$$

居民消费价格指数除了能反映城乡居民所购买的生活消费品和服务项目价格的变动趋势和程度，还有以下几个方面的作用：

第一，反映通货膨胀状况。通货膨胀的严重程度是用通货膨胀率来反映的，它说明了一定时期内商品价格持续上升的幅度。通货膨胀率一般以居民消费价格指数来表示。计算公式为：

$$\text{通货膨胀率}=\frac{\text{报告期居民消费价格指数}-\text{基期居民消费价格指数}}{\text{基期居民消费价格指数}}\times100\% \tag{14.22}$$

第二，反映居民购买力水平。货币购买力是指单位货币购买到的消费品和服务的数量。居民消费价格指数上涨，货币购买力则下降，反之则上升，因此，居民消费价格指数的倒数就是货币购买力指数。计算公式为：

$$\text{货币购买力指数}=\frac{1}{\text{居民消费价格指数}}\times100\% \tag{14.23}$$

第三，测定职工实际工资水平。居民消费价格指数的提高意味着实际工资的减少，居民消费价格指数下降则意味着实际工资的提高。因此，利用居民消费价格指数可以将名义工资转化为实际工资。计算公式为：

$$\text{实际工资}=\frac{\text{名义工资}}{\text{居民消费价格指数}} \tag{14.24}$$

14.4.2　股票价格指数

目前，金融指数产品创新层出不穷，指数期货、指数期权、指数存托凭证、指数债券、指数存款等极大丰富了金融市场，指数化投资逐渐成为证券市场的重要投资方式。作为金融指数簇的代表，股价指数最为大众所熟悉和关注，国际上许多著名的股

价指数都是由专业指数公司编制和发布的。虽然股价指数编制原理相同，但在具体问题上不同指数有各自的处理方法，这里仅以我国的上证指数为例，简要介绍股价指数的编制。

上证股价指数是由上海证券交易所编制并发布的指数系列，包括上证综合指数、上证 180 指数、A 股指数、B 股指数等。其中编制最早也最具典型意义的是上证综合指数。该指数自 1991 年 7 月 15 日起正式发布，以 1990 年 12 月 19 日为基日，基日为 100 点，以现有所有上市股票（包括 A 股和 B 股）为样本，以报告期股票发行量为权数进行编制，计算公式为：

$$\text{今日股价指数}=\frac{\text{今日市价总值}}{\text{基日市价总值}}\times 100 \tag{14.25}$$

市价总值为收盘价乘以发行股数，遇发行新股或扩股时，需要进行修正。

上证综合指数在编制上有几个特点：

(1) 该指数包括挂牌上市的所有股票，其优点是，能全面、准确地反映某个时点股票价格的全面变动情况，能广泛考虑到行业分布和不同公司的规模，具有广泛的代表性。但同时也具有一些缺陷：一是敏感性差，不能及时反映主要上市公司股票价格对市场大势的影响；二是只要有新股上市就要计入指数中，使得指数内部结构变动频繁，影响了结构的稳定性和指数前后的可比性。

(2) 该指数以发行量为权数，这也是国际上通行的做法，好处是比较全面。但我国股票发行中的法人股占相当比重，且不能上市流通，这样，指数所反映的只能是流通市场的潜在能量，而不是现实市场股价的综合变动。

这说明，任何指数都是有局限的，不可能依靠一个指数说明所有问题，还需要其他一些数据补充说明。所以，我国的股票指数也是一个系列。在上证指数中，除上证综合指数，还有上证 180 指数、A 股指数、B 股指数等股票指数做补充。认识到这一点，有助于我们科学地看待目前社会上发布的各种指数。

14.4.3 消费者满意度指数

对消费者满意度的研究始于 20 世纪 70 年代，研究的背景是，一直以来企业都以其收入（产值）、成本、利润等指标衡量经营业绩，各国的发展水平也是以人均 GDP 来表现的，但这些指标在为人们提供衡量经济发展水平的客观手段的同时，逐渐淡化了经济发展是为了使人类生活更加幸福的初衷。现代社会中一切发展都离不开人，企业要具有可持续的竞争力，不仅要重视产值、利润等指标，也要重视黄金顾客、最有价值顾客等以消费者为导向的指标，要逐渐认识到，人类幸福本身才是社会进步的驱动因素和终极目标。人们从对经济资源生产效率的关注，逐步转向对经济资源产出质量的关注。而消费者满意度正是从最终消费者的角度来衡量产出质量的指标，其理论和实践是在适应经济发展和多方面需要的过程中产生和逐步成熟起来的。

世界上第一个满意度指数由瑞典于 1989 年建立，编制者运用瑞典统计局提供的数据，分别编制全国、各行业和各类公司满意度指数，目前已经成为最有价值的国民经济指标之一。之后许多国家纷纷开始编制各自的满意度指数。我国由中国质量协会从 2004 年起开始编制一些如汽车、家电、房地产等行业的满意度指数，与发达国家相比，我国在编制消费者满意度指数方面还有很大的发展空间。

消费者满意度是一个经济心理学的概念，要衡量它就必须建立模型，将消费者满意度与一些相关变量（例如价值、质量、投诉行为、忠诚度等）联系起来。虽然各国满意度模型不尽相同，但有着共同的基本框架。模型的前导变量有两个：消费者对产品/服务的价值感知；消费者对产品/服务的期望。满意度的结果变量是消费者投诉和消费者忠诚度。忠诚度是模型中最终的因变量，因为它可以作为消费者保留和企业利润的指示器。模型的框架如图 14—2 所示。

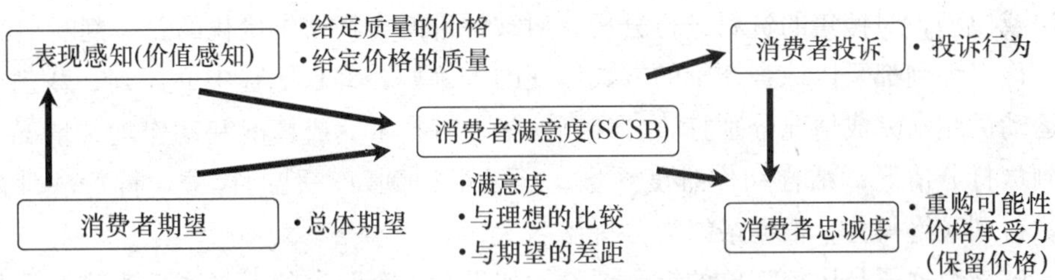

图 14—2 满意度模型框架图

可以看出，这是一个结构方程模型，有多个因变量，构成一个原因和结果的关系网，通过模型参数估计，计算各要素的得分，然后计算指数。参数估计可以使用的估计方法有偏最小二乘方法和结构方程方法，这些是比较专门的统计方法。

各国编制消费者满意度指数的内容也略有区别，以美国消费者满意度指数为例，指数的编制有国家、经济领域、行业和公司四个层次。全国消费者满意度指数包括 7 个经济领域，34 个行业，约 200 家公司。这 7 个领域都是向居民家庭提供产品或服务的重要领域，其产值占国民生产总值的 75%。

经济领域确定之后，从中选择有代表性的行业，选择的标准是：行业集中度高，且该行业中大部分公司的财务数据公开。选定行业后，再从每个行业选出 10～20 家公司，对每个公司随机抽取大约 250 名消费者进行调查，用调查数据进行模型参数估计，计算出公司的消费者满意度指数。

在中选公司抽取住户时，不是根据公司提供的用户名单抽取，而是先按地区进行分层，在中选地区内采用计算机辅助电话调查，由计算机随机拨号产生样本，每月抽取 6 000 个消费者样本实施调查，通过调查中得知的商品品牌将消费者与公司对应起来。

计算出各公司的消费者满意度指数后，需要确定上一层次（行业）指数计算的权重，进而计算经济领域指数和全国指数。在计算行业指数时，以各公司销售份额的比重作为权数；计算经济领域指数时，以各行业销售份额的比重作为权数；计算全国指数时，以各经济领域 GDP 的贡献百分比作为权数。

消费者满意度指数是社会学、心理学的研究成果在管理和营销领域应用的具体体现，用指数方式描述主观感受和心理活动是指数应用领域拓展的一个重要方向。指数理论和其他统计方法相结合，为指数的应用开拓了更大的空间。

14.5 综合评价指数

14.5.1 综合评价与综合评价指数

统计的综合评价是针对研究的对象，建立一个进行测评的指标体系，利用一定的方法或模型，对搜集的资料进行分析，对被评价的事物作出量化的总体判断。

许多评判都是以综合评价的方式体现的。例如，跳水比赛中的评判，裁判员需要对运动员跳水完成情况分别打分，评判的指标有技术完成情况和动作配合情况，根据裁判员打分情况，结合动作难度系数，运动员得到每一跳的得分，将每一跳得分加总，得到最终得分，根据最终得分排出名次。

应该说这还是比较简单的综合评价，如果对一个国家的科技竞争力进行评价，情况要复杂得多。首先要研究可以通过哪些指标反映科技竞争力，其次要把不同指标的内容融合在一起，而怎样融合，每项指标的权重有多大，就成为不太容易说清也不太容易达成共识的技术性问题。在综合评价中，对于同样的数据，采用不同方法，可能有不同结论，评价结果并不是唯一的，这是综合评价的特点。例如，对世界著名大学进行排名，一些国际最有名的机构排名的结果各不相同就是最好的例证。

综合评价指数是将评价结果数量化的一种技术处理，是将多指标进行综合，最后形成概括性的一个指数，通过指数比较达到评价的目的。所以说，综合评价指数是指数理论与方法在其他领域的进一步发展和应用。

综合评价指数的基础是单项指标，由于不同的单项指标通常不能直接进行加减乘除的运算，需要将数据处理技术与指数分析方法结合起来。构建综合评价指数的具体方法有很多，不同构建方法会带来不同结果，但构造指数的原理是相通的。

构建综合评价指数一般需要如下步骤：

（1）建立综合评价指标体系。

所建立的指标体系是否科学与合理，直接关系到评价结果的科学性和准确性。首先应进行必要的定性研究，对所研究的问题进行深入的分析，尽量选择那些具有一定综合意义的代表性指标。也有一些研究结果显示，采用适当的统计方法，如运用多元统计的方法进行指标的筛选，可以提高指标的客观性。

（2）评价指标的无量纲化处理。

由于综合评价需要运用多个指标组成的指数体系，而这些指标的性质不同，计量单位不同，具有不同的量纲，因此需要对各指标的实际数据进行无量纲化处理，使之具有可比性，在此基础上才有可能进行综合。

（3）确定各项评价指标的权重。

这是一项重要而又容易引起争议的工作。对于不同的指标，不同的人从不同的角度审视，会有不同的看法和评价，所以在综合评价中如何确定各项指标的权重，一直是学术界讨论的问题。简单地说，确定评价指标的权重有两类方法：一类是主观确定权数，具体实现有多种方式，但共同特征是由有关专家通过研究讨论决定，特点是可以集中专家集体智慧，工作效率比较高，但很难找到客观的评价标准。另一类是客观确定权数，也有许多不同的实现方法，其共同特征是权数由实际数据确定。例如，经济指标的权数可以是该指标反映的现象结果（如产值）占总体（总产值）的比重。也有一些研究采用专门的统计方法，通过模型或其他计算方式产生权数。这类方法的特点是依据数据，客观性更强，但有时难以反映评价的导向性。因为综合评价是有目标性的，提倡什么、强调什么、鼓励什么、突出什么，这些都可以通过权数反映出来。

（4）计算综合评价指数。

有了各项指标的无量纲化处理结果，有了各项指标的权重，通过适当的方法，就可以得到综合评价指数。当然，综合评价指数的计算并不是最终目的，指数只是一个综合性的描述，重要的是要对产生这个结果背后的东西进行深入分析，综合评价才有意义，这就是进一步的统计分析问题了。

14.5.2 综合评价指数的构建方法

在构建综合评价指数时，一个问题是指标的无量纲化处理，可以有不同处理方法。

1. 统计标准化

这是一种通用的将具体数值转变为标准模式的做法，公式表示为：

$$z_i=\frac{x_i-\bar{x}}{s} \tag{14.26}$$

式中，z_i 为第 i 个指标的标准化值；$\bar{x}$ 为 x_i 的均值；s 为标准差。

由第 4 章内容可知，一个变量的分布，核心指标是均值和标准差。式（14.26）将该指标变量的均值和标准差结合在一起考虑，消除了变量分布不同的影响，最具有统计意义。

2. 相对标准化

这种方法是先给一个评价指标确定一个标准值，然后用实际值和标准值进行比较，实现指标的相对化处理，公式表示为：

$$z_i=\frac{x_i}{x_s} \tag{14.27}$$

式中，x_s 为进行标准化确定的对比标准，通常可以选择最优值或平均值作为对比标准。定的标准不同，标准值的含义也就不同。这种方法可以体现评价者进行评价的目标性。例如，是以最优水平还是以平均水平进行评价比较。

3. 功效系数法

功效系数法是对多目标规划原理中的功效系数加以改进，从而把确定要评价的指标转化为可以度量的评判分数，公式表示为：

$$z_i=\frac{x_i-\min(x_i)}{\max(x_i)-\min(x_i)} \tag{14.28}$$

式中，$\max(x_i)$ 和 $\min(x_i)$ 分别为指标 x_i 的最大值和最小值。按该方法计算，z_i 的取值在 0～1 之间。本章开头的统计应用专栏中，中国人民大学中国发展指数就是按功效系数法对各指标值进行标准化处理的。

将功效系数法进行一些拓展，得到改进的功效系数法，公式表示为：

$$z_i=\frac{x_i-\min(x_i)}{\max(x_i)-\min(x_i)}\times 40+60 \tag{14.29}$$

这样得到的标准化分数在 60～100 之间。这种处理的效果在于，可以减小极端数值对计算结果的视觉影响，接近人们对分数的一般看法。

有了各指标的无量纲标准化处理，再结合各指标的权重，就可以计算综合评价指数。通常采用加权平均方式进行处理，公式表示为：

$$I=\frac{\sum_{i=1}^{n} z_i w_i}{\sum_{i=1}^{n} w_i} \tag{14.30}$$

式中，$0\leqslant w_i\leqslant 1,\sum_{i=1}^{n} w_i=1$。

综合评价指数方法将指数传统意义上的动态对比延伸到不同现象横截面的比较，再次表明，指数的应用领域十分广阔。

□ 思考与练习

一、思考题

14.1　什么是指数？它有哪些性质？

14.2　什么是同度量因素？同度量因素在编制加权综合指数中有什么作用？

14.3　拉氏指数与帕氏指数各有什么特点？

14.4　加权平均指数与加权综合指数有何区别与联系？

14.5　什么是指数体系？它有什么作用？

14.6　试述平均数指数体系。

14.7　构建综合评价指数时需要考虑哪些方面的问题？

二、练习题

14.1 某企业生产甲、乙两种产品，资料如下：

产品名称	计量单位	产量		单位成本（元）	
		基期	报告期	基期	报告期
甲	台	2 000	2 200	12.0	12.5
乙	吨	5 000	6 000	6.2	6.0

要求：

(1) 计算产量与单位成本个体指数。

(2) 计算两种产品产量总指数以及由于产量增加而增加的生产费用。

(3) 计算两种产品单位成本总指数以及由于成本降低而节约的生产费用。

14.2 某商场销售的三种商品的资料如下：

商品名称	计量单位	销售量		单价（元）	
		基期 q_0	报告期 q_1	基期 p_0	报告期 p_1
甲	千克	100	115	100	100
乙	台	200	220	50	55
丙	件	300	315	20	25

要求：

(1) 计算三种商品的销售额总指数。

(2) 分析销售量和价格变动对销售额影响的绝对值和相对值。

14.3 试根据下列资料分别用拉氏指数和帕氏指数计算销售量指数及价格指数。

商品名称	计量单位	销售量		单价（元）	
		基期 q_0	报告期 q_1	基期 p_0	报告期 p_1
甲	支	400	600	0.25	0.2
乙	件	500	600	0.4	0.36
丙	个	200	180	0.5	0.6

14.4 某公司三种产品的有关资料如下表，试问三种产品产量平均增长了多少？产量增长对产值有什么影响？

产品名称	个体产量指数	基期产值（万元）	报告期产值（万元）
甲	1.25	100	120
乙	1.10	100	115
丙	1.50	60	85

14.5 三种商品销售的资料如下表，通过计算说明其价格总的变动情况。

商品名称	商品销售总额（万元）		报告期价格比基期降低（%）
	q_0p_0	q_1p_1	
甲	80	86	10
乙	20	34	5
丙	160	144	15

14.6 某商场上期销售收入为525万元，本期要求达到556.5万元。在规定销售价格下调2.6%的条件下，该商店商品销售量要增加多少，才能使本期销售达到原定的目标？

14.7 某地区2003年平均职工人数为229.5万人，比2002年增加2%；2003年工资总额为167 076万元，比2002年多支出9 576万元。试推算2002年职工的平均工资。

14.8 某电子生产企业2003年和2002年三种主要产品的单位成本和产量资料如下表所示。

产品名称	计量单位	产量		单位产品成本（元）	
		2002年	2003年	2002年	2003年
高能电池	节	900	1 000	8.5	9.0
电路板	块	500	500	55.0	58.5
录音机	台	700	800	100.0	115.0

要求：

(1) 计算三种产品的产值总指数及产值增减总额。

(2) 以2003年的产量为权数计算三种产品的加权单位产品成本综合指数，以及因产量变动的产值增减额。

(3) 以2002年的单位产品成本为权数计算三种产品的加权产量综合指数，以及因单位产品成本变动的产值增减额。

(4) 分析产量和单位产品成本变动对销售额影响的相对值和增减额。

14.9 某工厂有三个生产车间，基期和报告期各车间的职工人数和劳动生产率资料如下表。试分析该企业劳动生产率的变动及其原因。

车间	职工人数		劳动生产率（万元/人）	
	基期 f_0	报告期 f_1	基期 x_0	报告期 x_1
一车间	200	240	4.4	4.5
二车间	160	180	6.2	6.4
三车间	150	120	9.0	9.2
合计	510	540	6.32	6.18

14.10 下表是某地2005年粮食类零售价格指数计算简表，请以表中资料说明编制商品零售价格指数的一般步骤，并计算出2005年粮食类零售价格指数。

商品类别	规格等级	计量单位	平均价格（元）		权数 W（%）	以上年为基期	
			2004年 p_0	2005年 p_1		指数 i（%）	iW（%）
粮食中类总指数					100	107.92	10 792.00
1. 细粮小类					82	108.74	8 916.68
（1）面粉	标准粉	千克	2.00	2.20	56	110.00	6 160.00
（2）粳米	一等	千克	2.80	3.00	44	107.14	4 714.16
2. 粗粮小类					18	104.18	1 875.24
⋮	⋮	⋮	⋮	⋮		⋮	⋮

附录一 术语表*

B

备择假设（alternative hypothesis） 与原假设逻辑相反的假设。

比例（proportion） 一个样本（或总体）中各个部分的数据占全部数据之比。

比率（ratio） 样本（或总体）中不同类别数值之间的比值。

必然事件（certain event） 在同一组条件下，每次试验一定出现的事件。

变量（variable） 说明现象某种特征的概念。

标准差（standard deviation） 方差的平方根。

标准分数（standard score） 也称标准化值或分数，它是变量值与其平均数的离差除以标准差后的值。

标准化残差（standardized residual） 残差除以它的标准差后得到的数值。

不规则波动（irregular variation） 称为随机波动，指序列中的偶然性波动。

不可能事件（impossible event） 在同一组条件下，每次试验一定不出现的事件。

C

参数（parameter） 用来描述总体特征的概括性数字度量，是研究者想要了解的总体的某种特征值。

残差（residual） 因变量的观测值 y_i 与根据估计的回归方程求出的预测值 $\hat{y}_i$ 之差，用 e 表示。对于第 i 个观测值，残差为 $e_i=y_i-\hat{y}_i$。

充分统计量（ample statistic） 在统计量加工的过程中不损失任何信息的统计量。

抽样分布（sampling distribution） 样本统计量的分布。

抽样框（sampling frame） 用于抽选样本的总体单位信息，是概率抽样中所不可缺少的。

抽样误差（sampling error） 由抽样的随机性引起的样本结果与总体真值之间的差异。

---

* 按术语的汉语拼音字母排序。

处理（treatment） 不同的因子水平。

次序统计量（order statistic） 设有样本 X_1，X_2，…，X_n，$X_{(i)}$ 称为第 i 个次序统计量，它是样本满足如下条件的函数：每当样本得到一组观测值 x_1，x_2，…，x_n 时，其由小到大的排序 $x_{(1)} \leqslant x_{(2)} \leqslant \cdots \leqslant x_{(i)} \leqslant \cdots \leqslant x_{(n)}$ 中，第 i 个值 $x_{(i)}$ 就作为统计量 $X_{(i)}$ 的观测值，而 $X_{(1)}$，$X_{(2)}$，…，$X_{(n)}$ 称为次序统计量。

β 错误（β error） 原假设为伪却在检验中未拒绝原假设，又称取伪错误或第Ⅱ类错误（type Ⅱ error），用 β 表示其概率。

α 错误（α error） 原假设为真却在检验中将原假设放弃，又称弃真错误或第Ⅰ类错误（type Ⅰ error），用 α 表示其概率。

D

单因素方差分析（one-way analysis of variance） 研究一个分类型自变量同数值型因变量之间关系的一种统计方法。

点估计（point estimate） 用样本估计量 $\hat{\theta}$ 的取值直接作为总体参数 θ 的估计值。

独立性（independence） 两个事件中不论哪一个事件发生并不影响另一个事件发生的概率，则称这两个事件具有相互独立性。

独立性检验（test of independence） 对两个分类型变量是否存在相依关系的检验。如果存在相依关系，有必要对这种相关性进行进一步测定。

独立样本（independent sample） 一个样本中的元素与另一个样本中的元素相互独立。

对照组（control group） 随机抽选的实验对象的子集。在这个子集中，每个单位不接受实验组成员所接受的某种特别的处理。

多元回归方程（multiple regression equation） 描述因变量 y 的期望值与自变量 x_1，x_2，…，x_k 之间关系的方程。一般形式为：$E(y)=\beta_0+\beta_1x_1+\beta_2x_2+\cdots+\beta_kx_k$。

多元回归模型（multiple regression model） 描述因变量 y 如何依赖于自变量 x_1，x_2，…，x_k 和误差项 ε 的方程。一般形式为：$y=\beta_0+\beta_1x_1+\beta_2x_2+\cdots+\beta_kx_k+\varepsilon$。

多重比较方法（multiple comparison procedures） 通过对总体均值之间的配对比较来检验哪些均值之间存在差异的方法。

多重共线性（multicollinearity） 回归模型中两个或两个以上的自变量彼此相关。

多重判定系数（multiple coefficient of determination） 回归平方和占总平方和的比例，反映因变量 y 取值的变差中，能被估计的多元回归方程所解释的比例。

F

F 分布（F distribution） 设随机变量 Y 与 Z 相互独立，且 Y 和 Z 分别服从自由度为 m 和 n 的 χ^2 分布，则 $X=\dfrac{Y/m}{Z/n}\sim F(m,n)$，称它服从第一自由度为 m、第二自由度为 n 的 F 分布。

方差（variance） 各变量值与其平均数离差平方的平均数。

方差分析（analysis of variance） 缩写为ANOVA，通过检验多个总体均值是否相等来研究分类型自变量对数值型因变量影响的统计方法。

方差分析表（analysis of variance table） 用来汇总方差分析计算和结果的表。

非抽样误差（non-sampling error） 抽样误差以外的，由其他各种原因引起的样本结果与总体真值之间的差异。

非概率抽样（non-probability sampling） 根据方便原则或依主观判断选择样本单位。

非平稳序列（non-stationary series） 包含趋势性、季节性或周期性的序列，它可能只含有其中的一种成分，也可能是几种成分的组合。

χ^2 分布（Chi-square distribution） 设随机变量 X_1，X_2，…，X_n 相互独立，且 $X_i(i=1, 2, \cdots, n)$ 服从标准正态分布 $N(0, 1)$，则它们的平方和 $\sum_{i=1}^{n} X_i^2$ 服从自由度为 n 的 χ^2 分布。

分类变量（categorical variable） 说明事物类别的一个名称，其取值是分类数据。

分类数据（categorical data） 只能归于某一类别的非数字型数据，它是对事物进行分类的结果，数据表现为类别，是用文字来表述的。

峰态（kurtosis） 对数据分布平峰或尖峰程度的测度。

G

概率（probability） 随机事件出现可能性大小的数值。

概率抽样（probability sampling） 遵循随机原则进行的抽样，总体中每个单位都有一定的机会被选入样本。

估计标准误差（standard error of estimate） 度量各实际观测点在直线周围的散布状况的一个统计量，是均方残差(MSE)的平方根，用 s_e 表示。

估计的多元回归方程（estimated multiple regression equation） 利用最小二乘法，根据样本数据求出的多元回归方程的估计。其一般形式为：$\hat{y}=\hat{\beta}_0+\hat{\beta}_1x_1+\hat{\beta}_2x_2+\cdots+\hat{\beta}_kx_k$。

估计的回归方程（estimated regression equation） 根据样本数据求出的回归方程的估计。对于一元线性回归，估计的回归方程形式为 $\hat{y}=\hat{\beta}_0+\hat{\beta}_1x$。

估计量（estimator） 用来估计总体参数的统计量的名称，用 θ 表示，比如样本均值、样本比例、样本方差等都可以是一个估计量。

估计值（estimated value） 根据一个具体的样本计算出来的估计量的数值。

股票价格指数（stock price index） 反映某一股票市场上多种股票价格变动趋势的一种相对数，简称股价指数，其单位一般用“点”（point）表示。

观测数据（observational data） 通过调查或观测收集到的数据，这类数据是在没有对事物人为控制的条件下得到的。

H

回归方程（regression equation） 描述因变量 y 的期望值如何依赖于自变量 x 的方程。一元线性回归方程的形式为 $E(y)=\beta_0+\beta_1x$。

回归模型（regression model）　描述因变量 y 如何依赖于自变量 x 和误差项的方程。只涉及一个自变量的一元线性回归模型可表示为 $y=\beta_0+\beta_1x+\varepsilon$。

J

基本事件（elementary event）　如果一个事件不能分解成两个或更多个事件，则这个事件称为基本事件。

极差（range）　也称全距，是一组数据的最大值与最小值之差。

几何平均数（geometric mean）　n 个变量值乘积的 n 次方根。

季节变动（seasonal fluctuation）　也称季节性，指时间序列在一年内重复出现的周期性波动。

假设检验（hypothesis testing）　利用样本信息，对提出的命题进行检验的一套程序和方法。

渐近分布（asymptotic distribution）　当样本量 $n\to\infty$ 时，统计量 $T(X_1, X_2, \cdots, X_n)$ 的极限分布。

交互作用（interaction）　一个因素和另一个因素联合产生的对因变量的附加效应。

截面数据（cross-sectional data）　在相同或近似相同的时间点上收集的数据，它所描述的是现象在某一时刻的变化情况。

均方（mean square）　平方和除以相应的自由度后的值。

均值（mean）　也称为平均数，它是全部数据的算术平均。

L

拉氏指数（Laspeyres index）　1864 年德国学者拉斯贝尔斯提出的一种指数计算方法，它是在计算一组商品的价格指数时，把作为权数的销售量固定在基期计算的指数。

累积频数（cumulative frequencies）　将各有序类别或组的频数逐级累加起来得到的频数。

离散系数（coefficient of variation）　也称变异系数，是一组数据的标准差与其相应的平均数之比，是测度数据离散程度的相对值。

离散型随机变量（discrete random variable）　如果随机变量 X 的所有取值都可以逐个列举出来，则称 X 为离散型随机变量。

连续型随机变量（continuous random variable）　如果随机变量 X 的所有取值不可以逐个列举出来，则称 X 为连续型随机变量。

列联表（contingency table）　由两个以上的变量进行交叉分类的频数分布表。

列联系数（coefficient of contingency）　简称 c 系数，是描述列联表数据相关程度的系数，通常用于列联表大于 2×2 的情况。

临界值（critical value）　假设检验中非拒绝域和拒绝域的分界点。

零售价格指数（retail price index）　反映城乡商品零售价格变动趋势的一种经济指数。

N

拟合优度检验（goodness of fit test）　对多个总体比例是否等于其期望概率的检验。

当期望概率相同时，表现为对多个总体比例是否相等的检验。

P

***P*值**（*P*-value） 当原假设为真时，得到的样本数据或更极端数据的概率。

帕氏指数（Paasche index） 1874年德国学者帕舍所提出的一种指数计算方法，它是在计算一组商品的价格指数时，把作为权数的销售量固定在报告期计算的指数。

判定系数（coefficient of determination） 回归平方和占总平方和的比例，用R^2表示，它是对估计的回归方程拟合优度的度量。

匹配样本（matched sample） 一个样本中的数据与另一个样本中的数据相对应。

偏态（skewness） 对数据分布对称性的测度。

频数（frequency） 落在某一特定类别或组中的数据个数。

频数分布（frequency distribution） 各个类别及其相应的频数形成的分布。

平均差（mean deviation） 也称平均绝对离差，它是各变量值与其平均数离差绝对值的平均数。

平均增长率（average rate of increase） 时间序列中各逐期环比值（也称环比发展速度）的几何平均减1后的结果，用于描述现象在整个观察期内平均增长变化的程度。

平稳序列（stationary series） 基本上不存在趋势的序列，该序列中的各观察值基本上在某个固定的水平上波动。

Q

期望值（expected value） 随机变量X的平均取值。

区间估计（interval estimate） 在点估计的基础上，给出总体参数估计的一个区间范围，该区间通常由样本统计量加减抽样误差得到。

趋势（trend） 时间序列在长期内呈现出某种持续上升或持续下降的变动，趋势可以是线性的，也可以是非线性的。

S

时间序列（time series） 同一现象在不同时间上的相继观察值排列而成的序列。

时间序列数据（time series data） 在不同时间收集到的数据，它所描述的是现象随时间而变化的情况。

实验数据（experimental data） 在实验中控制实验对象而搜集到的变量的数据。

实验组（experimental group） 随机抽选的实验对象的子集。在这个子集中，每个单位接受某种特别的处理。

数值型变量（metric variable） 说明事物数字特征的一个名称，其取值是数值型数据。

数值型数据（metric data） 按数字尺度测量的观察值。

双因素方差分析（two-way analysis of variance） 研究两个分类型自变量同数值型因变量之间关系的一种统计方法。

顺序变量（rank variable） 说明事物有序类别的一个名称，其取值是顺序数据。

顺序数据（rank data） 只能归于某一有序类别的非数字型数据。

四分位差（quartile deviation） 也称为内距或四分间距，它是上四分位数与下四分位数之差。

四分位数（quartile） 也称四分位点，它是一组数据排序后处于25%和75%位置上的值。

随机事件（random event） 在同一组条件下，每项试验可能出现也可能不出现的事件。

T

t 分布（t distribution） 设 $X\sim N(0,1)$，$Y\sim\chi^2(n)$，且 X 与 Y 独立，则称 $t=X\Big/\sqrt{\dfrac{Y}{n}}$ 服从自由度为 n 的 t 分布，记为 $t\sim t(n)$。

条件概率（conditional probability） 当某一事件 B 已经发生时，事件 A 发生的概率，称这种概率为事件 B 发生条件下事件 A 发生的条件概率，记为 $P(A\mid B)$。

统计量（statistic） 描述样本特征的概括性数字度量。

统计学（statistics） 收集、处理、分析、解释数据并从数据中得出结论的科学。

调整的多重判定系数（adjusted multiple coefficient of determination） 用样本量 n 和自变量的个数 k 进行调整的多重判定系数，记为 R_α^2。

V

V 相关系数（V correlation coefficient） 另一种描述列联表数据相关程度的系数，可用于多种情况的列联表。在 2×2 列联表情况下，V 相关系数与 φ 相关系数结果相同。

W

无偏性（unbiasedness） 估计量抽样分布的数学期望等于被估计的总体参数。

X

显著性水平（significance level） 在原假设正确的情况下，错误地拒绝原假设的概率。显著性水平用 α 表示。

相关关系（correlation） 变量之间存在的一种不确定的数量关系，一个变量的取值不能由另一个变量唯一确定。

相关系数（correlation coefficient） 根据样本数据计算的度量两个变量之间线性关系强度的统计量，记为 r。

φ 相关系数（φ correlation coefficient） 描述 2×2 列联表数据相关程度的系数，数值在 0～1 之间。

消费价格指数（consumer price index） 反映一定时期内消费者所购买的生活消费品价格和服务项目价格的变动趋势和程度的一种相对数。我国称之为居民消费价格指数。

循环波动（cyclical fluctuation） 也称周期性，指序列近乎规律性地从低至高再从高至低的周而复始的变动。

Y

样本（sample） 从总体中抽取的一部分元素的集合，构成样本的元素的数目称为样本量。

一致性（consistency） 随着样本量的增大，估计量的值越来越接近被估总体的参数。

移动平均法（moving average） 对时间序列逐期递移求得一系列平均数作为趋势值或预测值的一种方法。

异众比率（variation ratio） 非众数组的频数占总频数的比例。

因变量（dependent variable） 被预测或被解释的变量，用 y 表示。

因子（factor） 检验的对象，所研究的分类型变量的另一个名称。

因子设计（factorial design） 两个因素（可推广到多个因素）搭配的试验设计，该设计主要用于分析两个因素及其交互作用对试验结果的影响。

有效性（efficiency） 对同一总体参数的两个无偏估计量，有更小标准差的估计量更有效。

预测区间估计（prediction interval estimate） 对于一个给定的自变量 x 值，因变量 y 的一个个别值的区间估计。

原假设（null hypothesis） 提出一个（或两个）参数是否等于（或大于、小于）某个特殊值的命题。

Z

增长率（growth rate） 也称增长速度，是报告期观察值与基期观察值之比减 1 后的结果，用百分数表示。有环比增长率和定基增长率之分。

指数（index number） 广义地讲，任何两个数值对比形成的相对数都可以称为指数；狭义地讲，指数是用于测定多个项目在不同场合下综合变动的一种相对数。

指数平滑法（exponential smoothing） 对过去的观察值加权平均进行预测的一种方法。

置信区间（confidence interval） 由样本统计量所构造的总体参数的估计区间。

置信区间估计（confidence interval estimate） 对于一个给定的自变量 x 值，因变量 y 的平均值的区间估计。

置信水平（confidence level） 也称为置信度或置信系数（confidence coefficient），它是将构造置信区间的步骤重复多次，置信区间中包含总体参数真值的次数所占的比例。

中位数（median） 一组数据排序后处于中间位置上的变量值，用 M_e 表示。

中心极限定理（central limit theorem） 设从均值为 μ、方差为 σ^2（有限）的任意一个总体中抽取样本量为 n 的样本，当 n 充分大时，样本均值 $\overline{X}$ 的抽样分布近似服从均值为 μ、方差为 σ^2/n 的正态分布。

众数（mode） 一组数据中出现次数最多的变量值，用 M_o 表示。

自变量（independent variable） 用来预测因变量的一个或多个变量，用 x 表示。

自由度（degree of freedom） 自由度可解释为独立变量的个数，还可用二次型的秩来解释。

总平方和（sum of squares for total） 简记为SST，全部观测值x_{ij}与总平均值$\overline{x}$的误差平方和，反映全部观测值的离散状况。

总体（population） 包含所研究的全部个体（元素）的集合。

组间平方和（sum of squares for factor A） 简记为SSA，各组均值$\overline{x}_i$与总均值$\overline{x}$的误差平方和，反映各总体的样本均值之间的差异程度，又称因素平方和。

组距（class width） 一个组的上限与下限之差。

组内平方和（sum of squares for error） 简记为SSE，每个水平或组的各样本数据与其组均值的误差平方和，反映每个样本各观测值的离散状况，又称为误差平方和或残差平方和。

组中值（class midpoint） 每一组中下限值与上限值中间的值，即组中值=(下限值+上限值)/2。

最小二乘法（method of least squares） 使因变量的观察值y_i与估计值$\hat{y}_i$之间的离差平均和达到最小来估计β_0和β_1的方法，也称最小平方法。

附录二　用 Excel 生成概率分布表

附表 1　　　　　　　　　　**标准正态分布表**

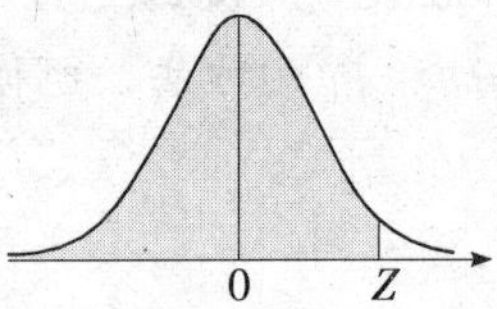

利用 Excel 提供的统计函数“NORMSDIST”，可以生成标准正态分布概率表，即 $P(Z \leqslant x)$。生成标准正态分布概率表的具体操作步骤如下。

第 1 步：将 x 的值（可根据需要确定）输入到工作表的 A 列，将 x 取值的尾数输入到第 1 行，形成标准正态分布表的表头，如下表所示。

	A	B	C	D	E	F	G	H	I	J	K
1	**x**	**0.00**	**0.01**	**0.02**	**0.03**	**0.04**	**0.05**	**0.06**	**0.07**	**0.08**	**0.09**
2	**0.0**										
3	**0.1**										
4	**0.2**										
5	**0.3**										
6	**0.4**										
7	**0.5**										
8	**0.6**										
9	**0.7**										
10	**0.8**										
11	**0.9**										
12	**1.0**										

第 2 步：在 B2 单元格输入公式“＝NORMSDIST(＄A2＋B＄1)”，然后将其向下、向右复制即可得到标准正态分布概率表，部分结果如下表所示（读者可根据需要生成不同 x 的标准正态分布概率表）。

	A	B	C	D	E	F	G	H	I	J	K
1	**x**	**0.00**	**0.01**	**0.02**	**0.03**	**0.04**	**0.05**	**0.06**	**0.07**	**0.08**	**0.09**
2	**0.0**	0.5000	0.5040	0.5080	0.5120	0.5160	0.5199	0.5239	0.5279	0.5319	0.5359
3	**0.1**	0.5398	0.5438	0.5478	0.5517	0.5557	0.5596	0.5636	0.5675	0.5714	0.5753
4	**0.2**	0.5793	0.5832	0.5871	0.5910	0.5948	0.5987	0.6026	0.6064	0.6103	0.6141
5	**0.3**	0.6179	0.6217	0.6255	0.6293	0.6331	0.6368	0.6406	0.6443	0.6480	0.6517
6	**0.4**	0.6554	0.6591	0.6628	0.6664	0.6700	0.6736	0.6772	0.6808	0.6844	0.6879
7	**0.5**	0.6915	0.6950	0.6985	0.7019	0.7054	0.7088	0.7123	0.7157	0.7190	0.7224
8	**0.6**	0.7257	0.7291	0.7324	0.7357	0.7389	0.7422	0.7454	0.7486	0.7517	0.7549
9	**0.7**	0.7580	0.7611	0.7642	0.7673	0.7704	0.7734	0.7764	0.7794	0.7823	0.7852
10	**0.8**	0.7881	0.7910	0.7939	0.7967	0.7995	0.8023	0.8051	0.8078	0.8106	0.8133
11	**0.9**	0.8159	0.8186	0.8212	0.8238	0.8264	0.8289	0.8315	0.8340	0.8365	0.8389
12	**1.0**	0.8413	0.8438	0.8461	0.8485	0.8508	0.8531	0.8554	0.8577	0.8599	0.8621
13	**1.1**	0.8643	0.8665	0.8686	0.8708	0.8729	0.8749	0.8770	0.8790	0.8810	0.8830
14	**1.2**	0.8849	0.8869	0.8888	0.8907	0.8925	0.8944	0.8962	0.8980	0.8997	0.9015
15	**1.3**	0.9032	0.9049	0.9066	0.9082	0.9099	0.9115	0.9131	0.9147	0.9162	0.9177
16	**1.4**	0.9192	0.9207	0.9222	0.9236	0.9251	0.9265	0.9279	0.9292	0.9306	0.9319
17	**1.5**	0.9332	0.9345	0.9357	0.9370	0.9382	0.9394	0.9406	0.9418	0.9429	0.9441
18	**1.6**	0.9452	0.9463	0.9474	0.9484	0.9495	0.9505	0.9515	0.9525	0.9535	0.9545
19	**1.7**	0.9554	0.9564	0.9573	0.9582	0.9591	0.9599	0.9608	0.9616	0.9625	0.9633
20	**1.8**	0.9641	0.9649	0.9656	0.9664	0.9671	0.9678	0.9686	0.9693	0.9699	0.9706
21	**1.9**	0.9713	0.9719	0.9726	0.9732	0.9738	0.9744	0.9750	0.9756	0.9761	0.9767
22	**2.0**	0.9772	0.9778	0.9783	0.9788	0.9793	0.9798	0.9803	0.9808	0.9812	0.9817
23	**2.1**	0.9821	0.9826	0.9830	0.9834	0.9838	0.9842	0.9846	0.9850	0.9854	0.9857
24	**2.2**	0.9861	0.9864	0.9868	0.9871	0.9875	0.9878	0.9881	0.9884	0.9887	0.9890
25	**2.3**	0.9893	0.9896	0.9898	0.9901	0.9904	0.9906	0.9909	0.9911	0.9913	0.9916
26	**2.4**	0.9918	0.9920	0.9922	0.9925	0.9927	0.9929	0.9931	0.9932	0.9934	0.9936
27	**2.5**	0.9938	0.9940	0.9941	0.9943	0.9945	0.9946	0.9948	0.9949	0.9951	0.9952
28	**2.6**	0.9953	0.9955	0.9956	0.9957	0.9959	0.9960	0.9961	0.9962	0.9963	0.9964
29	**2.7**	0.9965	0.9966	0.9967	0.9968	0.9969	0.9970	0.9971	0.9972	0.9973	0.9974
30	**2.8**	0.9974	0.9975	0.9976	0.9977	0.9977	0.9978	0.9979	0.9979	0.9980	0.9981
31	**2.9**	0.9981	0.9982	0.9982	0.9983	0.9984	0.9984	0.9985	0.9985	0.9986	0.9986
32	**3.0**	0.9987	0.9987	0.9987	0.9988	0.9988	0.9989	0.9989	0.9989	0.9990	0.9990
33	**3.1**	0.9990	0.9991	0.9991	0.9991	0.9992	0.9992	0.9992	0.9992	0.9993	0.9993
34	**3.2**	0.9993	0.9993	0.9994	0.9994	0.9994	0.9994	0.9994	0.9995	0.9995	0.9995
35	**3.3**	0.9995	0.9995	0.9995	0.9996	0.9996	0.9996	0.9996	0.9996	0.9996	0.9997
36	**3.4**	0.9997	0.9997	0.9997	0.9997	0.9997	0.9997	0.9997	0.9997	0.9997	0.9998
37	**3.5**	0.9998	0.9998	0.9998	0.9998	0.9998	0.9998	0.9998	0.9998	0.9998	0.9998
38	**3.6**	0.9998	0.9998	0.9999	0.9999	0.9999	0.9999	0.9999	0.9999	0.9999	0.9999
39	**3.7**	0.9999	0.9999	0.9999	0.9999	0.9999	0.9999	0.9999	0.9999	0.9999	0.9999
40	**3.8**	0.9999	0.9999	0.9999	0.9999	0.9999	0.9999	0.9999	0.9999	0.9999	0.9999
41	**3.9**	1.0000	1.0000	1.0000	1.0000	1.0000	1.0000	1.0000	1.0000	1.0000	1.0000
42	**4.0**	1.0000	1.0000	1.0000	1.0000	1.0000	1.0000	1.0000	1.0000	1.0000	1.0000

附表 2　　标准正态分布分位数表

利用 Excel 提供的统计函数“NORMSINV”，可以生成标准正态分布分位数表，该表是根据标准正态分布随机变量分布的累积概率的值计算的相应的临界值。如果有 $P(Z\leqslant x)=p$，则对于任意给定的 $p(0\leqslant p\leqslant 1)$，可以求出相应的 x。用 Excel 生成标准正态分布分位数表的具体操作步骤如下。

第 1 步：将标准正态变量累积概率的值输入到工作表的 A 列，其尾数输入到第 1 行，形成标准正态分布分位数表的表头，如下表所示。

	A	B	C	D	E	F	G	H	I	J	K
1	*p*	0.000	0.001	0.002	0.003	0.004	0.005	0.006	0.007	0.008	0.009
2	0.50										
3	0.51										
4	0.52										
5	0.53										
6	0.54										
7	0.55										
8	0.56										
9	0.57										
10	0.58										
11	0.59										
12	0.60										
13	0.61										
14	0.62										
15	0.63										
16	0.64										
17	0.65										
18	0.66										
19	0.67										
20	0.68										
21	0.69										
22	0.70										
23	0.71										

第 2 步：在 B2 单元格输入公式“=NORMSINV($A2+B$1)”，然后将其向下、向右复制即可得到标准正态分布分位数表，部分结果如下表所示（读者可根据需要生成不同 p 值的标准正态分布分位数表）。

1	p	0.000	0.001	0.002	0.003	0.004	0.005	0.006	0.007	0.008	0.009
2	**0.50**	0.0000	0.0025	0.0050	0.0075	0.0100	0.0125	0.0150	0.0175	0.0201	0.0226
3	**0.51**	0.0251	0.0276	0.0301	0.0326	0.0351	0.0376	0.0401	0.0426	0.0451	0.0476
4	**0.52**	0.0502	0.0527	0.0552	0.0577	0.0602	0.0627	0.0652	0.0677	0.0702	0.0728
5	**0.53**	0.0753	0.0778	0.0803	0.0828	0.0853	0.0878	0.0904	0.0929	0.0954	0.0979
6	**0.54**	0.1004	0.1030	0.1055	0.1080	0.1105	0.1130	0.1156	0.1181	0.1206	0.1231
7	**0.55**	0.1257	0.1282	0.1307	0.1332	0.1358	0.1383	0.1408	0.1434	0.1459	0.1484
8	**0.56**	0.1510	0.1535	0.1560	0.1586	0.1611	0.1637	0.1662	0.1687	0.1713	0.1738
9	**0.57**	0.1764	0.1789	0.1815	0.1840	0.1866	0.1891	0.1917	0.1942	0.1968	0.1993
10	**0.58**	0.2019	0.2045	0.2070	0.2096	0.2121	0.2147	0.2173	0.2198	0.2224	0.2250
11	**0.59**	0.2275	0.2301	0.2327	0.2353	0.2378	0.2404	0.2430	0.2456	0.2482	0.2508
12	**0.60**	0.2533	0.2559	0.2585	0.2611	0.2637	0.2663	0.2689	0.2715	0.2741	0.2767
13	**0.61**	0.2793	0.2819	0.2845	0.2871	0.2898	0.2924	0.2950	0.2976	0.3002	0.3029
14	**0.62**	0.3055	0.3081	0.3107	0.3134	0.3160	0.3186	0.3213	0.3239	0.3266	0.3292
15	**0.63**	0.3319	0.3345	0.3372	0.3398	0.3425	0.3451	0.3478	0.3505	0.3531	0.3558
16	**0.64**	0.3585	0.3611	0.3638	0.3665	0.3692	0.3719	0.3745	0.3772	0.3799	0.3826
17	**0.65**	0.3853	0.3880	0.3907	0.3934	0.3961	0.3989	0.4016	0.4043	0.4070	0.4097
18	**0.66**	0.4125	0.4152	0.4179	0.4207	0.4234	0.4261	0.4289	0.4316	0.4344	0.4372
19	**0.67**	0.4399	0.4427	0.4454	0.4482	0.4510	0.4538	0.4565	0.4593	0.4621	0.4649
20	**0.68**	0.4677	0.4705	0.4733	0.4761	0.4789	0.4817	0.4845	0.4874	0.4902	0.4930
21	**0.69**	0.4959	0.4987	0.5015	0.5044	0.5072	0.5101	0.5129	0.5158	0.5187	0.5215
22	**0.70**	0.5244	0.5273	0.5302	0.5330	0.5359	0.5388	0.5417	0.5446	0.5476	0.5505
23	**0.71**	0.5534	0.5563	0.5592	0.5622	0.5651	0.5681	0.5710	0.5740	0.5769	0.5799
24	**0.72**	0.5828	0.5858	0.5888	0.5918	0.5948	0.5978	0.6008	0.6038	0.6068	0.6098
25	**0.73**	0.6128	0.6158	0.6189	0.6219	0.6250	0.6280	0.6311	0.6341	0.6372	0.6403
26	**0.74**	0.6433	0.6464	0.6495	0.6526	0.6557	0.6588	0.6620	0.6651	0.6682	0.6713
27	**0.75**	0.6745	0.6776	0.6808	0.6840	0.6871	0.6903	0.6935	0.6967	0.6999	0.7031
28	**0.76**	0.7063	0.7095	0.7128	0.7160	0.7192	0.7225	0.7257	0.7290	0.7323	0.7356
29	**0.77**	0.7388	0.7421	0.7454	0.7488	0.7521	0.7554	0.7588	0.7621	0.7655	0.7688
30	**0.78**	0.7722	0.7756	0.7790	0.7824	0.7858	0.7892	0.7926	0.7961	0.7995	0.8030
31	**0.79**	0.8064	0.8099	0.8134	0.8169	0.8204	0.8239	0.8274	0.8310	0.8345	0.8381
32	**0.80**	0.8416	0.8452	0.8488	0.8524	0.8560	0.8596	0.8633	0.8669	0.8705	0.8742
33	**0.81**	0.8779	0.8816	0.8853	0.8890	0.8927	0.8965	0.9002	0.9040	0.9078	0.9116
34	**0.82**	0.9154	0.9192	0.9230	0.9269	0.9307	0.9346	0.9385	0.9424	0.9463	0.9502
35	**0.83**	0.9542	0.9581	0.9621	0.9661	0.9701	0.9741	0.9782	0.9822	0.9863	0.9904
36	**0.84**	0.9945	0.9986	1.0027	1.0069	1.0110	1.0152	1.0194	1.0237	1.0279	1.0322
37	**0.85**	1.0364	1.0407	1.0450	1.0494	1.0537	1.0581	1.0625	1.0669	1.0714	1.0758
38	**0.86**	1.0803	1.0848	1.0893	1.0939	1.0985	1.1031	1.1077	1.1123	1.1170	1.1217
39	**0.87**	1.1264	1.1311	1.1359	1.1407	1.1455	1.1503	1.1552	1.1601	1.1650	1.1700
40	**0.88**	1.1750	1.1800	1.1850	1.1901	1.1952	1.2004	1.2055	1.2107	1.2160	1.2212
41	**0.89**	1.2265	1.2319	1.2372	1.2426	1.2481	1.2536	1.2591	1.2646	1.2702	1.2759
42	**0.90**	1.2816	1.2873	1.2930	1.2988	1.3047	1.3106	1.3165	1.3225	1.3285	1.3346
43	**0.91**	1.3408	1.3469	1.3532	1.3595	1.3658	1.3722	1.3787	1.3852	1.3917	1.3984
44	**0.92**	1.4051	1.4118	1.4187	1.4255	1.4325	1.4395	1.4466	1.4538	1.4611	1.4684
45	**0.93**	1.4758	1.4833	1.4909	1.4985	1.5063	1.5141	1.5220	1.5301	1.5382	1.5464
46	**0.94**	1.5548	1.5632	1.5718	1.5805	1.5893	1.5982	1.6072	1.6164	1.6258	1.6352
47	**0.95**	1.6449	1.6546	1.6646	1.6747	1.6849	1.6954	1.7060	1.7169	1.7279	1.7392
48	**0.96**	1.7507	1.7624	1.7744	1.7866	1.7991	1.8119	1.8250	1.8384	1.8522	1.8663
49	**0.97**	1.8808	1.8957	1.9110	1.9268	1.9431	1.9600	1.9774	1.9954	2.0141	2.0335
50	**0.98**	2.0537	2.0749	2.0969	2.1201	2.1444	2.1701	2.1973	2.2262	2.2571	2.2904

附表 3　　t 分布临界值表

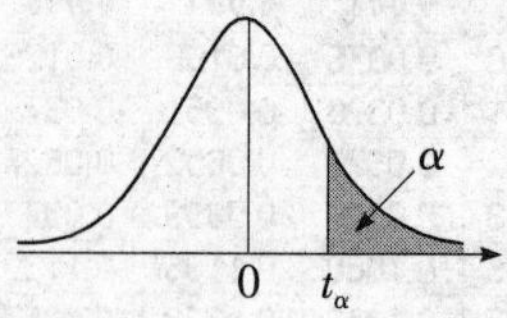

利用 Excel 提供的统计函数“TINV”，可以构建 t 分布临界值表，该表是根据 t 分布的右尾概率 α 计算的相应的临界值。如果 $P(t\geqslant x)=\alpha$，则对于任意给定的概率 $p(0\leqslant\alpha\leqslant1)$，可以求出相应的 x。生成 t 分布临界值表的具体操作步骤如下。

第 1 步：将 t 分布自由度 df 的值输入到工作表的 A 列，将右尾概率 α 的取值输入到第 1 行，形成 t 分布临界值表的表头，如下表所示。

	A	B	C	D	E	F	G	H
1	df/α	0.100	0.050	0.025	0.010	0.005	0.001	0.0005
2	1							
3	2							
4	3							
5	4							
6	5							
7	6							
8	7							
9	8							
10	9							
11	10							
12	11							
13	12							
14	13							
15	14							
16	15							
17	16							
18	17							
19	18							
20	19							
21	20							

第 2 步：在 B2 单元格输入公式“＝TINV（B$1＊$A2)”，然后将其向下、向右复制即可得到 t 分布临界值表，部分结果如下表所示（读者可根据需要生成不同 α 和不同自由度的 t 分布临界值表）。

	A	B	C	D	E	F	G	H
1	**df/α**	**0.100**	**0.050**	**0.025**	**0.010**	**0.005**	**0.001**	**0.0005**
2	**1**	3.0777	6.3138	12.7062	31.8205	63.6567	318.3088	636.6192
3	**2**	1.8856	2.9200	4.3027	6.9646	9.9248	22.3271	31.5991
4	**3**	1.6377	2.3534	3.1824	4.5407	5.8409	10.2145	12.9240
5	**4**	1.5332	2.1318	2.7764	3.7469	4.6041	7.1732	8.6103
6	**5**	1.4759	2.0150	2.5706	3.3649	4.0321	5.8934	6.8688
7	**6**	1.4398	1.9432	2.4469	3.1427	3.7074	5.2076	5.9588
8	**7**	1.4149	1.8946	2.3646	2.9980	3.4995	4.7853	5.4079
9	**8**	1.3968	1.8595	2.3060	2.8965	3.3554	4.5008	5.0413
10	**9**	1.3830	1.8331	2.2622	2.8214	3.2498	4.2968	4.7809
11	**10**	1.3722	1.8125	2.2281	2.7638	3.1693	4.1437	4.5869
12	**11**	1.3634	1.7959	2.2010	2.7181	3.1058	4.0247	4.4370
13	**12**	1.3562	1.7823	2.1788	2.6810	3.0545	3.9296	4.3178
14	**13**	1.3502	1.7709	2.1604	2.6503	3.0123	3.8520	4.2208
15	**14**	1.3450	1.7613	2.1448	2.6245	2.9768	3.7874	4.1405
16	**15**	1.3406	1.7531	2.1314	2.6025	2.9467	3.7328	4.0728
17	**16**	1.3368	1.7459	2.1199	2.5835	2.9208	3.6862	4.0150
18	**17**	1.3334	1.7396	2.1098	2.5669	2.8982	3.6458	3.9651
19	**18**	1.3304	1.7341	2.1009	2.5524	2.8784	3.6105	3.9216
20	**19**	1.3277	1.7291	2.0930	2.5395	2.8609	3.5794	3.8834
21	**20**	1.3253	1.7247	2.0860	2.5280	2.8453	3.5518	3.8495
22	**21**	1.3232	1.7207	2.0796	2.5176	2.8314	3.5272	3.8193
23	**22**	1.3212	1.7171	2.0739	2.5083	2.8188	3.5050	3.7921
24	**23**	1.3195	1.7139	2.0687	2.4999	2.8073	3.4850	3.7676
25	**24**	1.3178	1.7109	2.0639	2.4922	2.7969	3.4668	3.7454
26	**25**	1.3163	1.7081	2.0595	2.4851	2.7874	3.4502	3.7251
27	**26**	1.3150	1.7056	2.0555	2.4786	2.7787	3.4350	3.7066
28	**27**	1.3137	1.7033	2.0518	2.4727	2.7707	3.4210	3.6896
29	**28**	1.3125	1.7011	2.0484	2.4671	2.7633	3.4082	3.6739
30	**29**	1.3114	1.6991	2.0452	2.4620	2.7564	3.3962	3.6594
31	**30**	1.3104	1.6973	2.0423	2.4573	2.7500	3.3852	3.6460
32	**31**	1.3095	1.6955	2.0395	2.4528	2.7440	3.3749	3.6335
33	**32**	1.3086	1.6939	2.0369	2.4487	2.7385	3.3653	3.6218
34	**33**	1.3077	1.6924	2.0345	2.4448	2.7333	3.3563	3.6109
35	**34**	1.3070	1.6909	2.0322	2.4411	2.7284	3.3479	3.6007
36	**35**	1.3062	1.6896	2.0301	2.4377	2.7238	3.3400	3.5911
37	**36**	1.3055	1.6883	2.0281	2.4345	2.7195	3.3326	3.5821
38	**37**	1.3049	1.6871	2.0262	2.4314	2.7154	3.3256	3.5737
39	**38**	1.3042	1.6860	2.0244	2.4286	2.7116	3.3190	3.5657
40	**39**	1.3036	1.6849	2.0227	2.4258	2.7079	3.3128	3.5581
41	**40**	1.3031	1.6839	2.0211	2.4233	2.7045	3.3069	3.5510
42	**41**	1.3025	1.6829	2.0195	2.4208	2.7012	3.3013	3.5442
43	**42**	1.3020	1.6820	2.0181	2.4185	2.6981	3.2960	3.5377
44	**43**	1.3016	1.6811	2.0167	2.4163	2.6951	3.2909	3.5316
45	**44**	1.3011	1.6802	2.0154	2.4141	2.6923	3.2861	3.5258
46	**45**	1.3006	1.6794	2.0141	2.4121	2.6896	3.2815	3.5203

附表 4

χ^2 分布临界值表

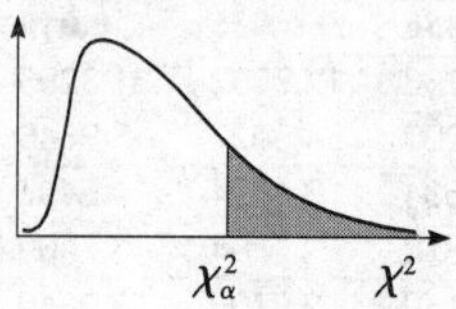

利用 Excel 提供的统计函数“CHIINV”，可以构建 χ^2 分布临界值表，该表是根据 χ^2 分布的右尾概率 α 计算的相应的临界值。如果 $P(\chi^2 \geqslant x)=\alpha$，则对于任意给定的概率 $p(0\leqslant\alpha\leqslant 1)$，可以求出相应的 x。生成 χ^2 分布临界值表的具体操作步骤如下。

第 1 步：将 χ^2 分布自由度 df 的值输入到工作表的 A 列，将右尾概率 α 的取值输入到第 1 行，形成 χ^2 分布临界值表的表头，如下表所示。

	A	B	C	D	E	F	G	H	I	J	K
1	df/α	0.995	0.990	0.975	0.950	0.900	0.100	0.050	0.025	0.010	0.005
2	1										
3	2										
4	3										
5	4										
6	5										
7	6										
8	7										
9	8										
10	9										
11	10										
12	11										
13	12										
14	13										
15	14										
16	15										
17	16										
18	17										
19	18										
20	19										
21	20										

第 2 步：在 B2 单元格输入公式“＝CHIINV(B＄1，＄A2)”，然后将其向下、向右复制即可得到 χ^2 分布临界值表，部分结果如下表所示（读者可根据需要生成不同 α 和不同自由度的 χ^2 分布临界值表）。

	A	B	C	D	E	F	G	H	I	J	K
1	df/α	0.995	0.990	0.975	0.950	0.900	0.100	0.050	0.025	0.010	0.005
2	1	0.0000	0.0002	0.0010	0.0039	0.0158	2.7055	3.8415	5.0239	6.6349	7.8794
3	2	0.0100	0.0201	0.0506	0.1026	0.2107	4.6052	5.9915	7.3778	9.2103	10.5966
4	3	0.0717	0.1148	0.2158	0.3518	0.5844	6.2514	7.8147	9.3484	11.3449	12.8382
5	4	0.2070	0.2971	0.4844	0.7107	1.0636	7.7794	9.4877	11.1433	13.2767	14.8603
6	5	0.4117	0.5543	0.8312	1.1455	1.6103	9.2364	11.0705	12.8325	15.0863	16.7496
7	6	0.6757	0.8721	1.2373	1.6354	2.2041	10.6446	12.5916	14.4494	16.8119	18.5476
8	7	0.9893	1.2390	1.6899	2.1673	2.8331	12.0170	14.0671	16.0128	18.4753	20.2777
9	8	1.3444	1.6465	2.1797	2.7326	3.4895	13.3616	15.5073	17.5345	20.0902	21.9550
10	9	1.7349	2.0879	2.7004	3.3251	4.1682	14.6837	16.9190	19.0228	21.6660	23.5894
11	10	2.1559	2.5582	3.2470	3.9403	4.8652	15.9872	18.3070	20.4832	23.2093	25.1882
12	11	2.6032	3.0535	3.8157	4.5748	5.5778	17.2750	19.6751	21.9200	24.7250	26.7568
13	12	3.0738	3.5706	4.4038	5.2260	6.3038	18.5493	21.0261	23.3367	26.2170	28.2995
14	13	3.5650	4.1069	5.0088	5.8919	7.0415	19.8119	22.3620	24.7356	27.6882	29.8195
15	14	4.0747	4.6604	5.6287	6.5706	7.7895	21.0641	23.6848	26.1189	29.1412	31.3193
16	15	4.6009	5.2293	6.2621	7.2609	8.5468	22.3071	24.9958	27.4884	30.5779	32.8013
17	16	5.1422	5.8122	6.9077	7.9616	9.3122	23.5418	26.2962	28.8454	31.9999	34.2672
18	17	5.6972	6.4078	7.5642	8.6718	10.0852	24.7690	27.5871	30.1910	33.4087	35.7185
19	18	6.2648	7.0149	8.2307	9.3905	10.8649	25.9894	28.8693	31.5264	34.8053	37.1565
20	19	6.8440	7.6327	8.9065	10.1170	11.6509	27.2036	30.1435	32.8523	36.1909	38.5823
21	20	7.4338	8.2604	9.5908	10.8508	12.4426	28.4120	31.4104	34.1696	37.5662	39.9968
22	21	8.0337	8.8972	10.2829	11.5913	13.2396	29.6151	32.6706	35.4789	38.9322	41.4011
23	22	8.6427	9.5425	10.9823	12.3380	14.0415	30.8133	33.9244	36.7807	40.2894	42.7957
24	23	9.2604	10.1957	11.6886	13.0905	14.8480	32.0069	35.1725	38.0756	41.6384	44.1813
25	24	9.8862	10.8564	12.4012	13.8484	15.6587	33.1962	36.4150	39.3641	42.9798	45.5585
26	25	10.5197	11.5240	13.1197	14.6114	16.4734	34.3816	37.6525	40.6465	44.3141	46.9279
27	26	11.1602	12.1981	13.8439	15.3792	17.2919	35.5632	38.8851	41.9232	45.6417	48.2899
28	27	11.8076	12.8785	14.5734	16.1514	18.1139	36.7412	40.1133	43.1945	46.9629	49.6449
29	28	12.4613	13.5647	15.3079	16.9279	18.9392	37.9159	41.3371	44.4608	48.2782	50.9934
30	29	13.1211	14.2565	16.0471	17.7084	19.7677	39.0875	42.5570	45.7223	49.5879	52.3356
31	30	13.7867	14.9535	16.7908	18.4927	20.5992	40.2560	43.7730	46.9792	50.8922	53.6720
32	31	14.4578	15.6555	17.5387	19.2806	21.4336	41.4217	44.9853	48.2319	52.1914	55.0027
33	32	15.1340	16.3622	18.2908	20.0719	22.2706	42.5847	46.1943	49.4804	53.4858	56.3281
34	33	15.8153	17.0735	19.0467	20.8665	23.1102	43.7452	47.3999	50.7251	54.7755	57.6484
35	34	16.5013	17.7891	19.8063	21.6643	23.9523	44.9032	48.6024	51.9660	56.0609	58.9639
36	35	17.1918	18.5089	20.5694	22.4650	24.7967	46.0588	49.8018	53.2033	57.3421	60.2748
37	36	17.8867	19.2327	21.3359	23.2686	25.6433	47.2122	50.9985	54.4373	58.6192	61.5812
38	37	18.5858	19.9602	22.1056	24.0749	26.4921	48.3634	52.1923	55.6680	59.8925	62.8833
39	38	19.2889	20.6914	22.8785	24.8839	27.3430	49.5126	53.3835	56.8955	61.1621	64.1814
40	39	19.9959	21.4262	23.6543	25.6954	28.1958	50.6598	54.5722	58.1201	62.4281	65.4756
41	40	20.7065	22.1643	24.4330	26.5093	29.0505	51.8051	55.7585	59.3417	63.6907	66.7660
42	41	21.4208	22.9056	25.2145	27.3256	29.9071	52.9485	56.9424	60.5606	64.9501	68.0527
43	42	22.1385	23.6501	25.9987	28.1440	30.7654	54.0902	58.1240	61.7768	66.2062	69.3360
44	43	22.8595	24.3976	26.7854	28.9647	31.6255	55.2302	59.3035	62.9904	67.4593	70.6159
45	44	23.5837	25.1480	27.5746	29.7875	32.4871	56.3685	60.4809	64.2015	68.7095	71.8926
46	45	24.3110	25.9013	28.3662	30.6123	33.3504	57.5053	61.6562	65.4102	69.9568	73.1661
47	46	25.0413	26.6572	29.1601	31.4390	34.2152	58.6405	62.8296	66.6165	71.2014	74.4365

附表 5　　F 分布临界值表

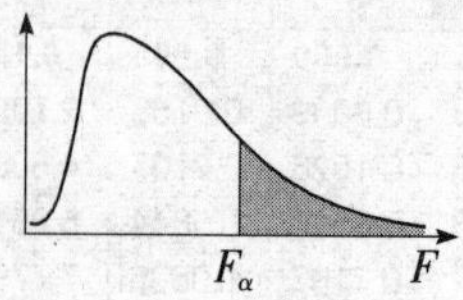

利用 Excel 提供的统计函数“FINV”，可以构建 F 分布临界值表，该表是根据 F 分布的右尾概率 α 计算的相应的临界值。如果 $P(F \geqslant x)=\alpha$，则对于任意给定的概率 $p(0 \leqslant \alpha \leqslant 1)$，可以求出相应的 x。生成 F 分布临界值表的具体操作步骤如下。

第 1 步：在 B1 单元格输入 F 分布右尾概率 α 的取值（如 $\alpha=0.05$），在第 2 行输入分子自由度 $df1$ 的值，在第 1 列输入分母自由度 $df2$ 的值，如下表所示。

	A	B	C	D	E	F	G	H	I	J	K
1	α =	0.05									
2	df2/df1	1	2	3	4	5	6	7	8	9	10
3	1										
4	2										
5	3										
6	4										
7	5										
8	6										
9	7										
10	8										
11	9										
12	10										
13	11										
14	12										
15	13										
16	14										
17	15										
18	16										
19	17										
20	18										
21	19										
22	20										

第 2 步：在 B3 单元格输入公式“=FINV($B$1，B$2，$A3)”，然后将其向下、向右复制即可得到 F 分布临界值表，$\alpha=0.05$ 时 F 分布临界值表的部分结果如下表所示（读者可根据需要生成不同 α 和不同自由度的 F 分布临界值表）。

	A	B	C	D	E	F	G	H	I	J	K
1	α =	**0.05**									
2	**df2/df1**	**1**	**2**	**3**	**4**	**5**	**6**	**7**	**8**	**9**	**10**
3	**1**	161.448	199.500	215.707	224.583	230.162	233.986	236.768	238.883	240.543	241.882
4	**2**	18.513	19.000	19.164	19.247	19.296	19.330	19.353	19.371	19.385	19.396
5	**3**	10.128	9.552	9.277	9.117	9.013	8.941	8.887	8.845	8.812	8.786
6	**4**	7.709	6.944	6.591	6.388	6.256	6.163	6.094	6.041	5.999	5.964
7	**5**	6.608	5.786	5.409	5.192	5.050	4.950	4.876	4.818	4.772	4.735
8	**6**	5.987	5.143	4.757	4.534	4.387	4.284	4.207	4.147	4.099	4.060
9	**7**	5.591	4.737	4.347	4.120	3.972	3.866	3.787	3.726	3.677	3.637
10	**8**	5.318	4.459	4.066	3.838	3.687	3.581	3.500	3.438	3.388	3.347
11	**9**	5.117	4.256	3.863	3.633	3.482	3.374	3.293	3.230	3.179	3.137
12	**10**	4.965	4.103	3.708	3.478	3.326	3.217	3.135	3.072	3.020	2.978
13	**11**	4.844	3.982	3.587	3.357	3.204	3.095	3.012	2.948	2.896	2.854
14	**12**	4.747	3.885	3.490	3.259	3.106	2.996	2.913	2.849	2.796	2.753
15	**13**	4.667	3.806	3.411	3.179	3.025	2.915	2.832	2.767	2.714	2.671
16	**14**	4.600	3.739	3.344	3.112	2.958	2.848	2.764	2.699	2.646	2.602
17	**15**	4.543	3.682	3.287	3.056	2.901	2.790	2.707	2.641	2.588	2.544
18	**16**	4.494	3.634	3.239	3.007	2.852	2.741	2.657	2.591	2.538	2.494
19	**17**	4.451	3.592	3.197	2.965	2.810	2.699	2.614	2.548	2.494	2.450
20	**18**	4.414	3.555	3.160	2.928	2.773	2.661	2.577	2.510	2.456	2.412
21	**19**	4.381	3.522	3.127	2.895	2.740	2.628	2.544	2.477	2.423	2.378
22	**20**	4.351	3.493	3.098	2.866	2.711	2.599	2.514	2.447	2.393	2.348
23	**21**	4.325	3.467	3.072	2.840	2.685	2.573	2.488	2.420	2.366	2.321
24	**22**	4.301	3.443	3.049	2.817	2.661	2.549	2.464	2.397	2.342	2.297
25	**23**	4.279	3.422	3.028	2.796	2.640	2.528	2.442	2.375	2.320	2.275
26	**24**	4.260	3.403	3.009	2.776	2.621	2.508	2.423	2.355	2.300	2.255
27	**25**	4.242	3.385	2.991	2.759	2.603	2.490	2.405	2.337	2.282	2.236
28	**26**	4.225	3.369	2.975	2.743	2.587	2.474	2.388	2.321	2.265	2.220
29	**27**	4.210	3.354	2.960	2.728	2.572	2.459	2.373	2.305	2.250	2.204
30	**28**	4.196	3.340	2.947	2.714	2.558	2.445	2.359	2.291	2.236	2.190
31	**29**	4.183	3.328	2.934	2.701	2.545	2.432	2.346	2.278	2.223	2.177
32	**30**	4.171	3.316	2.922	2.690	2.534	2.421	2.334	2.266	2.211	2.165
33	**31**	4.160	3.305	2.911	2.679	2.523	2.409	2.323	2.255	2.199	2.153
34	**32**	4.149	3.295	2.901	2.668	2.512	2.399	2.313	2.244	2.189	2.142
35	**33**	4.139	3.285	2.892	2.659	2.503	2.389	2.303	2.235	2.179	2.133
36	**34**	4.130	3.276	2.883	2.650	2.494	2.380	2.294	2.225	2.170	2.123
37	**35**	4.121	3.267	2.874	2.641	2.485	2.372	2.285	2.217	2.161	2.114
38	**36**	4.113	3.259	2.866	2.634	2.477	2.364	2.277	2.209	2.153	2.106
39	**37**	4.105	3.252	2.859	2.626	2.470	2.356	2.270	2.201	2.145	2.098
40	**38**	4.098	3.245	2.852	2.619	2.463	2.349	2.262	2.194	2.138	2.091
41	**39**	4.091	3.238	2.845	2.612	2.456	2.342	2.255	2.187	2.131	2.084
42	**40**	4.085	3.232	2.839	2.606	2.449	2.336	2.249	2.180	2.124	2.077
43	**41**	4.079	3.226	2.833	2.600	2.443	2.330	2.243	2.174	2.118	2.071
44	**42**	4.073	3.220	2.827	2.594	2.438	2.324	2.237	2.168	2.112	2.065
45	**43**	4.067	3.214	2.822	2.589	2.432	2.318	2.232	2.163	2.106	2.059
46	**44**	4.062	3.209	2.816	2.584	2.427	2.313	2.226	2.157	2.101	2.054
47	**45**	4.057	3.204	2.812	2.579	2.422	2.308	2.221	2.152	2.096	2.049

附表 6　　随机数字表

利用 Excel 提供的统计函数“RAND”，可以生成位于 0～1 之间的均匀分布随机数。利用“RANDBETWEEN”函数则可以生成位于任意两个指定数之间的一个随机数。比如，要生成 1～100 之间的一个随机数，可按下列步骤操作。

第 1 步：在 Excel 表格界面中，直接点击【fx】命令。

第 2 步：在复选框“函数分类”中点击【全部】选项，并在“函数名”中点击【RANDBETWEEN】选项，然后点击【确定】。

第 3 步：在【Bottom】输入要返回的最小整数（本例为 1），在【Top】输入要返回的最大整数（本例为 100）。单击【确定】即可得到一个随机数（要得到多个随机数向下复制即可）。

下表是由该函数得到的多个随机数。

	A	B	C	D	E	F	G	H	I	J	K
1	6	56	11	27	77	8	33	84	12	67	94
2	61	64	13	70	49	16	25	58	19	83	94
3	29	91	21	85	14	14	53	32	67	8	98
4	96	91	30	27	85	29	16	43	51	60	93
5	92	32	95	90	27	94	77	32	5	42	28
6	86	57	79	82	88	13	8	74	80	17	17
7	99	50	33	36	67	16	8	72	83	8	20
8	63	65	35	54	43	44	87	83	3	78	33
9	94	65	73	19	60	81	32	41	31	87	34
10	25	57	91	88	4	85	86	13	30	85	95
11	70	31	60	18	27	75	91	54	23	16	17
12	90	48	8	8	18	92	53	37	49	34	35
13	68	6	81	92	28	68	25	52	24	4	30
14	25	54	51	97	97	70	77	72	3	98	50
15	88	25	39	50	9	52	74	37	51	45	18
16	41	87	62	62	47	37	32	79	31	1	79
17	73	24	23	80	50	87	5	64	59	14	52
18	88	16	49	34	64	52	98	4	12	20	35
19	29	91	19	10	92	92	10	72	28	93	57
20	56	18	41	2	43	32	24	2	1	85	98
21	57	39	92	44	70	12	91	11	79	70	3
22	66	12	39	54	75	8	2	62	72	97	64
23	5	44	11	40	33	99	11	78	40	46	81
24	21	22	10	53	47	57	62	97	92	33	60
25	72	27	59	2	21	65	73	34	69	39	18

参考文献

[1] 贾俊平. 统计学（第二版）. 北京：清华大学出版社，2006

[2] [美] G. R. 埃维森等. 统计学——基本概念和方法. 北京：高等教育出版社，施普林格出版社，2000

[3] [美] 戴维・R・安德森等. 商务与经济统计. 北京：机械工业出版社，2000

[4] [美] Terry Sincich. 例解商务统计学. 北京：清华大学出版社，2001

[5] [美] Mario F. Triola. 初级统计学（第 8 版）. 北京：清华大学出版社，2004

[6] [美] 肯・布莱克等. 以 Excel 为决策工具的商务与经济统计. 北京：机械工业出版社，2003

[7] [美] 戴维・S・穆尔. 统计学的世界. 北京：中信出版社，2003

[8] [美] 詹姆斯・R・埃文斯. 商业统计学精要. 北京：中国人民大学出版社，2004

[9] [美] 道格拉斯・C・蒙哥马利等. 工程统计学. 北京：中国人民大学出版社，2005

[10] [美] 戴维・M・莱文等. 商务统计学初级教程. 北京：中国人民大学出版社，2004

[11] [美] D. C. 霍格林等. 探索性数据分析. 北京：中国统计出版社，1998

教师教学服务说明

中国人民大学出版社工商管理分社以出版经典、高品质的工商管理、财务会计、统计、市场营销、人力资源管理、运营管理、物流管理、旅游管理等领域的各层次教材为宗旨。

为了更好地为一线教师服务，近年来工商管理分社着力建设了一批数字化、立体化的网络教学资源。教师可以通过以下方式获得免费下载教学资源的权限：

在“人大经管图书在线”（www.rdjg.com.cn）注册，下载“教师服务登记表”，或直接填写下面的“教师服务登记表”，加盖院系公章，然后邮寄或传真给我们。我们收到表格后将在一个工作日内为您开通相关资源的下载权限。

如您需要帮助，请随时与我们联络：

中国人民大学出版社工商管理分社
联系电话：010-62515735，62515749，82501704
传　　真：010-62515732，62514775　　　电子邮箱：rdcbsjg@crup.com.cn
通讯地址：北京市海淀区中关村大街甲59号文化大厦1501室（100872）

教师服务登记表

姓名		□先生　□女士	职　称		
座机/手机			电子邮箱		
通讯地址			邮　编		
任教学校			所在院系		
所授课程	课程名称	现用教材名称	出版社	对象（本科生/研究生/MBA/其他）	学生人数
需要哪本教材的配套资源					
人大经管图书在线用户名					
			院/系领导（签字）： 院/系办公室盖章		